JN302818

現代物理学[展開シリーズ]
倉本義夫・江澤潤一 編集
4

強相関電子物理学

青木晴善・小野寺秀也
[著]

朝倉書店

編 集 委 員

倉本義夫(くらもとよしお)　東北大学大学院理学研究科・教授

江澤潤一(えざわじゅんいち)　東北大学名誉教授

まえがき

　物性物理の分野で次々と発見される新しい物理現象を，物質中で強く相関する電子系の物理として理解しようとする分野は「強相関電子物理学」と呼ばれている．電子相関が重要となる物質，物理現象は多岐にわたっているが，本書はその中でも，f 電子を持つ希土類 (ランタナイド)，アクチナイド元素を含む物質で起こる現象を対象とし，それらの理解に必要な基本事項，あるいは最近の研究結果についての解説を行うものである．

　希土類，あるいはアクチナイド化合物の f 電子は局在性が強く，多くの場合は原子位置に局在した電子として扱うことができる．かつて局在電子系の磁性は，遍歴電子系の磁性に比べれば比較的その理解が容易と考えられてきた．それは局在電子による磁気双極子モーメントが織りなす磁性としての理解であったが，近年，電気四極子モーメントや磁気八極子モーメントが果たす重要な役割が明らかになり，磁性を多極子モーメントの物理としてより一般化して理解する方向に進んでいる．

　一方で，伝導電子との混成が無視できない場合もあり，このような場合では，f 電子は強い局在性を持ちながら，遍歴電子としての側面も持つようになる．強相関 f 電子系物質の興味深い物性は，この「ほとんど局在した電子」状態から生じる．「ほとんど局在した状態」の理解は古くからの強相関 f 電子系の根幹にかかわる問題であり，また，最近の量子相転移に関する研究の進展に伴って改めて深い理解を必要とする問題として浮かび上がって来ている．

　本書は，局在電子系ならびに伝導電子系のそれぞれの立場からのアプローチとして強相関電子物理学を解説しようと試みている．本書の構成は，以下のようになっている．

　第 1 章は希土類元素の $4f$ 電子を局在電子系として取り扱い，その基本的な磁気的性質を記述した．ここでは実際に観測される希土類化合物の磁性現象の理解に役立つような基礎的知識に主眼を置いている．第 2 章は研究の進展が著しい多極子秩序について，その理解に必要な基礎的な事項と，最近の研究成果を解説し

ている．

　第3章では，まず，電子同士の相関が強くない場合の伝導電子についての基礎的な事項についてまとめる．それらに基づき，強い電子相関を持つ f 電子と伝導電子との相互作用によって形成される電子状態，磁性についての理論的モデルとそれらの示す物理的な内容を概説する．第4章では強相関 f 電子系物質で観測される特徴的な物性，伝導電子状態のいくつかの例について，第3章で述べたことと対応させながら解説する．

　本書におけるそれぞれの章はほぼ独立しており，必ずしも通して読む必要はない．第1章，第3章は強相関 f 電子系の基礎事項を学ぶのにそれぞれを読んでも良いし，第2章，第4章での理解のために，読んでいただいても良い．また，第2章，第4章はこの分野での最近の研究の進展の簡単なレビューとして読んでいただくこともできる．

　本書が取り扱う分野の教科書はほとんどの場合，理論的立場から書かれたものが多いが，本書は実験の立場から書かれた教科書である．したがって，理論的な面では不満足な点や不備な点があると思われるが，より観測される現象に則した理解，直感的な理解が得られるよう試みたつもりである．しかし，実験の立場からと言いながら，具体的な実験方法に関する説明はページ数の関係で割愛せざるを得なかった．それぞれの実験方法の詳しい内容については実験物理学に関する専門書籍を参照してほしい．

　なお，実験結果を表すときには，長年親しまれていた単位系が使用されており，MKSA単位系だけが用いられているわけではない．本書の記述では電磁気の単位については主にCGS–Gauss単位系を用いているが，第2章，第4章の最近の研究の解説で引用する実験結果は，種々の単位系が混在している場合がある．実験結果の記述で用いる単位については付録にまとめてあるので，そちらを参照してほしい．

　本書の第1章と第2章は小野寺秀也が，第3章と第4章は青木晴善が分担して執筆した．

　2013年9月

著　者

目 次

1. 局在 f 電子系の磁性 ································· 1
   1.1 概　　要 ····································· 1
   1.2 原子の磁性 ··································· 1
      1.2.1 スピンモーメントと磁気モーメント ········· 1
      1.2.2 多電子原子の電子配列 ····················· 3
      1.2.3 多電子系の磁性 ··························· 5
   1.3 反磁性と常磁性 ······························· 8
      1.3.1 軌道電子の磁場応答 ······················· 8
      1.3.2 伝導電子の磁場応答 ······················· 12
   1.4 磁気相互作用 ································· 14
      1.4.1 交換相互作用 ····························· 14
      1.4.2 直接交換相互作用 ························· 16
      1.4.3 超交換相互作用 ··························· 17
      1.4.4 二重交換相互作用 ························· 18
      1.4.5 異方的交換相互作用 ······················· 18
      1.4.6 RKKY 相互作用 ···························· 19
   1.5 結晶場と磁気異方性 ··························· 21
      1.5.1 結　晶　場 ······························· 21
      1.5.2 クラマースの定理と磁気異方性 ············· 25
   1.6 磁気転移と磁気構造 ··························· 28
      1.6.1 ドゥ・ジェンヌ則とその破れ ··············· 28
      1.6.2 磁性モデルと磁気異方性 ··················· 30
      1.6.3 ヴァン・ブレック磁気転移 ················· 30
      1.6.4 磁気構造の一般論 ························· 32
      1.6.5 ハイゼンベルグ模型と分子場近似 ··········· 36
      1.6.6 強　磁　性 ······························· 38

1.6.7　反強磁性 …………………………………………… 42
　　1.6.8　長周期磁気構造 ……………………………………… 47

2. 多極子相互作用と軌道秩序 …………………………………… 50
　2.1　概　　要 ……………………………………………………… 50
　2.2　多極子モーメント …………………………………………… 51
　2.3　四極子相互作用と四極子秩序 ……………………………… 54
　2.4　CeB_6 の反強四極子秩序と八極子の役割 ………………… 57
　　2.4.1　CeB_6 の AFQ 秩序 ………………………………… 57
　　2.4.2　磁気八極子の役割 …………………………………… 61
　2.5　四極子秩序化合物 …………………………………………… 66
　　2.5.1　強四極子秩序 ………………………………………… 66
　　2.5.2　反強四極子秩序 ……………………………………… 72
　　2.5.3　その他の四極子関連化合物 ………………………… 87
　2.6　八極子秩序 …………………………………………………… 92
　　2.6.1　$Ce_{0.7}La_{0.3}B_6$ …………………………………… 93
　　2.6.2　NpO_2 ………………………………………………… 95
　　2.6.3　$SmRu_4P_{12}$ ………………………………………… 96
　　2.6.4　TbB_2C_2 ……………………………………………… 99

3. 強相関 f 電子系金属のモデル …………………………………… 109
　3.1　金属の伝導電子とフェルミ面 ……………………………… 110
　　3.1.1　金属の伝導電子 ……………………………………… 110
　　3.1.2　フェルミ面と金属の物性 …………………………… 114
　3.2　金属の電子状態とバンド構造 ……………………………… 120
　　3.2.1　強く束縛された電子の近似によるバンド構造 …… 121
　　3.2.2　伝導電子の散乱と virtual bound state …………… 126
　3.3　希土類, アクチナイド元素の f 電子 ……………………… 134
　　3.3.1　希土類, アクチナイド元素の f 電子状態の特徴 … 135
　　3.3.2　局在 f 電子による物性 ……………………………… 137
　3.4　フェルミ液体 ………………………………………………… 140
　3.5　不純物の電子状態と電子相関の効果 ……………………… 144
　　3.5.1　アンダーソンモデルと近藤モデル ………………… 144

3.5.2 近藤効果 ·· 148
3.6 強相関 f 電子系の格子 ·· 161
  3.6.1 近藤モデルと RKKY 相互作用 ························· 161
  3.6.2 強相関 f 電子系格子の電子状態の概要 ················· 165
3.7 強相関 f 電子系の秩序と転移 ································ 167
  3.7.1 ドニアックの相図と磁気の量子臨界点 ················· 167
  3.7.2 価数揺動と価数転移, メタ磁性転移 ··················· 177

4. 強相関 f 電子系物質の電子状態 ······························ 182
4.1 CeT_2X_2 化合物の物性と電子状態 ···························· 182
  4.1.1 $CeRu_2Si_2$ と重い電子系物質の物性と電子状態 ········ 182
  4.1.2 ドニアックの相図と $CeRu_2Si_2$ ······················· 190
  4.1.3 メタ磁性転移 ·· 196
  4.1.4 CeT_2Si_2 化合物の物性の概要 ······················· 203
4.2 $CeIn_3$ と $CeTIn_5$ (T=Co, Rh, Ir) の物性と電子状態 ········ 205
  4.2.1 磁気相図と物性 ·· 205
  4.2.2 $CeIn_3$, $CeRhIn_5$ の常圧, 圧力下の f 電子状態 ······ 209
4.3 Yb 化合物の重い電子と価数転移 ····························· 213
  4.3.1 $YbXCu_4$ 化合物の価数転移とメタ磁性 ················ 213
  4.3.2 YbT_2Zn_{20} 化合物の重い電子 ······················· 218
  4.3.3 $YbRh_2Si_2$ の量子臨界点 ····························· 219
  4.3.4 β–$YbAlB_4$ の超伝導 ······························ 222
4.4 多極子相互作用と近藤効果が共存する CeB_6 ················· 224

実験結果を表すのに良く用いられる単位について ·················· 237

あとがき ·· 239

記 号 表 ·· 241

索 引 ·· 243

1 局在 f 電子系の磁性

1.1 概　　要

　古くから永久磁石に強く引かれる物質として金属鉄 (Fe) やコバルト (Co)，鉄酸化物のマグネタイト (Fe_3O_4) やマグヘマイト ($\gamma\text{-}Fe_2O_3$) などが良く知られている．これらは，Fe 原子や Co 原子の外殻 $3d$ 軌道電子による磁気モーメントの強磁性的，あるいはフェリ磁性的な秩序配列によって生じる磁化に基づく．このように磁性を担う原子は，外殻 $3d$ 軌道を持つ鉄族元素であるが，その他に $4f$ 軌道を持つ希土類 (ランタナイド) 元素や $5f$ 軌道のアクチナイド元素が磁性を担う主要な元素群である．$3d$ 電子の軌道は比較的広がっており，隣接原子の $3d$ 波動関数と重なって，直接的な交換相互作用によって強く磁気的に結合したり，フェルミ面上にその電子状態密度が現れ，固体内を遍歴する電子となることもある．一方，$4f$ 軌道は原子に局在し，その磁気的な相互作用は伝導電子を介した間接的なものである．本章ではこの局在 f 電子の磁性についてできる限り簡潔に述べる．遍歴電子系の磁性を含めた磁気物理学全般については，いくつかの教科書を挙げておくので参考にされたい[1〜6]．

1.2 原 子 の 磁 性

1.2.1 スピンモーメントと磁気モーメント

　まず，もっとも簡単なケースとして電荷 $-e$，質量 m_e の電子が一つだけ存在する原子，水素 (H) を考える．水素原子が球対称のポテンシャル中にあると，電子の量子状態は，4 種の量子数によって区別される．スピン量子数は $s = -\frac{1}{2}, \frac{1}{2}$，主量子数は $n = 1, 2, 3, \cdots$，方位量子数は $l = 0, 1, 2, \cdots, n-1$，磁気量子数は $m = -l, -l+1, -l+2, \cdots, l-1, l$ である．方位量子数 $l = 0$ の軌道を s 軌道，

$l = 1, 2, 3$ の場合をそれぞれ p, d, f 軌道と呼ぶ．ちなみに希土類元素は不活性ガスであるキセノン (Xe) の $(4d)^{10}(5s)^2(5p)^6$ まで詰まった閉殻と $(4f)^n (n = 0 \sim 14)$ の形で $4f$ 軌道にいくつかの電子が入っている状態にある．自由原子では，さらに $5d$ 軌道に 2 個，$6s$ 軌道に 1 個の電子が入っている．特殊な例外を除けば，ほとんどの希土類元素は固体中で外殻のこの 3 個の電子を価電子あるいは伝導電子として放出するため 3 価のイオンとして存在している．

a. ボーア磁子と磁気モーメント

1 電子原子の電子が原子核の周りを円運動していると考えると，電子による円電流は $I = -e\frac{v}{2\pi r}$ (v は電子の速度，r は円軌道の半径) で与えられる．そのときの角運動量 $m_e v r$ は基底状態では換算プランク定数 $\hbar$ に等しくなる．一方，磁気モーメントは $\frac{I}{c}\pi r^2$ で与えられ，この量の絶対値をボーア磁子 (Bohr magneton) μ_B と定義し，磁気モーメントの単位として用いることが多い．

$$\mu_B \equiv \left|\frac{I}{c}\pi r^2\right| = \frac{e\hbar}{2m_e c} \tag{1.1}$$

ボーア磁子の値は，0.9274×10^{-20} erg/gauss (9.274×10^{-24} Am^2) である．電子の軌道運動に伴う角運動量 $m_e v r$ を量子化して，$\hbar l$ とすると軌道角運動量に伴う磁気モーメント演算子は，

$$\boldsymbol{\mu}_l = -\mu_B \boldsymbol{l} \tag{1.2}$$

となる．

スピン角運動量 $\boldsymbol{s}$ には磁気モーメントが伴う．この角運動量もプランク定数 $\hbar$ を単位とする量なので，$\hbar \boldsymbol{s}$ と書き直すとスピン磁気モーメント演算子は

$$\boldsymbol{\mu}_s = -g\mu_B \boldsymbol{s} \tag{1.3}$$

となる．ここで，g は電子の g 因子で 2.0023 の値をとる．$s_z = \frac{1}{2}$ または $-\frac{1}{2}$ の値をとるスピンはおよそ $\pm 1\mu_B$ の磁気モーメントを伴っている．

1 電子原子の電子がもたらす磁気モーメントは，スピンと軌道の寄与を合わせて，

$$\boldsymbol{\mu} = -(g\boldsymbol{s} + \boldsymbol{l})\mu_B \simeq -(2\boldsymbol{s} + \boldsymbol{l})\mu_B \tag{1.4}$$

となる．

b. スピン–軌道相互作用

球対称ポテンシャル中に置かれた 1 電子原子の電子のシュレディンガー方程式におけるハミルトニアンには小さな相対論的補正項として，スピン–軌道相互作用 (spin–orbit interaction) の項が現れる．スピン–軌道相互作用のその軌道上で

の平均値は，正の定数 λ を用いて $\lambda \boldsymbol{l}\cdot\boldsymbol{s}$ と表され，

$$\lambda \boldsymbol{l}\cdot\boldsymbol{s} = \lambda[(\boldsymbol{l}+\boldsymbol{s})^2 - \boldsymbol{l}^2 - \boldsymbol{s}^2]/2 \tag{1.5}$$

$$= \lambda[j(j+1) - l(l+1) - s(s+1)] \tag{1.6}$$

となる．ここで

$$\boldsymbol{j} = \boldsymbol{l} + \boldsymbol{s} \tag{1.7}$$

である．j の値は $\boldsymbol{l}$ と $\boldsymbol{s}$ が反平行のとき $j = l - \frac{1}{2}$，平行のとき $j = l + \frac{1}{2}$ となる．これらのことから，軌道角運動量 $\hbar\boldsymbol{l}$ とスピン角運動量 $\hbar\boldsymbol{s}$ はそれぞれ単独では保存されずに，全角運動量 $\hbar\boldsymbol{j}$ が保存量となっている．

1.2.2 多電子原子の電子配列

磁性を担う原子は，多数の電子を持つ多電子原子である．$4f$ 軌道にいくつかの電子が入っている希土類元素の 3 価イオンをイメージしながら話を進める．f 軌道は $l = 3$ であるので磁気量子数の固有値 $m_z = -3, -2, -1, 0, 1, 2, 3$ の七つの状態のそれぞれがスピン量子数の固有値 $s_z = -\frac{1}{2}$ と $+\frac{1}{2}$ の状態を持ち，f 軌道全体には 14 個の電子が入ることができる．

a． パウリの排他律と L–S 結合

自由イオン，つまり原子核による球対称ポテンシャルの中に $4f$ 電子系がある場合を考える．$4f$ 軌道の 14 の状態に入っている複数の電子の間にはスピン–スピン，軌道–軌道，スピン–軌道相互作用が働く．スピン–スピン相互作用は，「同じ軌道に平行なスピンを持つ 2 個の電子は入れない」というパウリの排他律 (Pauli exclusion principle) で表現される．軌道–軌道相互作用は，「同じ軌道に 2 個の電子が入るとクーロン相互作用によって斥力が働き，互いに排除しようとする」働きをする．

一般にスピン–スピンと軌道–軌道相互作用がスピン–軌道相互作用よりも大きく，そのときには L–S 結合が生じる．これはラッセル–ソーンダース結合 (Russell–Saunders coupling) とも呼ばれる．球対称のポテンシャル中では電子系の角運動量は一定である．つまり，合成されたスピン角運動量 $\hbar\boldsymbol{S}$ と軌道角運動量 $\hbar\boldsymbol{L}$ が一定である．

$$\boldsymbol{S} = \sum \boldsymbol{s}_i \tag{1.8}$$

$$\boldsymbol{L} = \sum \boldsymbol{l}_i = \sum \boldsymbol{m}_{z_i} \tag{1.9}$$

ここでスピン–軌道相互作用を考える．これは (1.5) 式の形で与えられるが，対応

する l_i や s_i はすでに保存量ではないので，$\sum \lambda_i l_i \cdot s_i$ を $\lambda \boldsymbol{L} \cdot \boldsymbol{S}$ として考える．これは (1.5), (1.6) 式と同じように書きかえられる．

$$\lambda \boldsymbol{L} \cdot \boldsymbol{S} = \frac{\lambda}{2}[(\boldsymbol{L}+\boldsymbol{S})^2 - \boldsymbol{L}^2 - \boldsymbol{S}^2] \tag{1.10}$$

$$= \frac{\lambda}{2}[J(J+1) - L(L+1) - S(S+1)] \tag{1.11}$$

$$\boldsymbol{J} = \boldsymbol{L} + \boldsymbol{S} \tag{1.12}$$

この式は全角運動量 $\hbar \boldsymbol{J}$ が一定の保存量として良い量子数になっており，$\hbar \boldsymbol{L}$ や $\hbar \boldsymbol{S}$ はそれ自体では保存しないことを意味している．

b. フント則

f 軌道の 14 の状態への電子の詰まり方については，パウリの排他律やクーロン相互作用の斥力などによって決まる．これを次のようなフント則 (Hund's rules) にまとめることができる．

① $\boldsymbol{S}$ が最大になるように電子が入る．平行スピンを避けようとするパウリの排他律とクーロン斥力によって，電子は各 $(m_z)_i$ に 1 個ずつ平行スピンのまま入ることを優先する．そのことでクーロンエネルギーが最小になる．

② 次に，上のルール満足させた上で，パウリの排他律に反しない範囲で $\boldsymbol{L}$ が最大になるような状態をとる．同じ軌道に入らないようにすることでより効果的にクーロンエネルギーを下げることができる．

希土類元素のいくつかについて，複数の電子がフント則に従って軌道を占有する様子を図 1.1 に示してある．$\lambda \boldsymbol{L} \cdot \boldsymbol{S}$ で決まるスピン–軌道相互作用エネルギーを

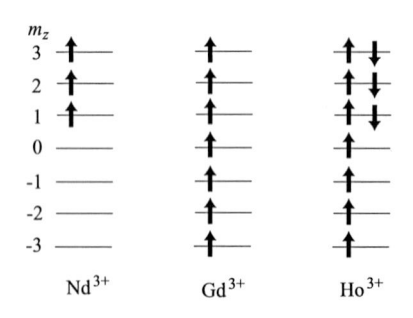

図 1.1　$Nd^{3+}(4f^3)$, $Gd^{3+}(4f^7)$, $Ho^{3+}(4f^{10})$ 自由イオンの電子による軌道占有例

下げるように，$\boldsymbol{L}$ と $\boldsymbol{S}$ は結合して $\boldsymbol{J}$ となる．その結合エネルギーは λ の符号による．図 1.1 の $Nd^{3+}(4f^3)$ のように占有が全準位の半分以下（$0 < n < 7$, less than half）のときは空準位に電子が入る形なので $\lambda > 0$ となり，$J = |L - S|$ で

ある.占有が半分以上 ($7 < n < 14$, more than half) のときは全占有状態にホールが入る形となるため $\lambda < 0$ であり,$J = |L + S|$ となる.これを上記の二つのフント則に加えて,第3のフント則と呼ぶことがある.

1.2.3 多電子系の磁性
a. 多電子系の磁気モーメント

全スピン S と全軌道角運動量 L に伴う磁気モーメントは,(1.4) 式と同様に

$$\boldsymbol{\mu} = -(2\boldsymbol{S} + \boldsymbol{L})\mu_B \tag{1.13}$$

であるが,$\boldsymbol{J}$ が一定の保存量の状態では $\boldsymbol{\mu}$ は一定ではない.このときの磁気モーメントは $\boldsymbol{\mu}$ の $\boldsymbol{J}$ 方向の成分 $\boldsymbol{\mu}_J = -g_J \mu_B \boldsymbol{J}$ である.g_J は $\boldsymbol{\mu}$ と $\boldsymbol{J}$ の内積から次のような手続きで得られる.

$$\boldsymbol{\mu} \cdot \boldsymbol{J} = -\mu_B(2\boldsymbol{S} + \boldsymbol{L}) \cdot \boldsymbol{J} = -g_J \mu_B \boldsymbol{J} \cdot \boldsymbol{J} = -g_J \mu_B \boldsymbol{J}^2 \tag{1.14}$$

$\boldsymbol{\mu} \cdot \boldsymbol{J}$ の内積では当然ながら $\boldsymbol{\mu}$ の $\boldsymbol{J}$ に垂直な成分は 0 となる.また,

$$(2\boldsymbol{S} + \boldsymbol{L}) \cdot \boldsymbol{J} = (2\boldsymbol{S} + \boldsymbol{L}) \cdot (\boldsymbol{S} + \boldsymbol{L}) \tag{1.15}$$

$$= 2\boldsymbol{S}^2 + \boldsymbol{L}^2 + 3\boldsymbol{S} \cdot \boldsymbol{L} \tag{1.16}$$

$$= 2\boldsymbol{S}^2 + \boldsymbol{L}^2 + \frac{3}{2}[(\boldsymbol{S} + \boldsymbol{L})^2 - \boldsymbol{S}^2 - \boldsymbol{L}^2] \tag{1.17}$$

$$= \frac{3}{2}\boldsymbol{J}^2 + \frac{1}{2}\boldsymbol{S}^2 - \frac{1}{2}\boldsymbol{L}^2 \tag{1.18}$$

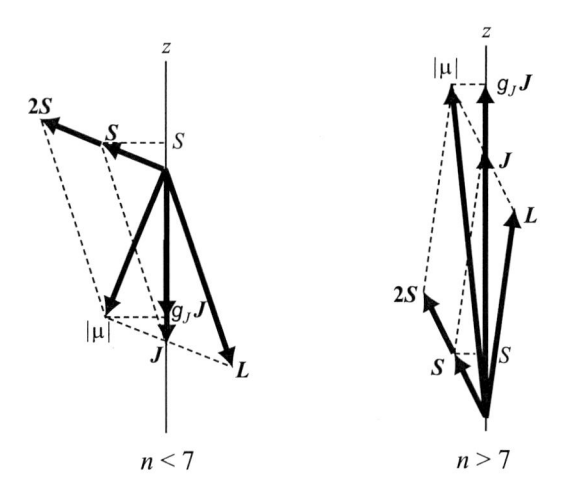

図 1.2 希土類自由イオンの磁気モーメントの絶対値 $|\mu|$ (μ_B) と $\boldsymbol{J}$,$\boldsymbol{L}$,$\boldsymbol{S}$ の関係

表 1.1 希土類自由イオン R^{3+} の軌道占有に関係する物理量.常磁性モーメント (有効磁子数)$\mu_{\text{eff}} = g_J\sqrt{J(J+1)}$,ドゥ・ジェンヌ因子 $G = (g_J - 1)^2 J(J+1)$ については後節参照のこと.

イオン	La^{3+}	Ce^{3+}	Pr^{3+}	Nd^{3+}	Pm^{3+}	Sm^{3+}	Eu^{3+}
$n(4f^n)$	0	1	2	3	4	5	6
S	0	1/2	1	3/2	2	5/2	3
L	0	3	5	6	6	5	3
J	0	5/2	4	9/2	4	5/2	0
g_J	−	6/7	4/5	8/11	3/5	2/7	−
$g_J J(\mu_B)$		15/7	16/5	36/11	12/5	5/7	
$\lambda(\text{cm}^{-1})$	0	640	360	290	260	240	230
$\mu_{\text{eff}}(\mu_B)$	−	2.54	3.58	3.62	2.68	0.845	−
G	−	5/28	4/5	81/44	16/5	125/28	−

Gd^{3+}	Tb^{3+}	Dy^{3+}	Ho^{3+}	Er^{3+}	Tm^{3+}	Yb^{3+}	Lu^{3+}
7	8	9	10	11	12	13	14
7/2	3	5/2	2	3/2	1	1/2	0
0	3	5	6	6	5	3	0
7/2	6	15/2	8	15/2	6	7/2	0
2	3/2	4/3	5/4	6/5	7/6	8/7	−
7	9	10	10	9	7	4	−
−	−290	−380	−520	−820	−1290	−2940	−
7.94	9.72	10.63	10.58	9.59	7.55	4.54	−
63/4	21/2	85/12	9/2	51/20	7/6	9/28	−

$$= \frac{3}{2}J(J+1) + \frac{1}{2}S(S+1) - \frac{1}{2}L(L+1) \quad (1.19)$$

となる.両辺を $\boldsymbol{J}^2 = 2J(J+1)$ で割ると g_J が得られる.

$$g_J = \frac{3}{2} + \frac{S(S+1) - L(L+1)}{2J(J+1)} \quad (1.20)$$

この g_J はランデの g 因子または単にランデ因子 (Landé factor) と呼ばれる.図 1.2 に,(1.13) 式の磁気モーメントの絶対値 $|\mu|$ と全角運動量 $\boldsymbol{J}$,全軌道運動量 $\boldsymbol{L}$ および全スピン角運動量 $\boldsymbol{S}$ の関係を less than half と more than half の場合に分けて示してある.図から明らかなように $g_J \boldsymbol{J}$ は,$|\mu|$ の $\boldsymbol{J}$ 方向 (量子化軸,z) の成分であり,$-g_J \boldsymbol{J} \mu_B$ が磁場と相互作用をする磁気モーメントの大きさとなる.

図 1.1,図 1.2 に示したようにパウリ排他律とフント側に従って各希土類自由イオンの電子状態を調べると,表 1.1 にまとめたようにこれまで述べた各物理量が得られる.

b. J 多重項

図 1.1,表 1.1 に示して議論してきたのは,自由イオンの電子の基底状態の占有についてである.電子はエネルギーの高い励起状態として異なった占有状態を取

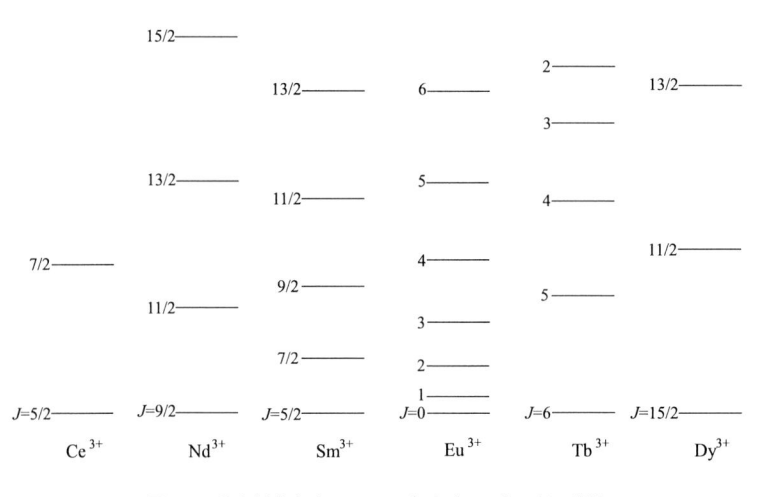

図 1.3 希土類自由イオンの J 多重項のエネルギー準位

りうる．全角運動量 J は次の $(2L+1)$ 通りの値をとる．

$$J = |L-S|,\ |L-S|+1,\ \cdots,\ L+S-1,\ L+S \tag{1.21}$$

全スピン角運動量 S も $(2S+1)$ 通りの値を取りうるので，異なった占有状態は $(2L+1)(2S+1)$ 通り存在し，それぞれ J の値が異なる．この異なった J に対応する励起準位を J 多重項という．

L–S 結合エネルギー E_{LS} は，(1.11) 式で与えられるので，$E_{LS}(J)$ と $E_{LS}(J-1)$ のエネルギー差は λJ である．less than half ($\lambda > 0$) では J が大きいほどエネルギーが高く，more than half ($\lambda < 0$) では J が小さいほどエネルギーが高い．いくつかの希土類イオンの J 多重項の相対的なエネルギー準位を図 1.3 に示す．表 1.1 に示した λ はこのような準位間の遷移から求めたものである．図に示したイオン中でもっとも低い Eu^{3+} の $J=1$ の第 1 励起準位のエネルギーは，230 cm^{-1}($= 2.85\times10^{-2}$ eV) である．これは室温 (297 K) の 203 cm^{-1} とほぼ同等で，Eu^{3+} や Sm^{3+} の磁性を議論する場合は，励起状態の影響を無視できない．

c. j–j 結合

これまでは，スピン–スピン相互作用と軌道–軌道相互作用が強く，その上でスピン–軌道相互作用が働く電子系を考えてきたが，スピン–軌道相互作用が前 2 者より強く支配的である場合は L–S 結合での扱いはできない．その場合ははじめに個々の軌道にある電子の軌道角運動量 ($\boldsymbol{l}_i$) とスピン角運動量 ($\boldsymbol{s}_i$) が合成されて $\boldsymbol{j}_i = \boldsymbol{l}_i + \boldsymbol{s}_i$ となる．そのあとで i の異なる $\boldsymbol{j}_i$ 同士が結合する．これを j–j 結合という．スピン–軌道相互作用の強さは，単純な水素様原子での計算では Z^4 (Z:

原子番号) に比例する (実際の原子では Z^2 に近い) ので，j–j 結合は原子番号の大きいアクチナイドで実現することがある．

1.3　反磁性と常磁性

　固体の多様な磁気的性質は，まず磁場に対する応答として現れる．磁場 H によって誘起される体積 Ω の固体の単位体積当たりの磁化 (magnetization) は系のエネルギーを E とすると，

$$M(H) = -\frac{1}{\Omega}\frac{\partial E(H)}{\partial H} \tag{1.22}$$

と定義される．固体の電子状態は，結晶場やスピン–軌道相互作用などによって n 個の状態に分裂しているとき，有限温度 T での磁化は，

$$M(H,T) = \frac{\sum_n M_n(H) e^{-E_n/k_\mathrm{B}T}}{\sum_n e^{-E_n/k_\mathrm{B}T}} \tag{1.23}$$

$$M_n(H) = -\frac{1}{\Omega}\frac{\partial E_n(H)}{\partial H} \tag{1.24}$$

となる．これをヘルムホルツの自由エネルギー (Helmholtz free energy) F を用いて熱力学的に書き換えれば，

$$M(H,T) = -\frac{1}{\Omega}\frac{\partial F}{\partial H} \tag{1.25}$$

$$e^{-F/k_\mathrm{B}T} = \sum_n e^{-E_n/k_\mathrm{B}T} \tag{1.26}$$

である．帯磁率 (magnetic susceptibility) は，

$$\chi = \frac{\partial M}{\partial H} \tag{1.27}$$

と定義される．$\chi > 0$ の場合を常磁性 (paramagnetism)，$\chi < 0$ の場合を反磁性 (diamagnetism) という．

　この節では，磁気相互作用が働いていない固体を考えて，その磁場応答としての帯磁率を議論する．また，(1.22) 式のように本節では磁化や帯磁率を単位体積当たりの量として表記する．この量は，モル当たり，グラム当たりで記述されることも多い．

1.3.1　軌道電子の磁場応答

　磁場応答として磁化をもたらすのはスピンを持つ電子であるが，固体内には当然ながら軌道電子と伝導電子が存在する．はじめに，この小節では軌道電子の場

合を取り上げる．z 方向に印加される磁場 $\boldsymbol{H}$ によってベクトルポテンシャルが $\boldsymbol{A} = -\frac{1}{2}\boldsymbol{r} \times \boldsymbol{H}$ と表されるときの磁場中の電子の全運動エネルギー演算子は，

$$E = \frac{1}{2m} \sum_i \left[\boldsymbol{p}_i + \frac{e}{c} \boldsymbol{A}_i(\boldsymbol{r}_i) \right]^2 \tag{1.28}$$

$$= \frac{1}{2m} \sum_i \left[\boldsymbol{p}_i - \frac{e}{2c} (\boldsymbol{r}_i \times \boldsymbol{H}) \right]^2 \tag{1.29}$$

$$= \frac{1}{2m} \sum_i \boldsymbol{p}_i^2 + \mu_\mathrm{B} \boldsymbol{L} \cdot \boldsymbol{H} + \frac{e^2}{8mc^2} H^2 \sum_i (x_i^2 + y_i^2) \tag{1.30}$$

となる．第1項は運動エネルギーを表し，磁場には依存しないので帯磁率には関係がない項である．第2項は，$\hbar \boldsymbol{L} = \sum \boldsymbol{r}_i \times \boldsymbol{p}_i$ の関係から与えられる．磁場によるエネルギー変化分 ΔE に対するハミルトニアン $\Delta \mathcal{H}$ は，磁場に依存する (1.30) 式の第2項，第3項のほかにスピンと磁場との相互作用エネルギー $\mu_\mathrm{B} g \boldsymbol{S} \cdot \boldsymbol{H}$ を加えた次式から求められる．

$$\Delta \mathcal{H} = \mu_\mathrm{B} (\boldsymbol{L} + g\boldsymbol{S}) \cdot \boldsymbol{H} + \frac{e^2}{8mc^2} H^2 \sum_i (x_i^2 + y_i^2) \tag{1.31}$$

(1.25)〜(1.27) 式で示したように，帯磁率は自由エネルギーの2階微分の形で得られる．そのため H^2 を含む項が重要なので，ハミルトニアンの2次の摂動項まで求める必要がある．n 番目の電子準位のエネルギー変化分は，

$$\Delta E_n = \langle n | \Delta \mathcal{H} | n \rangle + \sum_{n \neq n'} \frac{|\langle n | \Delta \mathcal{H} | n' \rangle|^2}{E_n - E_{n'}} \tag{1.32}$$

$$= \langle n | \mu_\mathrm{B} (\boldsymbol{L} + g\boldsymbol{S}) \cdot \boldsymbol{H} | n \rangle + \sum_{n \neq n'} \frac{|\langle n | \mu_\mathrm{B} (\boldsymbol{L} + g\boldsymbol{S}) \cdot \boldsymbol{H} | n' \rangle|^2}{E_n - E_{n'}} \tag{1.33}$$

$$+ \frac{e^2}{8mc^2} H^2 \left\langle n \left| \sum_i (x_i^2 + y_i^2) \right| n \right\rangle \tag{1.34}$$

となる．

a. ラーモア反磁性

イオンが閉殻軌道のみであれば，基底状態の $\boldsymbol{S}$, $\boldsymbol{L}$, $\boldsymbol{J}$ の期待値はすべて 0 である．また，スピン–軌道相互作用や結晶場相互作用による準位分裂もないので，かなりの高温でない限り基底状態のみを考えてよい．そのとき，磁場によるエネルギー変化には，(1.33)〜(1.34) 式の第3項のみが寄与して，

$$\Delta E_0 = \frac{e^2 H^2}{8mc^2} \left\langle 0 \left| \sum_i (x_i^2 + y_i^2) \right| 0 \right\rangle \tag{1.35}$$

$$= \frac{e^2 H^2}{12mc^2} \sum_i \langle 0|r_i^2|0\rangle \tag{1.36}$$

となる．$\boldsymbol{L}=0$ や $\boldsymbol{J}=0$ から電子軌道は球対称と考えてよいので，$\langle x_i^2\rangle = \langle y_i^2\rangle = \langle z_i^2\rangle = \frac{1}{3}\langle r_i^2\rangle$ と置いた．そのようなイオンの数を N とすると，上式から磁化と帯磁率が得られる．

$$M(H) = -\frac{N}{\Omega}\frac{\partial \Delta E_0}{\partial H} = -\frac{e^2 H}{6mc^2}\frac{N}{\Omega}\sum_i \langle r_i^2\rangle \tag{1.37}$$

$$\chi = -\frac{N}{\Omega}\frac{\partial^2 \Delta E_0}{\partial H^2} = -\frac{e^2}{6mc^2}\frac{N}{\Omega}\sum_i \langle r_i^2\rangle \tag{1.38}$$

いつでも負になるこの帯磁率をラーモア (Larmor) の反磁性帯磁率という．この値はたいへん小さく 1 モル当たりおよそ 10^{-5} 程度である．

b. ヴァン・ブレック常磁性

イオンの外殻が不完全殻で，かつ基底状態が $J=0$ で縮退していない場合を考える．$J=0$ の基底状態では (1.33)〜(1.34) 式の第 1 項は 0 となるので，系の基底状態のエネルギー変化は，

$$\Delta E_0 = -\sum_n \frac{|\langle 0|\mu_{\mathrm{B}}(\boldsymbol{L}+g\boldsymbol{S})\cdot\boldsymbol{H}|n\rangle|^2}{E_n - E_0} \tag{1.39}$$

$$+\frac{e^2}{8mc^2}H^2\left\langle 0\left|\sum_i (x_i^2+y_i^2)\right|0\right\rangle \tag{1.40}$$

で与えられる．前と同様に，単位体積当たりのイオンの数を N/Ω と置くと，帯磁率は，

$$\chi = -\frac{N}{\Omega}\frac{\partial^2 \Delta E_0}{\partial H^2} \tag{1.41}$$

$$= -\frac{N}{\Omega}\left[-2\mu_{\mathrm{B}}^2\sum_n \frac{|\langle 0|\boldsymbol{L}_z+g\boldsymbol{S}_z|n\rangle|^2}{E_n-E_0}\right. \tag{1.42}$$

$$\left.+\frac{e^2}{4mc^2}\left\langle 0\left|\sum_i (x_i^2+y_i^2)\right|0\right\rangle\right] \tag{1.43}$$

で与えられる．第 2 項はラーモアの反磁性帯磁率そのものを表している．第 1 項が必ず正の値をとるヴァン・ブレック (van Vleck) 常磁性と呼ばれるものである．

c. キュリー常磁性

次に基底状態が $J\neq 0$ の場合には，(1.33)〜(1.34) 式の第 1 項は第 2, 3 項に比べて大きくなるので，ここでは第 2, 3 項を無視して第 1 項のみを議論することにする．基底状態は磁場によって $J_z = J, J-1, \cdots, -(J-1), -J$ の $(2J+1)$ 本

の準位にゼーマン分裂し，隣接する準位間の分列幅が $g_J\mu_{\mathrm{B}}H$ で等間隔となっている．有限温度では状態はそれらの分裂準位にボルツマン (Boltzman) 分布した形で与えられる．そのときの自由エネルギーは，

$$e^{-F/k_{\mathrm{B}}T} = \sum_{J_z=-J}^{+J} e^{-g_J\mu_{\mathrm{B}}HJ_z/k_{\mathrm{B}}T} \tag{1.44}$$

$$F = -k_{\mathrm{B}}T\log \sum_{J_z=-J}^{+J} e^{-g_J\mu_{\mathrm{B}}HJ_z/k_{\mathrm{B}}T} \tag{1.45}$$

であるから，単位体積当たりのイオンの数 N/Ω の磁化は，

$$M(H,T) = -\frac{N}{\Omega}\frac{\partial \Delta F}{\partial H} \tag{1.46}$$

$$= \frac{N}{\Omega}g_J\mu_{\mathrm{B}}J B_J(g_J\mu_{\mathrm{B}}HJ/k_{\mathrm{B}}T) \tag{1.47}$$

$$B_J(x) = \frac{2J+1}{2J}\coth\frac{2J+1}{2J}x - \frac{1}{2J}\coth\frac{1}{2J}x \tag{1.48}$$

で与えられる．$B_J(x)$ はブリルアン関数 (Brillouin function) という．

(1.47) 式は，磁場が小さいときは磁化は磁場とともに直線的に増加し，磁場が大きい時には一定値に飽和する．ブリルアン関数は x の変域に応じて次のように近似できる．

$$B_J(x) = \frac{J+1}{3J}x - \frac{J+1}{3J}\frac{2J^2+2J+1}{30J}x^3 + \cdots \quad (x\ll 1) \tag{1.49}$$

$$B_J(x) = \pm 1 \mp \frac{e^{-|x|J}}{J} + \cdots \quad (x\gg 1) \tag{1.50}$$

磁場が小さいときには，(1.49) 式の第 1 項を用いて帯磁率は，

$$\chi = \frac{N}{\Omega}\frac{g_J^2\mu_{\mathrm{B}}^2 J(J+1)}{3k_{\mathrm{B}}T} = \frac{C}{T} \tag{1.51}$$

と表される．常磁性帯磁率が温度に逆比例する関係は，キュリーの法則 (Curie's law) と呼ばれる．定数 C はキュリー定数 (Curie constant) と呼ばれ，表 1.1 で示した常磁性モーメント (有効磁子数) $\mu_{\mathrm{eff}} = g_J\sqrt{J(J+1)}$ から得られ，帯磁率の温度依存性から J を決定できる．

温度が十分に低く磁場が大きい場合は，$x\to\infty$, $B_J(x) = 1$ となるので (1.50) 式の近似を用いると (1.46) 式の磁化は，

$$M = \frac{N}{\Omega}g_J\mu_{\mathrm{B}}J \tag{1.52}$$

の値に飽和する．これを磁化の常磁性飽和 (paramagnetic saturation) という．

一般に，帯磁率 χ は磁化 M が磁場 H に比例する領域で定義される．そのため

χ を H に依存しない物質固有の物理量として議論することができる．磁化が磁場に比例しない領域では，常に M と H の二つの量を指定して議論する必要があるため，そこでは磁化 M を用いるのが普通である．その場合でも，必要に応じて M/H を議論することがあるが，定義によってそれを「帯磁率」と呼ぶと磁場に依存しない χ と混同するおそれがあるので注意を要する．

1.3.2 伝導電子の磁場応答

軌道電子と同様に，伝導電子が磁場に応答して生じる常磁性や反磁性帯磁率を簡単にまとめる．

a．パウリ常磁性

ここでは，伝導電子は磁場に対してスピンとしてのみ応答し，磁場による軌道運動は無視できるものとして扱う．いま，磁場に平行なスピンを持つ伝導電子数を n_+，反平行スピン数を n_- とすると，磁化は

$$M = -\mu_B(n_+ - n_-) \tag{1.53}$$

である．磁場が 0 であれば $n_+ = n_-$ であり，エネルギー ε のそれぞれのスピンの伝導電子の状態密度も $\rho_+(\varepsilon) = \rho_-(\varepsilon)$ である．両方のスピンの電子状態密度を合わせた状態密度を $D(\varepsilon)$ で表すと，磁場 H のもとでは，$+$ スピン，$-$ スピンの電子準位がそれぞれ $\pm\mu_B H$ だけずれる．

$$\rho_\pm(\varepsilon) = \frac{1}{2}D(\varepsilon \mp \mu_B H) \tag{1.54}$$

$+$ スピン，$-$ スピンも同じフェルミエネルギー ε_F 準位まで占有するので，エネルギーが高くなった $-$ スピンの一部が $+$ スピンに移行する．$+$，$-$ スピン数は，

$$n_\pm = \frac{1}{2}\int_{-\infty}^{\infty} D(\varepsilon)f(\varepsilon,T)d\varepsilon \mp \frac{1}{2}\mu_B H \int_{-\infty}^{\infty} D'(\varepsilon)f(\varepsilon,T)d\varepsilon \tag{1.55}$$

となる．ここで $f(\varepsilon,T)$ は温度 T におけるフェルミ分布関数である．(1.53)，(1.55) 式から磁化は以下で与えられる．

$$M = \mu_B^2 H \int_{-\infty}^{\infty} D'(\varepsilon)f(\varepsilon,T)d\varepsilon \tag{1.56}$$

$$= \mu_B^2 H \int_{-\infty}^{\infty} D(\varepsilon)\left(-\frac{\partial f(\varepsilon,T)}{\partial \varepsilon}\right)d\varepsilon \tag{1.57}$$

$$= \mu_B^2 H D(\varepsilon_F) \quad (T = 0\text{ K}) \tag{1.58}$$

(1.58) 式は，$T = 0$ では $-\partial f(\varepsilon,0)/\partial \varepsilon = \delta(\varepsilon - \varepsilon_F)$ となることから得られる．実際には，有限温度であっても $-\partial f(\varepsilon,0)/\partial \varepsilon$ の温度変化は小さいので，室温付近

の議論では (1.58) 式は正しい値として利用できる．帯磁率は，

$$\chi_0 = \mu_{\rm B}^2 D(\varepsilon_{\rm F}) \tag{1.59}$$

$$= \mu_{\rm B}^2 \frac{mk_{\rm F}}{\hbar^2 \pi^2} \tag{1.60}$$

となる．(1.60) 式は，自由電子近似では $D(\varepsilon_{\rm F}) = mk_{\rm F}/\hbar^2\pi^2$ となることによる．$k_{\rm F}$ はフェルミ波数である．(1.59)～(1.60) 式の帯磁率はパウリの常磁性帯磁率 (Pauri's paramagnetic susceptibility) として知られている．その値は $\sim 10^{-6}$ 程度で，キュリーの常磁性帯磁率と比べてはるかに小さいが，軌道電子による磁気モーメントが特に小さい場合にはその影響は無視できない．

b. ランダウ反磁性

上のパウリ常磁性の議論では，伝導電子の電荷を無視することで磁場のローレンツ力による軌道運動を無視した．実際には磁場中の伝導電子には磁場方向に垂直な面内で回転運動が生じる．しかし，この回転運動では磁場の強さは回転半径を変えるが，速度を変えることはないので運動エネルギーは磁場によって変化しない．そのため，ヘルムホルツの自由エネルギーも変化しないので，(1.25) 式で定義される磁化も変化しない．

磁場 0 のとき xy 面内の伝導電子のエネルギーは状態密度にしたがって分布している．z 方向に磁場を印加したとき，xy 面内のサイクロトロン運動は x 方向と y 方向の調和振動の合成と考えられる．調和振動子の運動を量子力学にしたがって考えると，磁場を中心とする回転運動の量子化によってエネルギーは離散値をとるようになる．これをエネルギー準位のランダウ (Landau) の量子化という．このような電子系にフェルミ統計を適用して得られる自由エネルギーから次のような帯磁率が得られる．

$$\chi_{\rm Landau} = -\frac{1}{3}\mu_{\rm B}^2 \frac{mk_{\rm F}}{\hbar^2 \pi^2} \tag{1.61}$$

これをランダウの反磁性帯磁率という．この式と (1.60) 式を比較すると明らかなようにパウリの常磁性帯磁率との間には，

$$\chi_{\rm Landau} = -\frac{1}{3}\chi_0 \tag{1.62}$$

という関係がある．その結果，金属伝導を示す固体の伝導電子による帯磁率は，

$$\chi = \frac{2}{3}\chi_0 = \frac{2}{3}\mu_{\rm B}^2 \frac{mk_{\rm F}}{\hbar^2 \pi^2} \tag{1.63}$$

として現れる．その温度依存性は $k_{\rm F}$ の温度変化によるのでかなり小さいものとなる．

1.4 磁気相互作用

磁気モーメント間に働く力として,古典的な考えからは磁気双極子相互作用が思い浮かぶが,この相互作用はたいへん弱くて磁気異方性がほとんどない場合に磁気モーメントの方向に影響を与える程度である.磁気モーメント間の強い相互作用の本質は,前節で述べたパウリの排他律に基づくクーロン相互作用のスピン依存性にある.排他律によって同じ軌道に2個の電子が入るとき,それぞれupとdownのスピンとなるように,電子スピン間の関係がパウリの排他律によって定められる.パウリの排他律は,フェルミ粒子である複数の電子が存在する系で,2個の電子の位置座標を交換すると波動関数が反対称となることを意味している.これが,固体内の磁性イオン間に

$$-2\mathcal{J}_{ij}\bm{S}_i \cdot \bm{S}_j \tag{1.64}$$

の形の磁気相互作用が働く原因となっている.

1.4.1 交換相互作用

ここでは2個の水素様 (1電子) 原子 a, b を考える.原子上のそれぞれの電子座標を $\bm{r}_a$, $\bm{r}_b$ とする.個々の原子での波動関数 $\psi_a(\bm{r}_a)$, $\psi_b(\bm{r}_b)$ とそれぞれの電子座標を入れ替えた $\psi_a(\bm{r}_b)$, $\psi_b(\bm{r}_a)$ から,系の状態は,

$$\psi(\bm{r}_a, \bm{r}_b) = \psi_a(\bm{r}_a)\psi_b(\bm{r}_b) \tag{1.65}$$

$$\psi(\bm{r}_b, \bm{r}_a) = \psi_a(\bm{r}_b)\psi_b(\bm{r}_a) \tag{1.66}$$

の二つの状態の線形結合として,対称 (symmetry, s) と反対称 (asymmetry, t) の波動関数で表される.ただし,添え字 s, t は対応するスピン関数 (後述) の一重項 (singlet, s),三重項 (triplet, t) による.

$$\psi_s(\bm{r}_a, \bm{r}_b) = \frac{1}{\sqrt{2}}\{\psi_a(\bm{r}_a)\psi_b(\bm{r}_b) + \psi_a(\bm{r}_b)\psi_b(\bm{r}_a)\} \tag{1.67}$$

$$\psi_t(\bm{r}_a, \bm{r}_b) = \frac{1}{\sqrt{2}}\{\psi_a(\bm{r}_a)\psi_b(\bm{r}_b) - \psi_a(\bm{r}_b)\psi_b(\bm{r}_a)\} \tag{1.68}$$

系全体の記述には,スピンの状態も含まれる.電子スピンの状態 α, β をそれぞれ $s_z = \frac{1}{2}$ (up spin), $s_z = -\frac{1}{2}$ (down spin) と表すと,2電子系のスピン関数は,

$$\chi_s(a,b) = \frac{1}{\sqrt{2}}\{\alpha(s_a)\beta(s_b) - \alpha(s_b)\beta(s_a)\} \tag{1.69}$$

$$\chi_t(a,b) = \begin{cases} \alpha(s_a)\alpha(s_b) \\ \frac{1}{\sqrt{2}}\{\alpha(s_a)\beta(s_b) + \alpha(s_b)\beta(s_a)\} \\ \beta(s_a)\beta(s_b) \end{cases} \tag{1.70}$$

で与えられる．χ_s は反対称，χ_t は対称となっている．χ_s は $\boldsymbol{S} = \boldsymbol{s}_a + \boldsymbol{s}_b = 0$ の一重項，χ_t は $\boldsymbol{S} = 1$ で $\boldsymbol{m}_S = -1,\ 0,\ 1$ の三重項となっている．

系全体としては 2 電子の交換に対して反対称でなければならないから，電子の波動関数とスピン関数の積は対称と反対称の積の形，

$$\Psi_s = \psi_s\chi_s = \frac{1}{\sqrt{2}}\{\psi_a(\boldsymbol{r}_a)\psi_b(\boldsymbol{r}_b) + \psi_a(\boldsymbol{r}_b)\psi_b(\boldsymbol{r}_a)\}\chi_s(a,b) \tag{1.71}$$

$$\Psi_t = \psi_t\chi_t = \frac{1}{\sqrt{2}}\{\psi_a(\boldsymbol{r}_a)\psi_b(\boldsymbol{r}_b) - \psi_a(\boldsymbol{r}_b)\psi_b(\boldsymbol{r}_a)\}\chi_t(a,b) \tag{1.72}$$

で記述される．2 電子間の相対座標を r_{ab} として，それぞれの場合のクーロン相互作用 $\frac{e^2}{r_{ab}}$ によるエネルギーは，次の交換積分 (exchange integral) によって与えられる．

$$E_s = \int \Psi_s^* \frac{e^2}{r_{ab}} \Psi_s d\boldsymbol{r}_a d\boldsymbol{r}_b = \mathcal{K}_{ab} + \mathcal{J}_{ab} \tag{1.73}$$

$$E_t = \int \Psi_t^* \frac{e^2}{r_{ab}} \Psi_t d\boldsymbol{r}_a d\boldsymbol{r}_b = \mathcal{K}_{ab} - \mathcal{J}_{ab} \tag{1.74}$$

ただし，

$$\mathcal{K}_{ab} = \int \psi_a^*(\boldsymbol{r}_a)\psi_b^*(\boldsymbol{r}_b) \frac{e^2}{r_{ab}} \psi_a(\boldsymbol{r}_a)\psi_b(\boldsymbol{r}_b) d\boldsymbol{r}_a d\boldsymbol{r}_b \tag{1.75}$$

$$\mathcal{J}_{ab} = \int \psi_a^*(\boldsymbol{r}_b)\psi_b^*(\boldsymbol{r}_a) \frac{e^2}{r_{ab}} \psi_a(\boldsymbol{r}_b)\psi_b(\boldsymbol{r}_a) d\boldsymbol{r}_a d\boldsymbol{r}_b \tag{1.76}$$

である．次へのステップのために，ここでスピン演算子 $\boldsymbol{s} = (s_x, s_y, s_z)$ について述べておく．$s_x^2,\ s_y^2,\ s_z^2$ がそれぞれ $\frac{1}{4} = (\pm\frac{1}{2})^2$ なので，$\boldsymbol{s}^2 = s_x^2 + s_y^2 + s_z^2$ の固有値は $\frac{3}{4}$ となる．2 電子系では，$\boldsymbol{S} = \boldsymbol{s}_a + \boldsymbol{s}_b,\ \boldsymbol{S}^2 = \boldsymbol{s}_a^2 + \boldsymbol{s}_b^2 + 2\boldsymbol{s}_a\cdot\boldsymbol{s}_b$ である．2 電子であるから S は 0 か 1 のため，$\boldsymbol{S}^2 = S(S+1)$ は 0 か 3 である．また，$\boldsymbol{s}_a^2,\ \boldsymbol{s}_b^2$ の固有値は $\frac{3}{4}$ であるから，

$$\boldsymbol{s}_a\cdot\boldsymbol{s}_b = \frac{1}{4} \quad (S=0,\ 一重項) \tag{1.77}$$

$$= -\frac{3}{4} \quad (S=1,\ 三重項) \tag{1.78}$$

となる．この性質を利用して，次のような演算子を考える．

$$\mathcal{K}_{ab} - \frac{1}{2}\mathcal{J}_{ab}(1 + 4\boldsymbol{s}_a \cdot \boldsymbol{s}_b) \tag{1.79}$$

この演算子は，一重項で $\mathcal{K}_{ab} + \mathcal{J}_{ab}$，三重項で $\mathcal{K}_{ab} - \mathcal{J}_{ab}$ となって (1.73)，(1.74) 式と同じ結果を与え，2 電子系のクーロン相互作用エネルギーの演算子となっている．(1.79) 式のスピン依存の部分を取り出すと $-2\mathcal{J}_{ab}\boldsymbol{s}_a\cdot\boldsymbol{s}_b$ となって，多電子原子の全スピン演算子 $\boldsymbol{S}$ に読み替えれば，(1.64) 式と同じ形のスピン間に働く磁気相互作用が導き出せる．これまで見てきたように (1.79) 式は交換エネルギー演算子なので，磁気相互作用を交換相互作用 (exchange interaction) と呼ぶ．

これまでの議論は，ハイゼンベルグ (Heisenberg) によって二つのスピンが平行に向く強磁性の理論として与えられたもので，$\mathcal{J}_{ab}$ は常に正となることに注意してほしい．反強磁性が成立するためには $\mathcal{J}_{ab} < 0$ となる必要がある．

1.4.2 直接交換相互作用

隣接する原子の磁性を担う電子が直接その位置を交換し合って生じる磁気相互作用を直接交換相互作用 (direct exchange interaction) という．隣接原子間の交換相互作用を考える場合，上記のハイゼンベルグによる議論で無視していた波動関数が直接重なる効果を考慮しなければならない．それは，非直交積分

$$S_{ab}^2 = \int \psi_a^*(\boldsymbol{r}_a)\psi_b^*(\boldsymbol{r}_b) d\boldsymbol{r}_a d\boldsymbol{r}_b \tag{1.80}$$

で表され，(1.73)，(1.74) 式は次のように書き直される[3]．

$$E_s = \frac{\mathcal{K}_{ab} + \mathcal{J}_{ab}}{1 + S_{ab}^2} \tag{1.81}$$

$$E_t = \frac{\mathcal{K}_{ab} - \mathcal{J}_{ab}}{1 + S_{ab}^2} \tag{1.82}$$

$$E_t - E_s = \frac{2(\mathcal{K}_{ab}S_{ab}^2 - \mathcal{J}_{ab})}{1 - S_{ab}^4} \tag{1.83}$$

ハイゼンベルグ理論では波動関数が完全に直交する $S_{ab}^2 = 0$ の場合で，$E_t - E_s = -2\mathcal{J}_{ab} < 0$ となり平行スピン状態の強磁性結合となる．隣接原子の距離が縮まると S_{ab}^2 が大きくなり，$E_t - E_s = -2\mathcal{J}_{ab} > 0$ の反平行スピン状態 (反強磁性結合) が実現する．また，S_{ab}^2 は交換積分に関与する波動関数間の直交，非直交関係に強く依存する．

直接交換相互作用はもっとも強い磁気相互作用で，1041 K という高いキュリー温度を示す α-Fe の強磁性の基となる主要な相互作用であると定性的には考えてよい．そこでは Fe 原子が隣接していて，磁性を担う 3d 電子同士に直接交換相互

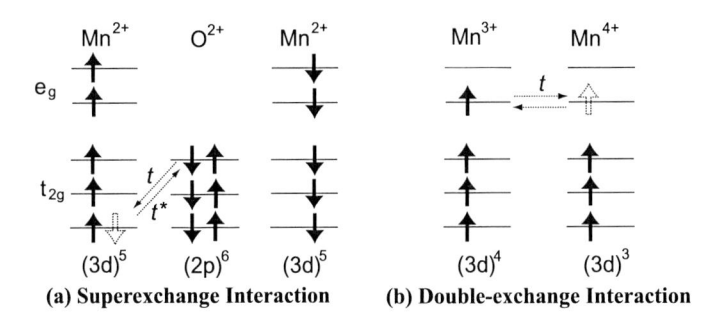

図 1.4 超交換相互作用 (MnO の場合) と二重交換相互作用 ($La_{1-x}Sr_xMnO_3$ などの場合)

作用が働く．しかし，隣接原子上の $3d$ 電子が重なりやすいということは，$3d$ 電子が遍歴しやすい電子であることを意味しており，厳密にはバンドを形成する $3d$ 電子を遍歴電子系の磁性として議論すべきものである．

1.4.3 超交換相互作用

MnO や MnF_2 などの反強磁性は絶縁体であり，磁性原子 Mn は非磁性原子に隔てられている．Mn イオンが非磁性原子を介して相互作用する機構を超交換相互作用 (superexchange interaction) と言う．図 1.4(a) に示した MnO を例にとって説明を進める．MnO 内で磁性原子は，Mn^{2+}–O^{2-}–Mn^{2+} のように $180°$ の関係で配列している．この基底状態の電子配置は図に示すように $(3d)^5$–$(2p)^6$–$(3d)^5$ となって，Mn イオンはパウリの排他律とフント則を満たし，5 本の $3d$ 準位にすべて同じ向きのスピンとして入り $S = \frac{5}{2}$ となっている．励起状態として，O イオンから 1 個の電子が左の Mn イオンに飛び移る．飛び移る電子は，up spin がすべて詰まっているので down spin のみが可能である．このときの飛び移り積分 (移行積分，transfer integral) を t とする．この励起状態は同じ軌道上で対になった電子によるクーロン相互作用エネルギー U だけ基底状態よりエネルギーが高い．電子が飛び移ると，O イオンには電子空孔 (hole) が生じ，不対電子によって $S = \frac{1}{2}$ となる．このスピンが左の $S = \frac{5}{2}$ の Mn イオンの間に直接交換相互作用 $(-2\mathcal{J}')$ が働き，磁気的に結合する．$\mathcal{J}'$ の符号は，$2p$ 軌道の波動関数 (x, y, z) と $3d$ 軌道の波動関数 $(xy, yz, zx, 3z^2 - r^2, x^2 - y^2)$ の直交性に依存する．直交している場合は正，非直交の場合は負である．実際には結晶場による $3d$ 準位の分裂や原子結合を担う電子の軌道を考慮しなければならないが，MnO では $\mathcal{J}' < 0$ で反強磁性結合となる．励起状態は，右の Mn イオンから電子が O イオンの $2p$ 軌

道に再び飛び移ることで基底状態に戻る．この過程は移行積分 t のときの逆過程であるから，複素共役 t^* がこのときの移行積分である．以上のような一連の電子の飛び移りを通じて，O イオンを介した Mn イオン間に

$$-2\frac{|t|^2}{U^2}\mathcal{J}'\boldsymbol{S}\cdot\boldsymbol{S} \tag{1.84}$$

の形の超交換相互作用が働く．

1.4.4 二重交換相互作用

$\mathrm{La}_{1-x}\mathrm{Sr}_x\mathrm{MnO}_3$ や $\mathrm{La}_{1-x}\mathrm{Ca}_x\mathrm{MnO}_3$ などの酸化物では希土類イオン La^{3+} とアルカリ土類イオン Sr^{2+} の電荷のために Mn イオンはそれぞれ $(3d)^4$ と $(3d)^3$ の電子配置の Mn^{3+} と Mn^{4+} となって異なる電荷のイオンが共存している．この混晶は酸化物であるが，全 Mn に対する Mn^{4+} の濃度が 10～50%で著しく電気伝導度が増す．これは，図 1.4(b) に示すように Mn^{3+}–Mn^{4+} が Mn^{4+}–Mn^{3+} と変化する電子の飛び移りが生じて伝導に寄与するためである．図のように，両イオン上で 5 個より少ない電子がすべて同じ向きのスピン配列をしていれば，クーロン相互作用の増加もなくフント則を満たすように移行することができる．その結果，運動エネルギー分のエネルギー利得が生じて，強磁性的な結合が安定する．

以上のような二重交換相互作用 (double–exchange interaction) が生じる $\mathrm{La}_{1-x}\mathrm{Sr}_x\mathrm{MnO}_3$ や $\mathrm{La}_{1-x}\mathrm{Ca}_x\mathrm{MnO}_3$ では Mn イオンが O を介して接しているため反強磁性的な超交換相互作用も働く．これらの物質は，相互作用が競合する結果，多彩な磁気相が出現する系として知られている．

1.4.5 異方的交換相互作用

これまで議論してきた交換相互作用は，縮退のない基底状態のスピンにのみ依存する，いわゆるハイゼンベルグ型の相互作用である．これに軌道の効果としてスピン–軌道相互作用 (L–S 結合) とそれによる励起状態の効果を導入すると異方的な磁気相互作用が生じる．原子 a で $\lambda\boldsymbol{L}\cdot\boldsymbol{S}$ のスピン–軌道相互作用によってできる励起状態にある電子が，原子 b 上の基底状態にある電子へ飛び移る移行積分は λ に比例した t' となり，基底状態間の移行積分 t とは異なる．逆過程として原子 b から a への電子の飛び移りが基底状態間で生じれば交換積分は tt' に比例し，励起状態から基底状態へと飛び移るときには $(t')^2$ に比例する．tt' に比例する場合のハミルトニアンは，

$$\mathcal{H}_{\mathrm{DM}} = \boldsymbol{D}\cdot[\boldsymbol{S}_a\times\boldsymbol{S}_b] \tag{1.85}$$

と二つのスピンのベクトル積で表され，ジャロシンスキー–守谷相互作用 (Dzyaloshinsky–Moriya interaction) と呼ばれる．原子 a と b を結ぶ中点 O において反転対称があるとベクトル $\boldsymbol{D}$ は 0 になる．そのため反対称交換相互作用とも呼ばれる．点 O において原子 a, b に関して鏡面があるときや，a, b を含む鏡面があるときにはベクトル $\boldsymbol{D}$ は a, b を結ぶ線に垂直になる．また，$\boldsymbol{S}_a \times \boldsymbol{S}_b$ は $\boldsymbol{S}_a$ と $\boldsymbol{S}_b$ が反平行 (あるいは平行) でない場合に値を持つことから，反強磁性体のスピンを傾けさせて弱強磁性 (weak ferromagnetism) の原因になることがある．この弱強磁性は反強磁性に付随して現れるので寄生強磁性 (parasitic ferromagnetism) とも呼ばれる．

もう一つの $(t')^2$ に比例する場合のハミルトニアンは，

$$\mathcal{H}_{\mathrm{pd}} = \boldsymbol{S}_a \cdot \boldsymbol{\Gamma} \cdot \boldsymbol{S}_b \tag{1.86}$$

の形で与えられ，これは双極子相互作用と似た形式なので擬双極子相互作用 (pseudo dipolar interaction) と呼ばれる．$\boldsymbol{\Gamma}$ はテンソルで与えられる．相互作用の過程からから明らかなように，$\boldsymbol{D}$ は λ に比例し，$\boldsymbol{\Gamma}$ は λ^2 に比例する．

1.4.6 RKKY 相互作用

ここまで議論してきた磁気相互作用は，O を介する超交換相互作用も含めて原子間の電子の飛び移りに起源を持つ交換相互作用である．非磁性の Au や Cu 中の 10% 程度の希薄な Mn や Fe の磁性原子スピンは低温で凍結してスピングラス (spin glass) になる．このとき，遠く離れたスピン間には伝導電子を介して磁気相互作用が働く．磁性原子の $3d$ スピンと伝導電子スピンの間に交換相互作用が働くので，これを s–d 相互作用と呼ぶ．この機構は，よく局在していて磁性原子間の電子の飛び移り確率のきわめて小さい f 電子系の磁気相互作用でもある．この場合は s–f 相互作用と呼ぶ．前者の場合は，ほとんどの伝導電子は Cu や Au の最外殻 s 電子によるが，後者では希土類原子の $(5d)^2 6s$ 軌道電子も伝導電子となるため厳密には s–f 相互作用と呼べないが便宜上伝導電子を s 電子と見なしている．また，この相互作用を金属中の核スピン間の相互作用として定式化したルーダーマンとキッテル，CuMn 合金の磁性や伝導を局在スピンの周りの伝導電子の偏極から議論した芳田，この相互作用で希土類金属の磁性を議論した糟谷から RKKY (Ruderman–Kittel–Kasuya–Yoshida) 相互作用と呼ばれる．局在 f 電子系の磁性はもっぱらこの相互作用によって議論される．RKKY 相互作用は，伝導電子のありように強く依存するので，第 3 章では RKKY 相互作用の導出を行うが，こ

こでは，磁気相互作用としての性質を述べておく．

局在 f 電子スピンと伝導電子の交換積分を $\mathcal{J}_{sf}$ として RKKY 相互作用のハミルトニアンが次式で与えられる．

$$\mathcal{H}_{\mathrm{RKKY}} = -2\mathcal{J}_{\mathrm{RKKY}} \boldsymbol{S}_i \cdot \boldsymbol{S}_j \tag{1.87}$$

$$\mathcal{J}_{\mathrm{RKKY}} = \frac{9\pi}{2}\left(\frac{N}{\Omega}\right)^2 \frac{\mathcal{J}_{sf}^2}{\varepsilon_{\mathrm{F}}} \frac{-2k_{\mathrm{F}}r\cos(2k_{\mathrm{F}}r) + \sin(2k_{\mathrm{F}}r)}{(2k_{\mathrm{F}}r)^4} \tag{1.88}$$

ここで，r は局在スピン $\boldsymbol{S}_i$ と $\boldsymbol{S}_j$ の距離，N は伝導電子数，Ω は系の体積，k_{F} はフェルミ波数，ε_{F} はフェルミエネルギーである．(1.88) 式の RKKY 相互作用は，次の式で近似できる．

$$\mathcal{J}_{\mathrm{RKKY}} \propto \frac{\cos(2k_{\mathrm{F}}r)}{r^3} \tag{1.89}$$

RKKY 相互作用は，正負に振動しながら次第に減衰する．金属中のフェルミ波数 k_{F} は 0.6〜1.8Å^{-1} なので，振動の周期は 1.7〜5.2Å 程度である．希土類元素のイオン半径は，$(4f)^0$ の La^{3+} で 1.22Å，$(4f)^{14}$ の Lu^{3+} で 0.85Å と変化する．そのため，同じ結晶構造を持つ化合物では希土類元素が原子番号の大きい元素ほど格子定数が小さくなるランタノイド収縮 (lanthanoid contraction) (3.3.1 項参照) が生じる．イオン半径の変化分がそのまま格子定数に反映されるわけではないので，原子番号が近い希土類元素の場合は磁気相互作用の符号の変化はないと考えてよい．希土類イオン間の距離が偶然に RKKY 相互作用の周期的振動の節の近くにある場合は，元素が変わるとランタノイド収縮によって反強磁性から強磁性，またはその逆の変化が現れることがある．

上の RKKY 相互作用はフェルミ面が球上であることを仮定した等方的な相互作用として議論をした．実際には固体内でフェルミ面が球となることはほとんど考えられない．相互作用は，フェルミ面上の状態密度や伝導電子数に依存するとともに，フェルミ面の形状にも強く依存する．もっとも対称性の高い立方晶であれば (1.86)〜(1.88) 式が適用可能なときもあるが，正方晶，六方晶と対称性が下がるほどフェルミ面の吟味が必要となる．

RKKY 相互作用の強さは α–Fe の 1041 K のキュリー温度の主因である直接交換相互作用には及ばないが，最大で Gd 金属の 289 K の強磁性キュリー温度を与える．$4f$ 原子と $3d$ 原子の化合物があって，それぞれの原子が隣接していると仮定すると，一般に $3d$–$3d$, $3d$–$4f$, $4f$–$4f$ の順で相互作用が弱くなると考えてよい．

1.5 結晶場と磁気異方性

$4f$ 電子系の磁性体にはきわめて強い磁気異方性を示すものがある．これは $4f$ 電子の軌道角運動量 L と希土類イオンを囲む格子イオンによって作られる異方的な電気ポテンシャルである結晶場 (electric crystalline field または crystal field) による．例えば，現在もっとも強い永久磁石の基となっている正方晶化合物の $Nd_2Fe_{14}B$ では Fe–Fe 間の強い磁気相互作用が 586 K の強磁性キュリー温度の主因で，多成分の Fe が大きな残留磁化 (residual magnetization, remanence) を与え，Nd^{3+} イオンの 1 イオン磁気異方性が大きな保持力 (coercive force) の原因となって，これまで知られている永久磁石を越える最大エネルギー積 (maximum energy product) を与えている．後述するように，磁気異方性は希土類化合物の (特に長周期の) 磁気構造にも影響を与える．

これまでの議論は，軌道電子にはクーロン相互作用がもっとも強い相互作用として働き，次にスピン–軌道相互作用が働くとしてきた．しかし，鉄族遷移金属の $3d$ 軌道電子では結晶場相互作用がスピン–軌道相互作用よりも強いか，同等の強さとなる．前者の場合，強い結晶場によって分裂した軌道の下の準位から順に電子が占めるため，フント則が部分的に破れ，磁気モーメントが消えたり，非常に小さくなったりする．この状態を低スピン状態という．結晶場相互作用とスピン–軌道相互作用が同等の強さのとき，フント則が満たされた状態に結晶場が作用して軌道の準位分裂が生じ，それに伴って軌道角運動量が消失するという現象が起きる．

f 電子系の希土類やアクチナイド原子では結晶場相互作用がスピン–軌道相互作用よりも弱いので，これまで議論してきたようにまずフント則が成り立ち，S と L から保存量子数 J が合成され，その J で定められたスピン–軌道状態に結晶場が作用する．このように f 電子系の磁性を議論する場合にはパウリの排他律やフント則を所与のものとして扱うと，結晶場相互作用は RKKY 相互作用やゼーマン相互作用よりも強いために磁性を記述するハミルトニアンではもっとも重要な項となる．

1.5.1 結 晶 場

結晶場は，結晶格子点のイオンの電荷が軌道電子位置にもたらす電場として与

えられる．絶縁体であれば，結晶格子の単位胞の 100 倍程度の領域のイオンの積算で求められるが，金属性の固体では伝導電子による遮蔽の効果を取り入れる必要がある．結晶場ハミルトニアンは等価演算子 (equivalent operator) 法[7] の表記で

$$\mathcal{H}_{\mathrm{CEF}} = \sum_{l,m} B_l^m O_l^m = \sum_{l,m} \theta_l \langle r^l \rangle A_l^m O_l^m \qquad (1.90)$$

と与えられる．ここで θ_l はスティーブンス因子 (Stevens' factor)[8]，$\langle r^l \rangle$ は電子軌道の動径 r の n 乗の平均，B_l^m，A_l^m はともに結晶場パラメータと呼ばれる．B_l^m はイオンに依存する量を含むが，A_l^m と記述した場合は結晶構造にのみ依存し，同じ結晶構造を持つ一連の希土類化合物では一定程度共通な量として議論できる．O_l^m は結晶場等価演算子である．結晶場 V は球面関数 $P_l^m(\cos\theta)\cos m\theta$ を用いて表され，エネルギーはその関数を軌道電子の波動関数を用いて $\int \psi_{l',m_1}^*(\boldsymbol{r}) V \psi_{l',m_2}(\boldsymbol{r}) d\boldsymbol{r}$ の積分から求められる．$\psi_{l',m_2}(\boldsymbol{r})$ も球面関数の形で与えられて 3 つの球面関数の積の積分となる．この積は偶関数でなければならないので l が奇数の項は消える．l が偶数の場合でも，$l' = 2$ (d 軌道) に対しては $l = 2, 4$ と $m \leq l$ の項を計算すればよい．また，$l' = 3$ (f 軌道) に対しては $l = 2, 4, 6$ と $m \leq l$ の項を必要とする．

全角運動量 $\boldsymbol{J}$ で指定される基底状態は $(2J+1)$ 重に縮退している．この縮退は $\mathcal{H}_{\mathrm{CEF}}$ によって部分的にか全面的にか解かれることになる．$(2J+1)$ 個の波動関数の間の $\mathcal{H}_{\mathrm{CEF}}$ の行列要素の計算には等価演算子法を用いると便利である．等価演算子法では，波動関数に現れる x^n, y^n, z^n を J_x^n, J_y^n, J_z^n，また $xy = \frac{1}{2}(xy+yx)$ は $\frac{1}{2}(J_x J_y + J_y J_x)$ のように等価な演算子に置き換える．例えば，n 個の軌道電子に働く 2 次の結晶場は

$$\sum_i (3z_i^2 - r_i^2) = \alpha_J \langle r^2 \rangle \{3J_z^2 - J(J+1)\} = \alpha_J \langle r^2 \rangle O_2^0 \qquad (1.91)$$

$$\sum_i (x_i^2 - y_i^2) = \alpha_J \langle r^2 \rangle \{J_x^2 - J_y^2\} = \alpha_J \langle r^2 \rangle O_2^2 \qquad (1.92)$$

で与えられる．それぞれ α_J，β_J，γ_J と表記する 2 次，4 次，6 次のスティーブンス因子 $\theta_l (l = 2, 4, 6)$ は，磁性イオン固有の定数として表 1.2 に示す．これらの値は，(1.91)～(1.92) 式の左辺の行列要素を上に述べたように波動関数を用いて計算して右辺と比較することで求められる．等価演算子 O_l^m は表 1.3 にまとめてある．また，動径 r の 2 乗，4 乗，6 乗の平均は文献[9] に与えられている．

実際の結晶場を考える場合には，表 1.2, 1.3 に示すすべての結晶場パラメータ

1.5 結晶場と磁気異方性　　23

表 1.2　希土類イオン R^{3+} の基底状態でのスティーブンス因子 α_J, β_J, γ_J[8].

イオン	$n(4f^n)$	J	α_J	β_J	γ_J
La^{3+}	0	0	0	0	0
Ce^{3+}	1	$\frac{5}{2}$	$-2/5\cdot 7$	$2/3^2\cdot 5\cdot 7$	0
Pr^{3+}	2	4	$-2^2\cdot 13/3^2\cdot 5^2\cdot 11$	$-2^2/3^2\cdot 5\cdot 11^2$	$2^4\cdot 17/3^4\cdot 5\cdot 7\cdot 11^2\cdot 13$
Nd^{3+}	3	$\frac{9}{2}$	$-7/3^2\cdot 11^2$	$-2^3\cdot 17/3^3\cdot 11^3\cdot 13$	$-5\cdot 17\cdot 19/3^3\cdot 7\cdot 11^3\cdot 13^2$
Pm^{3+}	4	4	$2\cdot 7/3\cdot 5\cdot 11^2$	$2^3\cdot 7\cdot 17/3^3\cdot 5\cdot 11^3\cdot 13$	$2^3\cdot 17\cdot 19/3^3\cdot 7\cdot 11^2\cdot 13^2$
Sm^{3+}	5	$\frac{5}{2}$	$13/3^2\cdot 5\cdot 7$	$2\cdot 13/3^3\cdot 5\cdot 7\cdot 11$	0
Eu^{3+}	6	0	0	0	0
Gd^{3+}	7	$\frac{7}{2}$	0	0	0
Tb^{3+}	8	6	$-1/3^2\cdot 11$	$2/3^3\cdot 5\cdot 11^2$	$-1/3^4\cdot 7\cdot 11^2\cdot 13$
Dy^{3+}	9	$\frac{15}{2}$	$-2\cdot 13/3^2\cdot 5\cdot 7$	$-2^3/3^3\cdot 5\cdot 7\cdot 11\cdot 13$	$2^2/3^3\cdot 7\cdot 11^2\cdot 13^2$
Ho^{3+}	10	8	$-1/2\cdot 3^2\cdot 5^2$	$-1/2\cdot 3\cdot 5\cdot 7\cdot 11\cdot 13$	$-5/3^3\cdot 7\cdot 11^2\cdot 13^2$
Er^{3+}	11	$\frac{15}{2}$	$2^2/3^2\cdot 5^2\cdot 7$	$2/3^2\cdot 5\cdot 7\cdot 11\cdot 13$	$2^3/3^3\cdot 7\cdot 11^2\cdot 13^2$
Tm^{3+}	12	6	$1/3^2\cdot 11$	$2^3/3^4\cdot 5\cdot 11^2$	$-5/3^4\cdot 7\cdot 11^2\cdot 13$
Yb^{3+}	13	$\frac{7}{2}$	$2/3^2\cdot 7$	$-2/3\cdot 5\cdot 7\cdot 11$	$2^2/3^3\cdot 7\cdot 11\cdot 13$
Lu^{3+}	14	0	0	0	0

表 1.3　全軌道角運動量 J の希土類イオンに対する結晶場ハミルトニアンの等価演算子[7].

O_l^m	等価演算子
O_2^0	$3J_z^2 - J(J+1)$
O_2^2	$\frac{1}{2}[J_+^2 + J_-^2]$
O_4^0	$35J_z^4 - 30J(J+1)J_z^2 + 25J_z^2 - 6J(J+1) + 3J^2(J+1)^2$
O_4^2	$\frac{1}{4}[(7J_z^2 - J(J+1) - 5)(J_+^2 + J_-^2) + (J_+^2 + J_-^2)(7J_z^2 - J(J+1) - 5)]$
O_4^{-2}	$\frac{-i}{4}[(7J_z^2 - J(J+1) - 5)(J_+^2 - J_-^2) + (J_+^2 - J_-^2)(7J_z^2 - J(J+1) - 5)]$
O_4^3	$\frac{1}{4}[J_z(J_+^3 + J_-^3) + (J_+^3 + J_-^3)J_z]$
O_4^4	$\frac{1}{2}[J_+^4 + J_-^4]$
O_6^0	$231J_z^6 - 315J(J+1)J_z^4 + 735J_z^4 + 105J^2(J+1)^2J_z^2 - 525J(J+1)J_z^2 + 294J_z^2$ $-5J^3(J+1)^3 + 40J^2(J+1)^2 - 60J(J+1)$
O_6^2	$\frac{1}{4}\{[33J_z^4 - (18J(J+1) - 123)J_z^2 + J^2(J+1)^2 + 10J(J+1) + 102](J_+^2 + J_-^2)$ $+ (J_+^2 + J_-^2)[33J_z^4 - (18J(J+1) - 123)J_z^2 + J^2(J+1)^2 + 10J(J+1) + 102]\}$
O_6^3	$\frac{1}{4}\{[11J_z^3 - 3J(J+1)J_z - 59J_z](J_+^3 + J_-^3)$ $+ (J_+^3 + J_-^3)[11J_z^3 - 3J(J+1)J_z - 59J_z]\}$
O_6^4	$\frac{1}{4}\{[11J_z^2 - J(J+1) - 38](J_+^4 + J_-^4) + (J_+^4 + J_-^4)[11J_z^2 - J(J+1) - 38]\}$
O_6^6	$\frac{1}{2}[J_+^6 + J_-^6]$

O_4^2 と O_4^{-2} に示すように, $O_l^{-m} = -iO_l^m$ である.

表 1.4 結晶場の対称性 (磁性原子サイトの点群) に必要な結晶場パラメータ全軌道角運動量 J の希土類イオンに対する結晶場ハミルトニアンの等価演算子.

対称性	点群	結晶場パラメータ
立方	O_h, T_d, O	$B_4^0, B_4^4, B_6^0, B_6^4$
	T_h, T	$B_4^0, B_4^4, B_6^0, B_6^2, B_6^4, B_6^6$
六方	$D_{6h}, D_{3h}, C_{6v}, D_6, C_{6h}, C_{3h}, C_6$	$B_2^0, B_4^0, B_6^0, B_6^6$
正方	$D_{4h}, D_{2d}, C_{4v}, D_4$	$B_2^0, B_4^0, B_4^4, B_6^0, B_6^4$
	C_4, S_4, C_{4h}	$B_2^0, B_4^0, B_4^4, B_4^{-4}, B_6^0, B_6^4, B_6^{-4}$
三方	D_3, C_{3v}, D_{3d}	$B_2^0, B_4^0, B_4^3, B_6^0, B_6^3, B_6^6$
	C_3, S_6	$B_2^0, B_4^0, B_4^3, BA_6^0, B_6^3, B_6^{-3}, B_6^6, B_6^{-6}$
斜方	D_2, C_{2v}, D_{2h}	$B_2^0, B_2^2, B_4^0, B_4^2, B_4^4, B_6^0, B_6^2, B_6^4, B_6^6$
単斜	C_2, C_{1v}, C_{2h}	$B_2^0, B_2^2, B_4^0, B_4^2, B_4^{-2}, B_4^4, B_4^{-4}, B_6^0, B_6^2, B_6^{-2},$ $B_6^4, B_6^{-4}, B_6^6, B_6^{-6}$
三斜	C_1, C_i	$B_2^0, B_2^1, B_2^2, B_2^{-2}, B_4^0, B_4^1, B_4^{-1}, B_4^2, B_4^{-2},$ $B_4^3, B_4^{-3}, B_4^4, B_4^{-4}, B_6^0, B_6^1, B_6^{-1}, B_6^2, B_6^{-2},$ $B_6^3, B_6^{-3}, B_6^4, B_6^{-4}, B_6^5, B_6^{-5}, B_6^6, B_6^{-6}$

や等価演算子が必要なわけではなく,磁性イオンが置かれたサイトの対称性が高いほど少ないパラメータで記述することができる.もっとも簡単なケースは立方 (cubic) 対称の場合で,表1.4 では 4 個のパラメータを記しているが,$B_4^4 = 5B_4^0$,$B_6^4 = -21B_6^0$ の関係があるため独立なパラメータは二つである.対称性が低下すると必要なパラメータ数が増え,三斜 (triclinic) の対称性の場合には 26 個のパラメータを必要とする.表1.4 に示した対称性の中で,現実の物質に即して解きうるのはせいぜい三方 (trigonal) 対称くらいまでであるが,それも容易ではない場合が多い.

もっとも簡単な立方対称の結晶場ハミルトニアンは,

$$\mathcal{H}_{\text{cubic}} = B_4^0(O_4^0 + 5O_4^4) + B_6^0(O_6^0 - 21O_6^4) \tag{1.93}$$

である.これを次式のように書き換える.

$$\mathcal{H}_{\text{cubic}} = B_4^0 F_4 \frac{O_4}{F_4} + B_6^0 F_6 \frac{O_6}{F_6} \tag{1.94}$$

ここで F_4, F_6 はすべての行列要素に共通な定数,$O_4 = O_4^0 + 5O_4^4$,$O_6 = O_6^0 - 21O_6^4$ である.さらに,$B_4^0 F_4 = Wx$,$B_6^0 F_6 = W(1-|x|)$ とおくと,

$$\mathcal{H}_{\text{cubic}} = W\left[x\frac{O_4}{F_4} + (1-|x|)\frac{O_6}{F_6}\right] \tag{1.95}$$

と変形できる.ただし,$-1 < x < +1$ である.(1.95) 式で W は単なるスケー

リング因子となっているので，各希土類イオンに対して (1.95) 式のハミルトニアンの x を上の変域で変えながら計算して得られた波動関数と相対的なエネルギー準位が文献に与えられている[9]．立方晶化合物で，非弾性中性子散乱やショットキー比熱でいくつかのエネルギー準位が知られている場合は，このリー-リースク-ウォルフ (Lea–Leask–Wolf) の計算の結果を利用して比較的容易に結晶場を求めることが可能である．

1.5.2 クラマースの定理と磁気異方性

立方晶化合物に対する Lea–Leask–Wolf の計算による希土類イオンの基底状態[10] を見ると，Ce^{3+} や Dy^{3+} など f 電子数が奇数の場合には必ず二重項 (doublet) や四重項 (quartet) となって縮退していることが明らかである．これは，奇数の電子の系では磁場が存在しない限り，少なくても二重項として縮退が残るという，クラマースの定理 (Kramers theorem) による．このいわゆるクラマース 2 重項は互いに複素共役な波動関数から成っていて，互いに時間反転対称である．そのため，時間反転によって符号を変える磁場によってこの縮退は解けるが，電場によっては解くことはできない．つまり，結晶場相互作用では縮退が残るのである．Ce^{3+} や Dy^{3+} のような f 電子数が奇数 (J が半整数) で基底状態が縮退しているイオンをクラマースイオンと呼んでいる．

f 電子系イオンの磁気モーメントは全角運動量 $\boldsymbol{J}$ に比例する．したがって上述した結晶場のハミルトニアンはイオンの磁気モーメントの向きを定める異方性ハミルトニアンを与える．磁気異方性を考える場合のもっとも簡単なモデルは 1 軸対称の場合で，その結晶場ハミルトニアンは，

$$\mathcal{H}_{\mathrm{CEF}} = -\alpha_J \langle r^2 \rangle A_2^0 O_2^0 - \beta_J \langle r^4 \rangle A_4^0 O_4^0 - \gamma_J \langle r^6 \rangle A_6^0 O_6^0 \tag{1.96}$$

で与えられる．このモデルは，正方対称性 (tetragonality) が大きい場合の近似となる．さらに，2 次の項が高次の項より大きいのが一般的であることからもっとも簡単な近似は

$$\mathcal{H}_{\mathrm{CEF}} = -\alpha_J \langle r^2 \rangle A_2^0 O_2^0 \tag{1.97}$$

とすることである．そのときの異方性エネルギーは，結晶主軸 (c 軸) からの角度を θ として

$$E_{\mathrm{anis}} = -K_1 \cos^2 \theta \tag{1.98}$$

$$K_1 = -\frac{3}{2} \alpha_J A_2^0 \langle r^2 \rangle O_2^0 \tag{1.99}$$

で与えられる．A_2^0 の符号が知られている場合には，この (1.98)～(1.99) 式から磁気モーメントの方向を予想することができる．α_J と A_2^0 の符合が異なっていれば磁気モーメントは主軸 ($\theta = 0$) 方向を向く．同符号であれば主軸に垂直 ($\theta = 90°$) を向くほうがエネルギーが低い．希土類化合物は希土類イオンが変わっても同じ結晶構造となることが多い．正方晶や六方晶化合物で $\alpha_J < 0$ の Ce^{3+} や Dy^{3+} イオンの磁気モーメントが c 軸を向いていれば，$\alpha_J > 0$ の Sm^{3+} や Er^{3+} イオンの磁気モーメントは c 面内を向いている．その逆もある．立方晶以外の多くの結晶では (1.98) 式で表される 2 次の項がもっとも大きな寄与を与える．ただし，正負を取りうる A_2^0 は，偶発的に $A_2^0 \sim 0$ となることもあり，その場合は上の近似での議論は適用できない．

 $4f$ 電子系における結晶場相互作用はスピン–軌道相互作用より小さいのに対し，$3d$ 電子系では結晶場相互作用の方が強く働いている．そのため，結晶場により分裂した準位にスピン–軌道相互作用が働く．結晶場によって分裂したエネルギー $E_n (n = 1, 2, 3, \cdots)$ の励起準位と E_0 の非縮退の基底状態を考える．基底状態が非縮退であれば全軌道角運動量 $\boldsymbol{L}$ は 0 である．実関数の結晶場ハミルトニアンから実関数の固有状態が得られるのに対し，演算子としての $\boldsymbol{L}$ は準虚数である．その $\boldsymbol{L}$ は対角要素が実数であるエルミート (Hermite) 演算子でもあるので，縮退のない基底状態の $\boldsymbol{L}$ の期待値は 0 となるのである．このように，結晶場によって分裂した非縮退基底状態では $\boldsymbol{L} = 0$ となることを軌道角運動量の消失 (quenching) という．その場合でも，スピン $\boldsymbol{S}$ は $(2S+1)$ 重の縮退を持つ．L–S 結合と磁場 $\boldsymbol{H}$ によるゼーマン (Zeeman) エネルギー

$$\lambda \boldsymbol{L}\cdot\boldsymbol{S} + \mu_B \boldsymbol{H} \cdot (2\boldsymbol{S} + \boldsymbol{L}) \tag{1.100}$$

を 2 次の摂動として扱うと，

$$\mathcal{H}_S = \sum_{\mu,\nu} \{2\mu_B H_\mu (\delta_{\mu\nu} - \lambda \Lambda_{\mu\nu}) S_\mu - \lambda^2 S_\mu \Lambda_{\mu\nu} S_\nu - \mu_B^2 H_\mu \Lambda_{\mu\nu} H_\nu \} \tag{1.101}$$

というスピンに関する有効ハミルトニアン (effective Hamiltonian) が得られる．これをプライス (Price) のハミルトニアンともいう．上式の $\Lambda_{\mu\nu}$ は次式で定義される．

$$\Lambda_{\mu\nu} = \sum_n \frac{\langle 0|L_\mu|n\rangle \langle n|L_\nu|0\rangle}{E_n - E_0} \tag{1.102}$$

(1.101) 式の第 1 項はゼーマンエネルギーを表し，g 値を次の成分を持つテンソル $\boldsymbol{g}$ として与えられる．

$$g_{\mu\nu} = 2(\delta_{\mu\nu} - \lambda\Lambda_{\mu\nu}) \tag{1.103}$$

$-2\lambda\Lambda_{\mu\nu}$ の項は,L–S 結合によって混入する励起状態 ($n > 1$) による誘起モーメントによる寄与である.

磁場に関係しない (1.101) 式の第 2 項は,異方性スピンハミルトニアンと呼ばれる項で,スピンの方向に依存した異方性エネルギーを与える.対称性の高い結晶で結晶主軸を x, y, z として,その方向の $\Lambda_{\mu\nu}$ を $\Lambda_x, \Lambda_y, \Lambda_z$ とすると,

$$\mathcal{H}_{\text{anis}} = -\lambda^2 \Big[\frac{1}{3}(\Lambda_x + \Lambda_y + \Lambda_z) S(S+1) \tag{1.104}$$

$$+ \frac{1}{3}\Big\{\Lambda_z - \frac{1}{2}(\Lambda_x + \Lambda_y)\Big\}[3S_z^2 - S(S+1)] \tag{1.105}$$

$$+ \frac{1}{2}(\Lambda_x - \Lambda_y)(S_x^2 - S_y^2)\Big] \tag{1.106}$$

のように (1.101) 式の第 2 項を書き直すことができる.$S(S+1)$ は定数であるから,定数項を除いて

$$\mathcal{H}_{\text{anis}} = DS_z^2 + E(S_x^2 - S_y^2) \tag{1.107}$$

$$D = -\lambda^2 \Big\{\Lambda_z - \frac{1}{2}(\Lambda_x + \Lambda_y)\Big\} \tag{1.108}$$

$$E = -\frac{\lambda^2}{2}(\Lambda_x - \Lambda_y) \tag{1.109}$$

のように異方性ハミルトニアンを表記する.$(2S+1)$ 重のスピン縮退はこのハミルトニアンによって解ける.例えば,S が整数のとき,(1.107) 式の第 1 項によって $S_z = 0, \pm 1, \cdots, \pm S$ という 1 個の一重項と S 個の二重項に分かれる.第 2 項は $\delta S_z = \pm 2$ の状態間に行列要素を持つので,S 個の二重項はさらにそれぞれ一重項に分裂する.一方,S が半整数の場合は第 1 項によって $S_z = \pm\frac{1}{2}, \pm\frac{3}{2}, \cdots, \pm S$ の二重項のみに分裂するうえ,δS_z は常に奇数なので第 2 項は働かず,それらの二重項はそのままである.これは,奇数個の電子数の系では S が半整数となり,その基底状態は必ず縮退しているというクラマースの定理を表している.クラマースの縮退は,外部磁場あるいは磁気相互作用による磁気秩序とともに取り除かれる.また,S が半整数であっても $S = \frac{1}{2}$ のときは S_x^2, S_y^2, S_z^2 がすべて $\frac{1}{4}$ と等方的となって異方性エネルギーは発生しない.

(1.101) 式の第 3 項は,L–S 結合とは関係がなく,軌道角運動量のゼーマンエネルギーの 2 次摂動による項で,いわば磁場によって誘起された軌道磁気モーメントの寄与を表している.この項は温度によらない常磁性帯磁率を与えるヴァン・

ブレックの常磁性で，(1.42〜1.43) 式の第 1 項と同じものである．この常磁性は (1.102) 式から明らかなように $(E_n - E_0)$ が小さいとき，つまり結晶場による分裂が小さいときには無視できない．

1.6 磁気転移と磁気構造

1.6.1 ドゥ・ジェンヌ則とその破れ

基底状態が $J \neq 0$ の系に磁気相互作用が働けば，有限温度で磁気転移が生じて磁気モーメントは特有の配列を示す．磁気相互作用のハミルトニアンは，(1.63) 式から

$$\mathcal{H} = -2\sum_{i,j} \mathcal{J}_{ij} \boldsymbol{S}_i \cdot \boldsymbol{S}_j \tag{1.110}$$

である．ただし，L–S 結合によって $\boldsymbol{J}$ が保存量となっているため，$\boldsymbol{S}$ の代わりにその保存成分 $(g_J - 1)\boldsymbol{J}$ を用いる必要がある．図 1.2 に示すように $(g_J - 1)\boldsymbol{J}$ は $\boldsymbol{S}$ の $\boldsymbol{J}$ への投影成分である．

$$\mathcal{H} = -2\sum_{i,j} \mathcal{J}_{ij}(g_J - 1)^2 \boldsymbol{J}_i \cdot \boldsymbol{J}_j \tag{1.111}$$

このため，系の磁気相互作用エネルギーによって決まる磁気転移温度は $(g_J - 1)^2 J(J+1)$ に比例することになる．これをドゥ・ジェンヌ則 (de Gennes's law) という．$(g_J - 1)^2 J(J+1)$ をドゥ・ジェンヌ因子と呼び，希土類イオンに対する値を表 1.1 に与えている．ドゥ・ジェンヌ則は多数の磁性原子を含む $4f$ 電子系では重要な知見を与える．希土類化合物は希土類イオンを替えても同じ結晶構造を取るものが多い．希土類イオンが 3 価で同じ場合はランタノイド収縮によるわずかな格子定数の違いはあるものの，RKKY 相互作用の強さ $\mathcal{J}_{\text{RKKY}}$ を定める伝導電子の状態はほとんど同じである．そのため，同型化合物の磁気転移温度はドゥ・ジェンヌ則で整理することができる．

図 1.5 にドゥ・ジェンヌ因子を $4f$ 電子数と希土類イオンの種類に対してプロットしている．ドゥ・ジェンヌ因子は Gd^{3+} イオンでもっとも大きい値を持つので，その値で規格化している．ドゥ・ジェンヌ則は，基底 J 多重項が磁場や結晶場で分裂していない状態を前提にしているので，よく成り立つのは球ポテンシャルにもっとも近い立方対称の構造を持つ化合物に対してである．対称性が下がると，磁気転移温度はドゥ・ジェンヌ則から次第にはずれるようになる．その 1 例として図 1.5 には正方晶 RRu_2Si_2 の反強磁性転移温度を同様に $GdRu_2Si_2$ の値で規格化して示している[11]．Gd^{3+} イオンは最大のドゥ・ジェンヌ因子を持つばかり

1.6 磁気転移と磁気構造

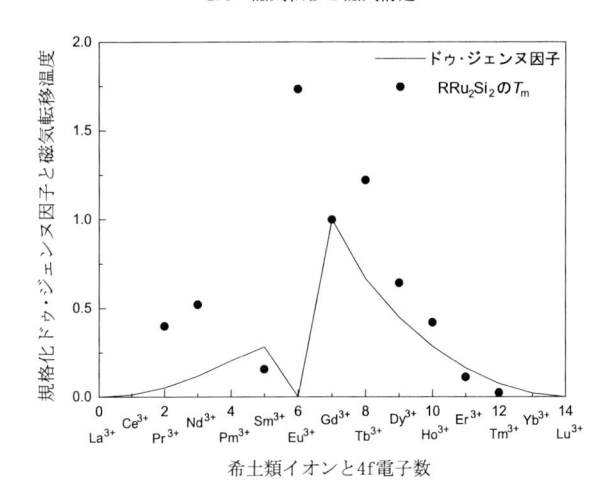

図 1.5 ドゥ・ジェンヌ因子と正方晶 RRu_2Si_2 の磁気転移温度[11]．ともに Gd の値で規格化している．

ではなく，$L=0$ で結晶場の影響を受けないのでドゥ・ジェンヌ則の基準として用いるとよい．RRu_2Si_2 の結晶場パラメータのうち，正方対称の主要項である A_2^0 は $+1300\ Ka_0^{-2}$ と大きい値となることが $GdRu_2Si_2$ の ^{155}Gd メスバウアー分光から報告されている[12]．(1.98)～(1.99) 式から明らかなように，A_2^0 が正であるので 2 次のスティーブンス因子 α_J が負の Pr^{3+}, Nd^{3+}, Tb^{3+}, Dy^{3+}, Ho^{3+} イオンの磁気モーメントは正方晶主軸である c 軸，$\alpha_J>0$ の Er^{3+} のそれは c 面内を向くことが期待され，実際にそうなっている．$SmRu_2Si_2$ については確認されていない．ドゥ・ジェンヌ則と結晶場については 2 次の B_2^0 だけを考えると，分子場近似のハミルトニアンとそれから得られる磁気転移温度 T_m は次のようになる[13]．

$$\mathcal{H} = -2\mathcal{J}_{RKKY}(g_J-1)^2 J_z \langle J_z \rangle + B_2^0 [3J_z^2 - J(J+1)] \quad (1.112)$$

$$T_m = 2\mathcal{J}_{RKKY}(g_J-1)^2 \frac{\sum J_z^2 e^{-3B_2^0 J_z^2/T_m}}{\sum e^{-3B_2^0 J_z^2/T_m}} \quad (1.113)$$

ただし，上式の和は J_z について行う．(1.113) 式から対称性が低下するとともにドゥ・ジェンヌ則の破れが生じることになる．なお，Eu^{3+} イオンは $J=0$ にもかかわらず図 1.5 で $EuRu_2Si_2$ の磁気転移温度が $GdRu_2Si_2$ より高くなっているのは，この化合物では電荷が Eu^{2+} と変わっていることによる．Eu^{2+} は Gd^{3+} とまったく同じ電子状態となるうえに，大きくなったイオン半径によって格子定数が大きくなることと伝導電子数が変化することで $\mathcal{J}_{RKKY}$ そのものが変化するの

でほかの希土類イオンとドゥ・ジェンヌ則で比較することができなくなっている．

1.6.2 磁性モデルと磁気異方性

i, j 番目の位置にあるスピンをそれぞれ $\boldsymbol{S}_i$, $\boldsymbol{S}_j$ とすると，(1.64) 式の磁気相互作用はスピン系全体のハミルトニアンとして (1.110) 式のように書き直すことができる．(1.110) 式を再掲すると

$$\mathcal{H} = -2\sum_{i,j}\mathcal{J}_{ij}\boldsymbol{S}_i\cdot\boldsymbol{S}_j \tag{1.114}$$

である．このハミルトニアンは，ハイゼンベルグ (Heisenberg) が強磁性に対して用いたのでハイゼンベルグハミルトニアンあるいはハイゼンベルグ模型と呼ばれる．この模型の特徴は磁気モーメントの磁気異方性を仮定していないので，

$$\mathcal{H} = -2\sum_{i,j}\mathcal{J}_{ij}(S_{i,x}S_{j,x} + S_{i,y}S_{j,y} + S_{i,z}S_{j,z}) \tag{1.115}$$

のように記述できることである．

(1.115) 式の $(S_{i,x}S_{j,x} + S_{i,y}S_{j,y})$ 成分を無限に小さくした極限で，つまり z 方向の 1 軸磁気異方性を大きくした極限をイジング模型 (Ising model) という．

$$\mathcal{H} = -2\sum_{i,j}\mathcal{J}_{ij}S_{i,z}S_{j,z} \tag{1.116}$$

その反対に $S_{i,z}S_{j,z}$ 成分を 0 とした極限，

$$\mathcal{H} = -2\sum_{i,j}\mathcal{J}_{ij}(S_{i,x}S_{j,x} + S_{i,y}S_{j,y}) \tag{1.117}$$

を XY 模型という．

これらの 3 種のスピンモデルは磁気秩序などの協力現象や相転移の典型的なモデルとして理論的な対象となってきたものである．例えば，前節で紹介した結晶場パラメータ A_2^0 が $+1300$ $\text{K}a_0^{-2}$ と非常に大きい値となる正方晶希土類化合物 $R\text{Ru}_2\text{Si}_2$ のうち，TbRu_2Si_2 や DyRu_2Si_2 は磁気モーメントが c 軸に強く固定されており，イジング模型のように振舞うことになる．一方，2 次のスティーブンス因子 α_J の符合の異なる ErRu_2Si_2 や TmRu_2Si_2 では磁気モーメントは XY 模型のように正方晶 c 面内の自由度を持つ．さらに $L=0$ の GdRu_2Si_2 は双極子相互作用で生じる弱い異方性を無視すればハイゼンベルグ模型のように磁気モーメントは特定の方向に束縛されないことになる．

1.6.3 ヴァン・ブレック磁気転移

結晶場を考慮しない (1.111) 式であれ，結晶場分裂を取り込んだ (1.112)〜(1.113)

式であれ，電子準位のそれぞれに有限の J_z の期待値が存在することを前提としている．1.5.2 項で述べたように，奇数個の電子からなる系はその条件を満たしている．一方，正方晶化合物に対する Lea–Leask–Wolf の計算による希土類イオンの基底状態[10] を見てもわかるように，偶数個の電子からなる $(4f)^2$ の Pr^{3+} や $(4f)^8$ の Tb^{3+} イオンのような系では，結晶場準位の基底がしばしば一重項になっている．時には二重項が基底となることもあるが，いずれの準位も $J_z = 0$ となっていて (1.112) 式のようなハミルトニアンからは磁気転移は期待できない．偶数個の電子からなる系の二重項を非クラマース二重項 (non–Kramers doublet) という．このような基底状態を持つ系はヴァン・ブレック常磁性として振舞う．しかし，結晶場分裂の大きさや $\mathcal{J}_{\mathrm{RKKY}}$ の大きさによっては磁気転移を起こすことがある．J の大きな J 多重項を基底とするクラマースイオンである Tb^{3+} や Ho^{3+} の化合物では，隣接する Gd^{3+} や Dy^{3+} イオン化合物に磁気転移が生じているときには，そのほとんどに磁気転移が生じる．

一重項や非クラマース二重項の基底状態でも磁気転移が生じるのは，磁気相互作用 $\mathcal{J}$ が働いているとそのような準位 i と j からであっても $M_{ij} = \langle i|\mathcal{J}|j\rangle$ のような実質的な磁気モーメントが誘起されることが期待できるからである[14]．ここでは簡単のために，ともに一重項の基底状態 $|g\rangle$ とエネルギー分離 δ の第 1 励起状態 $|e\rangle$ のみを考えることにする．2 準位からの誘起モーメントは $M = \langle e|\mathcal{J}|g\rangle$ とする．エネルギー $\hbar\omega$，温度 T を用いて単イオンの帯磁率を $g^2\mu_\mathrm{B}^2 \chi_0(\omega, T)$ とすると，$\chi_0(\omega, T)$ は

$$\chi_0(\omega, T) = \frac{2\delta|M|^2}{\delta^2 - \omega^2} \tanh\left(\frac{\delta}{2T}\right) \tag{1.118}$$

で与えられる．実空間で i 番目と j 番目の磁気モーメントに働いている交換積分を $\mathcal{J}_{ij}$，そのときの帯磁率を $\chi_{ij}(\omega)$，逆格子空間ではそれぞれ $\mathcal{J}(\boldsymbol{q})$（これは $\mathcal{J}_{ij}$ のフーリエ変換である），$\chi(\boldsymbol{q}, \omega)$ と置くと，

$$\chi_{ij}(\omega) = \frac{1}{N}\sum_q e^{i\boldsymbol{q}(\boldsymbol{R}_i - \boldsymbol{R}_j)} \chi(\boldsymbol{q}, \omega) \tag{1.119}$$

$$\chi(\boldsymbol{q}, \omega) = \frac{\chi_0(\omega, T)}{1 - \mathcal{J}(\boldsymbol{q})\chi_0(\omega, T)} \tag{1.120}$$

の関係がある．$\chi(\boldsymbol{q}, \omega)$ 関数の極が実際の準位エネルギーを与えるが，それは次の関係式から得られる．

$$1 = \mathcal{J}(\boldsymbol{q}) \frac{2\delta|M|^2}{\delta^2 - \omega^2} \tanh\left(\frac{\delta}{2T}\right) \tag{1.121}$$

つまり，準位エネルギーの分散関係が次式で与えられることになる．

$$\omega(\bm{q}) = \delta\left\{1 - \frac{2}{\delta}M^2\mathcal{J}(\bm{q})\tanh\left(\frac{\delta}{2T}\right)\right\}^{1/2} \quad (1.122)$$

このことはエネルギー δ だけ離れていた基底準位と励起準位間のエネルギーが $\mathcal{J}(\bm{q})$ の関与を通じて $\bm{q}$ に依存して変化することを意味している．例えば，このような系で結晶場準位を定めるために粉末試料で非弾性中性子散乱実験を行った場合にはこの分散関係によって散乱ピーク幅が拡がるために観測が困難になることがある．その場合は，非磁性の La^{3+}，Y^{3+}，Lu^{3+} などで希釈して磁気相互作用を弱めて，つまり分散を小さくして観測する必要がある．

(1.122) 式で $M^2\mathcal{J}(\bm{q})$ が十分に大きければ，いわゆるソフトモードが生じて $\omega(\bm{q})$ が 0 の値に近づくことになる．$\mathcal{J}(0)$ で $\omega(\bm{q})$ が 0 になる場合は強磁性の，$\mathcal{J}(\frac{\pi}{a})$ で $\omega(\bm{q})$ が 0 になる場合は反強磁性の磁気転移が生じる．a は立方対称のブラベー格子を考えたときの格子定数である．$\mathcal{J}(\bm{q})$ が $\bm{q}=0$ または $\bm{q}=\frac{\pi}{a}$ で最大値を持つかに応じて，交換誘起ヴァン・ブレック強磁性体 (exchange induced Van Vleck ferromagnet) または交換誘起ヴァン・ブレック反強磁性体 (exchange induced Van Vleck antiferromagnet) となる．このようにして生じる磁気転移をヴァン・ブレック磁気転移と呼び，希土類化合物では普通に出現する．

1.6.4 磁気構造の一般論

磁気転移によって磁気モーメントは特定の磁気構造 (magnetic structure) をとって秩序配列をする．歴史的にはもっとも簡単な磁気構造である強磁性の議論に始まり，反強磁性，ヘリカル磁気構造を持つ磁性の議論へと発展してきたのだが，ここでははじめに磁気構造の一般論を考え，磁気相互作用の条件によって異なった磁気構造として発現する強磁性，反強磁性，長周期磁気構造へと議論を進めることにする．ここで扱う磁気構造の一般論は，MnO_2 で初めて発見された長周期ヘリカル構造や MnF_2，NiF_2 などの磁気構造を議論した永宮とその共同研究者によって与えられたものである[1]．

はじめに議論の簡単化のため次のような仮定を置くことにする．(1) 磁気モーメントは古典的なスピン $\bm{S}$ とする．つまり，ドゥ・ジェンヌ因子や絶対零度におけるスピンの零点振動を無視する．(2) 磁気モーメントはブラベー (Bravais) 格子を形成している．つまり，単位胞の磁気モーメントは 1 個だけである．(3) 磁気相互作用のみを考え，磁気異方性は無視する (磁気異方性と磁気構造の関係については後節で議論する)．位置 $\bm{R}_m$ と $\bm{R}_n$ にあるスピン $\bm{S}_m$ と $\bm{S}_n$ の間に

$$-2\mathcal{J}_{mn}\bm{S}_m\bm{S}_n \quad (1.123)$$

の磁気相互作用が働く.ただし,$m = n$ のとき $\mathcal{J}_{mn} = 0$ であり,$\mathcal{J}_{mn} = f(\boldsymbol{r} = \boldsymbol{R}_m - \boldsymbol{R}_n)$ としたとき $\mathcal{J}_{mn}$ は $\boldsymbol{r}$ の偶関数 ($\mathcal{J}_{mn}(\boldsymbol{r}) = \mathcal{J}_{mn}(-\boldsymbol{r})$) である.スピンベクトル $\boldsymbol{S}_m$ のフーリエ展開を

$$\boldsymbol{S}_m = S \sum_{\boldsymbol{k}} \boldsymbol{S}_{\boldsymbol{k}} \exp(i\boldsymbol{k}\boldsymbol{R}_m) \tag{1.124}$$

$$\boldsymbol{S}_{\boldsymbol{k}} = \frac{1}{NS} \sum_m \boldsymbol{S}_m \exp(-i\boldsymbol{k}\boldsymbol{R}_m) \tag{1.125}$$

と定義すると,系の磁気相互作用エネルギーは

$$E = -\sum_{m,n} \mathcal{J}_{mn} \boldsymbol{S}_m \boldsymbol{S}_n \tag{1.126}$$

$$= S^2 \sum_{m,n,\boldsymbol{k},\boldsymbol{k}'} \mathcal{J}_{mn} \boldsymbol{S}_{\boldsymbol{k}} \boldsymbol{S}_{\boldsymbol{k}'} \exp(i\boldsymbol{k}\boldsymbol{R}_m + i\boldsymbol{k}'\boldsymbol{R}_n) \tag{1.127}$$

$$= S^2 \sum_{m,n,\boldsymbol{k},\boldsymbol{q}} \mathcal{J}_{mn} \exp(i\boldsymbol{k}\boldsymbol{R}_m) \boldsymbol{S}_{\boldsymbol{k}} \boldsymbol{S}_{\boldsymbol{q}-\boldsymbol{k}} \exp(i\boldsymbol{q}\boldsymbol{R}_n) \tag{1.128}$$

である.ここで,$\boldsymbol{q} = \boldsymbol{k} + \boldsymbol{k}'$ とした.さらに磁気相互作用のフーリエ変換を

$$\mathcal{J}(\boldsymbol{k}) = \sum_m \mathcal{J}_{mn} \exp(i\boldsymbol{k}\boldsymbol{R}_m) = \sum_m \mathcal{J}_{mn} \exp(i\boldsymbol{k}\boldsymbol{r}) \tag{1.129}$$

とすると,$\mathcal{J}_{mn}$ は $\boldsymbol{r}$ の偶関数ということから $\mathcal{J}(\boldsymbol{k}) = \mathcal{J}(-\boldsymbol{k})$ であり,さらに $\boldsymbol{q} = 0$ のとき $\sum_n \mathcal{J}_{mn} \exp(i\boldsymbol{k}\boldsymbol{R}_n) = N$,$\boldsymbol{q} \neq 0$ のとき $\sum_n \mathcal{J}_{mn} \exp(i\boldsymbol{k}\boldsymbol{R}_n) = 0$ となる.したがって上のエネルギーは

$$E = -NS^2 \sum_{\boldsymbol{k}} \mathcal{J}(\boldsymbol{k}) \boldsymbol{S}_{\boldsymbol{k}} \cdot \boldsymbol{S}_{-\boldsymbol{k}} \tag{1.130}$$

と書くことができる.考えているのは一定の大きさの古典的スピンなので $\boldsymbol{S}_m^2 = S^2$ という条件が得られて,

$$\sum_{\boldsymbol{k},\boldsymbol{k}'} \boldsymbol{S}_{\boldsymbol{k}} \cdot \boldsymbol{S}_{\boldsymbol{k}'} \exp(i(\boldsymbol{k}+\boldsymbol{k}')\boldsymbol{R}_m) = 1 \tag{1.131}$$

となる.上式が成り立つには (1.129) 式のときの条件と同じように考えて,

$$\sum_{\boldsymbol{k}} \boldsymbol{S}_{\boldsymbol{k}} \cdot \boldsymbol{S}_{-\boldsymbol{k}} = 1 \quad \text{for } \boldsymbol{q} = 0 \tag{1.132}$$

$$\sum_{\boldsymbol{k}} \boldsymbol{S}_{\boldsymbol{k}} \cdot \boldsymbol{S}_{\boldsymbol{q}-\boldsymbol{k}} = 0 \quad \text{for } \boldsymbol{q} \neq 0 \tag{1.133}$$

という条件式が得られる.磁気構造を求めるには (1.132)~(1.133) 式の条件の下で (1.130) 式のエネルギーが最小値をとる $\boldsymbol{k}$ の値を求めることになる.そのときの $\boldsymbol{k}$ が磁気構造の伝播ベクトル (propagation vector) $\boldsymbol{Q}$ である.

まず,(1.132) 式を考える.考えている系の逆格子ベクトル (reciprocal lattice) を $(\boldsymbol{b}_1, \boldsymbol{b}_2, \boldsymbol{b}_3)$ とすると

$$\boldsymbol{k} = 2\pi \left(\frac{n_1}{N_1} \boldsymbol{b}_1 + \frac{n_2}{N_2} \boldsymbol{b}_2 + \frac{n_3}{N_1} \boldsymbol{b}_3 \right) \tag{1.134}$$

である．ただし，N_1，N_2，N_3 は系の各方向の磁性原子数である．フーリエ変換の定義から $\bm{S}_k$ と $\bm{S}_{-k}$ は複素共役であるから，$\bm{S}_k\cdot\bm{S}_{-k}$ や $\bm{S}_{-k}\cdot\bm{S}_k$ は実数である．$\bm{S}_k$ と $\bm{S}_{-k}$ が同等でない（その差 $2\bm{S}_k$ が $2\pi\bm{b}_1$ などの整数倍でない）場合，(1.132) 式の左辺に

$$\bm{S}_k\cdot\bm{S}_{-k} + \bm{S}_{-k}\cdot\bm{S}_k = 2\bm{S}_k\cdot\bm{S}_{-k} = \omega_k S^2 \tag{1.135}$$

の項が出てくる．また，$\bm{S}_k$ と $\bm{S}_{-k}$ が同等（$\bm{S}_k$ が 0，または $2\pi\bm{b}_1$ などの整数倍）の場合には

$$\bm{S}_k\cdot\bm{S}_{-k} = \bm{S}_k^2 = \omega_k S^2 \tag{1.136}$$

となる．したがって，(1.132) 式は $\sum_k' \omega_k = 1$ となる（$'$ は和を $\bm{k}$ または $-\bm{k}$ の一方で行うことを意味する）．(1.130) 式のエネルギーは

$$E = -NS^2 \sum_k{}' \mathcal{J}(\bm{k})\omega_k \tag{1.137}$$

となる．$\sum_k' \omega_k = 1$ という条件を満たしながらエネルギーを最小値にするには，$\mathcal{J}(\bm{k})$ を最大にする $\bm{k}$ の値 ($\bm{Q}$) に対して $\omega_Q = 1$ として，それ以外を 0 とする．そのとき $E = -NS^2 \sum_k{}' \mathcal{J}(\bm{Q})$ となる．

$E = -NS^2 \sum_k{}' \mathcal{J}(\bm{Q})$ が最小となる $\bm{k} = \pm\bm{Q}$ ($\mathcal{J}$ は偶関数なので $\bm{Q}$ と $-\bm{Q}$ は同等) が得られたとき，$\bm{S}_Q$ と $\bm{S}_{-Q}$ だけが 0 ではないので，(1.133) 式で $\bm{k} = \bm{q} - \bm{k} = \pm\bm{Q}$ とならなければならない．$\bm{q} \neq 0$ であるから，$\bm{k} = \bm{Q}$ であれば $\bm{q} = 2\bm{Q} \neq 0$，$\bm{k} = -\bm{Q}$ であれば $\bm{q} = -2\bm{Q} \neq 0$ となる．この場合は，$2\bm{Q}$ が 0 と同等でない，つまり $\bm{Q}$ は 0 や $2\pi\bm{b}_1$ などの整数倍などではないことを意味している．$2\bm{Q} \neq 0$ の場合の (1.133) 式を考えよう．$\bm{q} = 2\bm{Q}$ のとき $\bm{S}_Q^2 = 0$，$\bm{q} = -2\bm{Q}$ のとき $\bm{S}_{-Q}^2 = 0$ である．$\bm{S}_Q$ と $\bm{S}_{-Q}$ は複素共役なので，$\bm{S}_Q = a(\bm{i} - i\bm{j})$ の形で一般化する．a は任意の複素数，$\bm{i}$ と $\bm{j}$ は直交する単位ベクトルである．これを (1.132) 式に代入すると，

$$\bm{S}_Q\cdot\bm{S}_{-Q} + \bm{S}_{-Q}\cdot\bm{S}_Q = 2\bm{S}_Q\cdot\bm{S}_{-Q} = 1 \tag{1.138}$$

$$4|a|^2 = 1 \tag{1.139}$$

$$\bm{S}_Q = \frac{1}{2}(\bm{i} - i\bm{j})\exp(i\alpha) \tag{1.140}$$

が得られる．これから (1.125) 式に戻ると，$\bm{R}_m$ にあるスピンは

$$\bm{S}_m = S[\bm{S}_Q \exp(i\bm{Q}\bm{R}_m) + \bm{S}_{-Q}\exp(-i\bm{Q}\bm{R}_m)] \tag{1.141}$$

$$= S[\bm{i}\cos(\bm{Q}\cdot\bm{R}_m + \alpha) + \bm{j}\sin(\bm{Q}\cdot\bm{R}_m + \alpha)] \tag{1.142}$$

のように一般的な形で記述できることになる．(1.142) 式は $\bm{i}$ と $\bm{j}$ を含む平面上

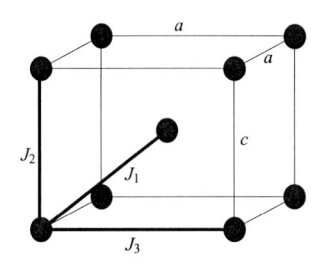

図 1.6 MnF$_2$ のルチル型体心正方格子. ただし, 磁性原子のみを示している.

にある磁気モーメント S_m が伝播ベクトル Q の方向に進むにつれて i–j 面内で回転することを意味する. 回転周期は Q によって決まる. i–j 面と伝播ベクトル Q が垂直であれば, この磁気構造をらせん構造またはヘリカル (helical) 構造と呼ぶ.

Q が 0 に同等である場合を考えよう. $Q = 0$ であれば, (1.142) 式から S_m は場所 R_m に依存しないで一定のベクトルとなる強磁性 (ferromagnetic) 構造となる. $Q = \pi b_1$ のように $2Q \equiv 0$ であるときは, S_m を含む面から Q 方向の次の面に進むごとにモーメントの方向が 180° 変化する反強磁性 (antiferromagnetic) 構造となる.

先に例として述べた MnF$_2$, NiF$_2$ などのルチル (rutile, TiO$_2$) 型結晶構造を取り上げ, 磁気構造についてもう少し具体的に考えてみることにしよう. 図 1.6 にルチル型の体心正方 (body-centered tetragonal) 構造のなかの磁性原子の配置図を示す. この体心正方格子は磁性原子 1 個を含む菱面体を単位胞とすればブラベー格子と考えることができる. 磁気モーメント間に働く相互作用をそれぞれ体心と角の最隣接間で $\mathcal{J}_1$, c 軸方向の第 2 隣接間で $\mathcal{J}_2$, a 軸方向の第 3 隣接間で $\mathcal{J}_3$ と置くと, (1.129) 式は

$$\mathcal{J}(k_x, k_y, k_z) = 8\mathcal{J}_1 \cos\left(\frac{ak_x}{2}\right) \cos\left(\frac{ak_y}{2}\right) \cos\left(\frac{ck_z}{2}\right) + 2\mathcal{J}_2 \cos(ck_z) \tag{1.143}$$

$$+ 2\mathcal{J}_3[\cos(ak_x) + \cos(ak_y)] \tag{1.144}$$

となる. この $\mathcal{J}(k_x, k_y, k_z)$ が最大となる (k_x, k_y, k_z) が磁気構造を決める伝播ベクトルであるから, $\partial \mathcal{J}/\partial k_x = \partial \mathcal{J}/\partial k_y = \partial \mathcal{J}/\partial k_z = 0$ を満たすような (k_x, k_y, k_z) の組を探せばよい. ここでは簡単のために k を c 軸方向, k_z のみを考えることにすると, (1.143)～(1.144) 式は

$$\mathcal{J}(k_z) = 8\mathcal{J}_1 \cos\left(\frac{ck_z}{2}\right) + 2\mathcal{J}_2 \cos(ck_z) + 4\mathcal{J}_3 \tag{1.145}$$

となる．$\partial \mathcal{J}/\partial k_z = 0$ とすると，

$$2\mathcal{J}_1 \sin\left(\frac{ck_z}{2}\right) + \mathcal{J}_2 \sin(ck_z) = 0 \tag{1.146}$$

という条件式が得られ，これを満たす解は

$$\cos\left(\frac{ck_z}{2}\right) = -\frac{\mathcal{J}_1}{\mathcal{J}_2} \tag{1.147}$$

または

$$\sin\left(\frac{ck_z}{2}\right) = 0 \tag{1.148}$$

のいずれかである．$|\mathcal{J}_1/\mathcal{J}_2| < 1$ であれば (1.147) 式から角度 $ck_z/2 = \theta$ が求まる．これは c 軸方向に $c/2$ だけ進むと磁気モーメントが θ だけ傾くヘリカル構造を意味している．$|\mathcal{J}_1/\mathcal{J}_2| > 1$ であれば (1.147) 式の解は存在せず，(1.148) 式から伝播ベクトルが求まる．(1.148) 式は $\mathcal{J}_1 > 0$ のとき $k_z = 0$，$\mathcal{J}_1 < 0$ のとき $k_z = 2\pi/c$ の解を与える．前者は強磁性，後者は反強磁性構造を与える．このように磁気構造は磁気相互作用の種類と符号を含んだ強度によってさまざまなスピン配列として現れる．

1.6.5　ハイゼンベルグ模型と分子場近似

(1.114) 式のハイゼンベルグハミルトニアンを解くには固体内のすべてのスピンを対象とする多体問題を扱わなければならない．そのため，相互作用を平均場で置き換えた一体問題として扱うハートリー (Hartree) 近似 (平均場近似，分子場近似) を用いるのが普通である．この方法はワイス (Weiss) が強磁性を議論したときに用いたのでワイスの分子場近似と呼ぶこともある．

スピン $\boldsymbol{S}$ をその平均値 $\langle \boldsymbol{S} \rangle$ とそれからのずれ $\delta = \boldsymbol{S} - \langle \boldsymbol{S} \rangle$ の和として $\boldsymbol{S} = \langle \boldsymbol{S} \rangle + (\boldsymbol{S} - \langle \boldsymbol{S} \rangle)$ のように表すと，(1.114) 式は

$$\mathcal{H} = -2\sum_{i,j} \mathcal{J}_{ij} \langle \boldsymbol{S}_i \rangle \cdot \langle \boldsymbol{S}_j \rangle - \sum_i \boldsymbol{S}_i \cdot \sum_j 2\mathcal{J}_{ij} \langle \boldsymbol{S}_j \rangle \tag{1.149}$$

と表すことができる．ただし，δ は小さいのでその 2 次の項は無視した．第 1 項は定数で，第 2 項は分子場 (有効磁場) H_m 中のスピン $\boldsymbol{S}_i$ のゼーマン (Zeeman) エネルギーと同じである．つまり，磁気モーメント $-g\mu_\mathrm{B} \boldsymbol{S}_i$ に次式の分子場が作用しているのと同等である．

$$\boldsymbol{H}_\mathrm{m} = -\frac{2}{g\mu_\mathrm{B}} \sum_j \mathcal{J}_{ij} \langle \boldsymbol{S}_j \rangle \tag{1.150}$$

スピン $\boldsymbol{S}_i$ は磁場の中で量子化されているので，その熱平均値 $\langle \boldsymbol{S}_i \rangle$ の絶対値は

$$|\langle \boldsymbol{S}_i \rangle| = \frac{\sum_{M=-S}^{S} M \exp\left(g\mu_{\mathrm{B}} M \boldsymbol{H}_{\mathrm{m}}/k_{\mathrm{B}} T\right)}{\sum_{M=-S}^{S} \exp\left(g\mu_{\mathrm{B}} M \boldsymbol{H}_{\mathrm{m}}/k_{\mathrm{B}} T\right)} \tag{1.151}$$

$$= S B_S(x_i) \tag{1.152}$$

$$x_i = g\mu_{\mathrm{B}} S \boldsymbol{H}_{\mathrm{m}}/k_{\mathrm{B}} T \tag{1.153}$$

となる．ここで $B_S(x_i)$ はブリルアン関数で (1.48) 式の J を S に置き換えたものである．磁場は，分子場 $\boldsymbol{H}_{\mathrm{m}}$ の他に外部磁場 $\boldsymbol{H}$ が印加されている場合でも，有効磁場 $\boldsymbol{H}_{\mathrm{eff}} = \boldsymbol{H}_{\mathrm{m}} + \boldsymbol{H}$ として上式に適用すればよい．

磁気構造の一般的形式として (1.142) 式を考えたときの分子場は次のようになる．スピン $\boldsymbol{S}_j$ は (x,y) 面内で回転するヘリカル構造とすると，スピンの x, y 成分は (1.142) 式と (1.152) 式から

$$\langle \boldsymbol{S}_j \rangle_x = S\sigma \cos\left(\boldsymbol{Q} \cdot \boldsymbol{R}_j + \alpha\right) \tag{1.154}$$

$$\langle \boldsymbol{S}_j \rangle_y = S\sigma \sin\left(\boldsymbol{Q} \cdot \boldsymbol{R}_j + \alpha\right) \tag{1.155}$$

となる．ただし，$\sigma = B_S(x_i)$ と置いた．そのとき，x 成分が作る分子場は (1.129) 式のフーリエ変換等を用いて

$$\boldsymbol{H}_{\mathrm{m}}^x = \frac{2S\sigma}{g\mu_{\mathrm{B}}} \sum_j 2\mathcal{J}_{ij} \langle \boldsymbol{S}_j \rangle_x \tag{1.156}$$

$$= \frac{2S\sigma}{g\mu_{\mathrm{B}}} \mathcal{J}(\boldsymbol{Q}) \cos\left(\boldsymbol{Q} \cdot \boldsymbol{R}_i + \alpha\right) \tag{1.157}$$

で与えられる．y 成分の分子場も同様に次式で与えられる．

$$\boldsymbol{H}_{\mathrm{m}}^y = \frac{2S\sigma}{g\mu_{\mathrm{B}}} \mathcal{J}(\boldsymbol{Q}) \sin\left(\boldsymbol{Q} \cdot \boldsymbol{R}_i + \alpha\right) \tag{1.158}$$

以上の x, y 成分から

$$|\boldsymbol{H}_{\mathrm{m}}| = \frac{2S\sigma}{g\mu_{\mathrm{B}}} \mathcal{J}(\boldsymbol{Q}) \tag{1.159}$$

が得られて，分子場はスピンサイト i によらないことがわかる．上式と (1.153) 式から

$$\sigma = B_S(2S^2 \sigma \mathcal{J}(\boldsymbol{Q})/k_{\mathrm{B}} T) \tag{1.160}$$

が得られる．

ブリルアン関数 $\sigma = B_S(x_i)$ を含む (1.160) 式には常に $\sigma = 0$ の解が含まれる．温度 T が

$$T < T_{\boldsymbol{Q}} = \frac{2S(S+1)\mathcal{J}(\boldsymbol{Q})}{3k_{\mathrm{B}}} \tag{1.161}$$

の条件を満たすとき，$\sigma \neq 0$ の解が存在する．ただし，$x_i \ll 1$ のときのブリルアン

関数の近似として (1.49) 式の第 1 項のみを用いている．磁気秩序温度は，上式の T_Q として与えられ，$Q = 0$ であれば強磁性となりキュリー温度 T_C，$Q \neq 0$ であれば反強磁性となりネール温度 T_N を与える．

常磁性状態の帯磁率を考えるには，これまでの議論に外部磁場 H の効果を取り入れ，スピンの平均値は外部磁場と平行であるために $\mathcal{J}(Q)$ を強磁場の場合と同じく $\mathcal{J}(0)$ とおく．外部磁場 H によるゼーマン項を加えると (1.160) 式は

$$\sigma = B_S([2S^2\sigma\mathcal{J}(0) + g\mu_B SH]/k_B T) \tag{1.162}$$

となる．磁場が小さいとき，上の議論と同様に近似として (1.49) 式の第 1 項のみを用いて解くと，

$$\chi = \frac{C}{T - \theta_p} \tag{1.163}$$

$$C = \frac{Ng^2\mu_B^2 S(S+1)}{3k_B} \tag{1.164}$$

$$\theta_p = \frac{2S(S+1)\mathcal{J}(0)}{3k_B} \tag{1.165}$$

として常磁性帯磁率が得られる．(1.163) 式をキュリー–ワイスの法則 (Curie–Weiss Law) と呼ぶ．これは磁気相互作用のない場合の (1.51) 式のキュリーの法則にワイスの分子場の効果を取り入れたものである．C はキュリー–ワイス定数 (Curie–Weiss constant) である．θ_p は常磁性キュリー温度と呼ばれ，温度に比例して変化する帯磁率の逆数 (逆帯磁率，reciprocal susceptibility) が θ_p で 0 の値となる．

1.6.6 強磁性

ここでは f 電子系の多くの場合でよい保存量となっている全角運動量 J を用いてもう少し具体的に強磁性の性質を見ておくことにする．前節では磁気相互作用を分子場として近似するため磁気相互作用に直接関与するスピン角運動量 S を用いて議論したが，S を J に，g を g_J に置き換えて用いる．外部磁場 H が存在するとして，(1.152)，(1.162) 式をあらためて書き直すと，

$$M = M_s B_J(x + \Delta) \tag{1.166}$$

$$x = \frac{g_J\mu_B J\lambda M}{k_B T} \tag{1.167}$$

$$\Delta = \frac{g_J\mu_B JH}{k_B T} = \frac{M_s H}{k_B T} \tag{1.168}$$

である．ただし，$M = Ng_J\mu_B\langle J\rangle$ は任意の磁場，温度における磁化，$M_s =$

1.6 磁気転移と磁気構造

$Ng_J\mu_\mathrm{B}J$ は飽和磁化 (saturation magnetization, $g_J\mu_\mathrm{B}J$ は full moment) である. (1.167) 式は (1.150) 式に対応する分子場が磁化に比例するような形に分子場係数 $\lambda = 2(g_J-1)^2\mathcal{J}/Ng_J^2\mu_\mathrm{B}^2$ を用いて書き換えたものである. この分子場係数は, (1.114) 式のハイゼンベルグハミルトニアンの $\boldsymbol{S}$ に対して, $\boldsymbol{S}$ の保存量である $(g_J-1)\boldsymbol{J}$ を用いて得られる. さらに, (1.161) 式で定義されるキュリー温度と (1.164) 式のキュリー–ワイス定数を

$$T_\mathrm{C} = \frac{2(g_J-1)^2\mathcal{J}J(J+1)}{3k_\mathrm{B}} \tag{1.169}$$

$$= \frac{Ng_J^2\mu_\mathrm{B}^2\lambda J(J+1)}{3k_\mathrm{B}} \tag{1.170}$$

$$C = \frac{Ng_J^2\mu_\mathrm{B}^2 J(J+1)}{3k_\mathrm{B}} \tag{1.171}$$

のように書き換えておく. $(g_J-1)^2 J(J+1)$ は 1.6.1 項で述べたドゥ・ジェンヌ因子で, (1.169) 式はドゥ・ジェンヌ則そのものを表している. また, 分子場係数, キュリー–ワイス定数, キュリー温度には $T_\mathrm{C} = \lambda C$ の関係がある. (1.166) 式は (1.49) 式を用いて解くことになるが, x に関しては 3 次まで, Δ に関しては 1 次までとして近似し, T_C や C を代入して次のような関係式が得られる.

$$M^2 = M_\mathrm{s}^2 \left(\frac{T_\mathrm{C}-T}{T} + \frac{C}{T}\frac{H}{M}\right)\left(\frac{T}{T_\mathrm{C}}\right)^3 \frac{10(S+1)^2}{3(2S^2+2S+1)} \tag{1.172}$$

ただし, (g_J-1) などの因子による演算の煩雑さを避けるため, (1.162) 式のブリルアン関数を解いて, $M = Ng\mu_\mathrm{B}\langle\boldsymbol{S}\rangle$ 等とおいて求めたものである. 上の関係式は M^2 が H/M に比例していることを意味している. 温度一定で磁化 M が磁場 H の関数として与えられ, H/M を変数として M^2 をプロットすると, $T_\mathrm{C} < T$ では M^2 が負の値, $T < T_\mathrm{C}$ では正の値となり, $T = T_\mathrm{C}$ のときに $M^2 = 0$ でプロットした直線が原点を切る. 有限磁場下では (1.162) 式の磁場 H に依存する項の寄与で $T_\mathrm{C} < T$ であっても磁化が生じるため, 磁場の影響を排除してキュリー温度を決定するには M^2–H/M プロットが必要である. このプロットをアロットプロット (Arrott plot) と呼ぶ.

零磁場の条件で (1.166) 式のブリルアン関数を解くと図 1.7 のような強磁性相の秩序変数 (order parameter) としての磁化の温度変化が得られる. 磁化は飽和磁化 M_s で, 温度はキュリー温度 T_C で規格化してある. 図から秩序変数の発達が J の大きさに依存することが見てとれる. これは J が大きい (磁気モーメントが大きい) ほど分子場が磁気モーメントの揺らぎを抑えにくくなり, 低温まで磁化の発達が抑制されるためである. ただし, $J = \infty$ は古典極限の例で, 図のよ

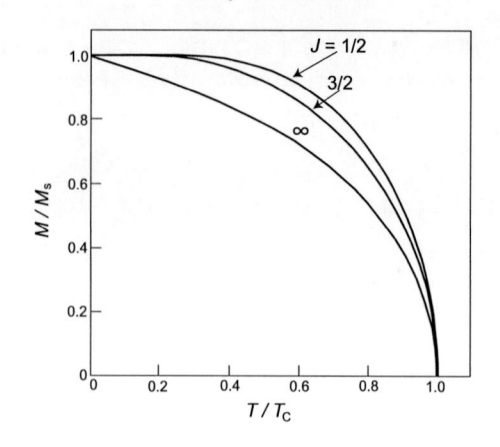

図 1.7 分子場近似による強磁性磁化の温度依存性.磁化,温度とも飽和磁化,キュリー温度で規格化している.

うに絶対零度から磁化が直線的に減少するようなことは量子スピン系では起こらない.

　図 1.8 に強磁性体である $TbCoC_2$ の磁化の温度依存性を示している[15].$TbCoC_2$ の結晶構造は直交する結晶 3 軸の格子定数が異なる ($a\neq b\neq c$) 斜方 (orthorhombic) 晶であり,結晶場による強い磁気異方性によって Tb^{3+} イオンの磁気モーメントは a 軸方向に固定されている.アロットプロットで求めた 30.0 K のキュリー温度は,10 kOe の測定磁場のため図 (a) だけからは正確に求めることはできない.また,図 (a) の挿入図に強磁性相における磁化の磁場依存性が示され,飽和磁化は Tb^{3+} イオン当たり 8.45 μ_B であることが分かる.表 1.1 に示した Tb^{3+} 自由イオンの 9 μ_B より小さいのは,1.5 節で述べたように結晶場によって波動関数が $J=6$ 以外の J 成分と混成するためである.図 (b) には,3 軸方向の逆帯磁率が示されているが,ハイゼンベルグハミルトニアンから出発する強磁性の分子場近似には現れない二つの特徴が見られる.一つは,この化合物ではキュリー–ワイス則は 200 K 以下の温度では成り立っていないことである.ハイゼンベルグ型は $J=6$ に属する 7 つの J_z 成分が縮退していることに対応しているが,この系では結晶場によって基底状態が分裂する.高温では,分裂したすべての準位が等しい確率で占拠されるためハイゼンベルグ型のようにキュリー–ワイス則が成立する.低温では,分裂した準位の占有確率に応じて帯磁率が変化するためにキュリー–ワイス則からはずれることになる.もう一つの特徴は,3 軸方向のキュリー–ワイス則から求めた常磁性キュリー温度が異なることである.これも結晶場の影響であ

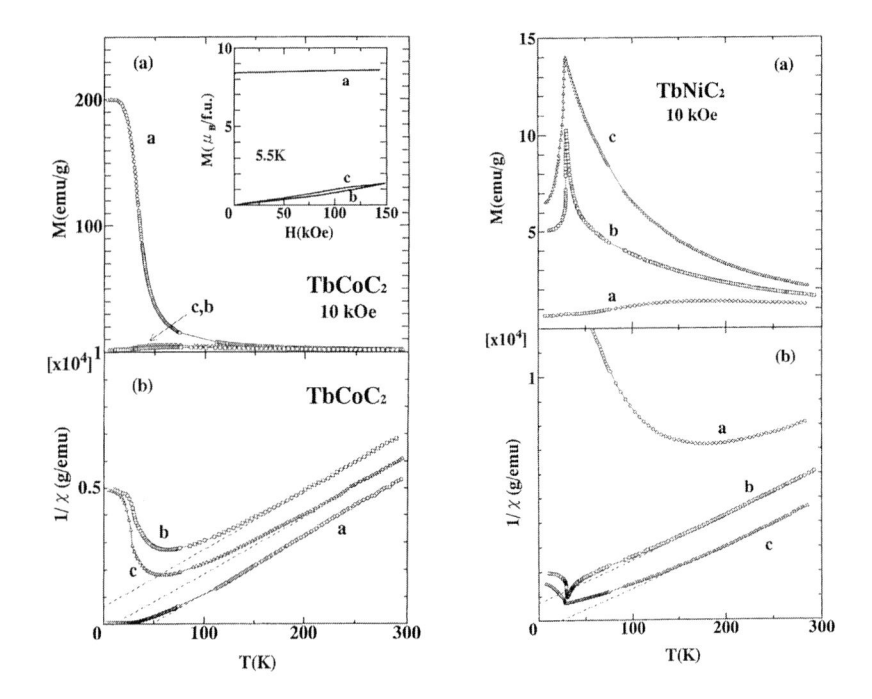

図 1.8 強磁性体 $TbCoC_2$ と反強磁性 $TbNiC_2$ の磁化 (帯磁率) と逆帯磁率の温度依存性[15].

る．斜方晶の結晶場ハミルトニアンの高次の項を無視した 2 次の近似は，(1.97) 式を拡張して

$$\mathcal{H}_{\mathrm{CEF}} = -\alpha_J \langle r^2 \rangle (A_2^0 O_2^0 + A_2^2 O_2^2) \tag{1.173}$$

$$= B_2^0 [3J_z - J(J+1)] + B_2^2 (J_+^2 + J_-^2) \tag{1.174}$$

となる．この結晶場のもとでの x, y, z 軸方向の常磁性キュリー温度は，以下のように与えられる[16].

$$\theta_\mathrm{p}^x = \theta_\mathrm{p} + \frac{(2J-1)(2J+3)}{10k}(B_2^0 - B_2^2) \tag{1.175}$$

$$\theta_\mathrm{p}^y = \theta_\mathrm{p} + \frac{(2J-1)(2J+3)}{10k}(B_2^0 + B_2^2) \tag{1.176}$$

$$\theta_\mathrm{p}^z = \theta_\mathrm{p} - \frac{(2J-1)(2J+3)}{5k}B_2^0 \tag{1.177}$$

ここで，系の常磁性キュリー温度 θ_p は，実験的には 3 軸方向の帯磁率の平均，あるいは帯磁率の空間平均がそのまま得られる粉末試料の測定から求められるものである．このように立方晶以外の単結晶の帯磁率測定から結晶場パラメータ B_2^0, B_2^2 の見積もりが可能である．

1.6.7 反強磁性

ここではもっとも単純な反強磁性構造として,単純立方晶の格子位置に磁性原子があり,モーメントが交互に正,負と配列する伝播ベクトル Q が $[\frac{1}{2}00]$, $[\frac{1}{2}\frac{1}{2}0]$ または $[\frac{1}{2}\frac{1}{2}\frac{1}{2}]$ のような構造を考えることにする.分子場は,正の磁気モーメントの副格子と負の磁気モーメントの副格子それぞれからの寄与があり,正負の磁気モーメントにはそれぞれ

$$H_+ = -\lambda M_+ - \gamma M_- \tag{1.178}$$

$$H_- = -\lambda M_- - \gamma M_+ \tag{1.179}$$

のように対称的な関係で分子場が働いていると考える.ただし,λ は同符号のサイトからの分子場係数,γ は異符号間の分子場係数で,次にように与えられる.

$$M_\pm = \frac{N}{2} g_J \mu_B \langle J \rangle_\pm \tag{1.180}$$

$$\lambda = -\frac{4(g_J-1)^2}{N g_J^2 \mu_B^2} z_2 \mathcal{J}_2 \tag{1.181}$$

$$\gamma = -\frac{4(g_J-1)^2}{N g_J^2 \mu_B^2} z_1 \mathcal{J}_1 \tag{1.182}$$

ここで,$z_1 \mathcal{J}_1$ は z_1 個の再隣接磁気イオンと $\mathcal{J}_1 < 0$ の交換相互作用が働き,$z_2 \mathcal{J}_2$ は z_2 個の再隣接磁気イオンと $\mathcal{J}_2 > 0$ の交換相互作用が働いていることを表していて,反強磁性の交換相互作用は $\mathcal{J}(Q) = -z_1 \mathcal{J}_1 + z_2 \mathcal{J}_2$ である.

分子場 $H_\pm$ と外部磁場 H の下でのそれぞれの副格子の磁化は

$$|M_\pm| = \frac{N g_J \mu_B J}{2} B_J \left(\frac{g_J \mu_B J |(-\lambda M_\pm - \gamma M_\mp + H)|}{k_B T} \right) \tag{1.183}$$

で与えられる.外部磁場がないときは $M_+ = -M_- = M$ なので,上の副格子の磁化は

$$M = \frac{N g_J \mu_B J}{2} B_J \left(\frac{g_J \mu_B J (\gamma - \lambda) M}{k_B T} \right) \tag{1.184}$$

となる.(1.160)～(1.161) 式の議論を適用すると,ネール温度は

$$T_N = \frac{C}{2} (\gamma - \lambda) \tag{1.185}$$

である.C は (1.164) または (1.171) 式のキュリー–ワイス定数で,ネール温度は C と分子場係数で定まる.

磁場中の磁化を求めるには,$M_\pm$ の向きは外部磁場 H に平行であることに注意して,(1.183) 式のブリルアン関数を (1.49) 式の高温展開の近似式の 1 次までを用いる.それぞれの副格子の磁化とその和 (系の磁化 M) は,

$$M_+ = \frac{C}{2T}(-\lambda M_+ - \gamma M_- + H) \tag{1.186}$$

$$M_- = \frac{C}{2T}(-\lambda M_- - \gamma M_+ + H) \tag{1.187}$$

$$M = M_+ + M_- = \frac{C}{2T}[2H - (\lambda+\gamma)M] \tag{1.188}$$

と求まる．(1.188) 式を整理して帯磁率 $\chi(=M/H)$ を求めると

$$\chi = \frac{C}{T-\theta_\mathrm{p}} \tag{1.189}$$

$$\theta_\mathrm{p} = -\frac{C}{2}(\lambda+\gamma) \tag{1.190}$$

となる．したがって，キュリー–ワイス則に従う逆帯磁率を外挿して χ が 0 になる温度が θ_p で，反強磁性では負の値となる．図 1.8 には斜方晶反強磁性体 $TbNiC_2$ の帯磁率の温度依存性も示してある．(b) 図に各結晶軸方向の逆帯磁率を示してあるが，やはり結晶場の影響でキュリー–ワイス則は高温のみで成立し，特に a 軸方向では測定温度範囲では成立していない．$TbNiC_2$ のネール温度は 27.0 K であるが，粉末試料から求めた常磁性キュリー温度 θ_p は -10.9 K である．

(1.189) 式に示したようにネール温度以上の帯磁率はキュリー–ワイス則に従う．以下では，ネール温度以下の反強磁性秩序状態の帯磁率 (磁化) の温度変化を議論しよう．秩序状態の磁気モーメントの方向は磁気異方性によって決められるが，ここでは磁気相互作用やゼーマン相互作用に比べて小さい磁気異方性，たとえば双極子相互作用による異方性のような場合を前提とするが，異方性エネルギーは無視することとする．図 1.9 に示すように，各副格子の磁化 (磁気モーメント) に垂直に外部磁場 $\boldsymbol{H}$ を印加した場合から考える．副格子の磁化 $\boldsymbol{M}_+$ と $\boldsymbol{M}_-$ はそれぞれ磁場によって角 θ だけ傾く．磁化によって作られる分子場はその磁化に反平行 ($\lambda\boldsymbol{M}_\pm\|\boldsymbol{M}_\pm$, $\gamma\boldsymbol{M}_\pm\|\boldsymbol{M}_\pm$) である．また，磁化は有効磁場の方向を向くため，$\boldsymbol{M}_\pm\|(-\lambda\boldsymbol{M}_\pm - \gamma\boldsymbol{M}_\mp + \boldsymbol{H})$ である．したがってベクトル和の関係から

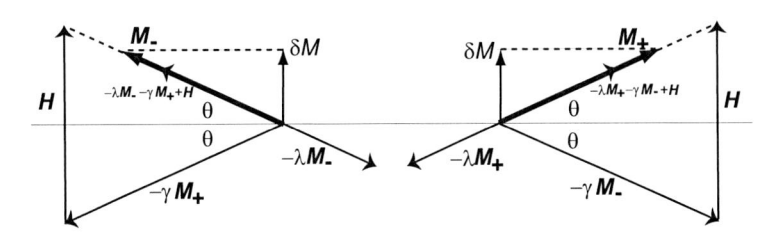

図 1.9 反強磁性配列する副格子の磁化とそれに垂直な外部磁場，そのときの分子場の関係の模式図．

$(-\gamma \boldsymbol{M}_\mp + \boldsymbol{H}) \| \boldsymbol{M}_\pm$ が成立している. そのため, 次の関係も成り立つ.

$$\gamma \boldsymbol{M}_\pm \sin\theta = \frac{H}{2} \tag{1.191}$$

$$\boldsymbol{M}_\pm \sin\theta = \delta M \tag{1.192}$$

δM は磁場によって傾いた副格子磁化の磁場方向成分で, あわせて $2\delta M$ の磁化が生じる. したがって, 磁気モーメントに垂直に磁場を加えたときの帯磁率 $\chi_\perp$ は次式のように

$$\chi_\perp = \frac{2\delta M}{H} = \frac{2\boldsymbol{M}_\pm \sin\theta}{H} = \frac{2\frac{H}{2\gamma}}{H} \tag{1.193}$$

$$= \frac{1}{\gamma} \tag{1.194}$$

となって, ネール温度以下では一定の値をとって温度変化はしない. $\chi_\perp$ を垂直帯磁率という.

垂直磁化率に対して, 反強磁性の副格子磁化に平行 (もう一つの副格子磁化には反平行) に外部磁場を加えたときの帯磁率を平行帯磁率 $\chi_\parallel$ という. $\chi_\parallel$ を求めるにはブリルアン関数を含む (1.183) 式を解かなければならない. $\chi_\perp$ の議論と同様に, それぞれの副格子の磁化 M の磁場による変化分を $\delta M_\pm$ とすると, それぞれの副格子の磁化は

$$M_\pm = \pm M + \delta M_\pm \tag{1.195}$$

となる. ここで M_+ は磁場に平行な副格子の磁化, M_- は反平行の場合の磁化である. これを (1.183) 式に代入して得られるブリルアン関数を $\delta M_\pm$ と H に関してテーラー展開を行い, 磁場 H の 1 次の項のみを残すと,

$$\delta M_\pm = \frac{N g_J^2 \mu_B^2 J^2}{2k_B T} (\lambda \delta M_\pm + \gamma \delta M_\mp - H) B_J'(x_0) \tag{1.196}$$

$$x_0 = \frac{g_J \mu_B J}{k_B T} (\gamma - \lambda) M \tag{1.197}$$

$$B_J'(x_0) = [dB_J(x)/dx]_{x=x_0} \tag{1.198}$$

$$= -\left(\frac{2J+1}{2J}\right)^2 \mathrm{cosech}^2\left(\frac{2J+1}{2J}x_0\right) \tag{1.199}$$

$$+ \left(\frac{1}{2J}\right)^2 \mathrm{cosech}^2\left(\frac{x_0}{2J}\right) \tag{1.200}$$

が得られる. このようにして求められる $\delta M_\pm$ から平行帯磁率は

$$\chi_\parallel = \frac{\delta M_+ + \delta M_-}{H} \tag{1.201}$$

$$= \frac{2}{\lambda + \gamma + k_B T[\frac{N}{2}g_J^2\mu_B^2 J(J+1)B'_J(x_0)]^{-1}} \quad (1.202)$$

$$= \frac{2}{\lambda + \gamma + \frac{J+1}{3J}(\gamma - \lambda)\frac{T}{T_N}[B'_J(x_0)]^{-1}} \quad (1.203)$$

$$x_0 = \frac{2M}{Ng_J\mu_B J}\frac{3J}{J+1}\frac{T_N}{T} \quad (1.204)$$

で与えられる．最後の二つの式は，(1.175)，(1.185) 式から得られる $\gamma - \lambda = 3k_B T_N / \frac{N}{2}g_J^2\mu_B^2 J(J+1)$ を用いて変形した．$T = 0$ では $B'_J(\infty) = 0$ となり，(1.203) 式の分母が ∞ のため $\chi_\parallel = 0$ となる．また，$T = T_N$ では当然ながら $M = 0$ なので，$B'_J(0) = (J+1)/3J$ となり，

$$\chi_\parallel(T = T_N) = \frac{1}{\gamma} \quad (1.205)$$

となって (1.194) 式の $\chi_\perp$ と等しくなる．$0 < T < T_N$ の $\chi_\parallel$ の温度変化は J に依存する．図 1.10(a) に垂直帯磁率 $\chi_\perp$ と平行帯磁率 $\chi_\parallel$ の模式図を示す．多結晶試料や粉末試料の帯磁率 χ_powder は，$\chi_\perp$ と $\chi_\parallel$ の空間平均を取ればよいので $(2\chi_\perp + \chi_\parallel)/3$ となる．図 (b) には実測例として $T_N = 46.5$ K の正方晶反強磁性体 GdB_2C_2 の帯磁率の温度依存性を示した[17]．GdB_2C_2 は正方晶 c 面の面心にも Gd サイトがあるので，単位胞に 2 個の磁性イオンがあることになる．反強磁性構造は c 軸方向に磁気モーメントが向く伝播ベクトル $\boldsymbol{Q} = [100]$ のため，$H\|[110]$ のとき垂直帯磁率 $\chi_\perp$，$H\|$c 軸のとき平行帯磁率 $\chi_\parallel$ を与える．Gd^{3+} イオンは $L = 0$ なので $4f$ 軌道由来の磁気異方性はない．磁気モーメントが c 軸に平行になるのは，弱い磁気双極子相互作用によるものと考えられ，ハイゼンベルグ型の

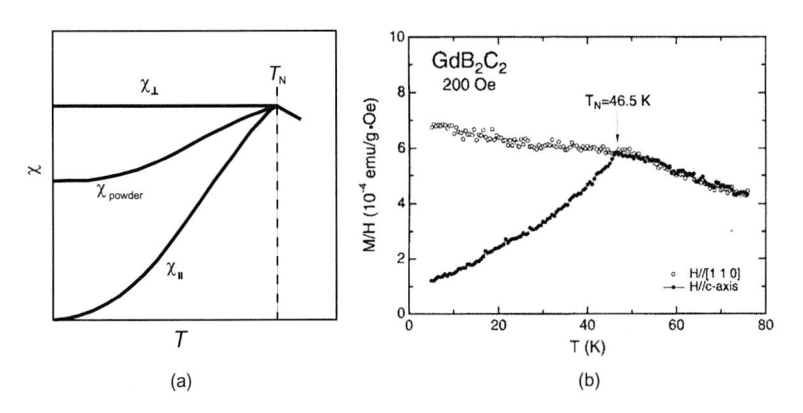

図 1.10 (a) 反強磁性分子場近似によるネール温度以下の帯磁率 ($\chi_\perp$, $\chi_\parallel$) の模式図．
(b) 正方晶 GdB_2C_2 における $\chi_\perp$ と $\chi_\parallel$ の測定例[17]．

分子場近似の結果とよい対応を示している．ところが図 1.8 に示した反強磁性体の斜方晶 $TbNiC_2$ 中の Tb^{3+} は結晶場による強い 1 イオン磁気異方性を持つために帯磁率の温度変化の様子は分子場近似とは異なる．伝播ベクトルは $[\frac{1}{2}\frac{1}{2}0]$ で，磁気モーメントは c 軸から 13°，b 軸から a 軸方向へ 7° 傾いている．そのため c 軸方向の帯磁率 χ_c は $\chi_\parallel$ にもっとも近く，T_N での値がもっとも大きくなっている．ところが $\chi_\perp$ に近いはずの χ_a の帯磁率はきわめて小さく，T_N での異常も見られない．これは強い磁気異方性のため，図 1.9 のような機構で磁気モーメントが傾かないためである．

弱い磁気異方性によって磁気モーメントの方向が定まっている場合，磁場によって磁気モーメントの方向は容易に変わりうる．たとえば，磁気モーメントに平行に加えた磁場を増加させると，磁気モーメントが磁場に垂直方向に変化する．つまり，$\chi_\parallel$ の状態から $\chi_\perp$ の状態へ磁気モーメントの方向が飛ぶ．これは $\chi_\parallel < \chi_\perp$ のため磁場中では $\chi_\perp$ の状態のエネルギーが低いために生じ，この減少をスピンフロップ転移 (spin–flop transition) と呼ぶ．磁気モーメントの方向を定める 1 軸磁気異方性エネルギーが (1.98) 式のように与えられたとき，$\theta = 0$ にモーメントが向き，その方向に磁場を印加したとき，スピンフロップが生じる臨界磁場 (critical field) H_{cri} は，二つの状態のエネルギーが等しいときである．反強磁性の磁化によるエネルギーは $-\frac{1}{2}\chi H^2$ なので，臨界磁場は

$$-\frac{1}{2}\chi_\perp H_{cri}^2 = -\frac{1}{2}\chi_\parallel H_{cri}^2 - K_1 \tag{1.206}$$

$$H_{cri} = \sqrt{\frac{2K_1}{\chi_\perp - \chi_\parallel}} \tag{1.207}$$

となる．さらに磁場を加えると，磁場によるゼーマンエネルギーが反強磁性結合エネルギーに等しくなるとき二つの副格子の磁化は平行になって飽和する．そのときの磁場 H_{sat} は (1.178)～(1.179) 式の反強磁性結合をもたらす二つの分子場に等しいので

$$H_{sat} = 2\gamma M \tag{1.208}$$

である．スピンフロップ転移の実際の様子は図 1.11(a) の GdB_2C_2 で観察される[17]．前述したように，GdB_2C_2 は c 軸方向に磁気モーメントが向いている反強磁性のため，$H \parallel [110]$ と $H \parallel$ c 軸のとき垂直帯磁率 $\chi_\perp$ を与えるので，磁化は磁場に比例して増加する．一方，$H \parallel$ c 軸のときは平行帯磁率 $\chi_\parallel$ を与えるので，$H_{cri} = 42$ kOe でスピンフロップ転移が生じ，$H_{cri} < H$ では $\chi_\perp$ となる．この系では，80 kOe まで磁化は飽和していない．(b) 図には磁気モーメントが a 軸に

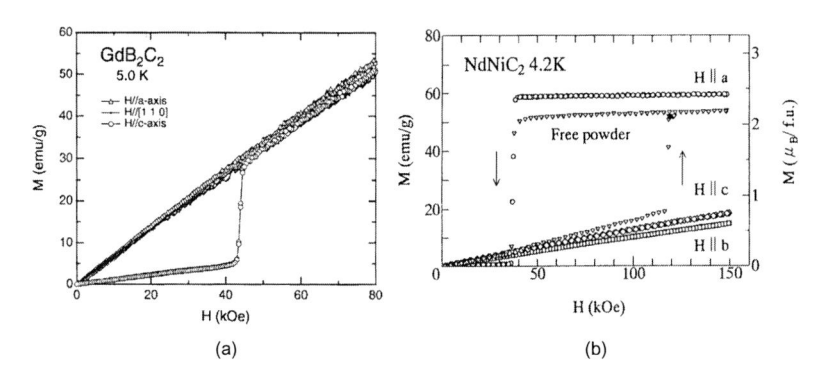

図 1.11 (a) 正方晶 GdB_2C_2[17] と (b) 斜方晶 $NdNiC_2$[18] の反強磁性相における磁化過程.

平行で1軸磁気異方性の大きい斜方晶 $NdNiC_2$ の磁化過程を示す[18]. $\chi_\perp$ に相当する $H\|b$ と $H\|c$ では磁化は小さいながら磁場に比例して増加している. 一方, $\chi_\|$ に相当する $H\|a$ の磁化の増加は磁場が小さいときには χ_b や χ_c より小さい ($\chi_\| < \chi_\perp$) が, $H_{cri} = 37.1$ kOe で急激に増加し, $2.45\ \mu_B/Nd^{3+}$ の飽和に達する. これは強い1軸異方性のため, 臨界磁場が反強磁性結合を与える分子場 $2\gamma M$ と等しくなるまで磁気モーメントは動けないことによる. このような転移をスピンフリップ転移 (spin–flip transition) と呼ぶこともあるが, 一般にはメタ磁性転移 (metamagnetic transition) と呼ぶ. 遍歴電子磁性体には磁場によって常磁性から強磁性, 反強磁性から強磁性に転移する現象があり, これをメタ磁性転移と呼んでいる. 図 1.11(b) ではあたかも反強磁性が強磁性に変わったように見えるが, 実際には磁場が反強磁性結合に打ち勝ったのであって, 強磁性相互作用が新たに発生したわけではない. 同じメタ磁性転移と呼ぶが, その機構に違いがあることに注意を要する.

1.6.8 長周期磁気構造

1.6.4 項では一般的な磁気構造としてヘリカル構造を取り上げた. 図 1.12(a) にヘリカル構造の模式図を示す. そこでは伝播ベクトルは z 方向で, 磁気モーメントが x–y 面内で回転しながら長周期の反強磁性磁気構造をとっている. 図の隣接磁気イオン間を単位胞の格子定数 c とすると, 磁気構造はおよそ $8.3c$ で繰り返すように描かれている. そのときの伝播ベクトルは $\bm{Q} = (0, 0, \delta)(\delta = 1/8.3 = 0.12)$ である. このヘリカル構造は, 磁気相互作用によって決まる伝播ベクトルに垂直な面が磁気容易面になっている場合に実現する. この容易面が (b) のように伝播

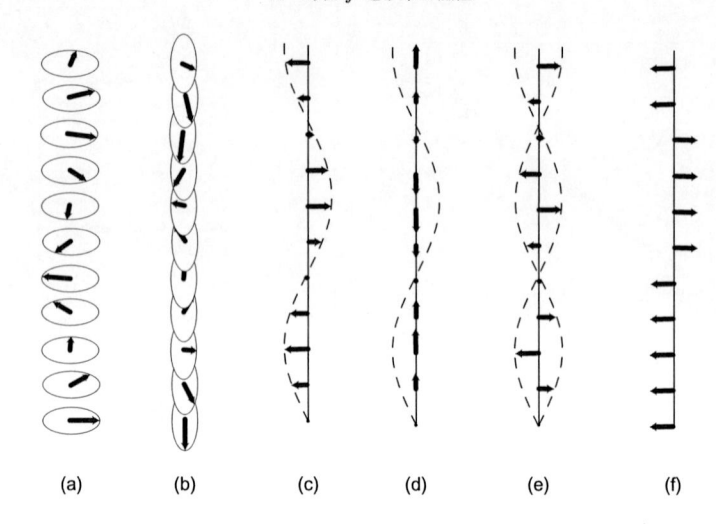

図 1.12 長周期反強磁性構造の例.

ベクトルに平行な場合の磁気構造をサイコロイダル構造 (cycloidal structure) という．ヘリカル構造をプロパーヘリックス (proper helix) 構造，サイコロイダル構造をサイコロイダルヘリックス (cycloidal helix) 構造と呼び分けることもある．この二つの構造は，結晶場などによる磁気異方性によって XY モデルで記述できるような系になっている．イジングモデルのように結晶場が 1 軸異方性を与える場合には (c)，(d) のように磁気モーメントの大きさが正弦波的に変化するモーメント変調構造 (sinusoidal moment-modulation structure) となることがある．(c) のような磁気モーメントの向きが伝播ベクトルに垂直である横波 (transverse) 変調構造，(d) のような平行である縦波 (longitudinal) 変調構造とがある．

(a)〜(d) は，隣接磁気モーメントが基本的に強磁性結合をしている場合である．隣接磁気モーメントが基本的に反強磁性的に結合し，その磁気モーメントが長周期変調を受ける構造も存在する．(e) は伝播ベクトルに垂直な磁気モーメントが反強磁性的に結合し，かつ長周期のモーメント変調がある例である．(a)〜(d) の伝播ベクトルが $Q = (0, 0, 0 + \delta)$ と同等の記述であるように，(e) の伝播ベクトルは $Q = (0, 0, \frac{1}{2} + \delta)$ と記述される．長周期変調がなければ $Q = (0, 0, \frac{1}{2})$ の単純な反強磁性となる．(e) では transverse のみを示したが，longitudinal の構造もある．

局在磁気モーメントの長周期変調構造は，温度が下がると磁気モーメントの大きさが等しくなる構造に変わることが多い．(f) は (c) の変調構造がその周期を

変えずに等モーメント構造に変わった例である．このような温度変化は正弦波から矩形波へと連続的に変化する．図 1.12 に挙げた例は，すべて $8.3c$ の長周期構造である．このように磁気構造の周期が結晶構造の周期の整数倍になっていない構造を格子非整合 (incommensurate) 構造，整数倍になっている構造を格子整合 (commensurate) 構造と呼ぶ．正弦波長周期構造が温度低下とともに矩形波構造に変わると同時に不整合から整合構造へ変わることがしばしば生じる．この変化は当然ながら不連続な磁気相転移である．

文　　　献

1) 永宮健夫，"磁性の理論"，吉岡書店 (1987).
2) 芳田奎，"磁性"，岩波書店 (1991).
3) 安達健五，"化合物磁性　局在電子系"，裳華房 (1996).
4) 安達健五，"化合物磁性　遍歴電子系"，裳華房 (1996).
5) 望月和子，鈴木直，"固体の電子状態と磁性"，大学教育出版 (2003).
6) 守屋亨，"磁性物理学"，朝倉書店 (2006).
7) M. T. Hutchings, Solid State Physics **16** (1965) 277.
8) K. W. H. Stevens, Proc. Phys. Soc. A**65** (1952) 11.
9) A. J. Freeman and J. P. Desclaux, J. Magn. Magn. Mater. **12** (1979) 11.
10) K. R. Lea, M. J. M. Leask, and W. P. Wolf, J. Phys. Chem. Solids **23** (1962) 1381.
11) 個々のデータが次の文献にまとめられている．原論文はこれを参照されたい．A. Szytuła and J. Leciejewicz, *Handbook on the Physics and Chemistry of Rare Earths*, eds. K. A. Gschneidner, Jr. and L. Eyring, vol. 12 (Elsevier Science, 1989) p. 131.
12) R. C. Thiel, M. W. Dirken, and K. H. Buschow, J. Less-Common Met. **147** (1989) 97.
13) D. R. Noakes and G. K. Shenoy, Phys. Lett. A**91** (1982) 35.
14) P. Fulde, *Handbook on the Physics and Chemistry of Rare Earths*, vol. 2, eds. K. A. Gschneider, Jr. and L. Eyring (Elsevier Science, 1979) p. 295.
15) H. Onodera et al., J. Magn. Magn. Mater. **137** (1994) 35.
16) G. J. Bowden, D. P. Bunbury, and M. A. H. Macausland, J. Phys. C **4** (1971) 1870.
17) Y. Yamaguchi et al., Appl. Phys. A **74** (2002) S877.
18) H. Onodera et al, J. Magn. Magn. Mater. **182** (1998) 161.

2 多極子相互作用と軌道秩序

2.1 概　　要

　磁性を担う 3d 電子や 4f 電子は一般に磁気モーメントと呼ばれている磁気双極子モーメント (magnetic dipolar moment) のほかに，その電子軌道によっては球対称からずれた異方的な電荷分布のために電気四極子モーメント (electric quadrupolar moment) や磁気八極子モーメント (magnetic octupolar moment) を持つことがある．長い磁性研究の歴史のなかではこれらの高次のモーメントの効果は無視されることが多かったが，近年四極子モーメントの自発的な秩序相転移が次々と発見されるに及んで，重要な強相関電子系の研究対象となっている．高次の多極子は異方的な電子軌道に由来するため，それらの秩序は軌道秩序 (orbital order) とも呼ばれる．
　四極子が関与する物理現象としてよく知られているのは，四極子モーメントと格子 (フォノン) との磁気弾性相互作用によって生じる協力的ヤーン–テラー効果 (cooperative Jahn–Teller effect) である．電子系の基底状態に軌道縮退が存在するとき，低温になると格子が歪んで低対称結晶場になることで縮退が解ける現象をヤーン–テラー効果と呼び，その当該原子種が結晶全体に亘ってヤーン–テラー効果を起こす場合を協力的ヤーン–テラー効果という．このとき基底状態の四極子に関する自由度が失われ，四極子モーメントの秩序配列と構造相転移が生じる．
　四極子モーメント間に四極子相互作用が働き，相転移によって軌道縮退が解け，四極子の秩序配列が実現する現象が発見されたのもそんなに新しいことではない．モランとシュミット (Morin and Schmitt) によって希土類化合物の四極子相互作用と磁気弾性効果のレビューが書かれたのは 1990 年である[1]．次節で述べるように，そこでは TmZn，TmCd，CeAg などの強四極子秩序 (ferroquadrupolar

order, FQ order) や TmGa$_3$, CeB$_6$, PrPb$_3$ などの反強四極子秩序 (antiferro-quadrupolar order, AFQ order) が紹介されている．そのころ注目されたのはもっぱら日本で詳細な実験研究が行われた CeB$_6$ の反強四極子 (AFQ) 秩序である[2~5]．それまでの知見では理解できないいくつかの謎の発見は平均場理論による理論的解明[6~10] を促し，四極子秩序の理解は急激に進んだ．その理論的進展の中で八極子 (octupole) の重要な役割が見出され，それが現在の八極子秩序 (octupolar order) の発見，解明への大きな駆動力になっている．CeB$_6$ をめぐる研究の進展と時を同じくして，AFQ 転移温度が 24.7 K ときわめて高い DyB$_2$C$_2$ や反強磁性 (antiferromagnetic, AFM) 転移よりも低温で AFQ 転移を示す HoB$_2$C$_2$ などが発見された[11]．それまでは軌道縮退が四極子秩序発現の条件であるため，対称性の高い立方晶化合物が研究対象であったが，RB$_2$C$_2$ は正方晶化合物であり，対象物質群に広がりが生まれた．また，PrPb$_3$ では AFQ 秩序では初めてのモーメント変調構造が観測された[12]．

主として CeB$_6$ の AFQ 秩序の解明をめざした平均場理論は，八極子相互作用 (octupolar interaction) が四極子相互作用と同程度の強さを持っていることも明らかにし，自発的な八極子秩序の発見が期待されて，現在ではいくつかの化合物で八極子秩序の存在が確実視されている．また，CeB$_6$ の四極子の揺らぎが小さくないことからその理論的研究がなされ[13~16]，実験的には PrAg$_2$In の八極子揺らぎが核磁気共鳴 (nuclear magnetic resonance, NMR) で初めて観測されている[17]．

以上のように，多極子相互作用や軌道秩序に関する物理は，現在も大きな進展を見せている．そのため，序論から結論まで教科書のように一貫して断定的に記述することは難しい．ここでは，前のモランとシュミットのレビューと重ならないように心がけて，最近の成果をまとめることとする．

2.2 多極子モーメント

原子軌道電子は，その軌道に依存した電荷分布と磁気モーメントの分布を与える．静電ポテンシャル $V(\bm{r})$ 中にある電荷分布 $\rho(\bm{r})$ の持つ静電エネルギーは，電気的な多極子モーメントを用いて

$$E = \int \rho(\bm{r}) V(\bm{r}) d^3\bm{r} \tag{2.1}$$

$$= ZeV(0) + \sum_i P_i \left(\frac{\partial V}{\partial r_i}\right)_0 + \frac{1}{2}\sum_{i,j} Q_{ik} \left(\frac{\partial^2 V}{\partial r_i \partial r_j}\right)_0 + \cdots \quad (2.2)$$

$$P_i = \sum \rho(\boldsymbol{r}) r_i d^3\boldsymbol{r} \quad (2.3)$$

$$Q_{ik} = \sum \rho(\boldsymbol{r}) r_i r_j d^3\boldsymbol{r} \quad (2.4)$$

とテンソル表記で表される.i, jはそれぞれx, y, xのいずれかである.第1項の$ZeV(0)$はランク(rank) 0の成分で単なる全電荷である.ランク1のP_iは電気双極子モーメントに相当するが,電荷分布は反転対称性$\rho(\boldsymbol{r}) = \rho(-\boldsymbol{r})$を持つため電気双極子モーメントを定義できない.ランク2のQ_{ik}が電気四極子モーメントを表し,同様にランク4の電気十六極子,ランク6の電気六十四極子などが定義される.磁気モーメントの分布$\boldsymbol{j}(\boldsymbol{r})$も同様に多極子展開をしてテンソル表記で表すことができる.ただし,磁気モーメント分布は反転対称性が破れているため,電気多極子とは逆に,磁気双極子,磁気八極子,磁気三十二極子などが存在する.

多極子テンソルは,第1章で述べた結晶場と同様に全角運動量演算子Jを成分とするスティーブンスの等価演算子(Stevens' equivalent operator)で表すことができる.$(2p+1)$個の成分を持つランクpの多極子の既約テンソルのq成分は,$q=p$, $q<p$のそれぞれの場合に対して次のように定義される[3, 8, 18].

$$J_p^{(p)} = (-1)^p \sqrt{\frac{(2p-1)(2p-3)\cdots 3\cdot 1}{2p(2p-2)\cdots 2}} J_+^p \quad (2.5)$$

$$J_{q-1}^{(p)} = \frac{1}{\sqrt{(p+q)(p-q+1)}}[J_-, J_q^{(p)}] \quad (2.6)$$

これらのテンソル演算子のランクpはJ多重項に依存し,さらに結晶場による基底状態(結晶の対称空間群)によっては独立なテンソルの個数が大幅に減ることもある.ここでは,CeB$_6$の反強四極子秩序をめぐって多極子物性の理解が進んできたことを踏まえて,$J=5/2$で立方対称群O_hの結晶場におけるCeB$_6$のΓ_8基底状態をもとに考えることにする.後述するように,CeB$_6$ではΓ_7励起状態がエネルギーの高い位置にあり,その影響を考える必要がないことも議論には好都合である.$J=5/2$の場合,ランク5までのテンソル成分が存在しうるが,実際にはΓ_8の対称性によってランク4, 5のテンソルは独立ではない.Γ_8基底状態は次の4つの波動関数で記述される4重縮退の準位である.

$$\sqrt{\frac{5}{6}}\left|\pm\frac{5}{2}\right\rangle + \sqrt{\frac{1}{6}}\left|\mp\frac{3}{2}\right\rangle \quad (2.7)$$

2.2 多極子モーメント

表 2.1 Γ_8 基底状態における多極子モーメント[8].

多極子モーメント	O_h 群の既約表現	テンソル演算子
磁気双極子	Γ_4^-	$J_x = \frac{1}{\sqrt{2}}(-J_1^{(1)} + J_{-1}^{(1)})$ $J_y = \frac{i}{\sqrt{2}}(J_1^{(1)} + J_{-1}^{(1)})$ $J_z = J_0^{(1)}$
電気四極子	Γ_3^+	$O_2^0 \equiv J_0^{(2)} = \frac{1}{2}(2J_z^2 - J_x^2 - J_y^2)$ $O_2^2 \equiv \frac{1}{\sqrt{2}}(J_2^{(2)} + J_{-2}^{(2)}) = \frac{\sqrt{3}}{2}(J_x^2 - J_y^2)$
	Γ_5^+	$O_{yz} \equiv \frac{i}{\sqrt{2}}(J_1^{(2)} + J_{-1}^{(2)}) = \frac{\sqrt{3}}{2}\overline{J_y J_z}$ $O_{zx} \equiv \frac{1}{\sqrt{2}}(-J_1^{(2)} + J_{-1}^{(2)}) = \frac{\sqrt{3}}{2}\overline{J_z J_x}$ $O_{xy} \equiv \frac{i}{\sqrt{2}}(-J_2^{(2)} + J_{-2}^{(2)}) = \frac{\sqrt{3}}{2}\overline{J_x J_y}$
磁気八極子	Γ_2^-	$T_{xyz} \equiv \frac{i}{\sqrt{2}}(J_2^{(3)} + J_{-2}^{(3)}) = \frac{\sqrt{15}}{6}\overline{J_x J_y J_z}$
	Γ_4^-	$T_x^\alpha \equiv \frac{1}{4}[\sqrt{5}(-J_3^{(3)} + J_{-3}^{(3)}) - \sqrt{3}(-J_1^{(3)} + J_{-1}^{(3)})]$ $= \frac{1}{2}(J_x^3 - \overline{J_x J_y^2} - \overline{J_z^2 J_x})$ $T_y^\alpha \equiv -\frac{i}{4}[\sqrt{5}(J_3^{(3)} + J_{-3}^{(3)}) + \sqrt{3}(J_1^{(3)} + J_{-1}^{(3)})]$ $= \frac{1}{2}(J_y^3 - \overline{J_y J_z^2} - \overline{J_x^2 J_y})$ $T_z^\alpha \equiv J_0^{(3)} = \frac{1}{2}(J_z^3 - \overline{J_z J_x^2} - \overline{J_y^2 J_z})$
	Γ_5^-	$T_x^\beta \equiv -\frac{1}{4}[\sqrt{3}(-J_3^{(3)} + J_{-3}^{(3)}) + \sqrt{5}(-J_1^{(3)} + J_{-1}^{(3)})]$ $= \frac{\sqrt{15}}{6}(\overline{J_x J_y^2} - \overline{J_z^2 J_x})$ $T_y^\beta \equiv \frac{i}{4}[-\sqrt{3}(J_3^{(3)} + J_{-3}^{(3)}) + \sqrt{5}(J_1^{(3)} + J_{-1}^{(3)})]$ $= \frac{\sqrt{15}}{6}(\overline{J_y J_z^2} - \overline{J_x^2 J_y})$ $T_z^\beta \equiv \frac{1}{\sqrt{2}}(J_2^{(3)} + J_{-2}^{(3)}) = \frac{\sqrt{15}}{6}(\overline{J_z J_x^2} - \overline{J_y^2 J_z})$

(1) 演算子の上線は x, y, z の置換したものの和をとることを意味する ($\overline{J_x J_y} = J_x J_y + J_y J_x$).
(2) Γ の上添字 $\pm$ は時間反転に対する偶奇性を表している.

$$\left|\pm\frac{1}{2}\right\rangle \tag{2.8}$$

表 2.1 に Γ_8 基底状態における多極子モーメントを立方対称群 O_h の既約表現で示してある. (2.7)〜(2.8) 式の Γ_8 四重項では表に示した 3 個の磁気双極子, 5 個の電気四極子, 7 個の磁気八極子に加えて Γ_1 対称のスカラー単極子の 16 個の独立な多極子演算子が存在する. 図 2.1 に四極子 O_2^0, O_2^2, O_{xy} の電荷分布の形を示す. O_{yz} と O_{zx} については O_{xy} の軸を回転するだけなので省略した. また, 八極子の 1 例としてもっとも対称的な T_{xyz} の (J_x, J_y, J_z) 空間における分布を示してある[3].

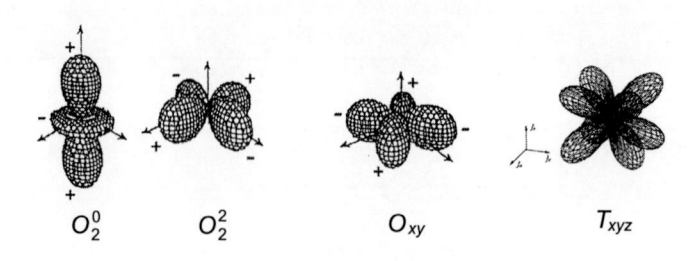

図 2.1 四極子 O_2^0, O_2^2, O_{xy} の (x,y,z) 空間における電荷分布と八極子モーメント T_{xyz} の (J_x,J_y,J_z) 空間における分布概念図[3].

2.3 四極子相互作用と四極子秩序

　四極子間に相互作用が働き，希土類化合物のいくつかで四極子秩序が発現することは紛れもない事実であると考えてよい．多くの実験事実は四極子間，八極子間に強的に，あるいは反強的に相互作用が働いているとすることで良く理解されているし，それに疑いを挟む理由はない．しかし，第1章で述べたようにさまざまな磁気相互作用の存在とその由来が明らかになっているようには，四極子相互作用そのものの由来と機構が原理的に理解されているわけではない．よく局在している $4f$ 電子系での四極子相互作用は磁気的な RKKY 相互作用とほぼ同じような機構で働いていると考えるのがきわめて自然であるが，磁気相互作用がそうであったように，異なった作用機構が存在することも考えられる．ここでは磁気相互作用についての (1.63)，(1.88) 式のような相互作用が四極子モーメント間に働いていると考えて議論を進める．また，四極子秩序は軌道に関する縮退または擬似縮退を必要条件とする，つまり四重縮退を基底とする CeB_6 のように対象物質のほとんどは対称性の高い立方晶化合物である．そのため正方晶や六方晶のケースは文献[1]に譲り，ここでは立方対称の場合に限って述べることとする．

　強い相互作用としてパウリの排他律や L–S 結合の成立を前提条件として考えてよい局在 $4f$ 電子系に対するハミルトニアンは，次のように表される．

$$\mathcal{H}_{4f} = \mathcal{H}_{CEF} + \mathcal{H}_Z + \mathcal{H}_M + \mathcal{H}_Q + \mathcal{H}_{ME} \tag{2.9}$$

$$\mathcal{H}_Z = -g_J \mu_B \boldsymbol{H}\cdot\boldsymbol{J} \tag{2.10}$$

$$\mathcal{H}_M = -\lambda g_J^2 \mu_B^2 \langle J\rangle \cdot \boldsymbol{J} \tag{2.11}$$

$$\mathcal{H}_{CEF} = B_4^0(O_4^0 + 5O_4^4) + B_6^0(O_6^0 - 21O_6^4) \tag{2.12}$$

$$\mathcal{H}_\mathrm{Q} = -K^{\Gamma_3}(\langle O_2^0\rangle O_2^0 + 3\langle O_2^2\rangle O_2^2) \tag{2.13}$$

$$-K^{\Gamma_5}(\langle O_{xy}\rangle O_{xy} + \langle O_{yz}\rangle O_{yz} + \langle O_{zx}\rangle O_{zx}) \tag{2.14}$$

$$\mathcal{H}_\mathrm{ME} = -B^{\Gamma_3}(\epsilon_1^{\Gamma_3} O_2^0 + \sqrt{3}\epsilon_2^{\Gamma_3} O_2^2) \tag{2.15}$$

$$-B^{\Gamma_5}(\epsilon_1^{\Gamma_5} O_{xy} + \epsilon_2^{\Gamma_5} O_{yz} + \epsilon_3^{\Gamma_5} O_{zx}) \tag{2.16}$$

$\mathcal{H}_\mathrm{Z}$ は磁場によるゼーマン項である.分子場近似で表した磁気相互作用ハミルトニアン $\mathcal{H}_\mathrm{M}$ 中で $\lambda = 2(g_J-1)^2 \mathcal{J}/Ng_J^2\mu_\mathrm{B}^2$ は分子場係数である.結晶場ハミルトニアン $\mathcal{H}_\mathrm{CEF}$,四極子相互作用ハミルトニアン $\mathcal{H}_\mathrm{Q}$,磁気弾性相互作用ハミルトニアン $\mathcal{H}_\mathrm{ME}$ は結晶対称性に依存する.$\mathcal{H}_\mathrm{Q}$ と $\mathcal{H}_\mathrm{ME}$ の中の O_2^0, O_2^2, O_{xy}, O_{yz}, O_{zx} は前節の表 2.1 で示した四極子モーメントで,$\mathcal{H}_\mathrm{Q}$ では磁気相互作用と同じように分子場表記となっている.また,四極子相互作用係数 K^{Γ_3},K^{Γ_5},磁気弾性相互作用係数 B^{Γ_3},B^{Γ_5},歪み (strain) $\epsilon_1^{\Gamma_3}$,$\epsilon_1^{\Gamma_5}$ などの上添字 Γ_3,Γ_5 は四極子の既約表現 Γ_3 と Γ_5 に対応している.Γ_3 に属する歪みは立方晶を正方晶に変形させ,Γ_5 に属するそれは三方晶へ変形させるモードである.歪みも四極子モーメントと同じようにテンソル量で,(2.15)~(2.16) 式の歪みは,歪みのテンソル成分を用いて次のように与えられる.

$$\epsilon_1^{\Gamma_3} = \sqrt{\frac{2}{3}}\left[\epsilon_{zz} - \frac{1}{2}(\epsilon_{xx} + \epsilon_{yy})\right] \tag{2.17}$$

$$\epsilon_2^{\Gamma_3} = \frac{1}{2}\sqrt{2}(\epsilon_{xx} + \epsilon_{yy}) \tag{2.18}$$

$$\epsilon_1^{\Gamma_5} = \sqrt{2}\epsilon_{xy} \tag{2.19}$$

$$\epsilon_2^{\Gamma_5} = \sqrt{2}\epsilon_{yz} \tag{2.20}$$

$$\epsilon_3^{\Gamma_5} = \sqrt{2}\epsilon_{zx} \tag{2.21}$$

(2.13)~(2.14) 式の四極子間の相互作用によって軌道縮退が解けて四極子秩序相転移が生じる.また,(2.15)~(2.16) 式の磁気弾性相互作用が働くと結晶全体の歪みが生じ,同時に軌道縮退が解ける協力的ヤーン–テラー効果が実現する.このように二つの相転移はその駆動力となる相互作用が異なることを明示するため,異なったハミルトニアンで表している.しかし,四極子モーメントそのものは非球対称電荷分布 (電子軌道) に由来するので,四極子モーメントの対称性に応じて (2.15)~(2.16) 式と同じ対応関係で歪みと結合する.(2.17)~(2.21) 式の歪みは結晶の弾性定数と次のように対応している.

$$\Gamma_3 : C^{\Gamma_3} = C_{11} - C_{12} \tag{2.22}$$

$$\Gamma_5 : C^{\Gamma_5} = 2C_{44} \tag{2.23}$$

四極子モーメントの秩序配列は歪みの凍結をもたらすので,磁気転移温度で常磁性帯磁率が発散するように,四極子転移温度では秩序化する四極子の対称性に応じた弾性定数が発散することになる[19]。

磁気弾性相互作用と四極子相互作用は同じような四極子の振る舞いを与える.そのため,(2.15)〜(2.16) 式のように歪みを表に出さない形で,(2.13)〜(2.14) 式の四極子相互作用と (2.15)〜(2.16) 式の磁気弾性相互作用を一体で扱うことができる. 二つを合わせた全四極子 (total quadrupolar) ハミルトニアン $\mathcal{H}_{\mathrm{TQ}}$ は次の形で表記することができる.

$$\mathcal{H}_{\mathrm{TQ}} = -G^{\Gamma_3}(\langle O_2^0 \rangle O_2^0 + 3\langle O_2^2 \rangle O_2^2) \tag{2.24}$$

$$-G^{\Gamma_5}(\langle O_{xy} \rangle O_{xy} + \langle O_{yz} \rangle O_{yz} + \langle O_{zx} \rangle O_{zx}) \tag{2.25}$$

$$G^{\Gamma_3} = \frac{(B^{\Gamma_3})^2}{C_0^{\Gamma_3}} + K^{\Gamma_3} \tag{2.26}$$

$$G^{\Gamma_5} = \frac{(B^{\Gamma_5})^2}{C_0^{\Gamma_5}} + K^{\Gamma_5} \tag{2.27}$$

の形で表記される. ここで,$C_0^{\Gamma_3} = (C_{11})_0 - (C_{12})_0$, $C_0^{\Gamma_5} = 2(C_{44})_0$ は (2.13)〜(2.14) 式の四極子相互作用や (2.15)〜(2.16) 式の磁気弾性相互作用がない場合の結晶の弾性定数である. (2.22)〜(2.23) 式の弾性定数は,

$$C^{\Gamma_n} = C_0^{\Gamma_n} - (B^{\Gamma_n})^2 \frac{\chi^{\Gamma_n}(T)}{1 - K^{\Gamma_n}\chi^{\Gamma_n}(T)} \tag{2.28}$$

となり,弾性定数の測定から四極子相互作用の強さを求めることができる. ここで,$\chi^{\Gamma_n}(T)$ は歪み ϵ^{Γ_n} に対する四極子感受率 (quadrupolar susceptibility) である.

第 1 章で述べたように磁気相互作用によって磁気秩序相転移が生じる場合と同様に,(2.13)〜(2.14) 式の四極子間の相互作用によって四極子秩序相転移が生じる.そのときの秩序パラメータは,5 個の四極子の一つ,または複数個の線形結合となる. 四極子相互作用係数が正のとき強的 (ferro-) な,負のとき反強的 (antiferro-) な四極子配列が実現する. 図 2.2 に O_{xy} 型四極子の強四極子 (ferroquadrupolar, FQ) 秩序と反強四極子 (antiferroquadrupolar, AFQ) 秩序の模式図を示す. 図中の矢印は磁気モーメントを表し,四極子秩序と反強磁性 (antiferromagnetic, AFM) 秩序が共存する場合の例である. 強四極子秩序と反強磁性秩序は,互いに矛盾なく協力的に存在することができる. しかし,この強四極子秩序は (2.15)〜(2.16) 式による協力的ヤーン–テラー効果と現象的には区別できない. そのため,同じ化合物に対して強四極子秩序とも協力的ヤーン–テラー効果とも呼ぶ例があ

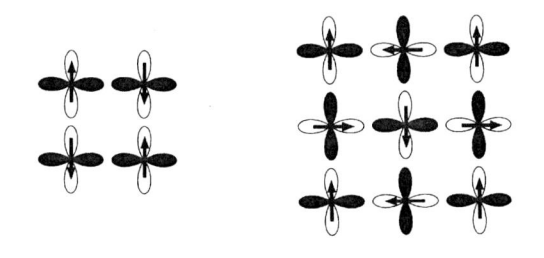

図 2.2 強四極子秩序と反強四極子秩序の模式図 (O_{xy} 型の四極子秩序に反強磁性秩序が共存している例).

るが，(2.26)〜(2.27) 式の K^{Γ_3} や K^{Γ_5} が G^{Γ_3}, G^{Γ_5} よりも大きい場合は強四極子秩序，その逆の場合は協力的ヤーン–テラー効果と呼ぶのが慣習的になっているようである．この異なった駆動力は共存することが多く，厳密に強四極子秩序と協力的ヤーン–テラー効果を区別できることは少ない．反強磁性秩序では磁気モーメントが反平行になるときもっともエネルギーが低いので，図のように強い L–S 結合によって反強四極子秩序の 90° 構造に従う場合はエネルギー的に損な状態である．このことは強磁性秩序でも同様であって，反強四極子秩序と磁気秩序は互いにフラストレート (frustrate) している．このことは，そのように共存する相の磁気的な振る舞いが複雑で多彩であることの原因となっている．

2.4 CeB$_6$ の反強四極子秩序と八極子の役割

四極子秩序，特に AFQ 秩序が生じる化合物で，秩序変数としての四極子モーメントの対称性 (種類) や磁気相図を含めた物性が定量的に解明され，議論される例は多くはない．四極子秩序物質の中で実験的にも理論的にももっとも詳細に調べられ，物理的に良く理解されているのは CeB$_6$ である．ここでは，CeB$_6$ の AFQ 秩序をめぐる物性を紹介し，その中に現れたいくつかの異常な物性が理論的考察によって解明され，そのなかで高次の八極子モーメントがきわめて重要な役割を担っていることが示された経緯について述べる．

2.4.1 CeB$_6$ の AFQ 秩序

きわめて単純な CsCl 型結晶構造の CeB$_6$ では，立方体の 8 個のコーナーに Ce 原子が配置し，6 個の B 原子から成る正八面体があたかも 1 個の原子のように体心に位置する．Ce 原子は Ce^{3+} イオンとなり，化合物は金属伝導を示す．2.2 節

で述べたように，$4f^1$ で $J=5/2$ の Ce^{3+} は立方対称場では (2.7)~(2.8) 式の Γ_8 四重項と Γ_7 二重項の波動関数に分かれる．CeB_6 では Γ_8 が基底状態となり，励起状態の Γ_7 とは 540 K も離れているために励起状態を無視してもほとんどの議論に影響がないという条件は CeB_6 の研究の進展に幸運であった．また，歴史的には高濃度近藤物質として注目された CeB_6 であるが，AFQ 転移温度温度よりも近藤温度が低いため，局在 $4f$ 電子モデルが適用できたことも好条件であった．

図 2.3(a) に CeB_6 の磁場中比熱の温度依存性を示す．無磁場下では 2.9 K に小さく幅広い異常比熱と 2.2 K(T_N) に大きく鋭い異常比熱が観測される．この温度が反強四極子転移温度 (T_Q) である．磁場増加とともに T_N に対応するピークは低温にシフトし，T_Q のピークは大きく鋭くなりながら高温にシフトしている[20]．電気抵抗にも相転移に対応する異常が 3.3 K と 2.4 K に現れる[21]．図 2.3(b) は電気抵抗で観測された相転移温度の磁場変化をプロットした磁気相図である．図の中で T_Q を T_m と記しているのは，当時まだこの相転移の正体が不明だったためである．I 相は常磁性相，III 相は反強磁性相であるが，後述するように実際は反強磁性と反強四極子の共存相である．III 相と II 相の境界が複数描かれている

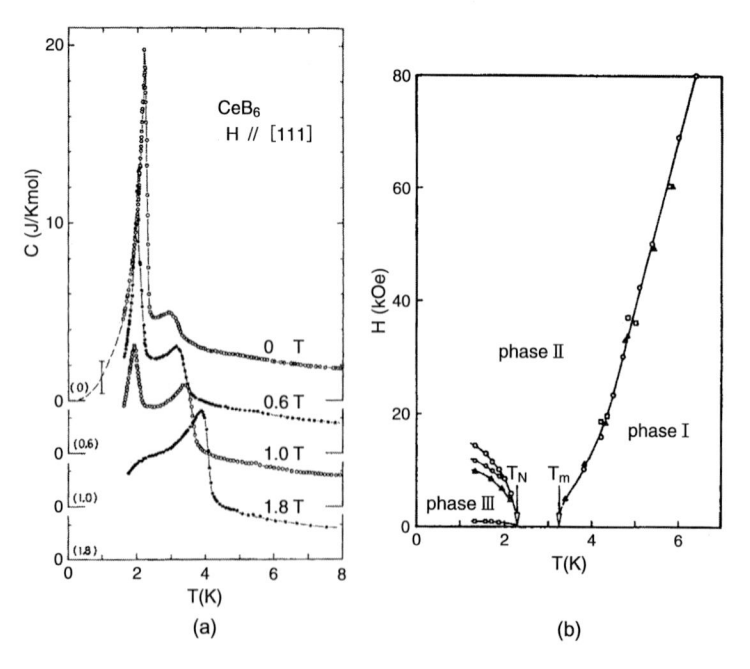

図 2.3 (a) CeB_6 の磁場中比熱の温度変化[20] と (b) 磁気相図[21]．

2.4 CeB$_6$ の反強四極子秩序と八極子の役割

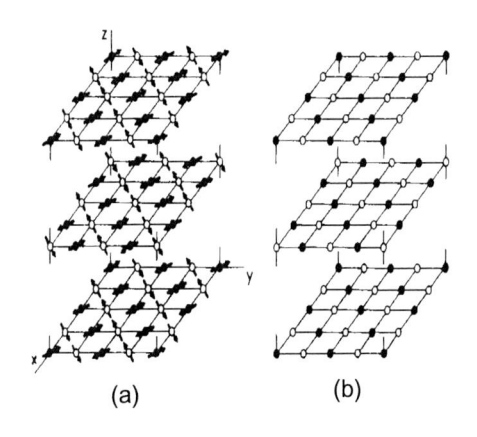

図 2.4 CeB$_6$ の (a) III 相の磁気構造と (b) II 相の反強四極子構造[27]．

のは，磁場方向によって異なる相境界を示しているためである．反強磁性転移温度 (ネール温度, T_N) が磁場増加とともに低下するのは当然であるが，帯磁率においても強磁性の徴候すら観測されない II 相の転移温度 T_Q が磁場とともに増加するのは異常である．もちろん，強磁性の場合には転移温度は磁場によって増加するが，そのときの異常比熱が増大することはない．

III 相の磁気構造は中性子回折によって図 2.4(a) に示すような 4 つの伝播ベクトル $Q_1 = [\frac{1}{4} \frac{1}{4} \frac{1}{2}]$, $Q'_1 = [\frac{1}{4} \frac{1}{4} 0]$, $Q_2 = [\frac{1}{4} - \frac{1}{4} \frac{1}{2}]$, $Q'_2 = [\frac{1}{4} - \frac{1}{4} 0]$ で表される複雑な磁気構造となっている．この磁気構造は四極子状態の異なる白丸と黒丸が交互に並び，その上の磁気モーメントは互いに直交する関係になっている．さらに，同じ四極子状態の上の磁気モーメントは反強磁性結合をなしている．この磁気構造から II 相は白丸と黒丸で示した四極子モーメントが直角に配列する反強四極子秩序と予想され，その時の伝播ベクトルは $Q_Q = [\frac{1}{2} \frac{1}{2} \frac{1}{2}]$ となる．このことは，II 相において磁場によって誘起される磁気モーメントによる中性子の磁気ブラッグ反射を観測することで確認された．$H \| [011]$ の磁場下での中性子回折によれば，II 相である 2.75 K の場合，無磁場では磁気反射は観測されないが，磁場を印加すると直ちに磁気反射が現れる[29]．これは直角に配列する四極子モーメントの上に誘起される磁気モーメントも直角配列のため $[\frac{1}{2} \frac{1}{2} \frac{1}{2}]$ の反強磁性成分が現れるためである．一方，III 相である 1.65 K の場合，磁気反射は上述の 4 つの伝播ベクトルに属する磁気反射が観測されるが，20 kOe 以上で II 相に転移するため $[\frac{1}{2} \frac{1}{2} \frac{1}{2}]$ 磁気反射が現れる．$H \| [011]$ の磁場で誘起される反強磁性成分が [100] 方向であることから II 相の秩序変数としての四極子は，O_{xy} か O_{zx}，あるいはそ

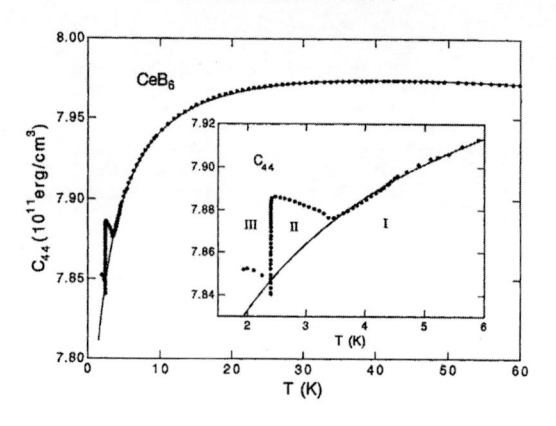

図 2.5 CeB$_6$ の弾性定数 C_{44} の温度変化[32]．

の線形結合と予想された．

(2.28) 式に示したように，弾性定数は四極子敏感な物理量である．CeB$_6$ についても弾性定数の測定が行われ，(2.28) 式の K^{Γ_5} が負となって反強四極子相互作用が強いことが示されている[25, 31, 32]．図 2.5 は，弾性定数 C_{44} の温度依存性である[32]．温度降下とともに $T_Q = 3.3$ K に向かって C_{44} が減少する，いわゆる格子の軟化 (lattice softening) の現象が観測されている．図中の実線は，Γ_8 基底状態の波動関数から四極子感受率を求め (2.28) 式で fitting したもので，$K^5 = -2.1$K という値が得られている．

近年の四極子秩序の研究にきわめて有用な実験手法として，強力な放射光 X 線

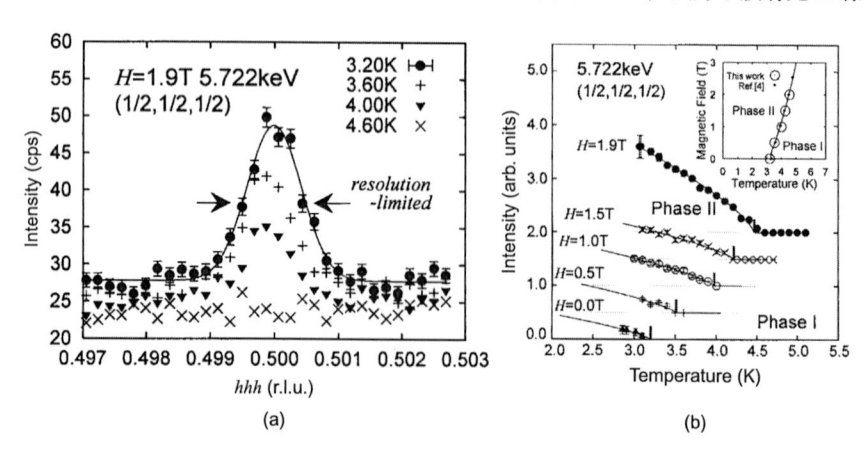

図 2.6 (a) CeB$_6$ の II 相における $(\frac{1}{2}\frac{1}{2}\frac{1}{2})$ 共鳴 X 線散乱 ($H = 1.9$ T, $E = 5.722$ keV) と (b) 散乱強度の温度，磁場依存性[34]．

を用いた共鳴X線散乱が用いられている[36]．四極子秩序は異方的な電荷分布の秩序配列であるから，X線の原子散乱因子の異常分散項にその電荷分布の異方性の情報が含まれる．しかも，きわめて強力な放射光X線を用いることで微弱な散乱も精度よく観測可能となっている．図 2.6(a) は Ce の L_3 吸収端 ($2p_{3/2}$–$5d$ 遷移) に相当する 5.722 keV の共鳴散乱されたX線による $(\frac{1}{2}\frac{1}{2}\frac{1}{2})$ 回折反射強度の II 相から I 相への温度変化を示したものである[35]．測定は図 2.4(b) の中性子回折と同様に磁場中で行われているが，中性子回折とは異なり II 相では無磁場でも $(\frac{1}{2}\frac{1}{2}\frac{1}{2})$ 反射が観測される．図 2.6(b) は磁場を変えながら反射強度の温度依存性を測定した結果である．明らかに，図 2.3(b) の磁気相図に示された II 相の領域で反強四極子秩序の伝播ベクトル $Q_Q = [\frac{1}{2}\frac{1}{2}\frac{1}{2}]$ に相当する反射が観測されている．

2.4.2 磁気八極子の役割
a. 反強四極子相の磁場安定性

図 2.3(b) の CeB_6 の相図に示した相転移温度の磁場依存性のうち反強磁性転移温度 T_N が磁場とともに減少するのはゼーマン相互作用が磁気モーメントの反強磁性結合に不利に作用することから反強磁性体で普通に観測されることである．一方，図 2.4 に示した中性子回折の結果から明らかのように反強四極子相での磁場印加は誘起磁気モーメントに反強磁性成分が現れるにもかかわらず，磁場は転移温度 T_Q を増加させる．この反強四極子相の異常な磁場安定性は，四極子に関する物性の中で特に注目される重要な点であった．これに対して二つの立場から理論的解釈が与えられた．一つは転移温度を抑制している四極子の揺らぎが磁場で除かれることで転移温度が上昇するというという解釈[13~16]で，もう一つは磁場によって誘起される磁気八極子間の反強的相互作用が四極子秩序を安定化させるという考え[6~10]である．

図 2.3(a) の比熱の温度依存性を見ると，反強四極子転移に伴う異常比熱は T_Q をこえてだらだらと高温まで続いていて，かなりの高温から基底 Γ_8 四重項のエントロピーが失われ始めていることがわかる．その T_Q における異常比熱が磁場とともに次第にシャープになっていく様子も示されている．この比熱の変化は四極子の揺らぎが存在し，磁場によってその揺らぎが抑制されているのではないかと思わせる．Γ_8 基底状態には5種類の四極子が期待でき，その間の四極子相互作用が同等の大きさであるとすると縮重度が大きくなり四極子の揺らぎが期待できることになる．つまり，5種類の秩序変数が競合するため転移温度が抑制される．四極子相互作用のみを考えた平均場近似では磁場による転移温度の上昇は再現されな

い．倉本らは，四極子相互作用のみを考えたアイジング模型の平均場近似に四極子揺らぎの効果を正確に取り入れるために動的有効媒質理論 (dynamical effective medium theory) を定式化した[15, 16]．四極子相互作用のみを考えた平均場近似では磁場による転移温度の上昇は再現されないが，四極子揺らぎの効果を取り入れると転移温度が上昇する結果が得られた．特に秩序変数が Γ_5 または $\Gamma_3 + \Gamma_5$ 型の四極子の場合には $H\|[100]$ と $H\|[111]$ の間の異方性も実測の傾向 (図 2.7(b) を参照) を良く再現している．競合する秩序変数としての四極子は，Γ_5 型で 3 つ，$\Gamma_3 + \Gamma_5$ 型で 5 つ存在する．磁場の方向と強さに依存してそのうちの一つないし複数の四極子の揺らぎが抑えられる結果，競合する秩序変数 (四極子) が減って転移温度が上昇すると理解されている．

　四極子転移温度の磁場による上昇を説明するもう一つの理論的解釈は，平均場理論に八極子相互作用の寄与を導入することで与えられた．大川は，相互作用として交換過程で軌道が変化しない RKKY 模型を採用し，「磁気スピン」(magnetic spin, σ) と「軌道スピン」(orbital spin, τ) という擬スピン (pseude spin) を導入した[6, 7]．それぞれの擬スピンのアップ，ダウンの組合せが (2.7)～(2.8) 式に示す Γ_8 の 4 組の波動関数に対応し，さらにそれぞれのスピン行列成分を 2×2 のスピン行列で表すことで Γ_8 四重項の 4×4 の自由度 (スカラー 1, 双極子 3, 四極子 5, 八極子 7) をすべて取り込んでいる．擬スピン間の交換相互作用には

$$\mathcal{H}_{\mathrm{ex}} = -\sum_{i,j}\mathcal{J}_{ij}[\boldsymbol{\tau}_i\cdot\boldsymbol{\tau}_j + \boldsymbol{\sigma}_i\cdot\boldsymbol{\sigma}_j + (\boldsymbol{\tau}_i\cdot\boldsymbol{\tau}_j)(\boldsymbol{\sigma}_i\cdot\boldsymbol{\sigma}_j)] \tag{2.29}$$

のように 2 体間相互作用に高次の項も含まれる．系のハミルトニアンは，この RKKY 相互作用にゼーマン相互作用と磁気弾性相互作用 (ヤーン–テラー項) を加えた形で記述される．このモデルによる計算は図 2.3(b) の I–II 相境界の挙動を説明することができ，II 相を「軌道反強磁性」(orbital antiferromagnetism) と呼んで反強四極子相と同定した．さらに，椎名らは，この RKKY 模型の平均場理論を進展させて八極子の役割を明瞭に評価できるように上の擬スピンを用いて表 2.2 のような 6 つのベクトル演算子を工夫した[8～10]．表から明らかなように，これらのベクトル演算子は表 2.1 に示した多極子の対称性 (既約表現) から導かれたものである．(2.29) 式の交換相互作用は

$$\mathcal{H}_{\mathrm{ex}} = -\mathcal{D}\sum_{i,j}[\boldsymbol{\tau}'_i\cdot\boldsymbol{\tau}'_j + \boldsymbol{\mu}_i\cdot\boldsymbol{\mu}_j + \boldsymbol{\sigma}_i\cdot\boldsymbol{\sigma}_j + \boldsymbol{\eta}_i\cdot\boldsymbol{\eta}_j + \boldsymbol{\zeta}_i\cdot\boldsymbol{\zeta}_j + \boldsymbol{\xi}_i\cdot\boldsymbol{\xi}_j] \tag{2.30}$$

のように 2 体間相互作用の形に表された．この式は反強的な交換相互作用係数 $\mathcal{D}(<0)$ が表 2.2 に定義された演算子に対して同じ大きさを持つように定義されている．このようなモデルを「対称 RKKY 模型」(symmetric RKKY model) と

2.4 CeB$_6$ の反強四極子秩序と八極子の役割

表 2.2 Γ_8 基底状態での多極子の擬スピン表示[3,8].

ベクトル表示	擬スピン	多極子演算子
$\boldsymbol{\tau}'$	(τ_z, τ_x)	$\frac{1}{8}(O_2^0, O_2^2)$
$\boldsymbol{\mu}$	$2(\tau_y\sigma_x, \tau_y\sigma_y, \tau_y\sigma_z)$	$\frac{1}{2}(O_{yz}, O_{zx}, O_{xy})$
$\boldsymbol{\sigma}$	$(\sigma_x, \sigma_y, \sigma_z)$	$\frac{7}{15}\boldsymbol{J} - \frac{2}{45}\boldsymbol{T}^\alpha$
$\boldsymbol{\eta}$	$(-\tau_z\sigma_x + \sqrt{3}\tau_x\sigma_x, -\tau_z\sigma_y + \sqrt{3}\tau_x\sigma_y, 2\tau_z\sigma_z)$	$-\frac{1}{15}\boldsymbol{J} + \frac{7}{90}\boldsymbol{T}^\alpha$
$\boldsymbol{\zeta}$	$(-\sqrt{3}\tau_z\sigma_x - \tau_x\sigma_x, \sqrt{3}\tau_z\sigma_y - \tau_x\sigma_y, 2\tau_x\sigma_z)$	$-\frac{\sqrt{5}}{30}\boldsymbol{T}^\beta$
ξ	τ_y	$-\frac{\sqrt{5}}{45}T_{xyz}$

ここで $\boldsymbol{J} = (J_x, J_y, J_z)$, $\boldsymbol{T}^\alpha = (T_x^\alpha, T_y^\alpha, T_x^\alpha)$, $\boldsymbol{T}^\beta = (T_x^\beta, T_y^\beta, T_z^\beta)$ である.

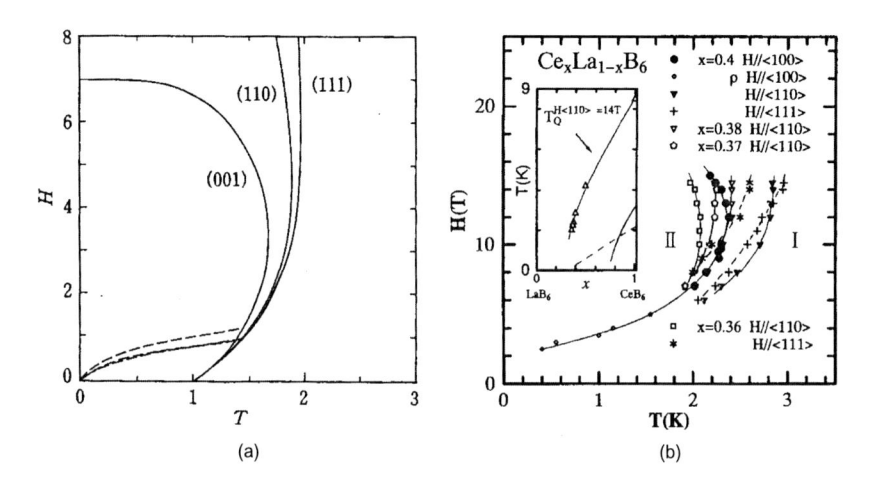

図 2.7 (a) CeB$_6$ の RKKY 模型の平均場理論による I, II 相の温度-磁場相図[3,9] と (b) 希釈系 Ce$_x$La$_{1-x}$B$_6$ の I–II 相境界の実測[35].

呼ぶ. これに次式のゼーマン項を加えたハミルトニアンとして系のエネルギーが調べられた.

$$\mathcal{H}_Z = -\frac{7}{3}g\mu_B \sum_i (\boldsymbol{\sigma}_i + \boldsymbol{\eta}_i) \tag{2.31}$$

このゼーマン項は Γ_8 基底状態を前提にした擬スピンで記述されているために系の磁気異方性も含めて表現していることになり (2.10) 式とは異なっている.

図 2.7(a) に対称 RKKY 模型平均場理論によって計算された I, II 相境界の磁場依存性を示す[3,9]. この結果は, 図 2.7(b) に示した実測[35]とよい対応を示している. ただし, 実測は相境界が観測可能な領域に入るように La 希釈によって相互作用を弱めて得られている. この結果がもたらす重要な点の一つは, 対称 RKKY 模型の成功は八極子相互作用が磁気相互作用や四極子相互作用と匹敵する強さを

持っているということである．また，T_{xyz} 型八極子がどの磁場方向でも大きく誘起され，誘起八極子間に働く反強的な相互作用が反強四極子秩序相 (II 相) を安定させる役割を果たすことも明らかにされた．ただし，現実の物質における双極子，四極子，八極子の相互作用が完全に等しいという理由はない．例えば，前述したように CeB_6 の反強四極子相の秩序変数は Γ_5 型 (O_{yz}, O_{zx}, O_{xy}) の四極子と考えられるので，椎名らは (2.30) 式の $\boldsymbol{\mu}_i \cdot \boldsymbol{\mu}_j$ を $(1+\delta)\boldsymbol{\mu}_i \cdot \boldsymbol{\mu}_j$ のように Γ_5 四極子間相互作用を強くしたモデルで理論的再現を行っている．

b. 八極子モーメントによる超微細磁場

磁場によって誘起される反強八極子相互作用が CeB_6 の反強四極子相 (II 相) の磁場安定性に必須の役割を担っているという上述の平均場理論の結論はそれ自体重要な知見であるが，誘起反強八極子モーメントが作る超微細磁場 (hyperfine field, 内部磁場 (internal field) ともいう) の存在を指摘することで誘起反強八極子の役割をさらに明瞭なものとした．

図 2.4 に示した磁場中での中性子回折や図 2.6 の共鳴 X 線散乱の結果から II 相は伝播ベクトル $\boldsymbol{Q}_Q = [\frac{1}{2}\frac{1}{2}\frac{1}{2}]$ の反強四極子相であることは明らかである．ところが，^{11}B の核磁気共鳴 (nuclear magnetic resonance, NMR) の結果[24] をその四極子構造モデルでは説明することができなかった．^{11}B の核スピンは $I = \frac{3}{2}$ で核磁気モーメントと核四極子モーメントを持つ．核磁気モーメントは磁場と，核四極子モーメントは電場勾配との相互作用によって核準位は分裂する．CeB_6 の単位格子 (unit cell) に含まれる正八面体を構成する 6 個の B は結晶学的には等価であるが，周囲の Ce 磁気モーメントや外部磁場が B 核のところに作る超微細磁場の方向と電場勾配の向きとの関係で 6 個の B が磁気的に非等価になることがある．例えば，[001] 方向の外部磁場のみを考えたとしても，磁場に垂直な面上で [100] 方向に並ぶ 2 個 (サイト 1) と [010] 方向に並ぶ 2 個 (サイト 2) は等価で，[001] 方向に並ぶ 2 個 (サイト 3) の B はサイト 1，2 の 4 個の B とは非等価な状態となる．図 2.8(b) は滝川らが測定した $H\|[001]$ のときのサイト 3 上の ^{11}B の NMR シグナルの分裂幅の磁場依存性である．滝川らは II 相における分裂幅の外部磁場の角度依存性も調べ，$H\|[001]$ では図 2.8(b) のようにサイト 3 は分裂するがサイト 1，2 は分裂しないこと，$H\|[110]$ では逆にサイト 1，2 は分裂するがサイト 3 は分裂しないことなどを明らかにした上で，それを説明するには II 相で磁場によって誘起される磁気モーメントの磁気構造は $\boldsymbol{Q}_1 = [\frac{1}{2}00]$，$\boldsymbol{Q}_2 = [0\frac{1}{2}0]$，$\boldsymbol{Q}_3 = [00\frac{1}{2}]$ の $3\boldsymbol{Q}$ (triple $\boldsymbol{Q}$) 構造でなければならない．中性子回折で得られた $\boldsymbol{Q} = [\frac{1}{2}\frac{1}{2}\frac{1}{2}]$ の誘起反強磁性構造ではサイト 3 位置で ^{11}B の NMR シグナルが分

2.4 CeB$_6$ の反強四極子秩序と八極子の役割

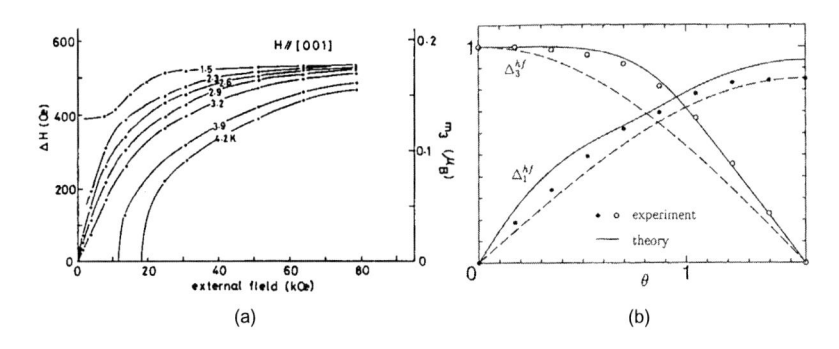

図 2.8 (a)$H\|[001]$ での CeB$_6$ 中のサイト 3 の ^{11}B の NMR シグナルの分裂幅の磁場依存性[24] と (b)II 相におけるサイト 1 とサイト 3 の分裂幅の磁場方向依存性の観測値と理論値[10].

裂することはありえないという結論を得た.

CeB$_6$ の II 相の反強四極子秩序構造に関する中性子回折と NMR の結果の矛盾は深刻であったが,これも八極子の役割を明確に取り入れた RKKY 模型の平均場理論によって解釈が与えられた[10]. 核スピン I を持つ原子核と外場との超微細相互作用 (hyperfine interaction) を表すハミルトニアンは

$$\mathcal{H}_{\text{nucl}} = -\gamma \boldsymbol{I}\cdot\boldsymbol{H}_{\text{hyp}} + q(3I_z - \boldsymbol{I}^2) \tag{2.32}$$

である. ここで,$\boldsymbol{H}_{\text{hyp}}$ は超微細磁場,q は電場勾配である. $\boldsymbol{H}_{\text{hyp}}$ に依存し $I = \frac{3}{2}$ の ^{11}B の核エネルギー準位は $I_z = \pm\frac{1}{2}, \pm\frac{3}{2}$ の 4 本に分裂し,分裂幅は $\boldsymbol{H}_{\text{hyp}}$ に比例する. q は $|I_z|$ に応じて分裂した核準位をシフトさせる. 上記の NMR の実験の解釈は,秩序配列した四極子のうえに誘起される磁気双極子モーメントのみを考慮している. それに対して,椎名らは (2.30) 式の対称 RKKY 模型の Γ_5 四極子間相互作用を強くした有効模型を用いて,印加磁場や $\boldsymbol{Q}_{\text{Q}} = [\frac{1}{2}\frac{1}{2}\frac{1}{2}]$ の反強四極子構造で誘起される双極子モーメントとの超微細相互作用に加えて,誘起八極子モーメントとの相互作用も取り込んで図 2.8(b) に示すような ^{11}B の核準位分裂の角度依存性を得た. 計算値は良く実験値を再現している. 計算によれば,誘起反強磁性モーメントは [001] 方向で 0,その方向以外では誘起されるものの [111] 方向で最小値を持つなど磁場方向依存性が大きい. 一方,誘起される T_{xyz} 型の反強八極子モーメントは大きく,その磁場方向の角度依存性は小さい. 中性子回折と NMR の結果は,誘起八極子の効果を考慮すれば矛盾しないのである. NMR の実験は誘起反強八極子を感度良く観測していたことになり,あらためて実験手法としての有用性が明らかになった.

2.5 四極子秩序化合物

四極子秩序に対する理解の進展の速度に比べて，四極子秩序化合物の発見の頻度はほとんど変わらず少しずつ観測例が増えているに過ぎない．対称性が下がる正方晶化合物である $TmAu_2$ の強四極子転移や DyB_2C_2 の反強四極子転移が見出されたときには対象物質群の急激な広がりが期待されたが，その後に続く正方晶化合物は見つかっていない．ここでは，これまでに発見された四極子秩序化合物を示し，そのなかで発見が比較的新しく，興味深い物性を示す化合物をいくつか取り上げて紹介する．

2.5.1 強四極子秩序

表 2.3 に独立した強四極子転移示す化合物を示す．この表でも明らかなようにやはり四極子転移を示す化合物の多くは立方晶で，正方晶や六方晶の化合物の発見例はきわめて少ない．前述のように，これは $4f$ 電子状態が軌道 (四極子) に関して自由度が高い，つまり基底状態が縮退しているという要請に対して，対称性の高い立方晶がもっとも有利なためである．とはいえ，$TmAu_2$ や $TmAg_2$ の正方晶化合物から六方晶の UCu_2Sn や斜方晶の $PrCu_2$ へと次第に対象が広がりつつある．

表 2.3 独立した強四極子転移を示す化合物．

化合物 ref	T_Q (K)	T_N, T_C (K)	結晶構造	磁気構造	基底状態
$CeAg$[37]	15.5	5.5(T_C)	立方晶−正方晶	$\mu \parallel [100]$	$\Gamma_8(4)$
$Ce_3Pd_{20}Ge_6$[38,39,41]	1.25	0.75(T_N)	立方晶−正方晶	$\mu \parallel [100]$	$\Gamma_8(4)$
$PrPtBi$[42,43]	1.35		立方晶−正方晶		$\Gamma_3(2)$
DyB_6[44~51]	30	25(T_N)	立方晶−三方晶	$Q = [\frac{1}{4}\frac{1}{4}\frac{1}{2}]$ $\mu \parallel [1,1,1]$	$\Gamma_8(4)$
$TmZn$[52,53]	8.55	8.12(T_N)	立方晶−正方晶	$\mu \parallel [1,0,0]$	$\Gamma_5(3)$
$TmCd$[54~56]	3.16		立方晶−正方晶		
$TmAg_2$[57]	5		正方晶−斜方晶		擬三重項
$TmAu_2$[59~62]	7	3.2(T_N)	正方晶−斜方晶	$Q = [0.436, 0.357, 0]$	擬三重項
$PrCu_2$[63~66]	7.6		斜方晶−斜方晶		擬三重項
UCu_2Sn[67~70]	16		六方晶−単斜晶		$\Gamma_5(2)$

a. $Ce_3Pd_{20}Ge_6$

空間群 $Fm\bar{3}m$ に属する立方晶構造の $Ce_3Pd_{20}Ge_6$ 中の Ce 原子は 4a サイトと 8c サイトという結晶学的に異なった二つのサイトを占めるが,両サイトとも立方対称下にある.しかも,比熱[38]や中性子非弾性散乱[40]の結果によれば両サイトとも CeB_6 と同じ Γ_8 四重項が基底状態である.帯磁率では 0.7 K のみに反強磁性様のカスプが観測されるが,比熱では 0.7 K での大きな異常比熱のほかに 1.2 K にブロードなピークが現れる.図 2.9(a) に弾性定数 C_{44} と $(C_{11}-C_{12})/2$ の温度依存性を示す.C_{44} も 1.2 K に向けて異常を示すが,$(C_{11}-C_{12})/2$ は発散的に 60% 近く減少する大きな異常を示し,1.2 K が強四極子転移温度 T_Q であることを示している.実際,四極子相互作用係数 K^{Γ_3} (図では g'_{Γ_5} と表記している) は正の値が得られている.また,0.7 K の異常は帯磁率から反強磁性転移温度 T_N に対応している.これは基底四重項が四極子と磁気の逐次転移によってすべての縮退が解ける CeB_6 のケースと同様である.図 2.9(b) は磁場中比熱の結果から得られた $Ce_3Pd_{20}Ge_6$ の磁気相図である[39].ここで I 相は常磁性相,II 相は強四極子秩序相,III 相は反強磁性相である.反強四極子秩序とは異なり,I–II 相境界は閉じることはない.これは強磁性転移温度と同様である.実際,12 T 付近まで I–II 相境界点が増加し続けることが確認されている[41].

$Ce_3Pd_{20}Ge_6$ の Ce の 4a サイトは 12 個の Pd と 6 個の Ge 原子で作るケージの

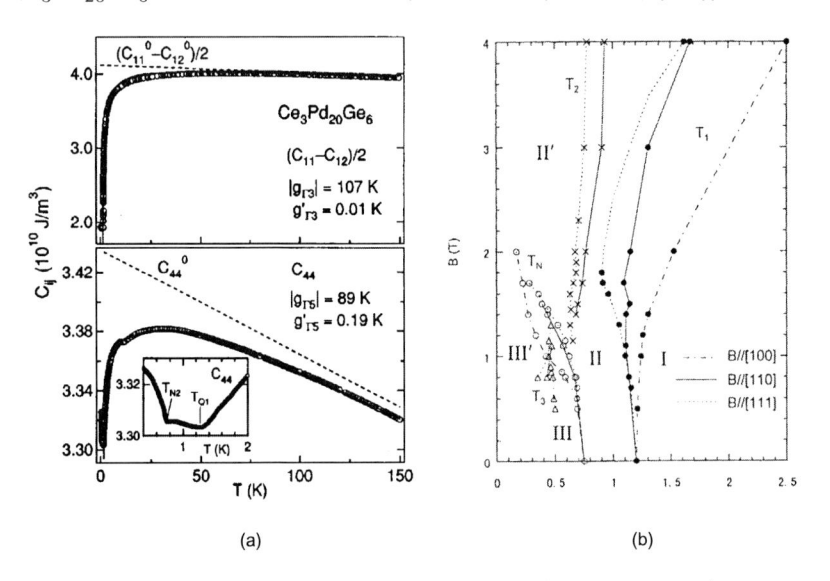

図 2.9 $Ce_3Pd_{20}Ge_6$ の (a) 弾性定数の温度依存性[41] と (b) 磁気相図[39].

中を占める点群 O_h のサイトで,8c は 16 個の Pd 原子で囲まれる点群 T_d のサイトである.4a ケージの中の空間には 8 個の中心からはずれた原子の平衡位置があり,その間を Ce 原子が動き回る.この原子の運動をラットリング運動 (rattling motion) という.この現象は後述する充填スクッテルダイト化合物でも観測されて,注目されている物性である.

b. DyB_6

DyB_6 は前の節で詳述した CeB_6 と同じ結晶構造である.DyB_6 には 25 K と 30 K に図 2.10(a) に示すような異常比熱が現れ,帯磁率にも対応する温度で反強磁性カスプのような異常が観測される[44,46].複雑な磁化過程[45] や中性子回折[46,47] の結果から,少なくとも低温相は $3Q$ 構造の反強磁性と推定されていた.ところが,DyB_6 の ^{161}Dy 核メスバウアー分光 (Mössbauer spectroscopy) の結果は,結晶の 1 軸的な歪みによって ^{161}Dy 核位置に電場勾配が発生していることやすべての Dy^{3+} イオンは磁気的に等価であることが見出され,低温磁気相が $3Q$ 構造ではありえないと結論された[48].さらに,図 2.10(b) に示すように弾性定数 C_{44} が $T_Q = 30$ K に向けて発散的に大きく減少している[50].この結果と X 線回折の結果を合わせて,Γ_5 型四極子が秩序変数の強四極子転移が生じ,立方晶の [1 1 1] 軸方向に縮んで三方晶 (trigonal) へと構造相転移すると結論された.この結論は,図 2.11(a) に示すように中性子回折に置いて T_Q 以下での立方晶 (3 3 0) 反射の分裂[46] や,図 2.11(b) の X 線回折で三方晶の菱面体 (rhombohedral) 構造に由来する反射が現れること[51] などで確認されている.中性子回折とメスバウアー分光で $T_N = 25$ K 以下での磁気構造に矛盾があったが,高橋の詳細な中性子回折実験と

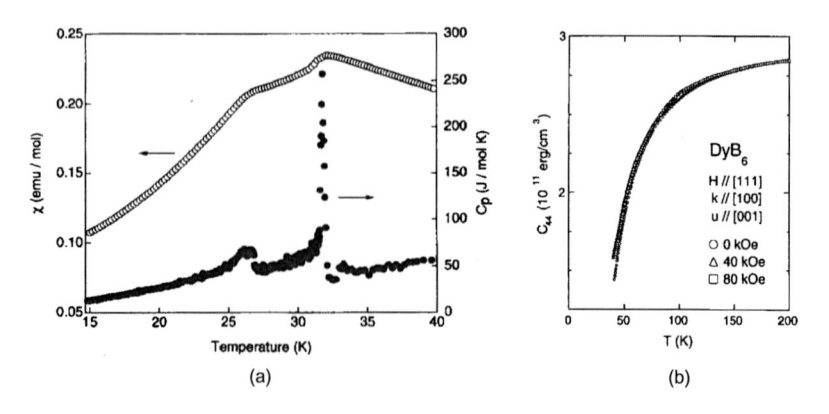

図 2.10 DyB_6 の (a) 帯磁率と比熱の温度依存性[46] と (b) 弾性定数の温度,磁場依存性[50].

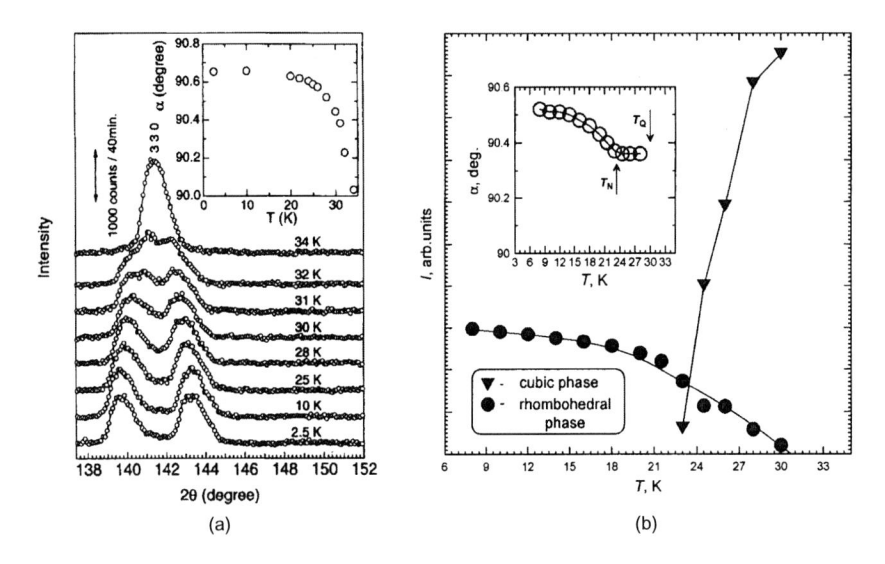

図 2.11 DyB$_6$ の (a) 中性子回折散乱強度の温度依存性[46] と (b) X 線回折強度の温度依存性[51].

解析によって $Q = [-\frac{1}{4}\ -\frac{1}{4}\ \frac{1}{2}]$ の一つの伝播ベクトルで記述される構造であることが示された[49].

後藤らによれば DyB$_6$ と同型の HoB$_6$ も弾性定数 C_{44} が 6 K に向けて発散的に減少する強四極子転移を示す[50]が,反強磁性転移と同時に起きるので 87 ページの表 2.5 に分類している.

c. TmAu$_2$, TmAg$_2$

$T_N = 3.2$ K でモーメント変調の長周期構造をとる反強磁性体[58]として知られていた TmAu$_2$ は MoSi$_2$ 型の正方晶の化合物である.ところが,図 2.12(a) に示すように異常比熱は T_N のほかに 7.0 K にも現れる[59].帯磁率は T_N では反強磁性に特有のカスプを示すが,7.0 K 付近には明瞭な異常は観測されない.また,比熱から 7.0 K 付近までにほぼ $R\ln 3$ に達している.中性子非弾性散乱によって得られた 4f 基底状態は非クラマース二重項 $\Gamma_5^{(1)}$ で,3.6 K しか離れていない第 1 励起準位は一重項 $\Gamma_1^{(1)}$ なので,二つの転移は擬三重項によって起きている[59].図 2.12(b) は弾性定数の温度依存性で,$(C_{11} - C_{12})/2$ が 7.0 K に向けて発散的に減少している.この弾性定数は四極子相互作用係数 K^{Γ_3} (図では K^γ) が 10.6 mK という正の値でよく解析できて,7.0 K の異常は強四極子転移によるものである.帯磁率や磁化過程曲線は,秩序変数を Γ_3 型の O_2^2 として良く解析される.

強四極子転移に伴う構造転移は粉末中性子回折によって確認された[60].図

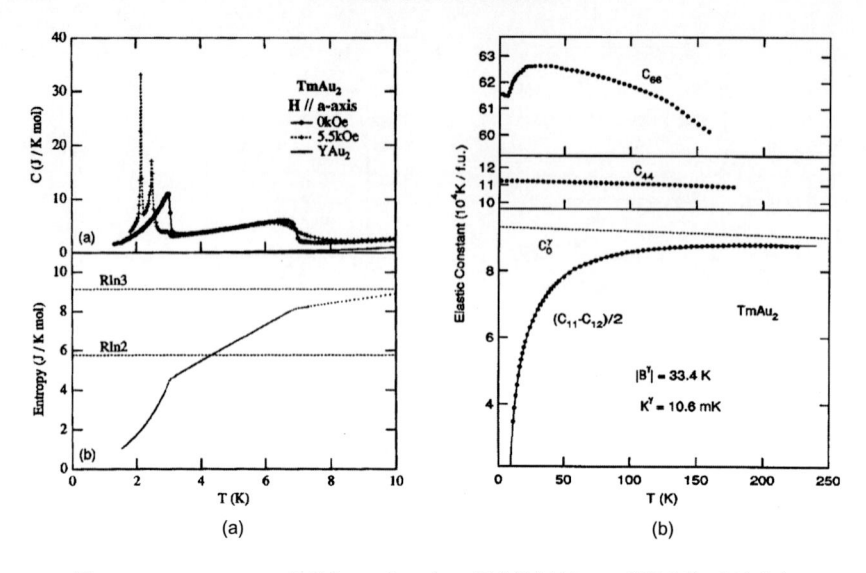

図 2.12 TmAu$_2$ の (a) 比熱とエントロピーの温度依存性と (b) 弾性定数の温度依存性[59].

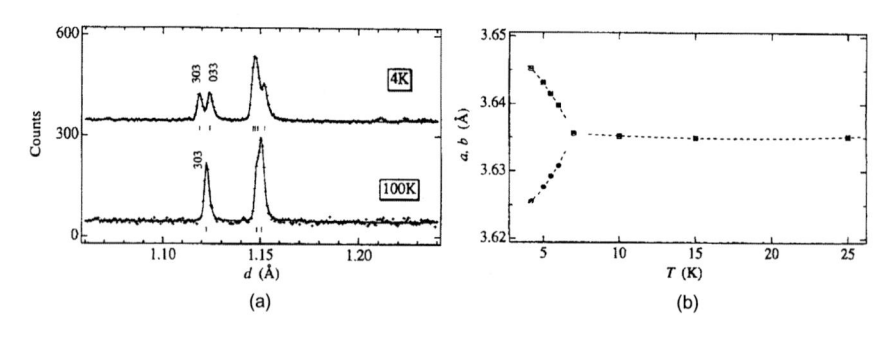

図 2.13 TmAu$_2$ の (a) 中性子回折パターンと (b) 格子定数の温度依存性[60].

2.13(a) は T_N と T_Q の間の 4 K と常磁性相の 100 K での中性子回折パターンで，4 K では指数 (3 0 3) の反射が明瞭に分裂している．図 2.13(b) は中性子回折から求めた格子定数の温度変化で，正方晶の底面 (basal plane) の等価な格子定数 a が T_Q 以下で異なった値となり，正方晶から斜方晶 (orthorhombic) に転移している．T_Q において非磁性基底二重項 $\Gamma_5^{(1)}$ が 2 本の一重項に分裂し，そのうちの基底となる一重項に温度低下とともに第 1 励起一重項 $\Gamma_1^{(1)}$ が次第に近づいて T_N において交換誘起ヴァン・ブレック反強磁性転移が生じる．

TmAg$_2$ も TmAu$_2$ と同じ結晶構造を持ち，$T_Q = 5$ K で強四極子転移によっ

て正方晶から斜方晶に構造相転移が起きる[57]. その転移機構は，TmAu$_2$ とほとんど同じである. $4f$ 基底状態は非クラマース二重項 $\Gamma_5^{(1)}$ と同じであるが，14.0 K に位置する第 1 励起状態は一重項 $\Gamma_1^{(2)}$ と TmAu$_2$ とは異なる. K^{Γ_3} も 10 mK で TmAu$_2$ の値と同等である. ただし，四極子転移によって基底二重項が分裂した後の基底一重項に第 1 励起一重項の接近が不十分なため磁気転移は生じない．

d. UCu$_2$Sn

UCu$_2$Sn は ZrPt$_2$Al 型の六方晶構造 (hexagonal structure) の化合物で，16 K 付近で帯磁率にシャープなカスプや λ 型の異常比熱が現れるために従来はノーマルな反強磁性体と考えられていた[67]．しかし，図 2.14(a) に示すように弾性定数 C_{66} が 16 K 付近に向かって 60%近いような非常に大きなソフトニングを示し，16 K 付近に向かって発散するような事実が確認された[68]．図中に示されているように，$5f$ 基底状態が Γ_5 の非クラマース二重項として弾性定数の結果は良く解釈される．解析で得られた四極子相互作用係数 K^{Γ} も 0.18 K の正の値が得られている．また，第 1 励起状態は 17 K と近いものの転移温度付近で $R\ln 2$ のエントロピーが解放される．したがって，非磁性の Γ_5 基底状態のみが転移に関与していると考えると，それは反強磁性転移ではなく強四極子転移である．実際，ミュオンスピン緩和 (muon spin relaxation, μSR) の実験では転移温度の上下で μSR スペクトルに変化が現れず，16 K 以下で磁気秩序に伴う内部磁場が発生していないことが確認されている[69]．また，図 2.14(a) に明らかなように，$T_\text{Q} = 16$ K の強四極子転移に伴う構造転移も観測されている[70]．六方晶の結晶構造では等価

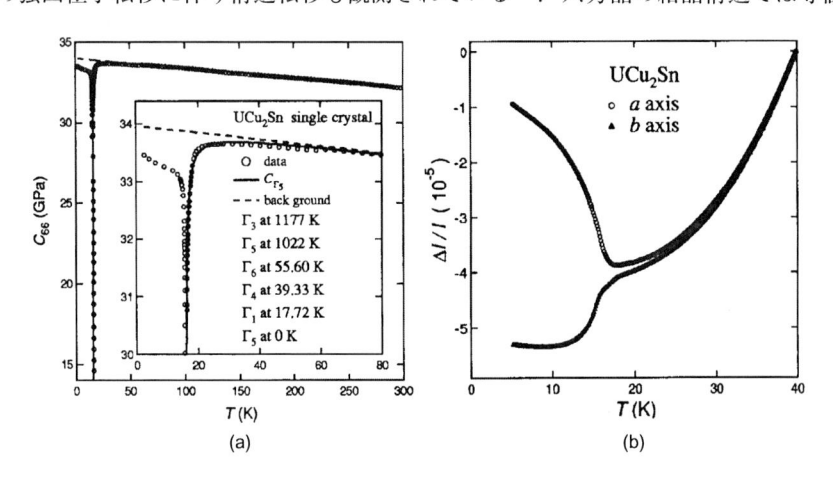

図 2.14 UCu$_2$Sn の (a) 弾性定数 C_{66}[68] と (b) 熱膨張 $\Delta l/l$ の温度依存性[70]．

な結晶軸である a 軸と b 軸の熱膨張が 16 K 以下で a 軸で増加し b 軸で減少し，六方晶から単斜晶 (monoclinic) へ対称性が低下している．

2.5.2 反強四極子秩序

表 2.4 に独立した反強四極子転移が発現する化合物を示す．前述した CeB_6 を除いて，この中のいくつかの典型的な化合物の物性について紹介する．強四極子の場合と同様に対称性の高い立方晶が多い．正方晶の DyB_2C_2 と HoB_2C_2 の反強四極子転移が見出され，とくに DyB_2C_2 の T_Q は 24.7 K と従来から知られている化合物より 1 桁近く高い．そのため，四極子相互作用は必ずしも弱い相互作用ではないことが理解されたが，新物質の発見はそれほど多くはない．UPd_3 は六方晶であるが，二つの U サイトのうち一つはほぼ立方対称性を持つサイトである．

表 2.4 独立した反強四極子転移を示す化合物．

化合物 ref	T_Q (K)	T_N (K)	結晶構造	磁気構造	基底状態
CeB_6[20~30,32~34]	3.3	2.4	立方晶	$\bm{Q} = [\frac{1}{4}\frac{1}{4}\frac{1}{2}], [\frac{1}{4} - \frac{1}{4}\frac{1}{2}]$	$\Gamma_8(4)$
$PrPb_3$[71~81]	0.4		立方晶	$\bm{Q}_Q = [\frac{1}{2}\pm\delta, \frac{1}{2}, 0], [\frac{1}{2}, \frac{1}{2}\pm\delta, 0]$ ($\delta = 1/8$), $\mu\|[100]$	$\Gamma_3(2)$
$PrFe_4P_{12}$[83~101]	6.5		立方晶	$\bm{Q}_Q = [100]$	
$DyPd_3S_4$[103~105]	3.4	0.7,1	立方晶	$\bm{Q} = [1,0,0] (= \bm{Q}_Q)$	四重項
$TmGa_3$[107~109]	4.29	4.26	立方晶	triple-$\bm{Q}$, $\mu\|[1,1,1]$	$\Gamma_3(3)$
$TmTe$[111~114]	1.8	0.43	立方晶		$\Gamma_8(4)$
$YbSb$[117~121]	5		立方晶		$\Gamma_6(2)$
DyB_2C_2[122~136]	24.7	15.3	正方晶	$\bm{Q} = [100], [01\frac{1}{2}]$ $[000], [00\frac{1}{2}]$	擬四重項
HoB_2C_2[137~143]	4.5	5.9	正方晶	$\bm{Q} = [100], [01\frac{1}{2}]$ $[000], [00\frac{1}{2}]$	擬四重項
UPd_3[146~154]	6.8,7.8	4.6	六方晶		擬三重項

a. $PrPb_3$

立方晶 $AuCu_3$ 型の単純な結晶構造を持つ $PrPb_3$ の $4f$ 基底状態は非クラマース二重項 Γ_3 である[72,74]．第 1 励起準位の Γ_4 三重項はおよそ 20 K 上に位置する．非磁性の基底 Γ_3 の磁気双極子の期待値は 0 であるが，O_2^0 と O_2^2 の四極子と八極子 T_{xyz} の自由度が存在する．0.35 K には相転移に対応する明瞭な異常比熱が現れる[71]．ただし，この転移温度は後の純良単結晶の再測定から 0.4 K であることが判明している[75]．弾性定数の測定では $(C_{11} - C_{12})/2$ にソフトニングが観

2.5 四極子秩序化合物

測され，解析からから $K^{\Gamma_3} = -0.18$ mK の四極子相互作用係数が得られており，反強四極子転移が起きていることが示された[73,74].

図 2.16 は磁化の温度，磁場依存性と比熱の温度依存性から得られた磁気相図である[76,77,79]. $H \| [001]$ と $H \| [110]$ では転移温度が磁場とともにいったん上昇し，さらに高磁場で相が閉じている．図中の 1 点鎖線は，(2.9) 式のハミルトニアンの $\mathcal{H}_{\mathrm{CEF}}$ と $\mathcal{H}_{\mathrm{Zeeman}}$ のほかに $\mathcal{H}_{\mathrm{M}}$ を磁場誘起モーメント間の反強磁性相互作用，$\mathcal{H}_{\mathrm{Q}}$ は Γ_3 型四極子のみとして計算したものである．$K^{\Gamma_3} = -22.4$ mK, -0.73 K の副格子内反強磁性相互作用，-0.37 K の副格子間反強磁性相互作用を与えると，少なくとも $H \| [001]$ の相境界を良く再現する．ここで注意すべきは，Γ_3 基底

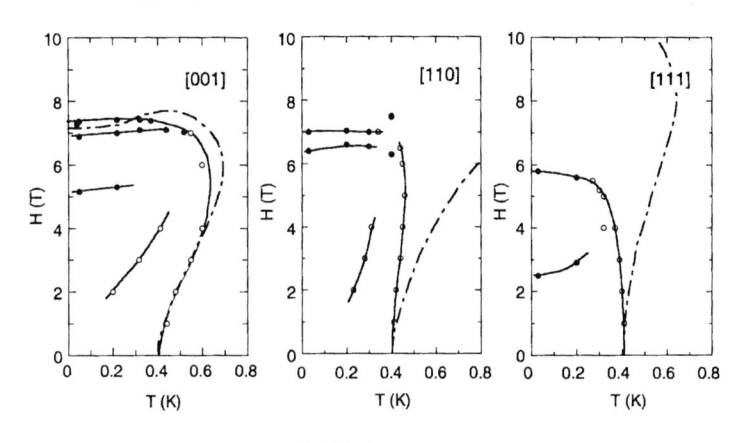

図 2.15　PrPb$_3$ の磁気相図[76,77,79]. 1 点鎖線はモデル計算による相境界.

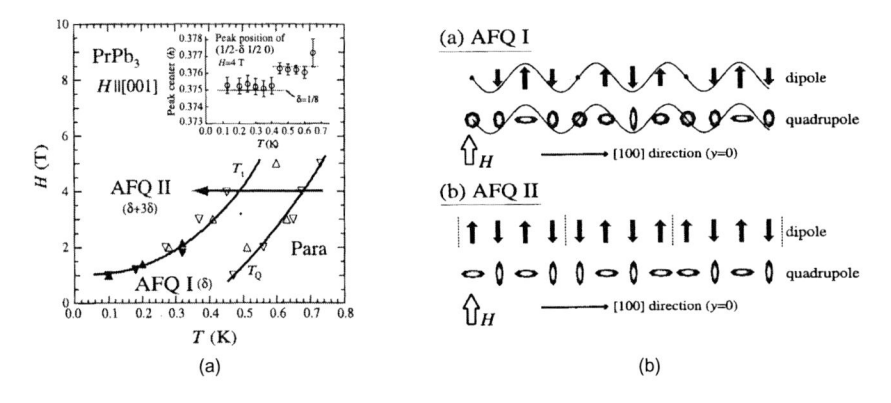

図 2.16　PrPb$_3$ の (a) $H \| [001]$ の磁気相図と中性子回折測定領域 (矢印) と磁気散乱位置の温度変化と (a) 反強四極子 I 相と II 相の磁気構造と四極子構造[81].

状態では磁場によっては磁気モーメントは誘起されないが第 1 励起準位の Γ_4 三重項の寄与によって各サイトに磁気モーメントが誘起され，その間に反強磁性相互作用が働くことである．また，CeB_6 の場合のように八極子の影響が含まれていないにもかかわらず転移温度が磁場で増強されている点も興味深い．さらに，2 種の Γ_3 型四極子のどちらが秩序変数であるかを知るために，磁場による転移温度の増強の異方性を詳細に調べると，転移温度は (001) 面内では [110] 方向に，($1\bar{1}0$) 面内では [111] 方向に鋭い最小値が現れる[80]．この結果は，図 2.15 の相図のためのハミルトニアンの四極子を O_2^0 のみとしたうえで，さらに，誘起される Γ_5^- 型の八極子 T^β 間の相互作用を考慮すると良く説明することができる．

$PrPb_3$ のきわめて興味深い反強四極子秩序構造が中性子回折によって明らかにされた[81]．図 2.16(a) は実験条件を示す相図である．図中の矢印にそって磁場誘起反強磁性による磁気反射 $(\frac{1}{2} - \delta, \frac{1}{2}, 0)$ のピーク位置 $(\frac{1}{2} - \delta)$ を測定し，その温度依存性を挿入図に示している．図 2.16(b) に示すように AFQ I 相では $\bm{Q} = [\frac{1}{2} - \delta, \frac{1}{2}, 0]$ の長周期のモーメント変調構造が観測され，$\delta = 0.124$ の格子非整合 (incommensurate) の周期となっている．温度を下げて AFQ II 相に入ると $\delta = \frac{1}{8}$ の格子整合 (commesurate) の周期になるとともに $\bm{Q} = [\frac{1}{2} - \delta, \frac{1}{2}, 0]$ 型のほかに $\bm{Q}' = [\frac{1}{2} - 3\delta, \frac{1}{2}, 0]$ に属する高調波反射が観測され，磁気モーメントの大きさが等しくなる長周期反強磁性構造をとるようになる．AFQ I 相の磁気モーメント変調構造は，四極子モーメントの変調構造に由来する．この変調型の反強四極子秩序は，$PrPb_3$ で初めて発見され，現時点では唯一の例である．

b. $PrFe_4P_{12}$

充填スクッテルダイト (filled-skutterudite) と呼ばれる RT_4P_{12} (R：希土類，T：Fe, Ru, Os) は P を As や Sb に置き換えることができるため，多くの化合物群を形成する．従来は熱伝材料として注目されていたが，良質の試料が得られるにしたがって重い電子系の超伝導，金属–絶縁体転移などの興味深い物性が出現する系として関心が高い物質群となった．多極子相互作用が主役を担っていると考えられる化合物もいくつか見つかっているが，そのなかで初めに四極子秩序が確認されたのが $PrFe_4P_{12}$ である．結晶構造は Pr 原子が体心と 8 隅を占める体心立方晶であるが，Pr は 12 個の P 原子が作る正二十面体のケージの中に位置する．$Ce_3Pd_{20}Ge_6$ の項で述べたようなラットリング運動がケージ空間内の 6 個の原子平衡位置をめぐって生じることも注目されている物性の一つである．さらに，Pr サイトは反転対称性と $\frac{\pi}{2}$ 回転対称性がない点群 T_h となり，立方対称でありながら (1.96) 式の結晶場ハミルトニアンが適用できない．竹ヶ原らは充填ス

2.5 四極子秩序化合物

クッテルダイトや次項で述べる希土類パラジウムブロンズを念頭において点群 T_h に適用できるように次のような結晶場ハミルトニアンを与えている[82]．

$$\mathcal{H}_{T_h} = W\left[x\frac{O_4^0 + 5O_4^4}{F_4} + (1-|x|)\frac{O_6^0 - 21O_6^4}{F_6} + y\frac{O_6^2 - O_6^6}{F_6^t}\right] \quad (2.33)$$

ここで，F_4，F_6，F_6^t は希土類イオンに固有の数値で，Pr^{3+} に対してそれぞれ 60，1260，30 である．この結晶場の下で Pr^{3+} ($J=4$) の $4f$ 準位は一重項 Γ_1，非クラマース二重項 Γ_{23}，2本の三重項 $\Gamma_4^{(1)}$，$\Gamma_4^{(2)}$ に分裂する．一般に Pr スクッテルダイトでは Γ_1 が基底状態，すぐ上に $\Gamma_4^{(1)}$ が励起状態になる擬四重項が有力と考えられているが，Γ_{23} ($PrPb_3$ の Γ_3 と同じ波動関数を持つ) を基底状態とする考えもあって，少なくとも $PrFe_4P_{12}$ では確定していない．$PrFe_4P_{12}$ は重い電子系物質 (3.4節参照) として調べられてもいるがここでは，反強四極子秩序の物性に限定して述べることとする．

図 2.17 に示すように，$PrFe_4P_{12}$ には比熱や電気抵抗において相転移に対応する異常が 6.4 K に現れ，従来はそれを反強磁性転移と考えてきた[83~85]．図 2.17 に示すように，磁場によって転移温度が抑制される様子は反強磁性体の振る舞いのように見え，前述した CeB_6 や $PrPb_3$ などの反強四極子秩序化合物とは異なっている．ところが，Pr 核比熱の測定では内部磁場による核準位分裂に起因するショットキー核比熱が観測されず，秩序変数は非磁性である四極子と推定された[90]．実際，粉末中性子回折でも磁気反射は観測されていない[87]．X 線回折では 6.4 K 以下で $Q = [100]$ で指数付けされる超格子反射 (superlattice reflection) が観測されている[88]が，これは格子定数の 0.02％ほどの Fe 原子の変異がフェルミ面のネスティング (nesting) (3.1.2項参照) によって引き起こされているためと考えられている[89]．反強四極子秩序の証拠は単結晶の磁場中中性子回折でもたらされた．

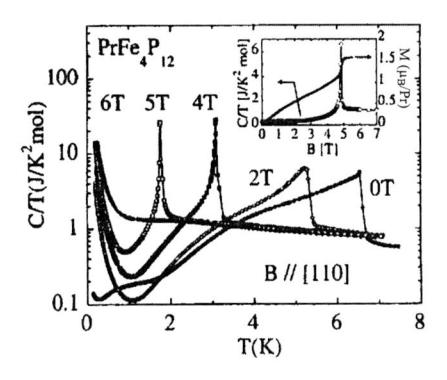

図 2.17　$PrFe_4P_{12}$ の比熱の $H \| [110]$ の磁場，温度依存性[85]．

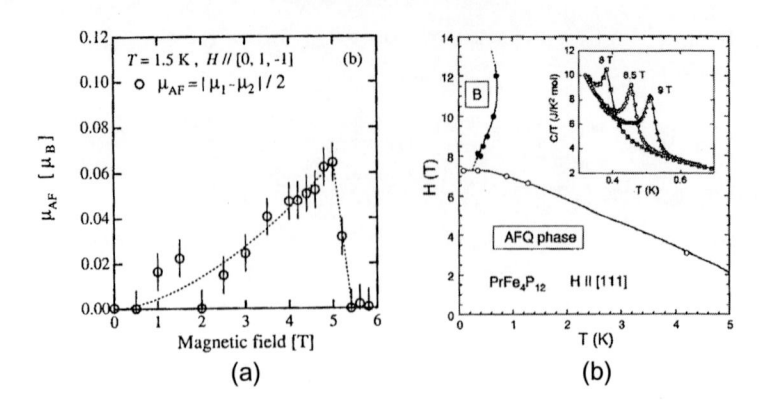

図 2.18 PrFe$_4$P$_{12}$ の (a) 中性子回折による $H\|[01-1]$ での磁場誘起反強磁性モーメントの磁場依存性[91] と (b) $H\|[111]$ のときの磁気相図[93,94]. 挿入図は高磁場相 (B 相) の比熱の磁場, 温度依存性である

$h+k+l =$odd の核ブラッグ反射は体心立方晶では禁制反射であるが, $H\|[01\bar{1}]$ の中性子回折において T_Q 以下で (100) や (300) の磁場誘起反強磁性による磁気反射が観測された[91]. その結果から得られた誘起反強磁性モーメントの磁場依存性を図 2.18(a) に示す. 磁場とともに磁気モーメントが現れて次第に増加するが, 図 2.18(b) に示すように磁場が 5T を越えて常磁性領域に入ると突然磁気モーメントは消失する. また, 共鳴 X 線散乱実験では Pr の L$_{III}$ 吸収端に相当するエネルギーの X 線による (300) や (111) の反射が T_Q 以下で観測されている[92]. さらに, 上記の Fe 原子の変位量や図 2.18(a) に示した誘起モーメントの大きさを用いて $H\|[001]$ の偏極中性子回折の結果を解析することで, PrFe$_4$P$_{12}$ の反強四極子相の秩序変数は少なくとも 1.6T と 3.6T の磁場中では O_2^0 であるとされている[95].

しかし, PrFe$_4$P$_{12}$ の低温の秩序相が反強四極子相であるとする結論に対して異なった秩序変数の可能性が示唆されている. 帯磁率に異方性がないことや, 中性子回折と同様に核磁気共鳴[96,99] でも確認されている磁場誘起反強磁性モーメントが常に磁場に平行であることなどを Γ_3 型四極子の秩序で説明するのは難しいと指摘したうえで, キスと倉本は Γ_{1g} 型 16 極子 (hexadecapole) の反強的なスカラー秩序の可能性を理論的に議論している[98]. この考察はさらに核磁気共鳴の共鳴線の分裂の磁場方位依存性[99] や転移温度[100] の方位依存性も説明できる. 酒井らも反強スカラー秩序モデルが核磁気共鳴の共鳴線の分裂の磁場方位依存性を良く説明できることを示した[101].

図 2.18(b) に PrFe$_4$P$_{12}$ の H–T 磁気相図を示すが, 反強四極子相 (AFQ phase)

以外に低温高磁場領域に B 相と呼ばれる相が出現している[93,94]. この B 相は $H\|[111]$ の場合に現れて，磁場が [111] から少しでも傾くと消失する. キスと倉本は，Γ_3 型の四極子間相互作用があり，磁場誘起の双極子と八極子間にそれぞれ強磁性的相互作用が働き，Γ_1–$\Gamma_4^{(1)}$ 準位の分裂が小さいとしたときに B 相が再現されることを示した[97]. 2 種類の強磁性的相互作用の大きさに依存して B 相の秩序構造の伝播ベクトルは低磁場の反強四極子相と同じ $Q = [100]$ または [000] となる. 後者の場合は多極子の強磁性的配列となるので [111] に垂直方向に原子変位が生じると予想している.

c. $DyPd_3S_4$

$DyPd_3S_4$ は希土類パラジウムブロンズ (rare–earth palladium bronze) と呼ばれている化合物で，体心立方晶 $NaPt_3O_4$ 型の結晶構造を持つ. 希土類サイトは 4 個の再隣接 S 原子と 12 個の次隣接 Pd 原子に囲まれているが，充填スクッテルダイトと同様に反転対称性と $\frac{\pi}{2}$ 回転対称性がない点群 T_h の対称性を持つ. 比熱の測定によれば，この系の多くの化合物の $4f$ 基底状態は大きな縮重度を持つ[102] とされていて，多極子による物性の発現が期待される系である.

図 2.19(a) に $H\|[100]$ での $DyPd_3S_4$ の比熱の磁場と温度の依存性を示す[104]. 反強四極子転移温度 $T_Q = 2.7$ K と磁気転移温度 $T_C = 0.84$ K のほかに磁気秩序–秩序転移 (magnetic order–order transition) 温度と思われる 0.55 K に異常比熱が観測される. 磁気転移温度を T_C と表記したのは，この温度以下で自発磁化が現れるためである. $DyPd_3S_4$ の $4f$ 基底状態は，T_C で $R\ln 2$, T_Q で $R\ln 4$ のエントロピーが開放されることや磁化過程曲線の解析から $\Gamma_{67}^{(1)}$ と考えられている[106]. 図から明らかなように，T_Q は CeB_6 と同じように磁場とともに上昇す

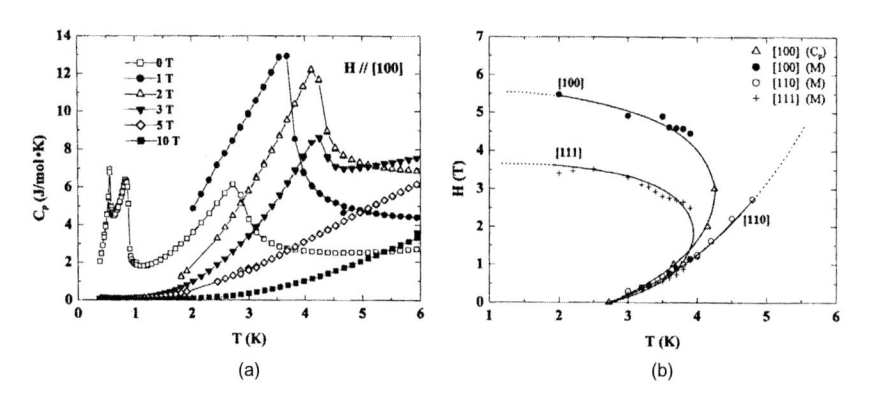

図 **2.19** $DyPd_3S_4$ の (a) 比熱の磁場，温度依存性と (b) 磁気相図[104].

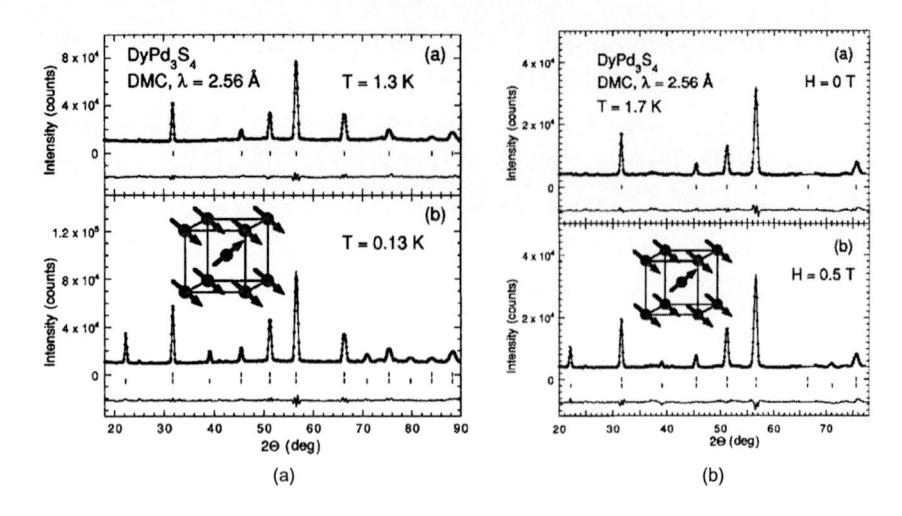

図 2.20 DyPd$_3$S$_4$ の (a) $H = 0$ での反強磁性相と反強四極子相の中性子回折パターンと反強磁性磁気構造と (b) 反強四極子相の $H = 0$, 0.5 T での中性子回折パターンと誘起反強磁性の磁気構造[105]。

る. 図 2.19(b) は $H \| [100]$, [110], [111] での比熱測定から求めた H–T 磁気相図である[104]. ただし,低温の磁気相は省略してある. 非常に異方性が大きく,四極子相は [110] > [100] > [111] の関係で磁場に対して安定になっている.

反強四極子相で中性子回折パターンが常磁性のものと変わらないことも確認されている[103]. さらに,多結晶試料であるが磁場中の中性子回折も測定されて,図 2.20 のような結果が報告されている[105]. 図 2.22(a) は常磁性相と磁気相の中性子回折パターンと,その解析から得られた磁気構造を示している. 体心とコーナーの磁気モーメントが互いにほぼ直角に配列する傾角構造 (canted structure) で,伝播ベクトルは $\bm{Q} = [100]$ である. 反強四極子相の $H = 0$, 0.5 T のときのパターンが図 2.20(b) に示されている. 磁場誘起の反強磁性の磁気構造は,低温磁気相とまったく同じ $\bm{Q} = [100]$ の伝播ベクトルで記述できる. これらの磁気構造から反強四極子構造が $\bm{Q}_{\mathrm{Q}} = [100]$ であることは明らかである. 低温でこれに重畳する磁気構造が [000] の強磁性か [100] の反強磁性かは不明であるが,GdPd$_3$S$_4$ や TbPd$_3$S$_4$ が反強磁性と報告されている[102] ので [100] の反強磁性と考えられる.

d. TmTe

立方晶 NaCl 型構造をとる TmTe は Te^{2+}($4f^{13}$, $J = \frac{7}{2}$) となっている磁性半導体である. 基底 $4f$ 準位は Γ_8 四重項である[110]. ただし,第 1 励起準位は Γ_7 二重項で 4.6 K しか離れていないとされている. 松村らは $T_{\mathrm{N}} = 0.23$ K の反強磁性体

2.5 四極子秩序化合物

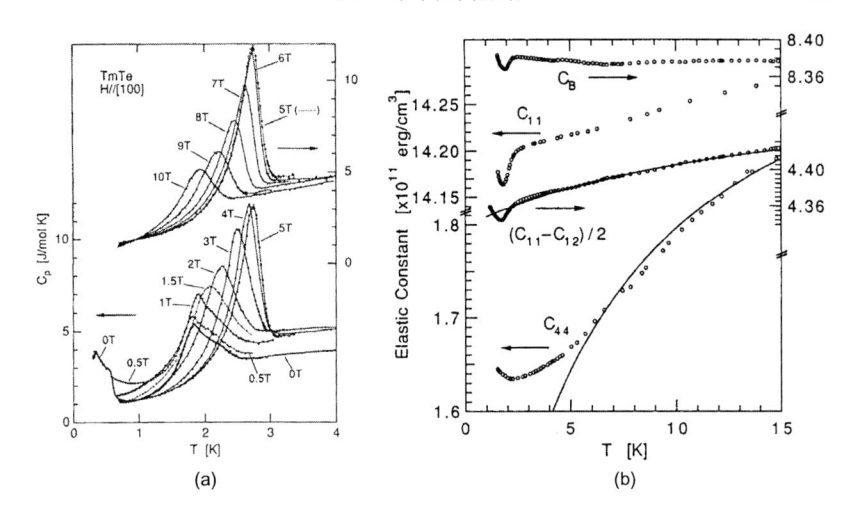

図 2.21 TmTe の (a) 比熱の磁場, 温度依存性と (b) 弾性定数の磁場, 温度依存性[111].

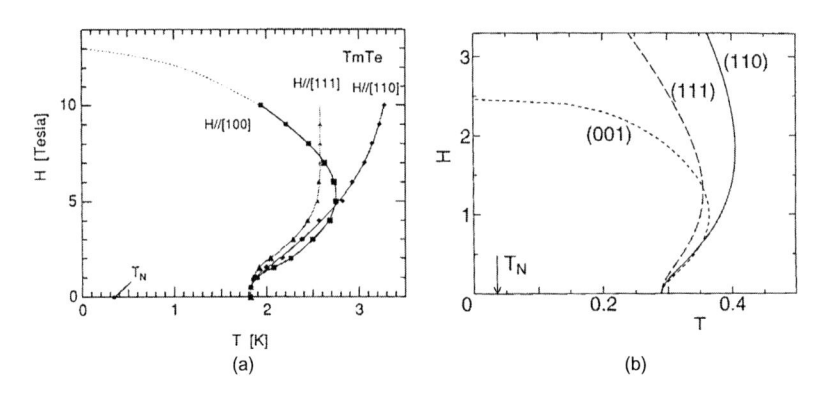

図 2.22 TmTe の (a) 磁気相図[111] と (b) Γ_3 型四極子による計算された磁気相図[115].

の TmTe が 1.8 K でも帯磁率には現れない相転移が存在することを見出した[111]. 図 2.21(a) は比熱の温度依存性を磁場を変えて測定したものである. CeB_6 と同様に磁場とともに転移温度が大きく増加している. 図 2.21(b) は弾性定数の温度変化で, C_{44} が $(C_{11} - C_{12})/2$ より大きなソフトニングを示している. 図中の実線は $K^{\Gamma_3} = -0.25$ K と $K^{\Gamma_5} = -0.076$ K で解析したもので, 反強四極子相互作用が強いことを示している.

図 2.22(a) は比熱のピーク位置から得られた H–T 磁気相図である. 結晶 3 軸のどの方向でも磁場によって転移温度は上昇するが明瞭な異方性が現れている. と

くに，$H\|[100]$ では反強四極子相が閉じ始めている様子が観測される．弾性定数の測定では K^{Γ_3} が大きく反強四極子相の秩序変数は Γ_3 型に属する四極子 (O_2^0, O_2^2) と考えられる．実際，椎名らは Γ_3 型の四極子を前提にして (2.9) 式に相当する古典的なハミルトニアンを用いて，実測ときわめて近い磁気相図の理論的再現に成功している[115]．秩序変数が Γ_3 型の O_2^2 であることは磁場中の単結晶中性子回折でも立証されている[112~114]．磁場を [100], [110], [111] のどの方向にかけても $Q = [\frac{1}{2}\frac{1}{2}\frac{1}{2}]$ の誘起反強磁性が現れるが，磁場に垂直な面に現れる反強磁性成分が $H\|[100]$ より $H\|[111]$ の場合が大きいことや図 2.23(a) に示すように $H\|[100]$ と $H\|[111]$ で誘起される反強磁性モーメントの大きさに対して，四極子の対称性と磁場誘起モーメントの大きさに関する椎名らの群論的考察[8]を適用することで秩序変数は Γ_3 型の O_2^2 であると結論している．

図 2.23(b) は中性子回折で観測された $T_N = 1$ K 以下での磁気反射の温度依存性である[116]．反強磁性を示す $Q_\mathrm{AFM} = [\frac{1}{2}\frac{1}{2}\frac{1}{2}]$ に属する $(\frac{3}{2}\frac{1}{2}\frac{1}{2})$ 磁気反射と強磁性成分を示す $Q_\mathrm{FM} = [000]$ に属する (111) 磁気反射が観測され，反強四極子構造の上に反強磁性秩序が現れるときにモーメント傾角構造が実現している．この強磁性成分の発生は椎名らの理論的考察でも指摘されている[115]．

e. $\mathrm{DyB_2C_2}$, $\mathrm{HoB_2C_2}$

$\mathrm{DyB_2C_2}$ の結晶構造は体心正方晶 $\mathrm{LaB_2C_2}$ 型である．B と C は二次元ネットワークを形成し，c 軸方向に–La–(B,C)–La–と積み重なっている．Dy^{3+} の $4f$ 準位は 8 組のクラマース二重項に分裂するが，準位の正確な同定は容易ではない．Dy サイトは 4 回対称でありながら 4 回軸を含むような鏡映面が存在しない対称性 (C_2h) のため，結晶場は B_2^0, B_4^0, B_4^4, B_4^{-4}, B_6^0, B_6^4, B_6^{-4} の 7 個のパラメータで記述される複雑なものとなる．図 2.24(a) に比熱とエントロピーの温度依存性を示す[122]．比熱は反強四極子転移温度 $T_Q = 24.3$ K と反強磁性転移温度 $T_N = 15.3$ K でそれぞれ 2 次の相転移に典型的な λ 型の異常比熱を示す．図に T_C とあるのは自発磁化が現れているためであるが，本質的には反強磁性転移なので T_N と表記されるようになった．エントロピーはそれぞれの転移で $R\ln 2$ が開放されて，$4f$ 基底状態が 2 組のクラマース二重項からなる擬四重項であることを示している．$T_Q = 24.3$ K というのは表 2.4 にまとめた他の化合物の AFQ 転移温度より 1 桁近く高い値であり，AFQ 相互作用が従来考えられていたような小さな相互作用ではないことの実験的証拠となっている (四極子転移は磁気弾性相互作用が協力的に働くと比較的高い温度で起こりうる)．図 2.24(b) の磁化の温度依存性においては，磁気転移ではない T_Q ではほとんど異常が現れず，T_N に

2.5 四極子秩序化合物

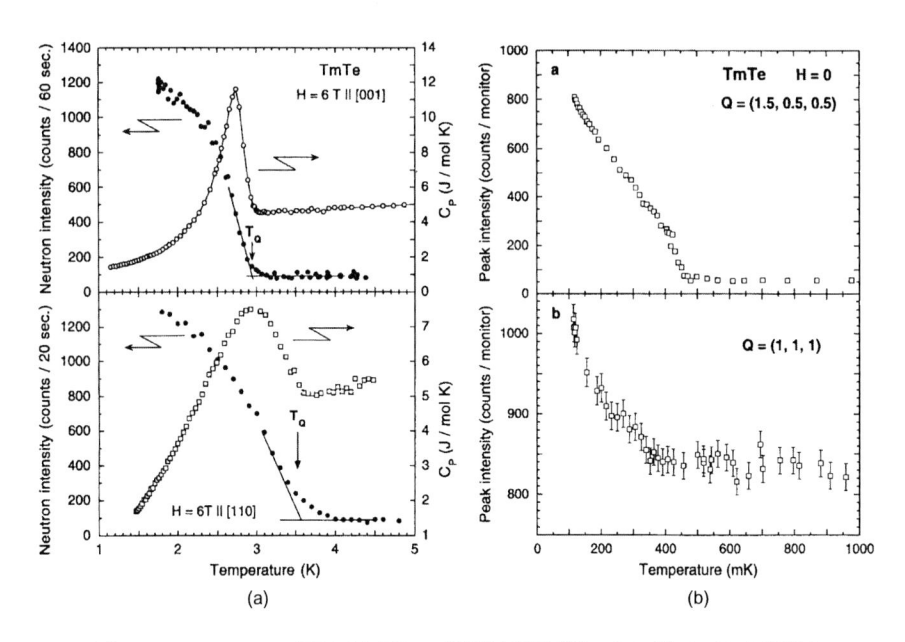

図 2.23 TmTe の (a) 反強四極子相での磁場誘起反強磁性による $(\frac{3}{2}, \frac{1}{2}, \frac{1}{2})$ 中性子反射強度の温度変化[114] と (b) $H = 0$ での反強磁性相における磁気反射強度の温度変化[116].

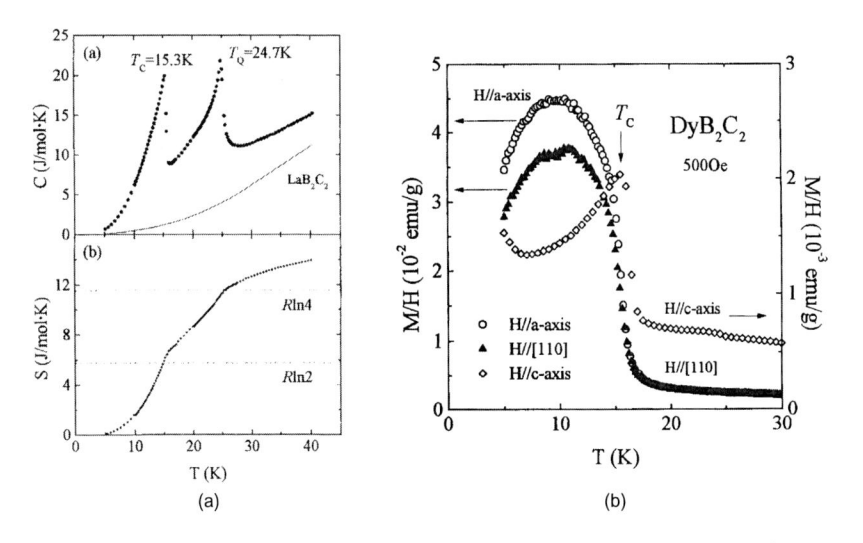

図 2.24 DyB_2C_2 の (a) 比熱とエントロピーの温度依存性と (b) 磁化の温度依存性[122].

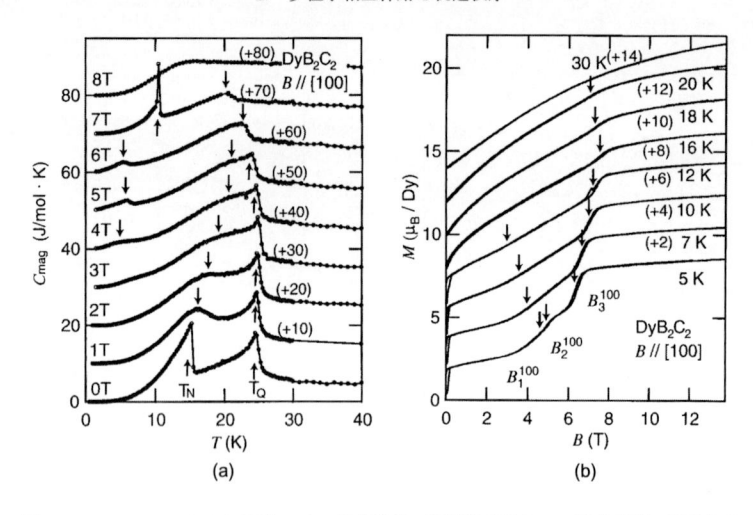

図 2.25 DyB_2C_2 の (a) $H \| [100]$ の比熱磁場,温度依存性と (b) 磁化過程の温度依存性[131].

おいて後述する特異な磁気構造に由来する自発磁化が現れる.c 面内の磁化がきわめて大きく磁気モーメントが正方晶 c 面内にあることがわかる (図では $H \| c$ 軸の磁化を拡大している).

$H \| [100]$ のときの比熱の磁場依存性と磁化過程の温度依存性を図 2.25 に示す[131].比熱では高磁場側に新たな転移が現れ,磁化過程に温度上昇とともに磁場誘起相転移が 3 段,2 段,1 段と減っていく様子が観測される.このような測定で得ら

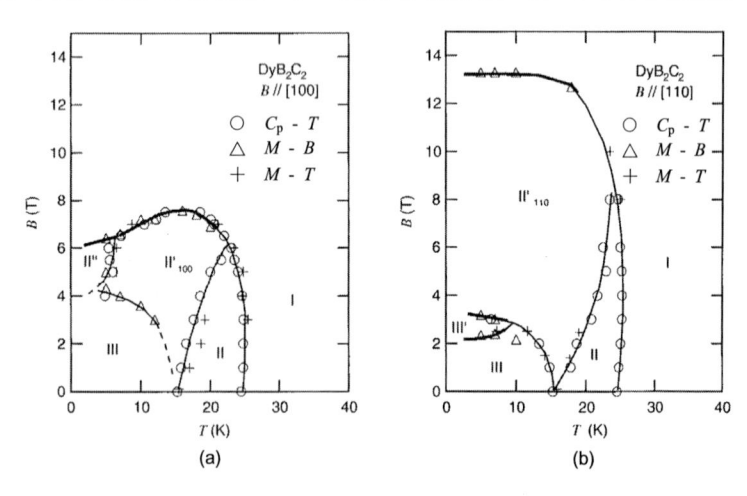

図 2.26 DyB_2C_2 の (a) $H \| [100]$ と (b) $H \| [110]$ の磁気相図[131].

れた DyB_2C_2 の $H\|[100]$ と $H\|[110]$ の H–T 磁気相図を図 2.26 に示してある．図中，I 相は常磁性 (Paramagnetic, PM) 相 (これは常四極子 (Paraquadrupolar, PQ) 相でもある)，II 相は AFQ(+PM) 相，III 相は (AFQ+AFM) 共存相，III′ 相は (AFQ+AFM) 共存相であるが磁場によって反強磁性結合が部分的に破れた中間相で，さらに II'_{100} と II'_{110} 相は基本的に (AFQ+AFM) 共存相であるが，四極子秩序の上の磁気モーメントがすべてゼーマン相互作用に有利な方向に向いた状態，II″ 相は II'_{100} 相の反強四極子結合が部分的に破れた状態になっている．磁気相互作用で決まる III–II 相境界 (T_N) だけに注目すると，通常の反強磁性と何ら変わらない．一方，II–I 相境界 (T_Q) は磁場と共にいくぶん上昇して，ある磁場領域では磁場が AFQ 秩序の安定化に寄与していることが分かるが，前述した CeB_6 や TmTe ほど T_Q は大きく上昇しない．これは磁場誘起八極子モーメントの役割が相対的に小さいためと考えられる．

図 2.27(a) に中性子吸収断面積の小さい ^{11}B を用いた $Dy^{11}B_2C_2$ の中性子回折で決められた III 相の磁気構造を示す[122,138]．この磁気構造は 4 つの伝播ベクトル $\bm{Q}_1 = [100]$，$\bm{Q}_2 = [01\frac{1}{2}]$，$\bm{Q}_3 = [000]$，$\bm{Q}_4 = [00\frac{1}{2}]$ で記述される．この磁気構造は一見複雑であるが，c 面内の傾角 (cant) 構造を除けば，基本的に $[00\frac{1}{2}]$ の AFQ 構造と [100] の AFM 構造 (c 軸方向強磁性，c 面内反強磁性結合) の重ね合わせで理解できる．その基本構造からモーメントが [110] 方向から少し傾い

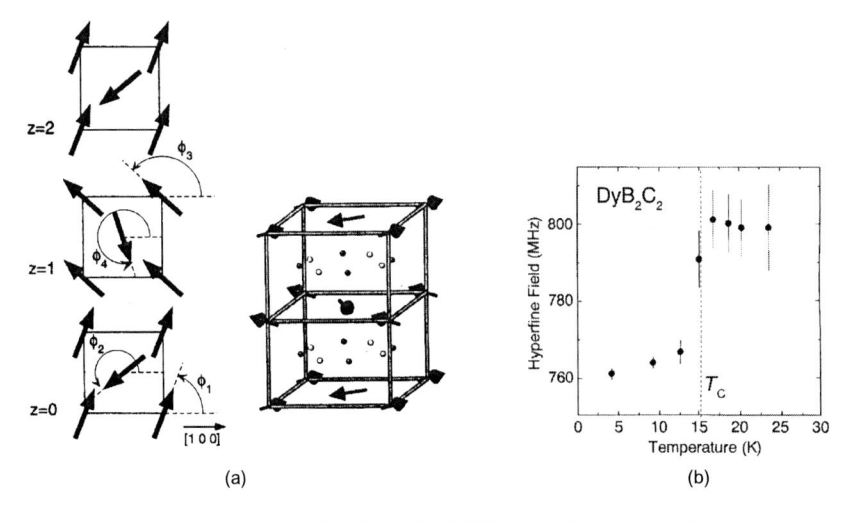

図 2.27 DyB_2C_2 の (a) III 相の磁気構造[122,138] と (b) ^{161}Dy の内部磁場の温度依存性[125]．

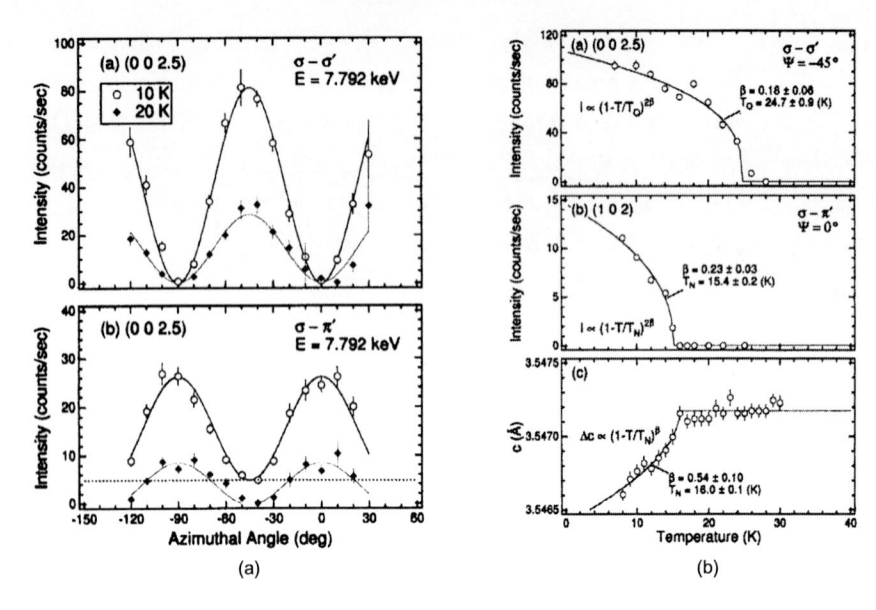

図 2.28 DyB$_2$C$_2$ の (a) 共鳴 X 線散乱強度のアジマス角依存性と (b) 偏光の異なる共鳴 X 線散乱強度と格子定数 c の温度依存性[124].

た cant 構造になっていると考えることができる. そのため, c 軸方向の配列角は AFQ 構造に特有な直角ではなく 77° となっている. この角度は 90° が有利な AFQ 相互作用と 0° が有利な強磁性相互作用の競合や結晶場によるものと考えられる. cant 構造は図 2.25(b) に示した c 面内に現れる自発磁化をその異方性も含めてよく説明する.

高い T_Q を持つ DyB$_2$C$_2$ の発見は, 共鳴 X 線散乱によって初めての AFQ 構造の直接観測に成功をもたらした[123, 124]. 図 2.28 に Dy の L_{III} 吸収端 ($2p \rightarrow 5d$ 遷移) の共鳴反射の観測による結果を示す[124]. 基本的に $[00\frac{1}{2}]$ 型の AFQ 秩序の異方的な電荷分布による散乱は, σ–σ' (散乱面に垂直な偏光面が変わらない) と σ–π' (偏光面が散乱面に平行に変わる) の両方で観測される. (a) はアジマス角依存性で σ–σ' は $|\sin 2\varphi|^2$, σ–π' は $|\cos 2\varphi|^2$ の 4 回対称を示し, AFQ 構造から期待された結果と一致する[124]. (b) では電荷のみを観測する σ–σ' 反射は T_Q 以下で現れ, 磁気モーメントを観測する σ–π' 反射は T_N 以下でのみ観測されている. また, AFM 秩序に伴い格子定数 c がわずかに縮んでいる. また, 非共鳴の $(01\frac{1}{2})$ の超格子反射が観測され, 四極子の秩序化がきわめて微少の原子変位を伴っていることも確認されている.

2.5 四極子秩序化合物

DyB_2C_2 と同じ結晶構造である HoB_2C_2 の AFQ 転移は $T_Q = 4.5$ K で,$T_N = 5.9$ K の AFM 転移より低い温度で発現する[137]. 磁気転移はすべての縮退を解くという点から考えて一見従来の常識に反するような異常な相転移となっている. HoB_2C_2 の逐次転移を通じて開放される磁気エントロピーは $R\ln 3$ となっていて,$4f$ 基底状態は 3 準位が関与していることが知られる[144]. 正方対称場中の基底 J 多重項は, 4 組の二重項と 9 本の一重項に分裂する. HoB_2C_2 は 1 組の二重項と 1 本の一重項 (または 3 本の一重項) の擬三重項基底状態であると考えられる. 磁気転移によって基底 3 準位が分裂しても, 秩序変数としての磁気モーメントの発達がまだ小さな T_N に近い温度では四極子に関して擬縮退状態にあり, AFQ 相互作用によってヴァン・ブレック型の AFQ 転移が起きていると考えられる. したがって, 逐次転移の逆転には, T_Q が T_N に近いというのが特徴であろう. 実際, Ho を Y で置換すると T_Q が T_N から次第に離れていってある濃度で突然に消滅することが確認されている.

図 2.29 に $H\|[100]$, $H\|[110]$, $H\|[001]$ での磁場を変えて得られた磁化の温度依存性を示す[137]. 5.9 K の T_N には c 面内にモーメントがある通常の反強磁性カスプが観測され, $T_Q = 4.5$ K では DyB_2C_2 の T_N とよく似た磁化変化を示す. つまり, DyB_2C_2 の T_N 以下と HoB_2C_2 の T_Q 以下の相はともに AFQ と AFM の共存相であるためよく似た磁気的振る舞いを示している. DyB_2C_2 では高温側

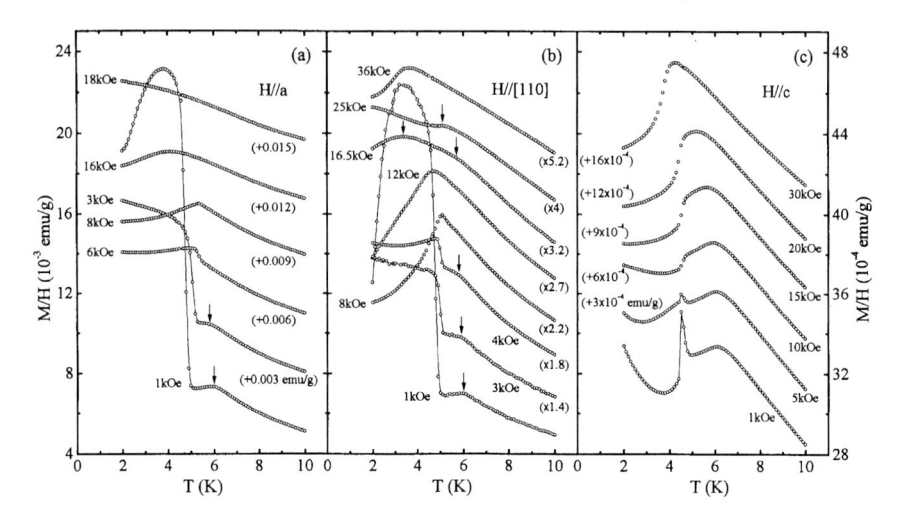

図 2.29 HoB_2C_2 の (a) $H\|[100]$, (b) $H\|[110]$, (c) $H\|[001]$ の磁化の磁場, 温度依存性[137].

図 2.30 HoB$_2$C$_2$ の (a) $H\|[100]$, (b) $H\|[110]$, (c) $H\|[001]$ の磁気相図[137].

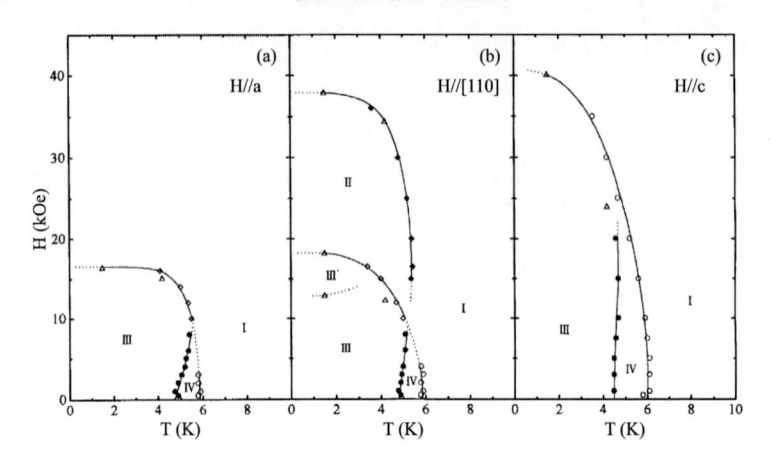

で AFQ 秩序が生じ，ついで AFM 転移が起きて (AFQ+AFM) 共存相となるのだが，HoB$_2$C$_2$ では逆に AFM 秩序が起きてから AFQ 転移が起きて共存相となる．図 2.30 に磁場が 3 方向のときの H–T 磁気相図を示す．図中，IV 相が AFM 相で，I 相，III 相，III′ 相は DyB$_2$C$_2$ と同じである．ただし，II 相は DyB$_2$C$_2$ の II$'_{110}$ 相と同じで，当然ながら DyB$_2$C$_2$ の II 相は存在しない．III 相の磁気構造は DyB$_2$C$_2$ のものと同じ 4Q 構造であるが，c 軸方向の配列角は DyB$_2$C$_2$ の 77° より小さい 70° となっている[138]．この磁気構造は，DyB$_2$C$_2$ と同じく共鳴 X 線散乱でも確認されている[141]．

図 2.31 は弾性定数の温度依存性である[142]．それぞれの弾性定数に明らかなソ

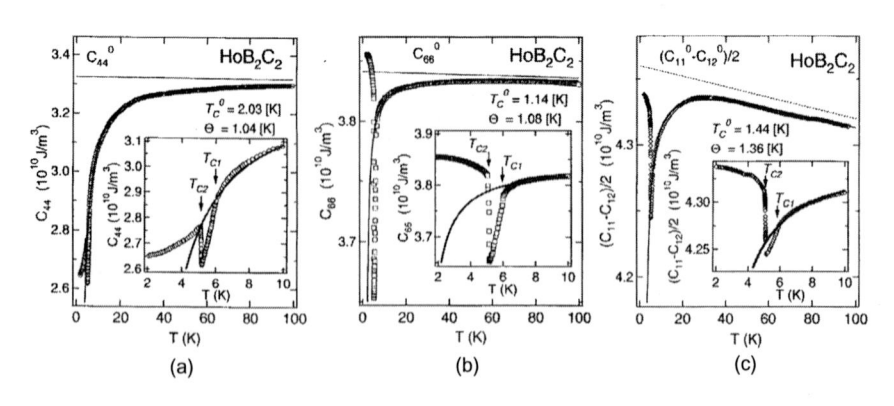

図 2.31 HoB$_2$C$_2$ の (a) 弾性定数 C_{44}, (b) C_{66}, (c) $(C_{11} - C_{12})/2$ の温度依存性[142].

フトニングが観測されている．C_{44} では 100 K 以下で 22%，C_{66} では 50 K 以下で 5.5%，(c) $(C_{11} - C_{12})/2$ では 30 K 以下で 2.4% となっていて，図中の基底二重項と第 1 励起状態の一重項の擬三重項を考えて解析したものである．もっとも大きなソフトニングを示す C_{44} は O_{yz} と O_{zx} からの寄与である．

2.5.3　その他の四極子関連化合物

表 2.3 と表 2.4 に示した，独立した四極子転移が生じる化合物では転移温度は磁気転移温度に近い例が多い．転移温度がもう少し近づけば，四極子転移と磁気転移が同じ温度で生じることになり，実際そのような化合物は多い．表 2.5 にそのような化合物を示した．その物性は，前述した化合物の場合の低温の四極子と磁気秩序の共存相と基本的には変わらないが，いくつかの物質は興味ある物性を示す．さらに，三つの表にまとめることのできない化合物もあるのでまとめてここで紹介する．

a. UNiSn

ホイスラー (Heusler) 合金として知られる一連の化合物と同型の立方晶 MgAgAs 型の結晶構造を持つ UNiSn は，T_N〜43 K 以上では半導体で T_N 以下で金属となるいわゆる半金属化合物である[170]．UNiSn の異常な振る舞いは図 2.32(a) の帯磁率の温度依存性に現れている[170]．挿入図で明らかなように，自発磁化が存在しないにもかかわらず，帯磁率は T_N 以下で大きくなる．このような挙動は反強磁

表 2.5　磁気転移と同時に四極子転移が発現する化合物．

強四極子相互作用が関与する例

化合物 ref	T_N, T_C (K)	結晶構造	磁気構造	基底状態
CeZn[155〜157]	30(T_N)	立方晶–正方晶	$\boldsymbol{Q}=[00\frac{1}{2}]$, $\mu\|[001]$	$\Gamma_8(4)$
CeMg[158,159]	19.5(T_N)	立方晶–正方晶		$\Gamma_8(4)$
HoB$_6$[50,161,162]	6.4(T_N)	立方晶–菱面体		$\Gamma_5(3)$
DySb[163〜169]	9.5(T_N)	立方晶–正方晶	$\boldsymbol{Q}=[\frac{1}{2}\frac{1}{2}\frac{1}{2}]$, $\mu\|[001]$	$\Gamma_6(3)$
UNiSn[170〜175]	43(T_N)	立方晶–正方晶	$\boldsymbol{Q}=[110]$, $\mu\|[001]$	$\Gamma_3(2)$

反強四極子相互作用が関与する例

化合物	T_N, T_C (K)	結晶構造	磁気構造	基底状態
PrB$_6$[176〜182]	3.(T_{IC})	立方晶	$(\frac{1}{4}\frac{1}{4}\frac{1}{2})$ 型 $4\boldsymbol{Q}(<T_{IC})$	$\Gamma_5(3)$
	6.9(T_N)		$(\frac{1}{4}-\delta,\frac{1}{4},\frac{1}{2})$ 型 $4\boldsymbol{Q}$	
			$(T_{IC} < T < T_N, \delta = 0.05)$	
DyCu[183〜187]	62(T_N)	立方晶	$(\frac{1}{2},\frac{1}{2},0)$ 型 $3\boldsymbol{Q}$	$\Gamma_8(4)$
DyAg[188〜192]	46.5(T_1)	立方晶	$(\frac{1}{2}\frac{1}{2}0)$ 型 $3\boldsymbol{Q}(<T_1)$	$\Gamma_8(4)$
	49(T_2)		$(\frac{1}{2}-\delta,\frac{1}{2}-\delta,0)$ 型 double $\boldsymbol{Q}$	
	56(T_N)		$(T_2 < T < T_N, \delta = 0.0473)$	

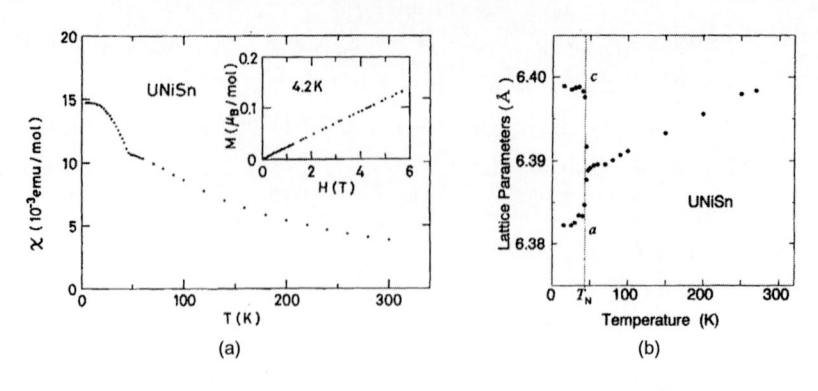

図 2.32 UNiSn の (a) 帯磁率の温度依存性と 4.2 K での磁化過程曲線[170] と (b) 格子定数の温度依存性[173].

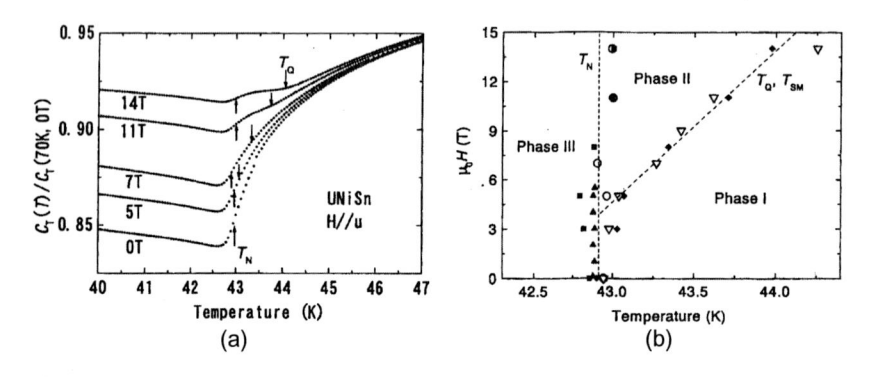

図 2.33 UNiSn の (a) 弾性定数 C_T と (b) H–T 磁気相図[175].

性体としては異常であるが,後述する TbB_2C_2 でも観測されていて,八極子が関連している可能性もある.中性子回折で反強磁性であることが確認されていて,それによれば c 軸に平行な + スピン面と − スピン面が [110] 方向に交互に配列するタイプ I 型の単純な反強磁性構造である[171].図 2.32(b) は X 線回折による格子定数の温度変化で,T_N で立方晶–正方晶の構造転移も生じていることが明らかである.T_N で構造転移と磁気転移が同時に起きているために 1 次の相転移が期待されるが,実際に ^{119}Sn 核メスバウアー効果で調べられた内部磁場の温度依存性は 1 次転移であることを示している[174].

T_N で反強磁性転移と強四極子転移が同時に起きていることは,横弾性係数 (transverse elastic modulus) C_T の測定でも確認されている[175].図 2.33(a) で明らかのように,無磁場では T_N に向けてソフトニングが生じている.次第に磁

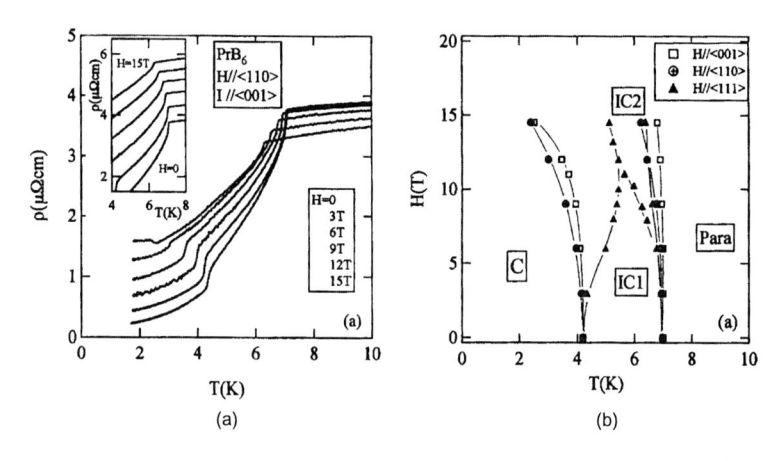

図 2.34 PrB$_6$ の (a) $H \parallel [110]$ の電気抵抗の磁場, 温度依存性と (b) 磁気相図[181].

場を強くしていくと T_N に対応する異常はほとんど温度変化しないが, 高温側に新たな異常が現れてくる. このような結果から図 2.33(b) の H-T 磁気相図が得られている. 磁場によって T_N と T_Q が分離し, 磁場中で強四極子相 (phase II) が現れ, 磁場とともに T_Q が上昇している. 常磁性で磁場によって誘起される磁気モーメントは強四極子秩序を強化するので, 図のような相境界の変化は自然である.

b. PrB$_6$

反強四極子化合物 CeB$_6$ と同じ結晶構造の PrB$_6$ は, Γ_5 三重項を基底状態に持ち, 314 K 離れたところに非クラマース二重項 Γ_3 の第 1 励起状態がある[178]. 比熱, 電気抵抗, 中性子回折などの測定から $T_N = 6.9$ K の反強磁性で, 3.9 K で磁気秩序–秩序転移が生じる[181]. 後者は反強磁性構造が格子整合 (commensurate, C) 相から格子非整合 (incommensurate, IC) 相への転移温度であるため T_{IC} と名づけられている. PrB$_6$ では弾性定数 C_{44} に大きなソフトニングが観測され, Γ_5 三重項で期待値の大きい Γ_5 型四極子 O_{xy} 間には強い反強的な相互作用が働いている[177,180]. これは O_{xy} の反強四極子秩序を示す CeB$_6$ と良く似ている. 図 2.34(a) に $H \parallel [110]$ の電気抵抗の磁場, 温度依存性と示す[181]. T_{IC} と T_N に対応した異常が明瞭に観測される. $H \parallel [111]$ や $H \parallel [001]$ の同様の結果を含めて得られた H-T 磁気相図を図 2.34(b) に示す[179,181]. 反強磁性磁気構造は単結晶中性子回折によって定められ[179], 図 2.35 のように報告されている[179,181]. T_{IC} 以下の C 相では CeB$_6$ と同様に $(\frac{1}{4}\frac{1}{4}\frac{1}{2})$ 型の $4\boldsymbol{Q}$ 構造となっていて, 反強磁性と反強四極子の共存が実現している. T_{IC} 以上でも基本的にこの $4\boldsymbol{Q}$ 構造は維持されるが,

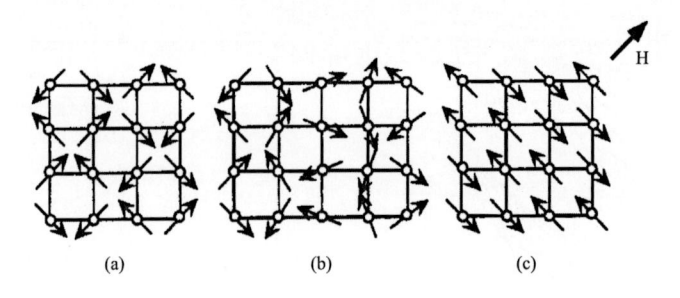

図 2.35　PrB$_6$ の (a) C 相，(b) IC 相，(c) $H \| [110]$, 2T の磁気構造[179,181]．

モーメントのなす角が周期的に変化する構造となる．その周期が格子の周期と一致せず $[\frac{1}{4} - \delta, \frac{1}{4}, \frac{1}{2}]$ の伝播ベクトルで記述される構造となる．$\delta = 0.05$ で，角度の振動周期は格子の 20 倍程度となる．図 2.35(c) は [110] 方向に $H = 2$T の磁場を印加したときに現れるシンプルな反強磁性構造を示している．

c. HoP

上の表には含まれていないが，四極子相互作用の影響が大きい化合物は他にも存在する．その中でよく知られているのは，特異な磁気構造を示す HoP である[193〜196]．$T_C = 5.6$ K で強磁性転移を示す HoP は $T_t = 4.7$ K のスピン再配列 (spin reorientation) 温度以下で HoP 型として知られる分類される磁気構造を示す．NaCl 型の結晶構造での HoP 型磁気構造では，[100] 方向に磁気モーメントが強磁性配列した (111) 面と [010] 方向に強磁性配列した (111) 面が [111] 方向に交互に積み重なり，隣接する強磁性層のモーメントは 90° の角度で配列する．したがって，伝播ベクトルが反強磁性成分の $[\frac{1}{2}\frac{1}{2}\frac{1}{2}]$ と強磁性成分の [000] の double–Q 構造として記述される．このような磁気構造を安定させるには四極子相互作用が重要な役割を果たしているとされる[196]．HoP 型磁気構造では磁気モーメントが向く [100] と [010] 軸は等価であるのに対して [001] 軸は等価でなくなるため磁気転移とともに立方晶–正方晶の構造転移を伴うが，その格子変形量は単純な強四極子転移の $\frac{1}{3}$ 程度である．DyP と DyAs もこの HoP 型磁気構造を基底状態とする化合物である[197〜199]．また，強四極子と反強磁性転移が同時に生じる DySb (表 2.5) は，[100], [110], [111] 軸のどの方向に磁場を印加してもおよそ 2 T 以上で $(\frac{1}{2}\frac{1}{2}\frac{1}{2})$ 型反強磁性構造から HoP 型磁気構造へと磁場誘起転移を示す[167,168]．さらに，DySb と同じ反強磁性構造を持つ HoAs と HoSb も磁場誘起転移で HoP 型磁気構造へ変わることが知られている[200〜202]．

d. TbIn$_3$

AuCu$_3$ 型立方晶の TbIn$_3$ の磁気構造もまた反強四極子相互作用の強い影響を

2.5 四極子秩序化合物

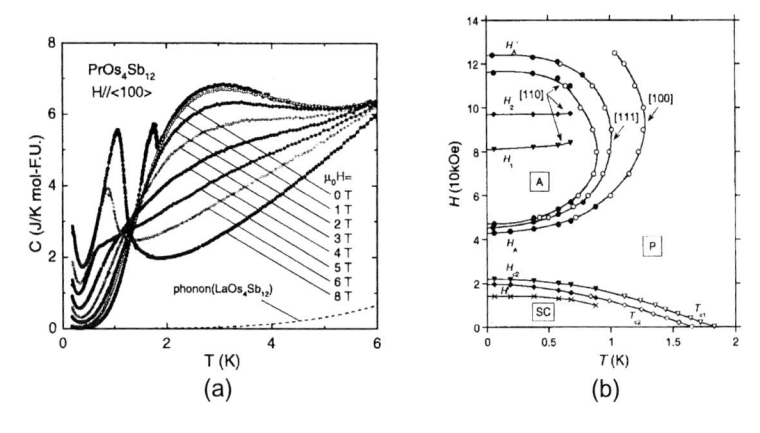

図 2.36 PrOs$_4$Sb$_{12}$ の (a) 比熱の磁場, 温度依存性[207] と (b) 磁気相図[208].

受けている[203〜206]. $T_N = 32$ K で磁気モーメントが [0 0 1] に向く ($\frac{1}{2}\frac{1}{2}0$) 型反強磁性秩序を示す TbIn$_3$ は $T_t = 25$ K の磁気秩序-秩序転移温度以下で, 磁気モーメントが [1 1 1] を向く ($\frac{1}{2}\frac{1}{2}0$) 型 $3Q$ 型の反強磁性構造になる. つまり, 隣接する磁気モーメントは反平行から $90°$ の角度配列へと変化する. このスピン再配列転移に寄与する反強四極子相互作用は, 表 2.3 に示した反強四極子転移化合物 PrPb$_3$ や TmGa$_3$ と同程度の強さであると考えられている[206].

e. PrOs$_4$Sb$_{12}$

前述の PrFe$_4$P$_{12}$ と同じく充填スクッテルダイト化合物である PrOs$_4$Sb$_{12}$ は 1.85 K で現れる重い電子系超伝導で注目された化合物である. その超伝導に加えて, 磁場によって四極子秩序が誘起されることも明らかになった. 図 2.36(a) に比熱の磁場依存性と温度依存性を示す[207]. 4T 以上の磁場で 1 K 付近に相転移に相当する異常比熱が観測される. 図 2.36(b) は PrOs$_4$Sb$_{12}$ の H–T 磁気相図である[208]. 図中, P は常磁性相, SC は重い電子系超伝導相, A は磁場誘起の反強四極子秩序相で, データ点の記号の違いは異なった測定法に対応している. ただし, SC 相は $H\|[100]$ の場合のみである.

希土類イオンサイトが点群 T_h に属する PrOs$_4$Sb$_{12}$ の結晶場準位は一重項 Γ_1 が基底状態, すぐ上に三重項 $\Gamma_4^{(2)}$ が励起状態になる Γ_1–$\Gamma_4^{(2)}$ モデルが有力と考えられている[210]. 神木らは中性子回折によって $H\|[001]$ の磁場誘起相が [0 1 0] に平行な反強磁性モーメントを示すことを見出し, Γ_1–$\Gamma_4^{(2)}$ モデルを用いた分子場近似で磁場誘起相の秩序変数が O_{yz} であること, 誘起モーメントの大きさ, 磁気相図などを説明している[209]. ただし, 後藤らによる弾性定数 C_{44}, $(C_{11} - C_{12})/2$

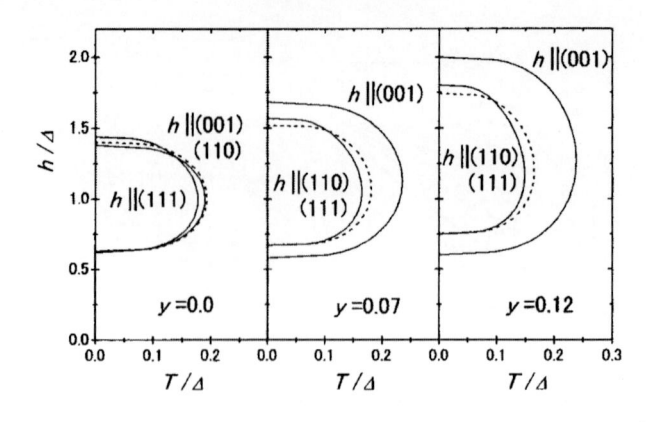

図 2.37　PrOs$_4$Sb$_{12}$ の一重項-三重項の擬縮退系での再現された磁気相図[212]．

のソフトニングの解析では Γ_1–$\Gamma_4^{(2)}$ モデルと Γ_{23}–$\Gamma_4^{(2)}$ モデルの優劣を判定できないとしている[211]．

図 2.37 に椎名が Γ_1–$\Gamma_4^{(2)}$ モデルを用いた計算によって再現した磁場誘起反強四極子相の相図である．図中の y は (2.33) 式の結晶場のパラメータである．計算に用いた平均場ハミルトニアンでは，二つの擬スピンによる合成スピンの一重項と三重項を Γ_1 と $\Gamma_4^{(2)}$ に対応させたうえで，擬スピンのベクトル積と対称テンソルから Γ_5 型の四極子が与えられている．磁場は $\Gamma_4^{(2)}$ 三重項を分裂させる．磁場の大きさによっては分裂した準位と Γ_1 準位は交差するようになる．このような過程で形成された擬二重項が四極子自由度を持ち，弾性定数測定で示された反強的な相互作用により秩序化すると考えられた．つまり，この磁場誘起反強四極子相は T_{h} 対称性に特有な Γ_1–$\Gamma_4^{(2)}$ 擬縮退に由来している．また，桑原らは Γ_1 と $\Gamma_4^{(2)}$ 間の結晶場励起が波数 (100) で明瞭なソフトニングを示すことを見出した[213]．この波数は誘起反強四極子秩序構造の伝播ベクトルと同じで，ソフトニングはゾーン境界で起きていることを示している．さらにそのソフトニングが散乱強度の低下を伴っていることから，この系では四極子相互作用が支配的であることが示されている．

2.6　八極子秩序

CeB$_6$ の反強四極子相の異常な性質を理解するには八極子間の反強的な相互作用の存在が不可欠であり，その反強八極子相互作用は共存する反強磁性相互作用や反強四極子相互作用の強さに匹敵しうるという知見から，自発的な八極子秩

序が発現するだろうというのは当然の期待となっている．ここでは，八極子秩序相を指摘され続けたうえ，いくつかの実験事実でその存在が確信されるにいたった $Ce_{0.7}La_{0.3}B_6$，実験と理論の積み重ねで八極子秩序の存在が受け入れられている NpO_2，磁場誘起反強四極子秩序を含む多様な異常磁性が基底反強磁性秩序と反強八極子秩序の共存を前提すると良く理解できる TbB_2C_2 について述べる．$Ce_{0.7}La_{0.3}B_6$ と TbB_2C_2 はそれぞれ典型的な反強四極子秩序が発現する CeB_6 や DyB_2C_2, HoB_2C_2 に隣接する類縁化合物である．ここでは項を設けて述べないが，URu_2Si_2 も 16 K 以下での「隠れた秩序変数」の相に対しても，T_z^β または T_{xyz} 八極子の反強的な秩序ではないかという理論的提案がなされている[214]．

2.6.1　$Ce_{0.7}La_{0.3}B_6$

反強四極子と反強磁性の逐次転移を示す CeB_6 を $La(4f^0)$ で希釈していくと反強四極子転移温度 T_Q も反強磁性転移温度 T_N も減少するが，T_Q の減少率が大きいため図 2.40 のような x–T 磁気相図が得られる[216]．そこでは T_Q と T_N が交錯するように見える $x = 0.75$ 以下で IV 相と名づけられた新しい相が出現する．T_Q と T_N の交錯の様子や相転移に伴う明瞭な異常比熱，帯磁率のカスプなどから IV 相は反強磁性であろうと予想されたが，中性子回折ではどのような磁気秩序も観測されない．しかし，核磁気共鳴やミュオンスピン回転 (muon spin rotation, μSR) では局所的な内部磁場が観測されている[217~219]．また，秩序相であるにもかかわらず弾性定数 C_{44} に大きなソフトニングが生じ[220,221]，3 回対称軸 [1 1 1] 方向の格子縮みが観測された[222]．さらに，IV 相の等方的な帯磁率が 1 軸圧力下で異方的になること[223]などから，IV 相の秩序変数は T^β 八極子だと考えられるようになった．こうした実験事実の発見と同時期に，八極子秩序の可能性の理論的予測[224,225]と理論的検証[226,227]が並行して進められた．

$Ce_{0.7}La_{0.3}B_6$ の IV 相の秩序因子についての重要な知見の一つは共鳴 X 線散乱でもたらされている[228]．Mannix らの実験は Ce の L_2 吸収端に現れる E1 遷移と E2 遷移による 2 つの共鳴散乱光を用いて行われ，いずれの散乱光でも IV 相で秩序構造に由来する超格子反射 $(\frac{3}{2}\frac{3}{2}\frac{3}{2})$ が観測された．さらに，[111] 軸を回転軸とするアジマス角依存性では E1 遷移光では角度依存性を示さず，E2 遷移光反射のみが図 2.38(b) に示すような依存性を示す．図中の点線は，楠瀬と倉本が伝播ベクトル $Q = [\frac{1}{2}\frac{1}{2}\frac{1}{2}]$ で反強的に秩序配列した T^β 八極子によるアジマス角依存性の理論計算で，実験を良く再現している[229]．

反強八極子秩序に対する有力な証拠は，単結晶中性子回折によっても与えられ

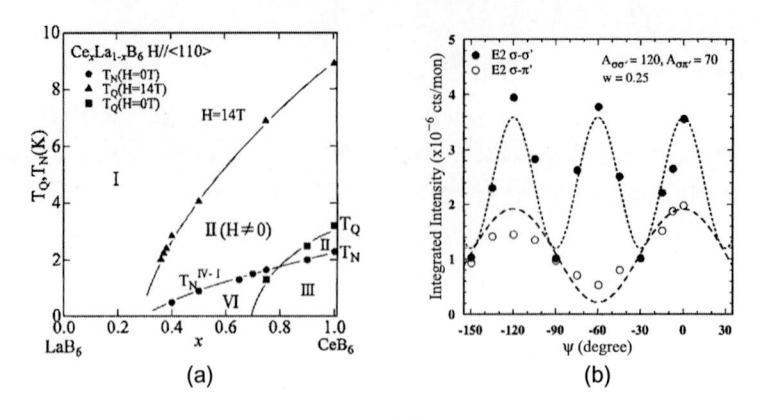

図 2.38 (a) $Ce_xLa_{1-x}B_6$ の x–T 磁気相図[216] と (b) $Ce_{0.7}La_{0.3}B_6$ の共鳴 X 線散乱強度のアジマス角依存性の実験値[228] と Γ_{5u} 型八極子秩序からの計算値[229].

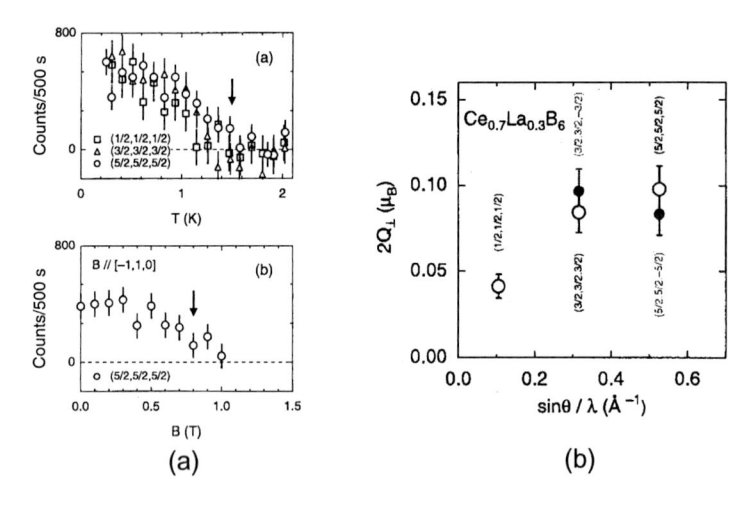

図 2.39 $Ce_{0.7}La_{0.3}B_6$ の中性子回折による (a) 磁気反射の温度依存性と磁場依存性, (b) [111] と [11$\bar{1}$] 方向の超格子反射の磁気形状因子[230].

ている. かつて中性子回折では磁気秩序を示す反射は観測されていなかったが, 桑原らは散乱ベクトルの大きな領域に強度は弱いが明確な超格子反射が存在することを見出した[230]. 図 2.39(a) に $Q = [\frac{1}{2}\frac{1}{2}\frac{1}{2}]$ に属する反射強度の温度依存性と磁場依存性を示す. IV 相の転移温度 1.4 K 以下で超格子反射が現れ, 0.25 K で磁場を印加すると IV–III 相境界[215] の 1T 付近で反射が消える. さらに特徴的な結果は図 2.39(b) に示す磁気形状因子 (magnetic form factor) に現れている. 良く知られているように, 磁気 (双極子) モーメントによる形状因子は散乱ベクトル

が 0 のところで最大値をとり，ベクトルが増加すると減少する．一方，八極子では散乱ベクトルが 0 のところでは 0 であり，ベクトルとともに増加して有限のベクトルで最大値をとる[231]．図の形状因子は明らかに後者の散乱ベクトル依存性を示しており，この実験が反強八極子秩序を観測していることを示している．

2.6.2 NpO_2

立方晶 CaF_2 構造の NpO_2 は $Np^{4+}(5f^3)$ の酸化物絶縁体であり，その $5f$ 基底準位は，$\Gamma_8^{(2)}$ 四重項である[232]．古くから NpO_2 には図 2.40(a)[233] に示すような反強磁性カスプのような帯磁率異常や相転移に対応する明瞭な異常比熱が観測されていて $T_O = 25$ K 以下に何らかの秩序があることは知られていた．例えば，μSR では局所的な内部磁場の存在が確認されたり[233]，共鳴 X 線散乱では $Q = [001]$ に属する超格子反射が観測されて[234]，類縁の UO_2 の反強磁性と同じく $3Q$ 構造の反強磁性が提案されることもあった．しかし，中性子回折や ^{237}Np メスバウアー分光では少なくとも磁気秩序の徴候は観測されていない．その後，Np の M_4 吸収端に相当する共鳴 X 線散乱が詳細に測定され，図 2.40(b) に示すようなアジマス角依存性が得られ，(001) 型の伝播ベクトルの $3Q$ 構造を持つ反強四極子秩序の存在が確認された[235, 236]．この結果から，四極子転移では $\Gamma_8^{(2)}$ 四重項は 2 本のクラマース二重項に分裂するだけで磁気双極子の自由度が残ることや，μSR によって弱い内部磁場が存在することを根拠に，$3Q$ の反強八極子が基本的な秩序変数であり，四極子は八極子秩序に随伴した 2 次的な秩序変数であると提唱された．$\Gamma_5(T^\beta)$ 型の磁気八極子を秩序変数として転移が生じ，$\Gamma_8^{(2)}$ 四重項は磁気双

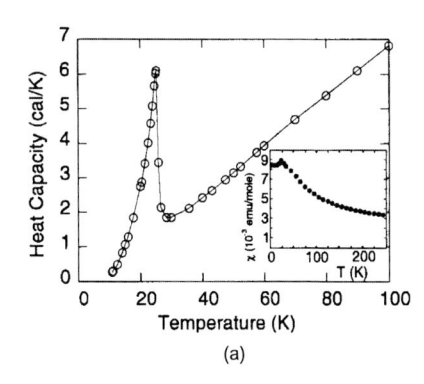

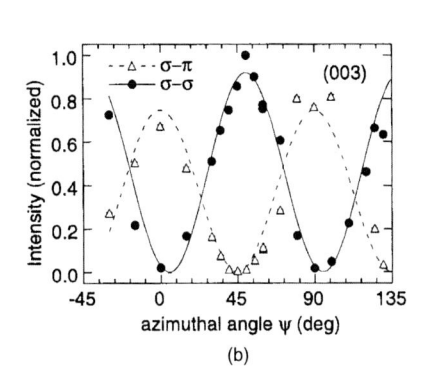

図 2.40　NpO_2 の (a) 比熱と帯磁率 (挿入図) の温度依存性[233] と (b) 共鳴 X 線散乱強度のアジマス角依存性[236]．

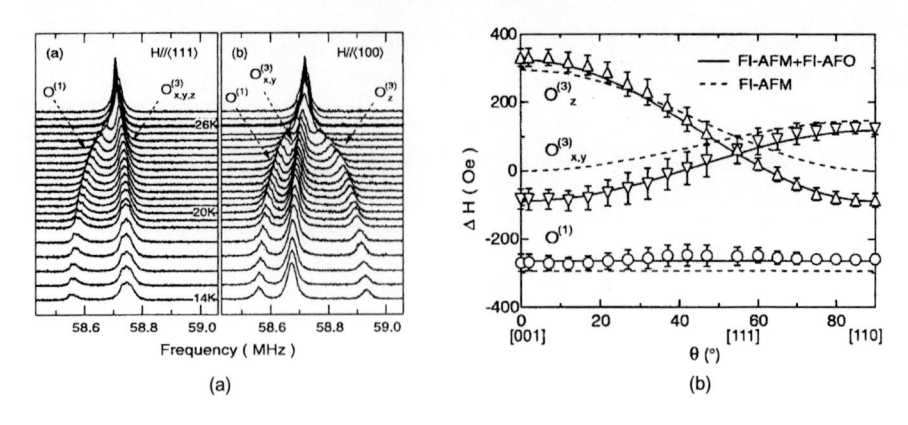

図 2.41 NpO$_2$ の (a) ^{17}O 核 NMR スペクトルの温度依存性と (b) $T = 17$ K, $H = 10.17$ T での共鳴ピークの分裂幅の磁場方位依存性[240].

極子の期待値を持たない 4 本の一重項に分裂すると考えられている[235,237,238].

CeB$_6$ のときと同じように, 反強八極子の存在は NMR による局所的な超微細磁場の観測から強く支持されている[239,240]. 図 2.41(a) に ^{17}O 核 NMR スペクトルの温度変化を示す[240]. 常磁性相では 1 本であったシグナルが, $H\|[111]$ では強度比の異なる 2 本に分裂し, $H\|[111]$ では 3 本に分裂する. 結晶学的には 1 サイトである ^{17}O シグナルの分裂は, $3Q$ 構造への転移が空間群 $Fm\bar{3}m$ を $Fn\bar{3}m$ へと低下させることに由来している[234,235]. 図 2.41(b) はシグナルの分裂幅の角度依存性である. Γ_5 型の $3Q$ 反強八極子秩序とそれに伴う反強四極子秩序を前提に, 図には誘起反強磁性のみからの超微細磁場を考慮して解析した結果 (点線) と, それに反強八極子からの寄与を加えた結果 (実線) が示されている. 後者はよく実験を再現している. 解析には酒井らが与えた多極子との超微細相互作用に関する理論的考察の結果[241] が用いられており, 理論モデルとのよい一致が得られた報告となっている.

NpO$_2$ は絶縁体なので多極子相互作用にしばしば用いられてきた RKKY 型の相互作用を適用するのはふさわしくない. そのため, 久保と堀田は Np の $5f$ 軌道と O の $2p$ 軌道間の電子の飛び移り (p–f hopping) による相互作用を考察している[240]. その計算結果もいくつかの (001) 型の秩序のなかで $3Q$ 構造がエネルギー的に有利であるとの結論を得ている.

2.6.3 SmRu$_4$P$_{12}$

SmRu$_4$P$_{12}$ は前述した PrFe$_4$P$_{12}$ や PrOs$_4$Sb$_{12}$ と同じ結晶構造を持つ充填ス

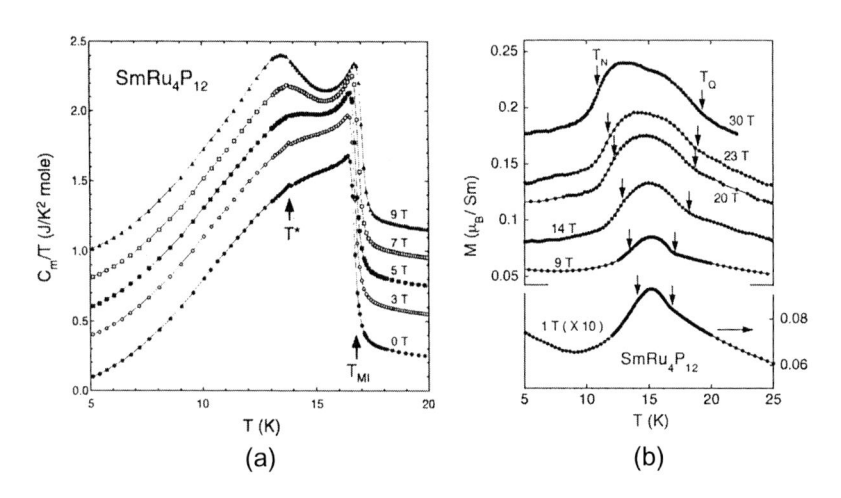

2.6 八極子秩序

図 2.42 $SmRu_4P_{12}$ の (a) 比熱の温度,磁場依存性[243] と (b) 磁化の温度,磁場依存性[245].

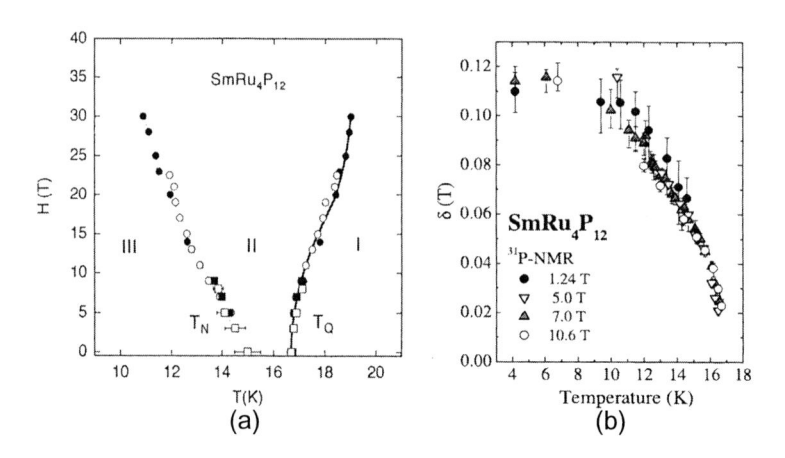

図 2.43 $SmRu_4P_{12}$ の (a) 磁気相図[245] と (b) ^{31}P 核磁気共鳴ピークの分裂幅の温度依存性[249].

クッテルダイト化合物で,$T_{MI} = 16.5$ K で金属-絶縁体転移が起きる[242]. 希土類イオンサイトが点群 T_h に属する $SmRu_4P_{12}$ の $4f$ 結晶場準位は四重項 Γ_{67} と二重項 Γ_5 に分かれる. T_{MI} までに開放されるエントロピーが $R\ln 4$ で,基底状態は四重項 Γ_{67} である[243, 244]. 図 2.42(a) に見られるように T_{MI} で大きな異常比熱が現れて,磁場とともに転移温度が上昇している[243, 244].

図 2.42 の比熱と磁化の温度,磁場依存性から得られた磁気相図が図 2.43(a) で

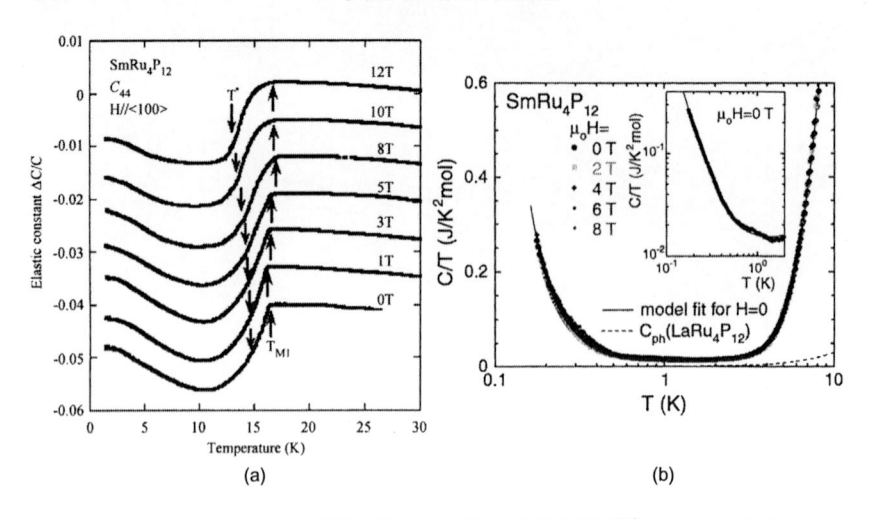

図 2.44 SmRu$_4$P$_{12}$ の (a) 弾性定数 C_{44} の温度, 磁場依存性[250] と (b) Sm 核磁気比熱の温度, 磁場依存性[252].

ある[245]. 図では T_{MI} を反強四極子転移と見なして T_Q としているが, μSR[246,247] や ^{149}Sm 核の放射光メスバウアー効果[248] の測定では III 相のみならず II 相でも超微細磁場 (内部磁場) が観測され, 時間反転対称性が破れていることが示された. 超微細磁場は T_{MI} 以下で現れ, T_N では特に異常な変化はしない. このような超微細磁場の挙動は, 図 2.43(b) に示す ^{31}P 核の核磁気共鳴で観測される超微細磁場の温度依存性でも同様に見られる[249]. この ^{31}P 核で見る磁場を与えるためには Sm^{3+} イオンには 1.4μ_B 以上の磁気モーメントがあると見なされるが, これは Γ_{67} 基底状態に期待される磁気モーメントの 3 倍近い値となり, CeB$_6$ の核磁気共鳴の場合と同じく大きな超微細磁場は八極子によるものと考えられた.

さらに, 図 2.44(a) に示すように, 四極子感受性の高い弾性定数測定では, 前述の Ce$_{0.7}$La$_{0.3}$B$_6$ における反強八極子秩序相 (IV 相) と同様に, II 相において大きなソフトニングが観測されている[250,251]. これらの結果から, 磁気双極子モーメントは II 相では現れず T_N 以下で秩序変数として現れるという前提から II 相の秩序変数は Γ_{5u} 型八極子 T^β であろうと考えられた. 中性子の吸収が大きいため Sm を含む化合物で磁気モーメントを中性子回折によって直接決定するのは困難であるが, 図 2.44(b) に示す Sm の核磁気比熱から Sm^{3+} イオンの磁気モーメントが求められた[252]. 核位置における超微細磁場への寄与はそれ自身の 4f 電子によるものが圧倒的に大きいことから, III 相における Sm^{3+} イオンの磁気モーメントは 0.29μ_B と見積もられた. この事実と超微細磁場が T_N でほとんど変化

が見られないことから，II 相においても小さな磁気モーメントが存在していると考えられる．Γ_{4u} 型の磁気双極子が共存するので秩序変数の八極子として Γ_{5u} 型の T^β や Γ_{2u} 型の T_{xyz} は考えられず，同じ Γ_{4u} 型の T^α 八極子の秩序と結論された．実際，秩序変数を T_x^α，T_y^α，T_z^α の線形結合である T_{111}^α とすると $0.30\mu_B$ の磁気モーメントが付随し，さらに T_{111}^α の温度変化が図 2.43(b) に示す ^{31}P 核磁気共鳴ピークの分裂幅の温度依存性ときわめてよい一致が得られている．Γ_{4u} 型の八極子が同じ対称性を持つ磁気双極子を伴って秩序化するというシナリオは，$Ce_{0.7}La_{0.3}B_6$ の反強八極子秩序が磁気モーメントを伴わない Γ_{5u} 型の T^β による事実とよい対照を成している．

2.6.4 TbB_2C_2

反強四極子転移を示す正方晶化合物 DyB_2C_2 や HoB_2C_2 と同型の TbB_2C_2 は $T_N = 21.7$ K の反強磁性体と報告された化合物であるが，いくつかの異常な磁気的性質を示して関心がもたれていた[253]．TbB_2C_2 の $4f$ 基底状態は一重項で，40 K 付近に位置している第 1 励起準位も一重項である[258]．さらに，135〜185 K にあるいくつかの準位[254] も 21.7 K での相転移やその秩序変数に関与していると考えられている．T_N での転移に伴う異常比熱はシャープで 1 次転移の可能性があることや，図 2.45(a) に示すように，磁場方向によっては反強磁性にもかかわらず帯磁率が T_N 以下で増加する．この増加は，自発磁化によるものでないことは図中の

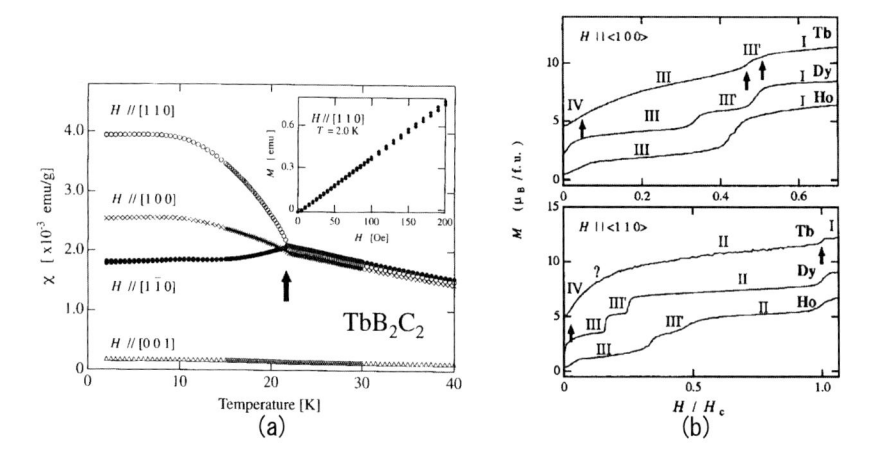

図 2.45　TbB_2C_2 の (a) 帯磁率の温度依存性と 2.0 K での低磁場磁化曲線[253]，(b) 強磁場磁化曲線の DyB_2C_2，HoB_2C_2 との比較[257]．

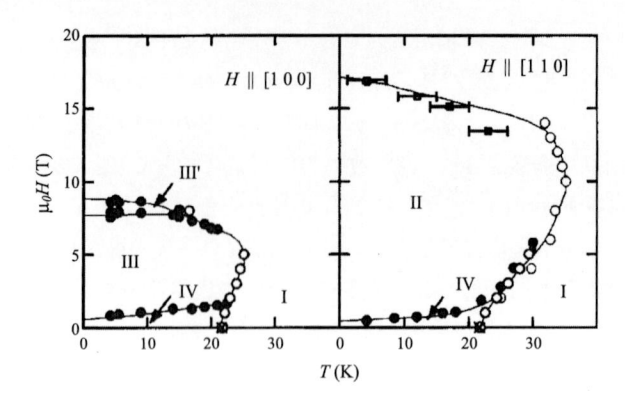

図 2.46 　TbB_2C_2 の $H\|[100]$ と $H\|[110]$ の磁気相図[257].

挿入図で明らかである．前述したように，このような転移温度以下での帯磁率の増加は反強八極子秩序を示す $SmRu_4P_{12}$ でも観察されている．さらに，もっとも大きな増加を示す $H\|[110]$ で磁場と同方向にわずかな 1 軸圧を加えると $H\|[1\bar{1}0]$ の場合のように減少し，圧を除くと元に戻る[255]．磁化過程では図 2.45(b) に示すように自発磁化はないものの 〜1 T 以上で DyB_2C_2 や HoB_2C_2 と良く似た振る舞いを示す[257]．これは磁場中では反強四極子秩序が実現したうえで両化合物と同等の磁場誘起転移が生じていることを示している．つまり，TbB_2C_2 は磁場誘起の反強四極子秩序を示す化合物である．図 2.46 は TbB_2C_2 の H–T 磁気相図である．基底反強磁性相と考えられた IV 相以外は図 2.26 の DyB_2C_2 の相の定義と同じである．ただし，II 相は DyB_2C_2 の II′ と同じものである．磁場中の中性子回折によって III 相が DyB_2C_2 や HoB_2C_2 の III 相と同じ伝播ベクトルで記述される反強四極子と反強磁性秩序の共存相であることが確認されている[258,259]．

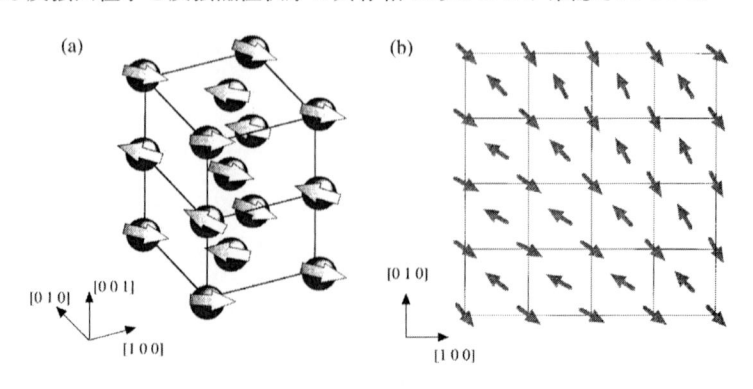

図 2.47 　TbB_2C_2 の磁気構造[253].

2.6 八極子秩序

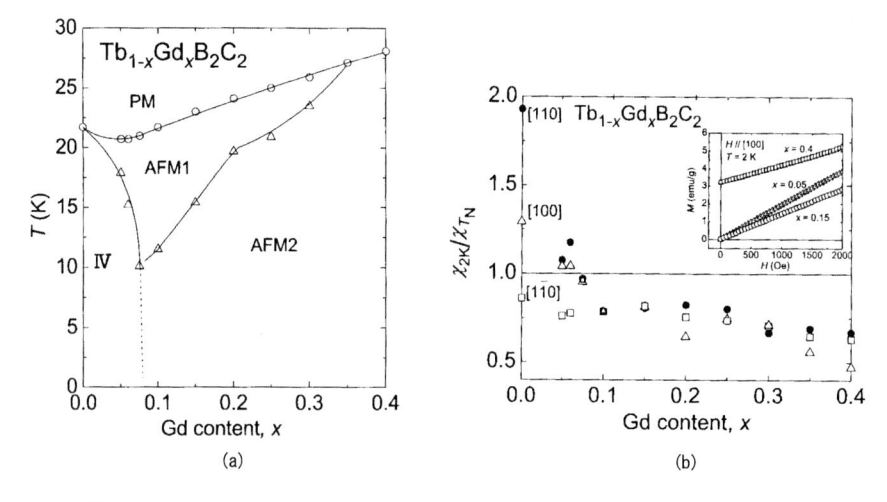

図 2.48 Tb$_{1-x}$Gd$_x$B$_2$C$_2$ の (a) x–T 磁気相図. (b) 2 K と T_N での帯磁率の比の Gd 濃度依存性[265].

図 2.47 に中性子回折で決定した基底 IV 相の磁気構造を示す[253,254]. 厳密な磁気構造は $Q = [01\frac{1}{2}]$, $Q' = [00\frac{1}{2}]$, $Q_L = [1\pm\delta, \pm\delta, 0]$ ($\delta = 0.13$) の 3 つの伝播ベクトルで記述されるが, Q' と Q_L の寄与は小さいので, 基本的には $[01\frac{1}{2}]$ の反強磁性構造と考えてよい. しかし, この構造も理解が困難であった. NdB$_2$C$_2$, SmB$_2$C$_2$, GdB$_2$C$_2$, ErB$_2$C$_2$ がすべて伝播ベクトル [100] の反強磁性である[260~263] うえに, DyB$_2$C$_2$ と HoB$_2$C$_2$ も $[00\frac{1}{2}]$ の反強四極子秩序に [100] の反強磁性秩序が共存している. つまり, ほかの RB$_2$C$_2$ では c 軸方向は強磁性結合で, TbB$_2$C$_2$ のみが反強磁性結合になっている. ランタノイド収縮による格子定数の変化と RKKY 相互作用の距離依存性からはこの異常な変化を説明できない. もう一つの異常は, 前述の Ce$_{0.7}$La$_{0.3}$B$_6$ の反強八極子秩序相と同じく, 秩序相である IV 相で弾性定数のソフトニングが観測されている[264]. 弾性定数 C_{66} は T_N 直下から 15 K 付近まで急にソフト化し, さらに低温では次第に大きく (硬く) なる. T_N の下の C_{66} のソフトニングは O_{xy} 四極子の揺らぎが生じていることを示している.

TbB$_2$C$_2$ の異常な磁性の解釈は Gd 希釈による相の変化からもたらされた[257]. Gd^{3+} ($4f^7$) は $J = \frac{7}{2}$ ($L = 0, S = \frac{7}{2}$) で, 四極子や八極子相互作用を弱めるが, 希土類イオンで最大の S がドゥ・ジェンヌ則にしたがって磁気相互作用を強化する. 図 2.48(a) に Gd 濃度 x に対する転移温度をプロットした x–T 磁気相図を示す. 10%にも満たない少量の Gd 置換で IV 相が消滅するという顕著な効果が現れる. T_N は二つの転移に分裂し, 高温側に HoB$_2$C$_2$ の反強磁性相[138] や ErB$_2$C$_2$ の中

間相[263)]で見られる $[1\pm\delta, \pm\delta, 0]$ の反強磁性相が現れる．つまり，c 軸方向の反強磁性結合は Gd 置換に対してきわめて脆弱であることがわかる．また，強化されるはずの磁気転移温度が Gd 置換でいったん低下してから上昇に転じている．このことは，TbB_2C_2 の T_N は反強磁性相互作用と IV 相に固有な相互作用によって協力的に強められていることを示す．さらに，T_N 以下で帯磁率が増加するという異常も Gd 置換による IV 相の消滅とともに消えてしまう．図 2.48(b) は T_N での帯磁率に対する 2 K での帯磁率の割合を示したもので，7%以上の Gd 濃度ですべての方向で 1 より小さくなって普通の反強磁性のように振舞う．

TbB_2C_2 の磁気的性質の中で反強磁性体としては異常と考えられる性質はたかだか 7%程度の Gd 置換で消えてしまう．このように Gd 置換にきわめて脆弱な秩序は四極子か八極子であるが，IV 相に四極子秩序は存在しないので特異な磁気構造は八極子に由来すると考えられる．つまり，磁気八極子と磁気双極子が結合しており，c 軸方向の反強八極子相互作用が双極子間の強磁性相互作用を破って，反強八極子が c 軸方向の反強磁性結合をもたらしていると考えることができる．反強八極子秩序は $[00\frac{1}{2}]$ 型，反強磁性秩序は $[100]$ 型の構造をとり，それが重畳して TbB_2C_2 の IV 相は $[10\frac{1}{2}]$ 型の磁気構造として観測されていると考えられている．

文　献

1) P. Morin and D. Schmitt, "*Ferromagnetic Materials*", vol. 5, eds. K. H. J. Buschow and E. P. Wohlfarth, (North-Holland, Amsterdam, 1990) p. 1.
2) 榊原俊郎，固体物理 **33** (1998) 321.
3) 椎名亮輔，酒井治，固体物理 **33** (1998) 631.
4) 世良正文，固体物理 **35** (2000) 229.
5) 半澤克郎，固体物理 **36** (2001) 459.
6) F. J. Ohkawa, J. Phys. Soc. Jpn. **54** (1983) 3897.
7) F. J. Ohkawa, J. Phys. Soc. Jpn. **54** (1985) 3909.
8) R. Shiina, H. Shiba, and P. Thalmeier, J. Phys. Soc. Jpn. **66** (1997) 1741.
9) O. Sakai et al., J. Phys. Soc. Jpn. **66** (1997) 3005.
10) R. Shiina et al., J. Phys. Soc. Jpn. **67** (1998) 941.
11) 小野寺秀也，山口泰男，日本応用磁気学会誌 **24** (2000) 1302.
12) 鬼丸孝博，榊原俊郎，阿曽尚文，鈴木博之，日本物理学会誌 **60** (2005) 795.
13) G. Uimin, Y. Kuramoto, and N. Fukushima, Solid State Cummun. **97** (1996) 595.
14) G. Uimin, Phys. Rev. B **55** (1997) 8267.
15) Y. Kuramoto and N. Fukushima, J. Phys. Soc. Jpn. **67** (1998) 583.
16) N. Fukushima and Y. Kuramoto, J. Phys. Soc. Jpn. **67** (1998) 2460.
17) H. Tanida et al., J. Phys. Soc. Jpn. **75** (2006) 074721.

18) T. Inui, Y. Tanabe, and Y. Onodera, "*Group Theory and its Application in Physics*", (Springer, Berlin, 1990).
19) 後藤輝孝, 固体物理 **33** (1998) 631.
20) T. Fujita et al., Solid State Commun. **35** (1980) 569.
21) A. Takase et al., Solid State Commun. **36** (1980) 461.
22) S. Horn et al., Z. Phys. B. **42** (1981) 125.
23) J. M. Effantin et al., "*Valence Instabilities*", eds. P. Wachter and H. Boppart, (North-Holland, Amsterdam, 1982) p. 559.
24) M. Takigawa et al., J. Phys. Soc. Jpn. **52** (1983) 728.
25) B. Lüthi et al., Z. Phys. B. **58** (1984) 31.
26) E. Zirngiebl et al., Phys. Rev. B **30** (1984) 405.
27) J. M. Effantin et al., J. Magn. Magn. Mater. **47-48** (1985) 145.
28) M. Loewenhaupt, J. M. Carpenter, and C. -K. Loong, J. Magn. Magn. Mater. **52** (1985) 245.
29) J. Rossat-Mignod "*Methods of Experimental Physics*, vol. 23C, *Neutron Scattering*", eds. K. Sköld and D. L. Price, (Academic Press, New York, 1987) p. 69.
30) M. Sera, N. Sato, and T. Kasuya, J. Phys. Soc. Jpn. **57** (1988) 141.
31) P. Lemmens et al., Z. Phys. B. **76** (1989) 501.
32) S. Nakamura et al., J. Phys. Soc. Jpn. **63** (1994) 623.
33) S. Nakamura, T. Goto, and S. Kunii, J. Phys. Soc. Jpn. **64** (1995) 141.
34) H. Nakao et al., J. Phys. Soc. Jpn. **70** (2001) 1857.
35) M. Hiroi et al., Phys. Rev. Lett. **81** (1998) 2510.
36) 高橋孝, 村上洋一, "物質内素励起と構造物性", 朝倉書店 (2008).
37) P. Morin, J. Magn. Magn. Mater. **71** (1988) 151.
38) J. Kitagawa, N. Takeda, and M. Ishikawa, Phys. Rev. B **53** (1996) 5101.
39) J. Kitagawa et al., Phys. Rev. B **57** (1998) 7450.
40) L. Keller et al, Physica B **259-261** (1999) 336.
41) Y. Nemoto et al., Phys. Rev. B **68** (2003) 184109.
42) H. Suzuki et al., J. Phys. Soc. Jpn. **66** (1997) 2566.
43) M. Kasaya et al., Physica B **281-282** (2000) 579.
44) K. Segawa et al., J. Magn. Magn. Mater. **104-107** (1992) 1233.
45) S. Kunii et al., Physica B **186-188** (1993) 646.
46) K. Takahashi et al., Physica B **241-243** (1998) 696.
47) K. Takahashi et al., J. Magn. Magn. Mater. **177-181** (1998) 1097.
48) H. Onodera et al., J. Phys. Soc. Jpn. **69** (2000) 1100.
49) 高橋弘紀, 博士論文, 東北大学 (2002).
50) T. Goto et al., Physica B **281-282** (2000) 586.
51) S. A. Granovsky and A. S. Markosyan, J. Magn. Magn. Mater. **258-259** (2003) 529.
52) P. Morin, A. Waintal, and B. Lüthi, Phys. Rev. B **14** (1976) 2972.
53) P. Morin, J. Rouchy, and D. Schmitt, Phys. Rev. B **17** (1977) 3684.
54) H. R. Ott and K. Andres, Solid State Commun. **15** (1974) 2639.
55) B. Lüthi et al., Phys. Rev. B **8** (1976) 2639.
56) R. Aléonard and P. Morin, Phys. Rev. B **19** (1979) 3868.
57) P. Morin and J. Rouchy, Phys. Rev. B **48** (1993) 256.
58) M. Atoji, J. Chem. Phys. **52** (1970) 6433.

59) M. Kosaka et al., Phys. Rev. B **58** (1998) 6339.
60) T. Kamiyama et al., Phys. Rev. B **58** (1998) 6339.
61) 小坂昌史, 博士論文, 東北大学 (1995).
62) P. Morin, Z. Kazei, and P. Lejay, J. Phys.: Condens. Matter **11** (1999) 1305.
63) M. Wun and N. E. Phillips, Phys. Lett. **50A** (1974) 195.
64) P. Ahmet et al., J. Phys. Soc. Jpn. **65** (1996) 1077.
65) R. Settai et al., Physica B **230-232** (1997) 766.
66) R. Settai et al., J. Phys. Soc. Jpn. **67** (1998) 636.
67) T. Takabatake et al., J. Phys. Soc. Jpn. **61** (1992) 778.
68) T. Suzuki et al., Phys. Rev. B **62** (2000) 49.
69) W. Higemoto et al., Physica B **281-282** (2000) 234.
70) I. Ishii et al., Phys. Rev. B **68** (2003) 144413.
71) E. Bucher et al., "*Proc. Intern. Conf. Low Temp. Phys. LT13*", vol. 2, eds. K. D. Timmerhaus, W. J. O'sullivan, and E. F. Hammel (Plenum Press, New York, 1974) p. 322.
72) W. Groß et al., Z. Phys. B. **37** (1980) 123.
73) P. Morin, D. Schmitt, and E. du Tremolet de Lacheisserie, J. Magn. Magn. Mater. **30** (1982) 257.
74) M. Niksch et al., Helvetica Phys. Acta **55** (1982) 688.
75) D. Aoki et al., J. Phys. Soc. Jpn. **66** (1997) 3988.
76) T. Sakakibara et al., Physica B **259-261** (1999) 340.
77) T. Tayama et al., J. Phys. Soc. Jpn. **70** (2001) 248.
78) R. Vollmer et al., Physica B **312-313** (2002) 855.
79) T. Sakakibara et al., J. Phys.: Condens. Matter **15** (2003) S2055.
80) T. Onimaru et al., J. Phys. Soc. Jpn. **73** (2004) 2277.
81) T. Onimaru et al., Phys. Rev. Lett. **94** (2005) 197201.
82) K. Takegahara, H. Harima, and A. Yanase, J. Phys. Soc, Jpn. **70** (2001) 1190.
83) M. S. Torikachvili et al., Phys. Rev. B **36** (1987) 8660.
84) H. Sato et al., Phys. Rev. B **62** (2000) 15125.
85) T. D. Matsuda et al., Physiaca B **281-282** (2000) 220.
86) Y. Nakanishi et al., Phys. Rev. B **63** (2001) 184429.
87) L. Keller et al., J. Alloys Compounds **323-324** (2001) 516.
88) K. Iwasa et al., Physiaca B **312-313** (2002) 834.
89) S. H. Curnoe et al., Physiaca B **312-313** (2002) 837.
90) Y. Aoki et al., Phys. Rev. B **65** (2002) 064446.
91) L. Hao et al., Acta Physica Pol. B **4** (2002) 1113.
92) K. Ishii et al., Physiaca B **329-333** (2003) 467.
93) T. Tayama et al., J. Phys. Soc. Jpn. **73** (2004) 3258.
94) T. Sakakibara et al., Physica B **359-361** (2005) 843.
95) L. Hao et al., Physiaca B **359-361** (2005) 871.
96) J. Kikuchi et al., Physica B **359-361** (2005) 877.
97) A. Kiss and Y. Kuramoto, J. Phys. Soc. Jpn. **74** (2005) 2530.
98) A. Kiss and Y. Kuramoto, J. Phys. Soc. Jpn. **75** (2006) 103704.
99) J. Kikuchi et al., J. Phys. Soc. Jpn. **76** (2007) 043705.
100) H. Sato, T. Sakakibara, T. Tayama, T. Onimaru, H. Sugawara, and H. Sato, J.

Phys. Soc. Jpn. **76** (2007) 064701.
101) O. Sakai et al., J. Phys. Soc. Jpn. **76** (2007) 024710.
102) K. Abe et al., Phys. Rev. Lett. **83** (1999) 5366.
103) E. Matsuoka et al., J. Phys. B **13** (2001) 11009.
104) E. Matsuoka, Z. Hiroi, and M. Ishikawa, J. Phys. Chem. Solid **63** (2002) 1219.
105) L. Keller et al., Phys. Rev. B **63** (2004) 060407.
106) E. Matsuoka et al., J. Phys. Soc. Jpn. **76** (2007) 084717.
107) P. Morin et al., J. Magn. Magn. Mater. **66** (1987) 95.
108) P. Morin et al., J. Magn. Magn. Mater. **66** (1987) 107.
109) P. Morin et al., J. Magn. Magn. Mater. **66** (1987) 345.
110) E. Clementyev et al., Physica B **230-232** (1997) 735.
111) T. Matsumura et al., J. Phys. Soc. Jpn. **67** (1998) 612.
112) P. Link, A. Gukasov et al., Phys. Rev. Lett. **80** (1998) 4779.
113) P. Link, A. Gukasov et al., Physica B **259-262** (1999) 319.
114) J. -M. Mignot et al., Physica B **281-282** (1999) 470.
115) R. Siina, H. Shiba, and O. Sakai, J. Phys. Soc. Jpn. **68** (1999) 2105.
116) P. Link et al., Physica B **281-282** (2000) 569.
117) K. Hashi et al., Physica B **259-261** (1999) 159.
118) K. Hashi et al., J. Appl. Phys. **89** (2001) 7637.
119) K. Hashi et al., J. Phys. Soc. Jpn. **70** (2001) 259.
120) A. Oyamada et al., J. Phys. Soc. Jpn. **73** (2004) 1953.
121) A. Yamamoto et al., Phys. Rev. B **70** (2004) 220402.
122) H. Yamauchi et al., J. Phys. Soc. Jpn. **68** (1999) 2057.
123) Y. Tanaka et al., J. Phys.: Condens. Matter **11** (1999) L505.
124) K. Hirota et al., Phys. Rev. Lett. **84** (2000) 2706.
125) K. Indoh et al., J. Phys. Soc. Jpn. **69** (2000) 1978.
126) T. Matsumura et al., Phys. Rev. B **84** (2002) 094420.
127) J. Igarashi and T. Nagao, J. Phys. Soc. Jpn. **72** (2003) 1279.
128) O. Zaharko et al., Phys. Rev. B **69** (2004) 224417.
129) Y. Tanaka et al., Phys. Rev. B **69** (2004) 024417.
130) Y. Nemoto et al., Physica B **329-333** (2005) 641.
131) K. Indoh et al., J. Phys. Soc. Jpn. **73** (2004) 669.
132) K. Indoh et al., J. Phys. Soc. Jpn. **73** (2004) 1554.
133) T. Matsumura et al., J. Phys. Soc. Jpn. **74** (2005) 1500.
134) D. Hiller et al., Physica B **359-361** (2005) 968.
135) U. Staub et al., Phys. Rev. Lett. **94** (2005) 036408.
136) T. Yanagisawa et al., J. Phys. Soc. Jpn. **74** (2005) 1666.
137) H. Onodera, H. Yamauchi, and Y. Yamaguchi, J. Phys. Soc. Jpn. **68** (1999) 2526.
138) K. Ohoyama et al., J. Phys. Soc. Jpn. **69** (2000) 3401.
139) H. Yamauchi et al., Physica B **226-230** (2001) 1134.
140) A. Tobo et al., Physica B **312-313** (2002) 853.
141) T. Matsumura et al., J. Phys. Soc. Jpn. **71** Suppl. (2002) 91.
142) T. Yanagisawa et al., Phys. Rev. B **67** (2003) 115129.
143) T. Yanagisawa, et al. Phys. Rev. B **71** (2005) 104416.
144) H. Shimada et al., J. Phys. Soc. Jpn. **70** (2001) 1705.

145) A. Tobo et al., J. Magn. Magn. Mater. **226-230** (2001) 1137.
146) K. Andres et al., Solid State Commun. **28** (1978) 405.
147) W. J. L. Buyers et al., Physica **102**B (1980) 291.
148) W. J. L. Buyers and T. M. Holden, "*Handbook on the Physics and Chemistry of the Actinides*", eds. A. J. Freeman and G. H. Lander, (Elsevier Science Publisher B.V.,1985) p. 239.
149) K. A. McEwan, U. Steigenberger, and J. L. Martinez, Physica B **186-188** (1993) 670.
150) M. B. Walker et al., J. Phys.: Condens. Matter **6** (1994) 7365.
151) S. W. Zochowski et al., Physica B **206-207** (1995) 489.
152) K. A. McEwan et al., J. Magn. Magn. Mater. **177-181** (1998) 37.
153) N. Lingg et al., Phys. Rev. B **60** (1995) 8430.
154) Y. Tokiwa et al., J. Phys. Soc. Jpn. **70** (2001) 1731.
155) D. Schmitt, P. Morin, and J. Pierre, J. Mag. Magn. Mater. **8** (1978) 249.
156) J. Pierre, A. P. Murani, and R. M. Galera, J. Phys. F **11** (1981) 679.
157) H. Fujii et al., J. Mag. Magn. Mater. **63-64** (1987) 114.
158) J. Pierre and A. P. Murani, "*Crystalline Electric Field and Structural Effects in f Electron Systems*", eds. J. E. Crow, R. P. Guertin and T. W. Mihalisin, (Plenum, New York,1980) p. 607.
159) J. Pierre, R. M. Galera, and A. P. Murani, J. Mag. Magn. Mater. **42** (1984) 139.
160) R. M. Galera, A. P. Murani, and J. Pierre, J. de Phys. **46** (1985) 303.
161) S. Nakamura et al., J. Phys. Soc. Jpn. **63** (1994) 623.
162) Y. Yamaguchi, 中性子回折に関する私信.
163) F. Levy and O. Vogt, Phys. Lett. **24A** (1967) 444.
164) E. Bucher et al., Phys. Rev. Lett. **28** (1972) 746.
165) G. P. Felcher et al., Phys. Rev. B **8** (1973) 260.
166) P. M. Levy, J. Phys. C **6** (1973) 3545.
167) T. O. Brun et al., AIP Conf. Proc. **24** (1974) 244.
168) J. S. Kouvel, T. O. Brun, and F. W. Korty, Physica B **86-86** (1977) 1043.
169) R. Aléonard et al., J. Phys. F **14** (1984) 2689.
170) H. Fujii et al., J. Phys. Soc. Jpn. **58** (1989) 2495.
171) H. Kawanaka et al., J. Phys. Soc. Jpn. **58** (1989) 3481.
172) Y. Aoki et al., Phys. Rev. B **47** (1993) 15060.
173) T. Suzuki et al., Physica B **199-200** (1994) 483.
174) T. Akazawa et al., J. Phys. Soc. Jpn. **65** (1996) 3661.
175) T. Akazawa et al., J. Phys. Soc. Jpn. **67** (1998) 3256.
176) C. M. McCarthy et al., Solid State Commun. **36** (1980) 861.
177) A. Tamaki et al., J. Magn. Magn. Mater. **52** (1985) 257.
178) M. Loewenhaupt and M. Prager, Z. Phys. B **62** (1986) 195.
179) P. Burlet et al., J. de Phys. **49** (1988) C8-459.
180) P. Morin, S. Kunii, and T. Kasuya, J. Magn. Magn. Mater. **96** (1991) 145.
181) S. Kobayashi et al., J. Phys. Soc. Jpn. **70** (2001) 1721.
182) M. Sera et al., J. Phys. Soc. Jpn. **73** (20041) 3422.
183) M. Wintemberger et al., Phys. Stat. Sol. b **48** (1971) 705.
184) R. Alénard, P. Morin, and J. Rouchy, J. Magn. Magn. Mater. **46** (1984) 233.

185) M. Amara, P. Morin and F. Bourdaro, J. Phys.: Condens. Matter **9** (1997) 7441.
186) M. Amara and P. Morin, J. Alloys & Compounds, **275-277** (1998) 549.
187) I. Kakeya et al., J. Phys. Soc. Jpn. **68** (1999) 1025.
188) T. Kaneko et al., J. Magn. Magn. Mater. **70** (1987) 277.
189) P. Morin et al., J. Magn. Magn. Mater. **81** (1989) 247.
190) A. Yamagishi et al., J. Magn. Magn. Mater. **90-91** (1990) 51.
191) K. Ubukata et al., Physica B **213-214** (1995) 1022.
192) S. Yosii et al., Mater. Trans. **44** (2003) 2582.
193) H. R. Child et al., Phys. Rev. **131** (1963) 922.
194) P. Fischer, W. Haelg, and E. Kaldis, J. Magn. Magn. Mater. **14** (1979) 301.
195) A. Furrer and E. Kaldis, "*Crystalline Electric Fields and Structural Effect in f-Electron Systems*", eds.J. Crow, R. P. Guertin and T. W. Mihalisin, (Plenum, New York, 1980) p. 497.
196) D. J. Kim and P. M. Lévy, J. Magn. Magn. Mater. **27** (1982) 257.
197) G. Busch et al., Phys. Lett. **6** (1963) 79.
198) G. Busch et al., Phys. Lett. **11** (1964) 100.
199) G. Busch, O. Vogt, and F. Hulliger, Phys. Lett. **15** (1965) 301.
200) G. Busch et al., Phys. Lett. **23** (1966) 636.
201) T. O. Brun, F. W. Korty, and J. S. Kouvel, J. Magn. Magn. Mater. **15-18** (1980) 298.
202) B. Schmid, P. Fischer, and F. Hulliger, J. Less-Common Met. **121** (1986) 192.
203) A. Czopnik et al., Physica B **167** (1990) 981.
204) Z. Kletowski, P. Sławiński, and A. Czopnik, Solid State Commun. **80** (1991) 981.
205) R. M. Galera and P. Morin, J. Magn. Magn. Mater. **116** (1992) 159.
206) R. M. Galera et al., J. Phys.: Condens. Matter **10** (1998) 3883.
207) Y. Aoki et al., J. Phys. Soc. Jpn. **71** (2002) 2098.
208) T. Tayama et al., J. Phys. Soc. Jpn. **72** (2003) 1516.
209) M. Kohgi et al., J. Phys. Soc. Jpn. **72** (2003) 1002.
210) E. A. Goremychkin et al., Phys. Rev. Lett. **93** (2004) 157003.
211) T. Goto et al., Phys. Rev. B **69** (2004) 180511.
212) R. Shiina, J. Phys. Soc. Jpn. **73** (2004) 2257.
213) K. Kuwahara et al., Phys.Rev. Lett. **95** (2005) 107003.
214) A. Kiss and P. Fazekas, Phys. Rev. B **71** (2005) 054415.
215) M. Hiroi et al., J. Phys. Soc. Jpn. **67** (1998) 53.
216) S. Kobayashi et al., J. Phys. Soc. Jpn. **69** (2000) 926.
217) K. Magishi et al., Z. Naturforsch. A **57** (2002) 441.
218) H. Takagiwa et al., J. Phys. Soc. Jpn. **71** (2002) 31.
219) A. Schenck, F. N. Gygax, and G. Solt, Phys. Rev. B **75** (2007) 024428.
220) O. Suzuki et al., J. Phys. Soc. Jpn. **67** (1998) 926.
221) O. Suzuki et al., J. Phys. Soc. Jpn. **74** (2005) 735.
222) M. Akatsu et al., J. Phys. Soc. Jpn. **72** (2003) 205.
223) T. Morie et al., J. Phys. Soc. Jpn. **73** (2004) 2381.
224) Y. Kuramoto and H. Kusunose, J. Phys. Soc. Jpn. **69** (2000) 671.
225) H. Kusunose and Y. Kuramoto, J. Phys. Soc. Jpn. **70** (2001) 1751.
226) K. Kubo and Y. Kuramoto, J. Phys. Soc. Jpn. **72** (2003) 1859.

227) K. Kubo and Y. Kuramoto, J. Phys. Soc. Jpn. **73** (2004) 216.
228) D. Mannix et al., Phys. Rev. Lett. **95** (2005) 117206.
229) H. Kusunose and Y. Kuramoto, J. Phys. Soc. Jpn. **74** (2005) 3139.
230) K. Kuwahara et al., J. Phys. Soc. Jpn. **76** (2007) 093702.
231) R. Siina, O. Sakai, and H. Shiba, J. Phys. Soc. Jpn. **76** (2007) 094702.
232) G. Amoretti et al., J. Phys.: Condens. Matter **4** (1992) 3459.
233) W. Kopmann et al., J. Alloys Compd. **271-273** (1998) 463.
234) D. Mannix et al., Phys. Rev. B **60** (1999) 15187.
235) J. A. Paixão et al., Phys. Rev. Lett. **89** (2002) 187202.
236) R. Caciuffo et al., J. Phys.: Condens. Matter **15** (2003) S2287.
237) K. Kubo and T. Hotta, Phys. Rev. B **71** (2005) 140404.
238) K. Kubo and T. Hotta, Phys. Rev. B **72** (2005) 132411.
239) Y. Tokunaga et al., Phys. Rev. Lett. **94** (2005) 137209.
240) Y. Tokunaga et al., Phys. Rev. Lett. **97** (2006) 257601.
241) O. Sakai, R. Siina, and H. Shiba, J. Phys. Soc. Jpn. **74** (2005) 457.
242) C. Sekine, T. Uchiyama, I. Shirotani and T. Yagi, "*Science and Technology of High Pressure*", eds. M. H. Manghnani and M. F. Nicol (Universities Press, Hyderabad, 2000) p. 826.
243) K. Matsuhira et al., J. Phys. Soc. Jpn. **74** (2005) 1030.
244) K. Matsuhira et al., J. Phys. Soc. Jpn. **71** (2002) Suppl., 237.
245) C. Sekine et al., Acta Phys. Polonica B **34** (2003) 983.
246) K. Hachitani et al., Phys. Rev. B **73** (2005) 052408.
247) T. U. Ito et al., J. Phys. Soc. Jpn. **76** (2007) 053707.
248) S. Tsutsui et al., J. Phys. Soc. Jpn. **75** (2006) 093703.
249) S. Masaki et al., J. Phys. Soc. Jpn. **75** (2006) 053708.
250) M. Yoshizawa et al., Physica B **359-361** (2005) 862.
251) M. Yoshizawa et al., J. Phys. Soc. Jpn. **74** (2005) 2141.
252) Y. Aoki et al., J. Phys. Soc. Jpn. **76** (2007) 113703.
253) K. Kaneko et al., J. Phys. Soc. Jpn. **70** (2001) 3112.
254) M. Haino, A. Tobo, and H. Onodera, J. Phys. Soc. Jpn. **74** (2005) 1838.
255) K. Kaneko et al., J. Phys. Soc. Jpn. **71** (2002) Suppl. 77.
256) K. Kaneko et al., J. Phys. Soc. Jpn. **71** (2002) 3103.
257) K. Kaneko et al., Phys. Rev. B **68** (2003) 012401.
258) 金子耕士, 博士論文, 東北大学 (2001).
259) K. Kaneko et al., Appl. Phys. A **74** (2002) Suppl., S1749.
260) K. Ohoyama et al., J. Phys. Soc. Jpn. **69** (2000) 2623.
261) T. Inami et al., J. Magn. Magn. Mater. **310** (2007) 748.
262) Y. Yamaguchi et al., Appl. Phys. A **74** Suppl. (2002) S877.
263) K. Ohoyama et al., J. Phys. Soc. Jpn. **71** (2002) 1746.
264) 尾関文崇, 修士論文, 新潟大学 (2003).
265) E. Matsuoka et al., J. Phys. Soc. Jpn. **75** (2006) 123707.

3 強相関 f 電子系金属のモデル

　強相関 f 電子系物質とは希土類やアクチナイド元素の f 電子同士の強い電子相関が物性に顕著な影響を与えている化合物である．第1章，第2章では f 電子が局在電子として扱える場合について，主に磁性について述べた．第3章，第4章では f 電子が局在性を持ちながら，伝導電子と相互作用する場合について述べる．対象とする物質は伝導電子を有する金属であり，主に，伝導電子状態に現れる強相関効果について述べる．

　本章では強相関 f 電子系物質に関する理論的なモデルやその予測を簡単にまとめる．前半では，電子同士の相関効果をあらわに考えないか，あるいは平均場として取り入れる場合について述べる．3.1節は本章の後半，あるいは第4章に関係する金属の伝導電子についての基本事項の簡単なまとめである．とくに，3.1.2項では金属におけるフェルミ面またはフェルミレベル近傍の電子が物性にどのように寄与するかをまとめてある．3.2節は金属の電子状態の成り立ちを二つの異なる出発点，すなわち，原子軌道および自由電子から考える．これによって，電子同士の相互作用を扱う場合に使用する概念を導出する．3.3節は本書で取り扱う希土類，アクチナイド元素の電子状態の特徴とそれによる物性を，第1章で述べた磁性の観点からとは別な観点で述べる．3.4節は強相関電子系を扱う場合に必要なフェルミ液体の概念についての簡単なまとめである．3.5節は磁性元素が通常金属に不純物状態として存在する場合，電子相関を取り入れたモデルとそのモデルが示す物理的な内容，いわゆる近藤効果について述べる．3.6節は磁性元素の不純物が複数存在する場合に，磁性原子間に働く RKKY 相互作用，および磁性原子が格子を組んだ場合の理論的モデルやその数値計算による電子状態の予測について述べる．3.7節は強相関 f 電子系の相転移，特に，絶対零度における相転移 (量子相転移) についての簡単なまとめである．前半部分のより詳しい内容については本章末にあげた固体物理に関する教科書[1〜5]などを参考にしてほしい．

後半部分については，本書のシリーズの教科書[6]にも取り上げられており，また，理論家による教科書[7~19]も多数出版されている．より，理論的に詳細，厳密な議論に興味がある方は，そちらを参考にしてほしい．

3.1　金属の伝導電子とフェルミ面

本節では，後の節や章で用いる言葉や記号の定義について述べるとともに，電子同士の相互作用の効果があらわに表れない，あるいは平均的な場として取り扱ってよい場合について，金属結晶中の伝導電子の振る舞いについての基本事項を簡単にまとめる．

3.1.1　金属の伝導電子

a．金属結晶中の伝導電子

金属結晶中を運動する電子は各原子からのクーロンポテンシャルとともに，電子同士の相互作用を受けて運動している．これらの効果は位置 $\mathbf{r}$ のみに依存する $V(\mathbf{r})$ というポテンシャルで表されるとする．電子の波動関数を $\psi(\mathbf{r})$，エネルギーを ε とすると，波動方程式は

$$-\frac{\hbar^2}{2m}\nabla^2 \psi(\mathbf{r}) + V(\mathbf{r})\psi(\mathbf{r}) = \varepsilon \psi(\mathbf{r}) \tag{3.1}$$

と表される．このような形では，電子同士の相互作用は不十分にしか取り入れられていないが，本節では，(3.1) 式で記述できる範囲内で，結晶中の伝導電子状態についてまとめる．

金属結晶では原子が規則正しい結晶格子を組み，並進対称性を有する．$\mathbf{a_1}$, $\mathbf{a_2}$, $\mathbf{a_3}$ を結晶中の基本並進ベクトル，n_1, n_2, n_3 を整数とすると，ポテンシャル $V(\mathbf{r})$ は以下の条件を満たす．

$$V(\mathbf{r} + n_1 \mathbf{a_1} + n_2 \mathbf{a_2} + n_3 \mathbf{a_3}) = V(\mathbf{r}) \tag{3.2}$$

並進対称性がある場合には，伝導電子の量子状態は波数ベクトル $\mathbf{k} = (k_x, k_y, k_z)$ を用いて表すことができる．

波動関数は

$$\psi(\mathbf{r}) = e^{i\mathbf{k}\cdot\mathbf{r}} u_\mathbf{k}(\mathbf{r}) \tag{3.3}$$

という形で表すことができる．ここで $u_\mathbf{k}(\mathbf{r})$ は

$$u_\mathbf{k}(\mathbf{r} + n_1 \mathbf{a_1} + n_2 \mathbf{a_2} + n_3 \mathbf{a_3}) = u_\mathbf{k}(\mathbf{r}) \tag{3.4}$$

または，波動関数 $\psi(\mathbf{r})$ は

$$\psi(\mathbf{r}+n_1\mathbf{a_1}+n_2\mathbf{a_2}+n_3\mathbf{a_3}) = e^{i\mathbf{k}\cdot(n_1\mathbf{a_1}+n_2\mathbf{a_2}+n_3\mathbf{a_3})}\psi(\mathbf{r}) \quad (3.5)$$

を満たす (ブロッホ (Bloch) の定理)．以後，この定理を満たす関数をブロッホ関数と呼び，$\psi_\mathbf{k}(\mathbf{r})$ で表す．境界条件として，周期的境界条件を用いると，許される $\mathbf{k}$ は結晶中の基本単位格子の数を $N_0 = N_1 \cdot N_2 \cdot N_3$ として

$$\mathbf{k} = \frac{n_1}{N_1}\cdot\mathbf{b}_1 + \frac{n_2}{N_2}\cdot\mathbf{b}_2 + \frac{n_3}{N_3}\cdot\mathbf{b}_3 \quad (3.6)$$

と表される．ここで，$\mathbf{b}_i$ は逆格子の基本並進ベクトルである．逆格子点または逆格子ベクトル $\mathbf{G}$ は

$$\mathbf{G} = n_1\mathbf{b}_1 + n_2\mathbf{b}_2 + n_3\mathbf{b}_3 \quad (3.7)$$

と表される．また，実空間の体積 Ω は $N_1\mathbf{a}_1\cdot(N_2\mathbf{a}_2\times N_3\mathbf{a}_3) = N_0\mathbf{a}_1\cdot(\mathbf{a}_2\times\mathbf{a}_3)$ である．$\mathbf{k}$ 空間における一つの状態あたりの体積は

$$\Delta\mathbf{k} = \frac{\mathbf{b}_1\cdot(\mathbf{b}_2\times\mathbf{b}_3)}{N} = \frac{(2\pi)^3}{\Omega} \quad (3.8)$$

となる．ここで，$\mathbf{b}_1\cdot(\mathbf{b}_2\times\mathbf{b}_3)$ は逆格子空間の基本単位格子の体積，すなわち一つのブリルアンゾーンの体積である．したがって，ブリルアンゾーン内には格子点の数と同数の状態数が存在する．この関係は，金属の性質を考えるときに重要である．スピンの自由度があるので，一つの $\mathbf{k}$ に対して二つの状態が許される．

b. ほとんど自由な電子 (nearly free electron)

金属中の伝導電子の振る舞いは自由電子モデルでよく表すことができる場合が多い．伝導電子が感じる原子のポテンシャル $V(\mathbf{r})$ は一般には小さくないのに，なぜ，金属では $V(\mathbf{r}) = 0$ のときの自由電子モデルがよく成り立つことが多いのかは後の 3.2 節で述べる．1 辺が L の物質中で自由電子の近似が成り立つとき，波動関数は

$$\psi_\mathbf{k}(\mathbf{r}) = \frac{1}{\sqrt{\Omega}}e^{i\mathbf{k}\cdot\mathbf{r}} \quad (3.9)$$

と表される．ここで，$\Omega = L^3$ である．自由電子の場合ではエネルギーは

$$\varepsilon(\mathbf{k}) = \frac{\hbar^2}{2m}\left(k_x{}^2 + k_y{}^2 + k_z{}^2\right) \quad (3.10)$$

であるので，逆格子空間における等エネルギー面は球面である．

電子はフェルミオンなので，フェルミ–ディラック分布に従う．すなわち，絶対零度では低いエネルギーの状態から順番に電子が占有していく．電子が占めているもっとも高いエネルギーはフェルミエネルギー ε_F と呼ばれる．N_e 個の伝導電

子が存在すると，

$$\varepsilon_F = \frac{\hbar^2}{2m}(3\pi^2)^{\frac{2}{3}}\left(\frac{N_e}{\Omega}\right)^{\frac{2}{3}} \tag{3.11}$$

で与えられることがわかる．フェルミエネルギーに対応する等エネルギー面はフェルミ面と呼ばれている．また，

$$\frac{\hbar^2}{2m}k_F{}^2 = \varepsilon_F \tag{3.12}$$

となるフェルミエネルギーに対応する **k** の大きさ k_F はフェルミ波数と呼ばれており，その大きさは

$$k_F{}^3 = 3\pi^2\frac{N_e}{\Omega} \tag{3.13}$$

である．格子間隔が a の単純立方格子の場合を考えると

$$k_F = (3/\pi)^{1/3}\frac{\pi}{a} \tag{3.14}$$

であるので，だいたい π/a の大きさであることがわかる．また，k_F に対応する波長は $\lambda = (2\pi/k_F)$ であるので，$2a$ の程度である．この波長の長さは 3.2.2 項で述べるフリーデル (Friedel) 振動や RKKY 相互作用 (1.4.6 項，3.6.1 項参照) とも密接な関連がある．

エネルギー ε までの単位体積当たりの状態数を $N(\varepsilon)$ とすると，単位体積当たりの状態密度 $D(\varepsilon)$ は

$$D(\varepsilon) = \frac{dN(\varepsilon)}{d\varepsilon} \tag{3.15}$$

で与えられる．自由電子近似が成り立つ場合は

$$D(\varepsilon) = \frac{1}{2\pi^2}\left(\frac{2m}{\hbar^2}\right)^{\frac{3}{2}}\varepsilon^{\frac{1}{2}} \tag{3.16}$$

である．ここでの状態密度は，両方のスピンの電子の寄与を含んでいる．本書では，スピンに依存した状態密度を用いる場合があり，そのときは $\rho(\varepsilon)$ と表記する．

周期的なポテンシャルが存在するときには，ブリルアンゾーン境界にエネルギーギャップが生じる．周期的なポテンシャルは逆格子ベクトル **G** を用いて

$$V(\mathbf{r}) = \sum_{\mathbf{G}} V_{\mathbf{G}} \exp(-i\mathbf{G}\mathbf{r}) \tag{3.17}$$

と表すことができる．周期的なポテンシャルが弱いときには，模式的に図 3.1(a) のようなバンド構造が得られる．ゾーン境界 ($\mathbf{k} = \mathbf{G}/2$) でのギャップの大きさは $2|V_\mathbf{G}|$ 程度となる．

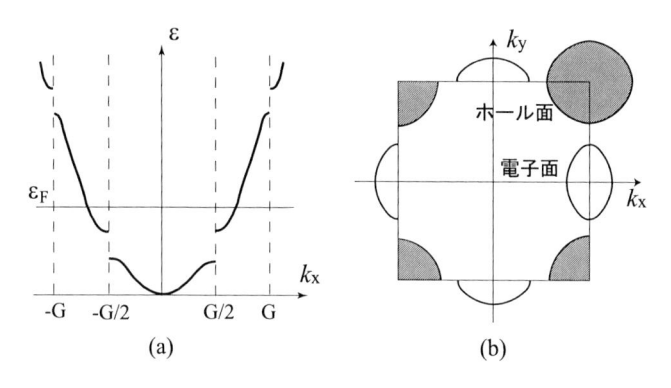

図 3.1 (a) ほとんど自由な電子のバンド構造. (b) ほとんど自由な電子のフェルミ面の模式図.

c. ほとんど自由な電子のフェルミ面

今，簡単のために単純立方格子を考え，基本単位格子当たり 1 個の原子がある場合を考える．第一ブリルアンゾーンの形を立方体とし，k_x-k_y 面でフェルミ面を描いてみる．原子あたり 1 個 (奇数個) の伝導電子が存在するときには，ブリルアンゾーンの収容できる電子数は 2 個なので，ブリルアンゾーンを埋めることができない．奇数個の場合は，ギャップの大小にかかわらず，あるいはバンド構造が複雑になっても常にフェルミ面が存在するので金属となる．このような場合は補償されていない金属 (uncompensated metal) と呼ばれる．一方，偶数個の電子が存在し，バンドギャップが小さいときには，図 3.1(b) に示すような状況になることがある．塗りつぶしたところは電子によって占められていないところを表す．逆格子ベクトルだけフェルミ面の断片を移動させると，図に示したような閉じた電子面とホール面が形成される．偶数個の場合は，第一ブリルアンゾーンには原子あたり 2 個の伝導電子を収容できるので，電子面とホール面の体積は同じとなる．このような場合は補償されている金属 (compensated metal) と呼ばれる．本書が対象とする強相関 f 電子系物質では，局在性の強い f 電子が，伝導電子として遍歴しているとみなせるか，あるいは局在しているとみなせるかは，フェルミ面の体積を測定して判断することがある．上記のようなブリルアンゾーンとフェルミ面の関係から，基本単位格子あたりの伝導電子数が奇数個異なると，フェルミ面は大きく異なるが，偶数個の場合には大きな変化は見られない可能性がある．

図 3.1 からもわかるように，フェルミ面の体積はギャップが大きいと電子面，ホール面とも小さくなる．このような金属は半金属と呼ばれている．さらにギャップが大きくなる場合は，電子はすべてギャップより低いエネルギー状態に存在す

るので,絶縁体(または半導体)となる.伝導電子数と金属,絶縁体の関係は電子同士の多体効果を考えると必ずしも成り立たない.電子相関が寄与する金属–絶縁体転移のメカニズムはモット転移と呼ばれている.

結晶中での電子の運動は結晶中の種々の相互作用により,自由空間での電子の場合と異なってくる.多体効果を考慮した電子の質量,あるいは実験で求められる電子の質量を本書では有効質量と呼び,m^* と表記する.また,電子の静止質量を m_0 と表し,それを単位として有効質量の大きさを示す.また,有効質量と区別してバンド計算から求められる計算値をバンド質量と呼ぶことがある.

3.1.2 フェルミ面と金属の物性

本書が主な対象とする強相関 f 電子系の金属では,フェルミレベル近傍の電子状態が重要な役割を果たす.本節では,フェルミレベル近傍の電子が低エネルギー現象に果たす役割を,平均場(分子場)近似を用いて簡単にまとめる.

a. 金属の特徴

(3.11) 式に Cu などの通常金属の電子密度 $n\ (=N_e/\Omega)$ を代入してみると,ε_F は通常の金属ではだいたい数 eV ($1\mathrm{ev} = 1.60 \times 10^{-19}\mathrm{J}$) のオーダーの値となる.熱エネルギー $k_\mathrm{B}T$ に換算すると数万 K に相当する.上記の N_0 あるいは N_e,すなわち一つの金属を構成する原子の数あるいは伝導電子の数は 1 モル以上であり,膨大な数である.したがって,(3.6),(3.10) 式からわかるように,ある $\mathbf{k}$ で指定される状態と,次の高いエネルギー状態とのエネルギーの差はほとんど無限小である.フェルミエネルギー近傍の電子は,ほとんど無限小のエネルギー励起で空いた状態に移ることができる.フェルミエネルギー近傍よりエネルギーが低い電子は,より高いエネルギー状態が他の電子によって占められているので,空いている高いエネルギー状態に移るためには有限のエネルギー励起が必要である.このような性質は金属の著しい特徴である.たとえば絶縁体,分子や原子においては,電子を空いたエネルギーの高い状態に移すためには,通常,大きなエネルギーを与える必要がある.

したがって,外部から熱あるいは電気的,磁気的な場が加えられたとき,金属ではフェルミエネルギー近傍の電子の応答が重要となる.簡単な例として,伝導電子の熱励起に対する応答:電子比熱について復習する.フェルミ–ディラック分布関数を f,化学ポテンシャルを μ とする.有限温度ではフェルミ–ディラック分布は,図 3.2(a) に模式的に示すように,μ を中心にして,$k_\mathrm{B}T$ 程度の広がりを持つ.全電子数は保存されるので,

3.1 金属の伝導電子とフェルミ面

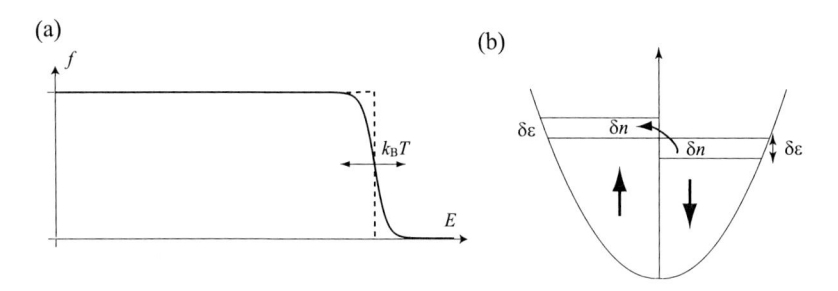

図 3.2 (a) フェルミ–ディラック分布．(b) 強磁性発現機構の簡単な模型．

$$N_e = \Omega \int_0^\infty d\varepsilon\, D(\varepsilon) f(\varepsilon - \mu) \tag{3.18}$$

の条件から，化学ポテンシャルを μ を定めることができる．十分低温，すなわち，$k_\mathrm{B}T$ が ε_F に比べてずっと小さいときは，μ は絶対零度での化学ポテンシャル ε_F と $(k_\mathrm{B}T/\varepsilon_\mathrm{F})^2$ 程度のオーダーしか違わないことを示すことができる．通常の金属では室温あるいはそれ以下程度の温度範囲は，十分低温である．絶対零度と有限温度での内部エネルギーの違いは，熱エネルギーで励起されたフェルミエネルギー近傍の $k_\mathrm{B}T$ 程度の電子の分布の違いから生じている．有限温度 T では，伝導電子系のエネルギーは

$$U(T) = \Omega \int_0^\infty d\varepsilon\, D(\varepsilon) \varepsilon f(\varepsilon - \mu) \tag{3.19}$$

で与えられる．また，十分低温では式 (3.19) は

$$U(T) = U_0(T=0, \mu=\varepsilon_\mathrm{F}) + \Omega D(\varepsilon_\mathrm{F}) \frac{\pi^2}{6}(k_B T)^2 \tag{3.20}$$

と近似することができる．すなわち，単位体積当たりの比熱は

$$C(T) = \left(\frac{\partial U}{\partial T}\right),\ \ C(T) = \frac{\pi^2}{3} D(\varepsilon_\mathrm{F}) k_B{}^2 T = \gamma T \tag{3.21}$$

となり，温度に比例する．γ は電子比熱係数と呼ばれており，フェルミレベルでの状態密度に比例する．

また，1.3.2 項で述べたように，磁場に対する応答，すなわちパウリ常磁性帯磁率は $g = 2.0$ として $\chi_0 = \mu_B{}^2 D(\varepsilon_\mathrm{F})$ と，同じくフェルミレベルでの電子状態密度を用いて与えられる．

$$R_\mathrm{W} = \frac{\chi_0 T}{C} \frac{4\pi^2 k_\mathrm{B}^2}{3(g\mu_\mathrm{B})^2} \tag{3.22}$$

で定義される数はウィルソン (Wilson) 比と呼ばれ，磁気秩序をしない Cu のような通常金属では，1 に近い値となる．電荷感受率は，電子密度 n を用いて，χ_c

$= \partial n/\partial \mu$ で定義される. 同様な計算で

$$\chi_c = D(\varepsilon_F) \tag{3.23}$$

と与えられる. 自由電子気体の場合では, 圧縮率 $\kappa = -(1/V)(\partial V/\partial P)$ は $(3/2)(n\varepsilon_F)^{-1}$ であるので, $\chi_c = n^2\kappa$ の関係が成り立つ. パウリ帯磁率は磁場に対する電子系のスピンの応答を表しているのに対して, 電荷感受率は圧力変化に対する電子系の電荷の応答を表していると考えることができる. 電子間相互作用が強い場合には, 上記で述べたそれぞれの表式は電子状態密度の定数倍という形では表せなくなり, ウィルソン比も 1 とは異なる値となる.

b. 相転移とフェルミ面

金属がフェルミ面を持つこと, あるいはフェルミ–ディラック分布の特徴は, 相転移とも密接に結びついている. 第 1 章では, 局在した f 電子の立場から磁性について述べた. 伝導電子が起こす磁気秩序である遍歴強磁性, 遍歴反強磁性 (スピン密度波: spin density wave (SDW)) 秩序の発現について, フェルミ面, 状態密度との関係を述べる.

伝導電子による強磁性はアップスピンの電子の数とダウンスピンの電子の数が自発的に異なる現象である. 平均場 (分子場) 近似 (1.6.5 項参照) を用いた簡単化したモデルで考える. 同じ方向にスピンがそろうほど系のエネルギーが低下し, そのエネルギーの低下は $-I(\langle n_\uparrow \rangle \langle n_\uparrow \rangle + \langle n_\downarrow \rangle \langle n_\downarrow \rangle)$ で与えられると仮定する. ここで, $\langle n_\uparrow \rangle$, $\langle n_\downarrow \rangle$ はそれぞれ単位体積当たりのアップスピン, ダウンスピンの平均電子数である. 単位体積当たりの伝導電子数を $2n_0$ とすると, 常磁性状態ではアップとダウンのスピンの電子の数はそれぞれ n_0 個である. δn 個だけ片方のスピンから反対向きのスピンの状態に移したとする (図 3.2(b) 参照) と, 元の状態との磁気的エネルギーの利得は次のように表すことができる.

$$-I\left((n_0 + \delta n)^2 + (n_0 - \delta n)^2 - 2(n_0)^2\right) \tag{3.24}$$
$$= -2(\delta n)^2 I$$

このエネルギーの変化は平均的に λM の磁場 (分子場) が生じていると考え, そのエネルギーの利得 $(1/2)\lambda M^2$ とも見ることができる. この考え方では, 磁化の大きさは $|\mu_B(\langle n_\uparrow \rangle - \langle n_\downarrow \rangle)| = |\mu_B(2\delta n)|$ であり, $\lambda = (I/(\mu_B)^2)$ である.

一方, 電子の移動によってバンドエネルギーが増加する. δn 個の電子の増減に対応するフェルミレベル近傍のエネルギーの増加を $\delta \varepsilon$ とすると,

$$\delta n = (D(\varepsilon_F)/2)\delta \varepsilon \tag{3.25}$$

である．ここでは状態密度として両方のスピンの電子の寄与を加えた状態密度 $D(\varepsilon_\mathrm{F})$ を用いているので，$(1/2)$ の係数がついている．一方，移動する電子の平均エネルギーは $\delta\varepsilon/2$ だから，バンドエネルギーの増加は

$$\left(\frac{1}{2}\delta\varepsilon\right)\delta n - \left(-\frac{1}{2}\delta\varepsilon\right)\delta n = \frac{2(\delta n)^2}{D(\varepsilon_\mathrm{F})} \tag{3.26}$$

である．したがって，全エネルギーの変化は

$$\Delta E = \frac{2(\delta n)^2}{D(\varepsilon_\mathrm{F})} - I \cdot 2(\delta n)^2 = \left(\frac{1}{D(\varepsilon_\mathrm{F})} - I\right)2(\delta n)^2 \tag{3.27}$$

この値が負になれば分極した状態のほうが安定となる．相互作用が強いほど，また，フェルミレベルでの状態密度が高ければ高いほど，なりやすいことを示している．

帯磁率も相互作用によって変化する．ΔE を磁化の大きさで表し，磁場が加わったときのエネルギーを磁化で微分し

$$\frac{\partial(\Delta E - MH)}{\partial M} = 0 \tag{3.28}$$

の条件から，帯磁率 $\chi = M/H$ を

$$\chi = \frac{\chi_0}{1-(I/\mu_\mathrm{B}^2)\chi_0} \tag{3.29}$$

と表すことができる．ここで，χ_0 はパウリ常磁性帯磁率であり，相互作用によって $(1-(I/\mu_\mathrm{B}^2)\chi_0)^{-1}$ だけ増強されていることがわかる．磁場以外に一様な有効磁場 $(I/\mu_\mathrm{B}^2)M$ が加わったときの帯磁率とみなすこともできる．

遍歴反強磁性の磁気秩序に対しても，フェルミ面の性質が重要となることがある．そのような例として，伝導電子のスピン分極 $\mathbf{S}(\mathbf{r})$ が波数 $\mathbf{Q}$ で周期的に振動するスピン密度波状態がある．

いま，空間的に波数 $\mathbf{q}$ で変動する磁場 $H(\mathbf{r}) = H_\mathbf{q}\cos(\mathbf{qr})$ に対する系の磁化の変動を $M_\mathbf{q}\cos(\mathbf{qr})$ とし，$\mathbf{q}$ に依存する帯磁率を $\chi(\mathbf{q}) = M_\mathbf{q}/H_\mathbf{q}$ とする．自由電子の場合では，摂動 $H_\mathbf{q}\cos(\mathbf{qr})$ が加えられたときの応答は，アップスピンとダウンスピンの電子の波動関数の変化を 1 次摂動で求め，$|\psi_\uparrow|^2 - |\psi_\downarrow|^2$ から磁化の変動を求めることによって計算ができる．これを $\chi^0(\mathbf{q})$ で表すと，3 次元の自由電子の場合では，$x = q/2k_\mathrm{F}$ として，

$$\chi^0(\mathbf{q}) = \chi_0 q(x) \tag{3.30}$$

$$q(x) = \frac{1}{2}\left(1 + \frac{1-x^2}{2x}\ \log\left|\frac{x+1}{x-1}\right|\right) \tag{3.31}$$

で与えられる.

強磁性の場合と同様に相互作用があり，$(I/\mu_B^2)M$ の変動する分子場が働いているときには，帯磁率は

$$\chi(\mathbf{q}) = \frac{\chi^0(\mathbf{q})}{1 - (I/\mu_B^2)\chi^0(\mathbf{q})} \tag{3.32}$$

で与えられる．したがって，$\chi^0(\mathbf{q})$ が大きく，$1 - (I/\mu_B^2)\chi^0(\mathbf{q}) \approx 0$ になりうる場合には，$\chi(\mathbf{q})$ は発散的に大きくなり，系は $\mathbf{q}$ を持つ秩序の形成に対して不安定になる．3次元では $q(x)$ は $q = 2k_F$ で発散しないが，1次元の自由電子に対して $q(x)$ に対応する関数を求めてみると $q(x) = (1/2)\log|(x+1)/(x-1)|$ となる．この関数は $q = 2k_F$ で発散する．すなわち1次元系においては $q = 2k_F$ を満たす磁気秩序に対して不安定となる．

一般の金属でも (3.30)～(3.32) 式と同様な関係が成り立つとする．$q(x)$ は摂動計算で生じる $1/(\varepsilon_{\mathbf{k}+\mathbf{q}} - \varepsilon_\mathbf{k})$ および $1/(\varepsilon_{\mathbf{k}-\mathbf{q}} - \varepsilon_\mathbf{k})$ を $k \leq k_F$ で足し合わせる（積分する）ことから求められている．もし，フェルミ面上で $\varepsilon_{\mathbf{k}+\mathbf{Q}} = \varepsilon_\mathbf{k}$ または $\varepsilon_{\mathbf{k}-\mathbf{Q}} = \varepsilon_\mathbf{k}$ を満足できる点が多ければ，その $\mathbf{Q}$ の波数を持つ $\chi^0(\mathbf{Q})$ は大きくなり，その波数に対応する磁気秩序が形成されやすくなると期待される．フェルミ面が図 3.3(a) のような形を持っていて，紙面に垂直な方向（k_z 方向）には変化がなく筒状の形状をしているとする．図に示したように $\mathbf{Q}$ だけフェルミ面を移動すると，フェルミ面同士が重なるとする．このような場合は上記で述べた条件をフェルミ面の多くの部分で満足する．このように，$\mathbf{Q}$ だけ移動させることによって，フェルミ面上の多くの点で重なる現象をネスティング (nesting) と呼んでいる．低次元物質では図ほど単純な形ではないが，$|\mathbf{Q}| = 2k_F$ だけずらすと重なる部分が多いフェルミ面が実際に存在する[20]．

3次元的な金属でも SDW 状態はしばしば観測されるが，たとえば，自由電子のフェルミ面では $|\mathbf{Q}| = 2k_F$ を満足する点はフェルミ面上に1組しか存在しないので，ネスティングベクトル $\mathbf{Q}$ は一般的には $|\mathbf{Q}| = 2k_F$ を満足しない．密度波の周期に対応したポテンシャルの変化が生じるので，3.1.1 項 b で述べたほとんど自由な電子のときと同じように，磁気秩序に対応した新しいブリルアンゾーンが形成される．バンドは折りたたまれ，ブリルアンゾーン境界ではギャップが形成され，フェルミ面の一部は消える．この状況は局在電子による反強磁性転移のときも同じであるが，SDW 転移においては消えるフェルミ面の部分は大きいので，電気抵抗は転移に伴って増加することが多い．

金属中ではフェルミ面は複数存在するので，二つのフェルミ面にまたがるネス

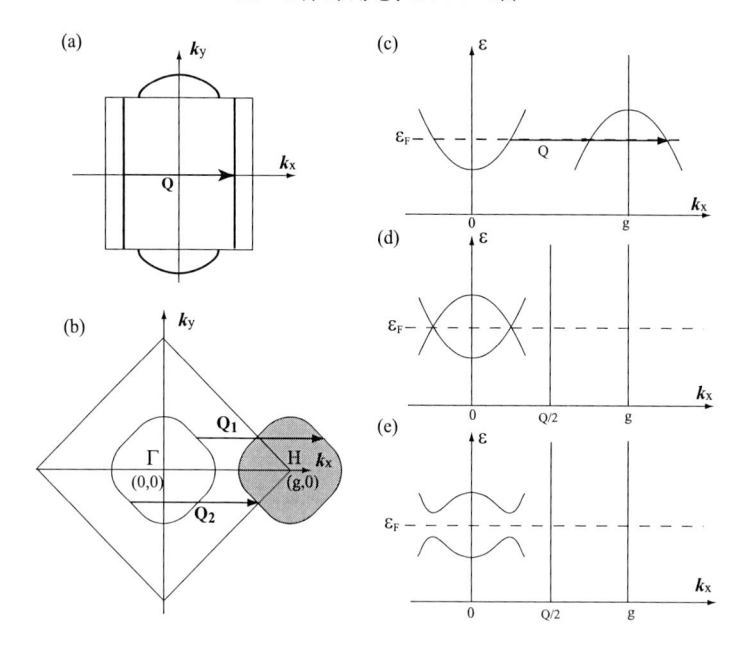

図 3.3 (a) 低次元物質のフェルミ面を単純化した模式図. (b) Cr のブリルアンゾーンとフェルミ面の模式図. Cr は体心立方格子であり, ブリルアンゾーンを原点 (Γ 点) を通る (001) 面内で見ると図のようになる. H 点は体心立方格子の格子定数を a とすると, k_x, k_y, k_z 軸上の原点から $g = 2\pi/a$ 離れたところにある. (c), (d), (e) は電子面とホール面がネスティングベクトル $\mathbf{Q}$ によって重なる場合のフェルミ面の再構成の模式図.

ティングも存在する. 金属の Cr はその例であり, 331.5 K で SDW 転移を起こす. 図 3.3(b) に Cr のネスティングを説明するための模式図を示す. 今, 逆格子空間の原点 (Γ 点) では図 3.3(c) に示すようなバンドがあり電子面が形成されている. また, 別な逆格子点 (H 点) を中心として, 電子面と似た形のホール面があるとする. 簡単な例として, 電子面とホール面は同じ形であり, いま, 電子面を $\mathbf{Q}$ だけ平行移動すると, ホール面と電子面が重なるとする. このような場合も, $\mathbf{Q}$ に対応したスピン密度波が発生する[21]. 図 3.3(d), (e) のようにホールバンドと電子バンドは, フェルミレベルのところで重なって, 混成し, ギャップを形成するため, フェルミ面は消滅するが, 金属ではフェルミ面は複数存在するので, 絶縁体になることはない. この場合では $\mathbf{Q}$ の大きさは Γ 点から H 点までの距離 g に一致する. Cr の場合では, 電子面とホール面は同じ形ではないので, フェルミ面の一部が重なるような図中の $\mathbf{Q}_1$ または $\mathbf{Q}_2$ のようなネスティングベクトルに対応するスピン密度波が発生する.

スピン密度波の周期はフェルミ面で決まる $2\pi/|\mathbf{Q}|$ であるので,一般的に格子の周期とは非整合 (incommensurate) である.

同様に,超伝導転移もフェルミ面の特徴が密接に関連している.電子間相互作用として引力が働く場合では,電子間のペアの形成に対してフェルミ面は不安定となり,秩序状態である超伝導に転移する現象である.Bardeen–Cooper–Schriefferによって与えられた理論では,$(\mathbf{k},\uparrow)$ と $(-\mathbf{k},\downarrow)$ の状態がペアを組み,二つの電子の引力として電子–格子相互作用を考える.引力が弱い場合には,超伝導転移温度は[22]),それぞれのスピンの電子の状態密度を $\rho(\varepsilon_\mathrm{F}) = D(\varepsilon_\mathrm{F})/2$ として

$$k_\mathrm{B} T_\mathrm{c} = 1.13 \hbar \omega_c \exp\left(-\frac{1}{V\rho(\varepsilon_\mathrm{F})}\right) \qquad (3.33)$$

と表される.ここで,$\hbar\omega_c$ は電子–格子相互作用に関与するフォノンのエネルギーのカットオフであり,Debye 温度 $k_\mathrm{B}\Theta_\mathrm{D}$ 程度である.V は引力の強さを表す.すなわち,相互作用の強さとフェルミレベルでの状態密度が超伝導の起こりやすさ (T_c) と関連する.

上記はいずれも,平均場近似を用いた簡単化した議論であり,遍歴強磁性秩序,SDW 秩序,超伝導の発生メカニズムとフェルミ面の関係を定性的,直感的に示すためのものである.したがって,本書で扱う強い電子相関がある場合はそのまま適用できず,たとえば,フェルミレベル近傍に形成される高い準粒子状態密度 (3.4, 3.6 節参照) がそのまま高い磁気転移温度,超伝導転移温度に結びつくわけではない.

3.2 金属の電子状態とバンド構造

本書が取り扱う強相関 f 電子系物質の f 電子は,原子位置に局在している描像がよく成り立つ側面と結晶中を遍歴している描像が成り立つ側面の 2 重性を有している.本節では,電子の局在性が f 電子に比べて強くない d 電子を念頭に置きながら,金属のバンド構造と電子状態について,二つの観点から述べる.一つは,原子の局在した軌道から出発点として,バンド構造,電子状態を理解する観点である.もう一つは,遍歴する自由電子を出発点として,電子が原子のポテンシャルによって散乱されることによってバンド構造と電子状態が形成される観点である.また,これらに基づいて,遍歴的な性質と局在的な性質の 2 重性を持つ virtual bound state と局在モーメントの形成について述べる.

3.2.1 強く束縛された電子の近似によるバンド構造

バンド構造の成り立ちや，混成や部分状態密度とはどのようなものかを定性的，直感的に理解するために，強く束縛された電子の近似 (tight binding approximation) を使って，それらを導出する．

孤立した原子では電子は原子の周りを回っており，その電子状態は原子の軌道 $1s, 2s, 2p, 3s, \ldots$ で表される．原子同士を十分離して規則的にならべ，次にその間隔を次第に縮めていったときを考える．原子と原子の中間領域では両側の原子からのポテンシャルが重なり低くなるとともに，それぞれの原子の最外殻にある軌道はお互いに重なり始める．軌道が十分重なり合った場合では，電子は一つの原子の周りには局在せず，結晶中を伝導電子として遍歴していると期待される．以下では簡単のために物質は 1 種類の原子から構成されており，それぞれの原子位置 $\mathbf{R}$ は基本併進ベクトルで

$$\mathbf{R} = n_1 \mathbf{a_1} + n_2 \mathbf{a_2} + n_3 \mathbf{a_3} \tag{3.34}$$

と表すことができるとする．それぞれの原子の近傍で，電子の状態をよく表す波動関数を $f(\mathbf{r})$ とし，

$$\psi_\mathbf{k}(\mathbf{r}) = \sum_\mathbf{R} e^{i\mathbf{k} \cdot \mathbf{R}} f(\mathbf{r} - \mathbf{R}) = e^{i\mathbf{k} \cdot \mathbf{r}} \sum_\mathbf{R} e^{i\mathbf{k} \cdot (\mathbf{R} - \mathbf{r})} f(\mathbf{r} - \mathbf{R}) \tag{3.35}$$

とすると，$\psi_\mathbf{k}(\mathbf{r})$ はブロッホの定理 (3.5) 式を満たすブロッホ関数となる．

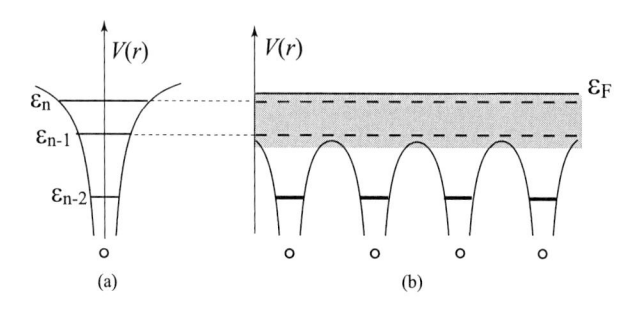

図 3.4 (a) 孤立した原子のポテンシャルとエネルギー準位．(b) 結晶中でのポテンシャルと伝導バンド (灰色) の模式図．

原子同士が近付いたときと孤立原子のときのポテンシャルの相違を $\delta V(\mathbf{r})$ とする．原子間の中間位置でもっとも大きいと予想される．一方，伝導電子が原子核からのクーロン力を遮蔽するので，それぞれの原子位置では隣の原子からのクーロン力の影響は大きくない．原子核近傍でのポテンシャルの形は，大きく変化せ

ず，孤立していた原子のときのポテンシャルとよく似ている．したがって，原子の近傍での電子の波動関数は孤立していた場合の原子の波動関数に近いと考えることができる．

f を原子の波動関数 ψ_n で展開すると

$$f(\mathbf{r}) = \sum_n c_n \psi_n(\mathbf{r}) \tag{3.36}$$

ここで，n は原子の波動関数 $1s$, $2s$, $2p$, $3s$, $3p$, $3d\cdots$ のなかの適当なものを示している．孤立した原子の状態でのハミルトニアンを H_a とすると

$$H_a \psi_n(\mathbf{r}) = \varepsilon_n \psi_n(\mathbf{r}), \quad \int \psi_m^*(\mathbf{r}) \psi_n(\mathbf{r}) d\mathbf{r} = \delta_{mn} \tag{3.37}$$

が成り立つ．また，

$$H\psi_\mathbf{k}(\mathbf{r}) = (H_a + \delta V(\mathbf{r}))\psi_\mathbf{k}(\mathbf{r}) = \varepsilon(\mathbf{k})\psi_\mathbf{k}(\mathbf{r}) \tag{3.38}$$

上式に $\psi_m^*(\mathbf{r})$ を乗じて積分すると

$$\int \psi_m^*(\mathbf{r}) H\psi_\mathbf{k}(\mathbf{r}) d\mathbf{r} = \varepsilon(\mathbf{k}) \int \psi_m^*(\mathbf{r}) \psi_\mathbf{k}(\mathbf{r}) d\mathbf{r} \tag{3.39}$$

(3.35) 式を代入し，$\mathbf{R}=0$ と $\mathbf{R}\neq 0$ の項に分けて整理すると

$$\begin{aligned}(\varepsilon(\mathbf{k}) &- \varepsilon_m) c_m \\ =& -(\varepsilon(\mathbf{k}) - \varepsilon_m) \sum_n \left(\sum_{\mathbf{R}\neq 0} \int \psi_m^*(\mathbf{r}) \psi_n(\mathbf{r}-\mathbf{R}) e^{i\mathbf{k}\cdot\mathbf{R}} d\mathbf{r} \right) c_n \\ &+ \sum_n \left(\int \psi_m^*(\mathbf{r}) \delta V(\mathbf{r}) \psi_n(\mathbf{r}) d\mathbf{r} \right) c_n \\ &+ \sum_n \left(\sum_{\mathbf{R}\neq 0} \int \psi_m^*(\mathbf{r}) \delta V(\mathbf{r}) \psi_n(\mathbf{r}-\mathbf{R}) e^{i\mathbf{k}\cdot\mathbf{R}} d\mathbf{r} \right) c_n \end{aligned} \tag{3.40}$$

となる．

$$O_{mn}(\mathbf{R}) = \int \psi_m^*(\mathbf{r}) \psi_n(\mathbf{r}-\mathbf{R}) d\mathbf{r} \tag{3.41}$$

$$O_{mn} = \sum_{\mathbf{R}\neq 0} O_{mn}(\mathbf{R}) e^{i\mathbf{k}\cdot\mathbf{R}} \tag{3.42}$$

$$\Delta_{mn} = -\int \psi_m^*(\mathbf{r}) \delta V(\mathbf{r}) \psi_n(\mathbf{r}) d\mathbf{r} \tag{3.43}$$

$$t_{mn}(\mathbf{R}) = -\int \psi_m^*(\mathbf{r})\, \delta V(\mathbf{r})\, \psi_n(\mathbf{r}-\mathbf{R})\, d\mathbf{r} \tag{3.44}$$

$$t_{mn} = \sum_{\mathbf{R}\neq 0} t_{mn}(\mathbf{R})\, e^{i\mathbf{k}\cdot\mathbf{R}} \tag{3.45}$$

を使って整理すると，(3.40) 式は

$$\sum_n \left((\varepsilon(\mathbf{k})-\varepsilon_n)\delta_{mn} + (\varepsilon(\mathbf{k})-\varepsilon_m)O_{mn} + \Delta_{mn} + t_{mn}\right)c_n$$
$$= 0 \tag{3.46}$$

今，簡単な例として，波動関数として s 軌道だけを考えると，(3.46) 式より

$$\varepsilon(\mathbf{k}) = \varepsilon_s - \frac{\Delta_{ss} + \sum_{\mathbf{R}\neq 0} t_{ss}(\mathbf{R})\, e^{i\mathbf{k}\cdot\mathbf{R}}}{1 + \sum_{\mathbf{R}\neq 0} O_{ss}(\mathbf{R})\, e^{i\mathbf{k}\cdot\mathbf{R}}} \tag{3.47}$$

となる．$O_{ss}(\mathbf{R})$ は (3.41) 式に示されたように，別な原子位置での波動関数との重なり積分を表している．その大きさは 1 に比べて小さいので，簡単のためにその寄与を無視する．また，ポテンシャルが反転対称 $\delta V(-\mathbf{r}) = \delta V(\mathbf{r})$ を持つとすると，$t_{ss}(-\mathbf{R}) = t_{ss}(\mathbf{R})$ が成り立つ．また，$\mathbf{R}$ として最近接 (nearest neighbour：nn) 原子位置だけをとる．それ以外は重なりが小さいので，無視することができる．したがって，

$$\varepsilon(\mathbf{k}) = \varepsilon_s - \Delta_{ss} - \sum_{nn} t_{ss}(\mathbf{R})\cos\mathbf{k}\cdot\mathbf{R} \tag{3.48}$$

いま，単位格子の長さが a の単純立方格子の場合を具体的に書き下すと，$\mathbf{R}$ は $(\pm a,0,0),\ (0,\pm a,0),\ (0,0,\pm a)$ であるので，最近接原子の $t_{ss}(\mathbf{R})$ を T_{ss} で表すと，

$$\varepsilon(\mathbf{k}) = \varepsilon_s - \Delta_{ss} - 2T_{ss}(\cos k_x a + \cos k_y a + \cos k_z a) \tag{3.49}$$

$\cos(k_y a) = \cos(k_z a) = 0$ のところで k_x 軸にそってエネルギー変化を図示してみると，図 3.5(a) のようになる．ポテンシャルの変化によってもとのエネルギー ε_s から Δ_{ss} だけエネルギーが下がる．T_{ss} はポテンシャルの変化と軌道の重なりによって生じており，隣の s 軌道への移りやすさを表し，バンド幅を与えている．また，k が小さい場合にはエネルギーは自由電子と同じように k^2 に比例して増大する．波動関数が外側に広がっていない場合，すなわち，電子が原子の周りによく局在している場合には T_{ss} が小さく狭いバンドが形成される．

価電子として s 電子に加えて d 電子がある場合を考える．d 軌道は 5 重に縮退しているので，式 (3.46) の行列は 1 行 1 列の行列 M_{ss}，および 5 行 5 列の行列

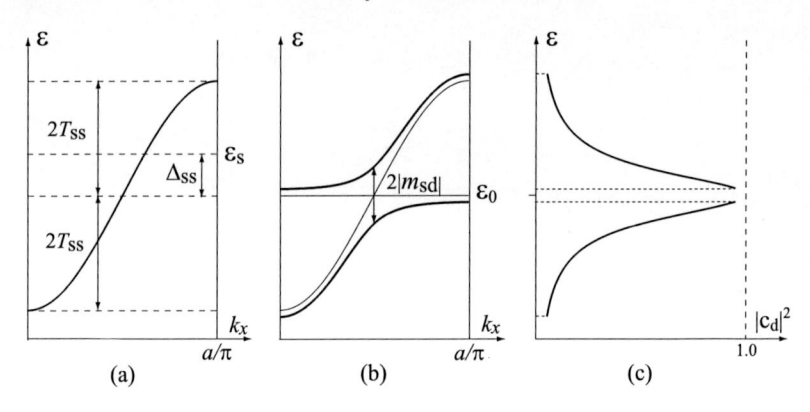

図 3.5 (a) ほとんど自由な電子のバンド．(b) ほとんど自由な電子と局在的なバンドが混成してできたバンド．(c) 混成バンドを構成する d 軌道の成分のエネルギー依存性．

M_{dd} および M_{sd}, M_{ds} を用いて表される．ここでは，d 軌道は一つであるとし，どのようなバンド構造が得られるかを示す．(3.46) 式において $O_{ss} = O_{dd} = 0$, $O_{sd} = O_{ds} = 0$, すなわち，別な原子位置での波動関数との重なり積分は無視する．また，$\Delta_{sd} + t_{sd} = m_{sd}$ は $\mathbf{k}$ に依存しない定数であるとする．また，$t_{dd} \approx 0$, すなわち d 軌道については軌道の重なりがほとんどなく，d バンドについては分散がないとする．さらに，わかりやすくするために $\varepsilon_s - \Delta_{ss} \approx \varepsilon_d - \Delta_{dd} \approx \varepsilon_0$ が成り立つ，すなわち，s 軌道，d 軌道から構成されるエネルギーバンドの中心は，だいたい同じところにあるとする．また，s バンドについては同様に $\mathbf{R}$ は最近接原子のみを考える．(3.46) 式は簡単化されて

$$(\varepsilon(\mathbf{k}) + t_{ss} - \varepsilon_0)c_s + m_{sd}c_d = 0$$
$$m_{sd}^* c_s + (\varepsilon(\mathbf{k}) - \varepsilon_0)c_d = 0 \qquad (3.50)$$

となる．したがって，エネルギーは

$$\varepsilon(\mathbf{k}) = \varepsilon_0 + \frac{-t_{ss} \pm \sqrt{t_{ss}^2 + 4|m_{sd}|^2}}{2} \qquad (3.51)$$

で表される．

s バンドの分散については，上記と同じく単純立方格子を考える．$|m_{sd}| = T_{ss}/2$ とした簡単な場合で $\varepsilon(\mathbf{k})$ の様子を $\cos(k_y a) = \cos(k_z a) = 0$ のところで k_x に沿って具体的に書いてみると，図 3.5(b) のようになる．つまり，自由電子的なバンドとほとんど分散のないバンドが混成することによって，図のような特徴的なバンドが形成される．今，d 軌道が原子位置から広がっておらず，また，原子位置近

傍のポテンシャルの変化は定数だけずれたものとすると，同じ原子内の異なった対称性の軌道は直交するので，$\Delta_{sd} \simeq 0$ である．この場合には，混成の大きさを決めているのは，d 軌道と隣の原子の s 軌道との $\delta V(\mathbf{r})$ を介しての混成 t_{sd} である．また，$\mathbf{k}$ によって，波動関数を構成する成分が違うことが，展開した係数 c_s, c_d の $\mathbf{k}$ 依存性を調べてみるとわかる．たとえば，$\mathbf{k} = 0$ の近傍でエネルギーの低い自由電子的なバンドの部分では，s 成分が主であり，高いところのバンドは d 成分が波動関数の主成分であることは容易に計算できる．図 3.5(c) には $|c_d|^2$ のエネルギー依存性を示してある．

図 3.6 にチタン (Titanium) から亜鉛 (Zinc) にいたる，鉄族 (3d) 遷移金属の常

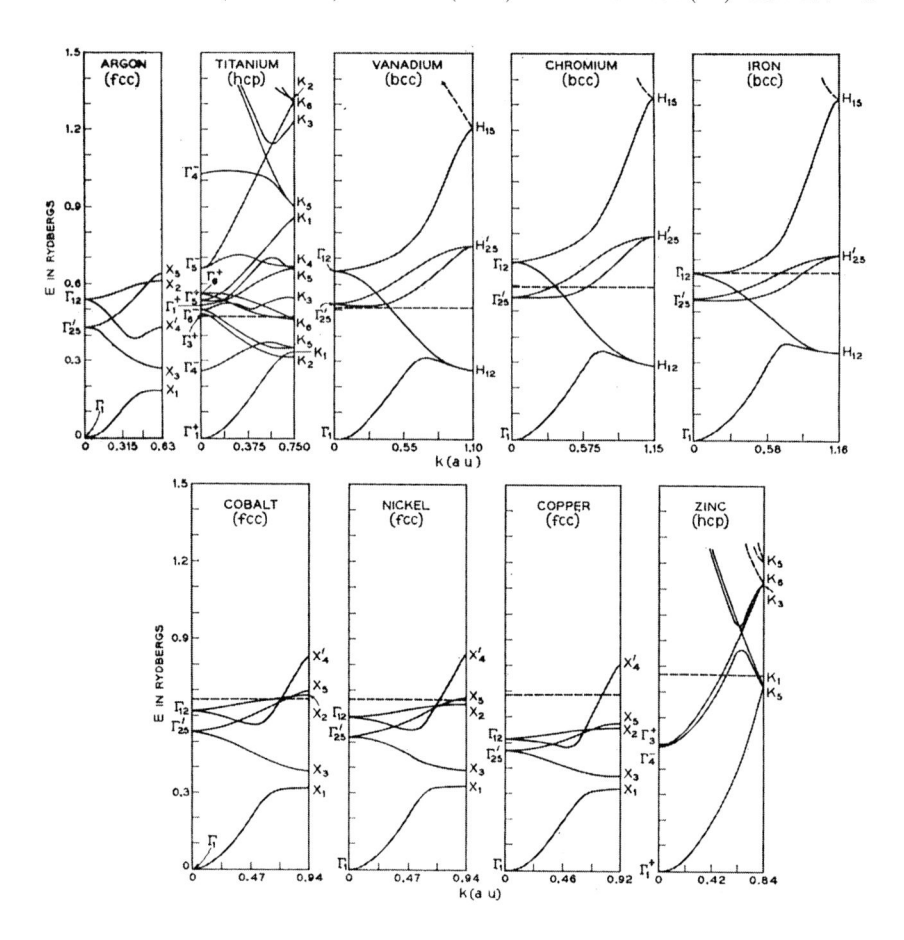

図 3.6　3d 遷移金属のバンド構造[23]．Sc と Mn は示されていない．

磁性状態でのバンド構造を示してある[23]．図中の fcc，bcc および hcp はそれぞれ面心立方格子，体心立方格子，稠密六方格子を表す．バンドはブリルアンゾーンの中心の Γ 点から，それぞれ H 点 (bcc)，X 点 (fcc)，K 点 (hcp) に向かう高対称軸にそってプロットしてある．バンド構造は上記に示した特徴を持っていることがわかる．すなわち，Γ 点からのびる自由電子的なパラボリックなバンドと比較的分散の少ない d 電子を主な源とするバンド (d バンド) と混成した形となっている．ただし，d 軌道の縮退により，バンドは1本ではない．また，対称性のよい軸に沿ってプロットしてあるために，d バンドは2重 (スピンを含めると4重) に縮退しているものもある．Ti から Cu に向かうに従って d バンドの平均位置は図中の点線で示したフェルミエネルギーより高い位置から，フェルミエネルギーよりも低い位置に移動する．また，その幅も次第に狭くなることがわかる．すなわち，核の電荷の増大によって d 電子はより核にひきつけられて，より局在的になる．Cu では，d レベルはかなり下に位置しており，フェルミレベルでは，主として s 成分の波動関数となる．Zn では d 軌道は完全にうまり，伝導バンドを形成しない．バンド構造はほとんど自由な電子のものとよく似たものとなる．また，d バンドのエネルギー近傍では，d バンドの分散が小さいため電子状態密度が大きくなる．図からわかるように Fe，Co，Ni ではフェルミエネルギー近傍で，狭い d バンドがあるために，高い電子状態密度を持つ．また，これらの物質は高い強磁性転移温度を持つ．$4d$，$5d$ 遷移金属では，内核に $3d$ 電子を持つために，有効的に d 成分のポテンシャルがスクリーンされるので，d 軌道は $3d$ 金属に比べてより局在的でなくなり，より幅の広い d バンドを形成する[24]．

3.2.2 伝導電子の散乱と virtual bound state

本項では，自由電子を出発点として，原子のポテンシャルによる散乱を扱う．本項では位相シフトを用いて，散乱現象を述べるので，最初に位相シフトの定義とポテンシャルの関係を述べる．また，自由電子的な金属中に，別な元素を置いたときのフリーデルの和則およびフリーデル振動を導く．遷移金属元素の d 電子のように，局在性の強い電子を持つ元素を自由電子的な金属中に置いたときに，局在的な軌道と自由電子的な状態の混成により，どのような状態が形成され，どのような電子の散乱が起こるかを述べる．

a. ポテンシャルと位相シフト

位相シフトについて，その定義とポテンシャルとの関係を述べる[25]．3次元空間において原点に球対称のポテンシャルがある場合を考える．原点からの距離を

r とする．取扱いの簡単のために $r > r_0$ では $V(r) = 0$ とする．金属中ではポテンシャルが伝導電子によって遮蔽されるので，よく成り立つ近似である．ポテンシャルは球対称であるので，波動関数は球面調和関数 Y_{lm} を用いて展開できる．ここで，l および m は方位量子数，磁気量子数である．位置 **r** の極座標表示 (r, θ, ϕ) を用い，$\kappa = (2m\varepsilon/\hbar^2)^{1/2}$ とすると，それぞれの方位量子数 (角運動量) に対応する波動関数を

$$\psi_{lm\kappa}(\mathbf{r}) = \psi_{l\kappa}(r) Y_{lm}(\theta, \phi) \tag{3.52}$$

と表すことができ，$\psi_{l\kappa}(r)$ は次の式を満足する．

$$\left(-\frac{d^2}{dr^2} - \frac{2}{r}\frac{d}{dr} + U(r) + \frac{l(l+1)}{r^2} \right) \psi_{l\kappa}(r) = \kappa^2 \psi_{l\kappa}(r) \tag{3.53}$$

ここで，$U(r) = (2m/\hbar^2)V(r)$ である．以後，$r < r_0$ の解を $u_{l\kappa}(r)$，$r > r_0$ での解を $\phi_{l\kappa}(r)$ で表す．ここで，κ が付けられているのは，エネルギーに依存することを示すためである．

$U(r) = 0$ すなわち $r > r_0$ では，(3.53) 式の解は l 次の球ベッセル関数 $j_l(\kappa r)$ および l 次の球ノイマン関数 $n_l(\kappa r)$ を用いて一般的に

$$\phi_{l\kappa}(r) = A_{l\kappa}[j_l(\kappa r) - C_l(\kappa) n_l(\kappa r)] \tag{3.54}$$

と表すことができる．$r \to \infty$ では，球ベッセル関数，球ノイマン関数はそれぞれ

$$j_l(\kappa r) \longrightarrow \frac{\sin(\kappa r - (l\pi)/2)}{\kappa r} \tag{3.55}$$

$$n_l(\kappa r) \longrightarrow -\frac{\cos(\kappa r - (l\pi)/2)}{\kappa r} \tag{3.56}$$

となる．$r = r_0$ での接続条件

$$L_l(\kappa) = \frac{u'_{l\kappa}(r_0)}{u_{l\kappa}(r_0)} = \frac{\phi'_{l\kappa}(r_0)}{\phi_{l\kappa}(r_0)} = \frac{j'_l(\kappa r_0) - C_l(\kappa) n'_l(\kappa r_0)}{j_l(\kappa r_0) - C_l(\kappa) n_l(\kappa r_0)} \tag{3.57}$$

から，$C_l(\kappa)$ を $L_l(\kappa)$ を用いて表すと

$$C_l(\kappa) = \frac{j'_l(\kappa r_0) - j_l(\kappa r_0) L_l(\kappa)}{n'_l(\kappa r_0) - n_l(\kappa r_0) L_l(\kappa)} \tag{3.58}$$

ここで，位相シフト δ_l を $\tan \delta_l = C_l(\kappa)$ と定義し，δ_l を用いて (3.54) 式を書きなおすと，

$$\phi_{l\kappa}(r) = \frac{A_{l\kappa}}{\cos \delta_l}[j_l(\kappa r) \cos \delta_l - \sin \delta_l n_l(\kappa r)] \tag{3.59}$$

$r \gg r_0$ では

$$\phi_{l\kappa}(r) = \frac{A_{l\kappa}}{\kappa r \cos \delta_l} \sin\left(\kappa r + \delta_l - \frac{l}{2}\pi\right) \tag{3.60}$$

となる.ポテンシャルの外側の波動関数がポテンシャルがない場合と比較して,方位量子数 (角運動量) l に依存する δ_l だけ位相シフトしている.ポテンシャルの外側では,ポテンシャルの形の詳細はあらわに現れなく,ポテンシャルの影響は位相シフトの形で現れる.

b. 自由電子の球対称ポテンシャルによる散乱

ポテンシャルによる自由電子の散乱も位相シフトを用いて表すことができる.今,$-z$ 軸方向から粒子が球対称ポテンシャルに入射してきたとする.散乱体に単位面積当たり,単位時間に入射する粒子数を N とすると,θ, ϕ 方向の立体角 $d\Omega$ に散乱される粒子数は単位時間当たり

$$N \cdot \sigma(\theta, \phi) \cdot d\Omega \tag{3.61}$$

と表すことができる.$\sigma(\theta, \phi)$ は微分散乱断面積と呼ばれている.球対称のポテンシャルに $-z$ 方向から入射する場合では,ϕ には依存しないで,θ のみの関数となる.N は $[面積]^{-1}[時間]^{-1}$ の次元を持ち,また,$N \cdot \sigma(\theta, \phi) \cdot d\Omega$ は $[時間]^{-1}$ の次元を持つので,$\sigma(\theta, \phi)$ は面積の次元を持つ.全立体角に対して積分した

$$\sigma = \int \sigma(\theta, \phi) \cdot d\Omega \tag{3.62}$$

は全散乱断面積と呼ばれている.粒子の流れに対して垂直に断面積 A の板を置いた場合を考えると,衝突して散乱される粒子の数,すなわち散乱の大きさは断面積 A に比例するので,散乱 "断面積" の意味を直観的に理解できる.詳しい導出の計算は省くが,全散乱断面積は位相シフトを用いて

$$\sigma = \int \sigma(\theta)d\Omega = \frac{4\pi}{\kappa^2}\sum_{l=0}^{\infty}(2l+1)\sin^2\delta_l \tag{3.63}$$

と表される.散乱断面積は位相シフトの大きさに依存するが,位相が π の整数倍だけ変化しても散乱断面積は変化しない.

c. フリーデルの和則

位相シフトはポテンシャルによって決まるが,位相シフトと状態数の間にはフリーデルの和則と呼ばれる関係がある.自由電子的な電子状態を持つ金属中の原子を別な不純物原子に置き換えたとする.不純物原子によるエネルギー ε までの状態数の変化 ΔN は,

$$\Delta N(\varepsilon) = \frac{2}{\pi}\sum_{l=0}^{\infty}(2l+1)\delta_l(\varepsilon) \tag{3.64}$$

である.ここでの因子 2 はスピンの縮重度によるものである.したがって,不純

物原子と母体金属の原子の価電子数の差を Δz とすると，フェルミエネルギーでの位相シフトを $\delta_l(\varepsilon_\mathrm{F})$ とし，

$$\Delta z = \frac{2}{\pi}\sum_{l=0}^{\infty}(2l+1)\delta_l(\varepsilon_\mathrm{F}) \tag{3.65}$$

の関係が成り立つ．金属中では伝導電子の遮蔽効果により不純物原子によるクーロン力は遠くまで及ばない．角運動量が大きいことは，不純物原子から離れたところを運動している確率が高いことを意味しているので，不純物原子近傍のみに存在するポテンシャルによる影響は少ない．実際の金属中では金属元素のポテンシャルの主要な成分である $l=3$ 程度まで考慮すれば十分である．上式より，価電子数の差が大きいほうが，位相シフトが大きい可能性が高いことがわかる．(3.63)式より，散乱も大きいので，価電子数の差が大きい不純物のほうが電気抵抗に，より大きく寄与する．

d. フリーデル振動

ポテンシャルの存在によって，周囲の電子の密度も変化するはずである．ポテンシャルより外側で，原点から r での電子密度の変動 $\Delta\rho(r)$ は r^{-3} の項までとると，

$$\begin{aligned}&\Delta\rho(r)\\&= -\frac{1}{2\pi^2 r^3}\sum_{l=0}^{\infty}(2l+1)[\sin\delta_l(\varepsilon_\mathrm{F})\cos(2k_\mathrm{F}r - l\pi + \delta_l(\varepsilon_\mathrm{F}))]\end{aligned} \tag{3.66}$$

と表すことができる．すなわち，原点でポテンシャルの変化が起こるとそれに対応して，周りの伝導電子の密度が周期 π/k_F で振動し，その振動の振幅は r^{-3} に比例して減衰することを示している．3.1.1 項 b で述べたように，k_F の大きさは格子間隔を a とすると π/a のオーダーの大きさである．したがって，振動の周期は大体格子間隔の大きさに等しい．また，各 l に対応する振幅の大きさは $\delta_l(\varepsilon_\mathrm{F}) = \pi/2 + n\pi$ のときもっとも大きく，$\delta_l(\varepsilon_\mathrm{F}) = 0 + n\pi$ のときゼロで，3.2.2 項 b に述べた散乱断面積の大きさと対応する．不純物原子によるポテンシャルの変化が起こる距離は大体格子間隔程度である．フリーデル振動は，この変化を $1/k_\mathrm{F}$ より長い波長の電子，すなわち，フェルミ球内の電子だけを用いては遮蔽できないことに対応している．すなわち，フリーデル振動も金属中の電子がフェルミ–ディラック分布に従い，フェルミ面を持つことから生じる現象である．

e. 共鳴散乱と virtual bound state

自由電子近似がよく成り立つ金属中において,原点にある一つの原子を遷移金属あるいは希土類金属に置き換えた場合を考える.図 3.7(a) はそのような状況を模式的に表している.結晶中ではポテンシャルが重なり,図 3.4 に示したようになる.そのときの伝導帯の底のエネルギーを ε_0 とする.(3.53) 式で示したように,遷移金属の d 電子 ($l=2$) や希土類金属の f 電子 ($l=3$) に対しては,ポテンシャル $U(r)$ に遠心力項 $l(l+1)/r^2$ を加えたもの ($U'(r)$) が動径方向の波動関数を決める.不純物ポテンシャル $U'(r)$ は図 3.7(a) のように山を持つことになる.その時,元の軌道のエネルギーレベル ε_l は伝導体帯の底よりも高いが,山の高さよりも低くなることがある.このような場合,エネルギーが ε_l 近傍の電子の波動関数を考えると,ポテンシャルの山の内側では元の軌道の波動関数とよく似た形をしていて,また,電子は山の存在のためにほとんど原子位置近傍に存在すると推測できる.しかし,ε_l は伝導帯の底よりも高いため,山の内側にいた電子はトンネル効果により,ポテンシャルの山より外側にしみだしていく.この状態は ε_l のエネルギーを持つ不純物の周りに束縛された状態が,伝導電子との混成により,寿命を持つと見ることもできる.このような状態は virtual bound state と呼ばれており,図 3.7(b) に示すような ε_l を中心として,寿命 $\hbar/\Delta_l$ に対応した Δ_l 程度のエネルギー幅を持った状態密度を持っていると考えることができる.この形は共振,共鳴現象のときのエネルギー吸収と同じ形である.

混成と幅 Δ_l との関係を簡単に述べる.いま,不純物が入ったときの系のハミルトニアンを H とする.系の波動関数 $\psi_{l\kappa}(r)$ は局在した状態 $\psi^a_{l\kappa_0}(r)$ と自由電子的な波動関数 $\phi_{l\kappa_n}(r)$ を用いてよく表されるとする.ここで,$\phi_{l\kappa_n}(r)$ は

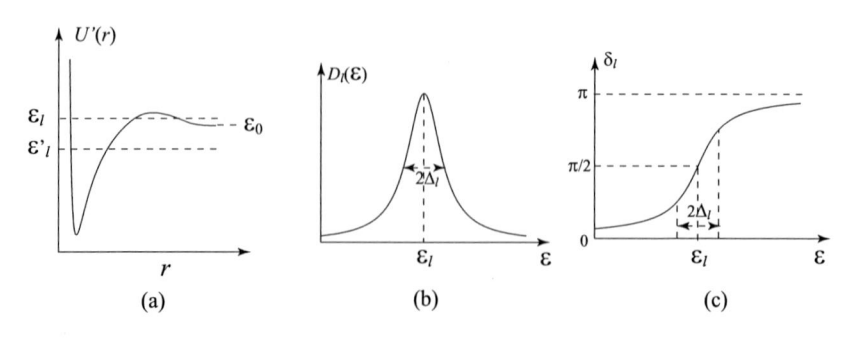

図 3.7 (a) 金属中の不純物原子のポテンシャルの概念図.ε'_l は ε_l と同じ対称性を持ち,より低いエネルギー準位を表す.(b) virtual bound state の状態密度.$2\Delta_l$ は半値幅を表す.(c) 共鳴散乱の位相のエネルギー変化.

$$\phi_{l\kappa_n} = \left(\frac{2\kappa_n{}^2}{R}\right)^{1/2} j_l(\kappa_n r) \tag{3.67}$$

で与えられるポテンシャルがないときの関数であり，$r \leq R$ で規格化されている．境界条件として十分大きな $r = R$ において $\phi_{l\kappa_n}(r) = 0$ を用いると，エネルギー固有値は $\kappa_n = (n + \frac{l}{2})\frac{\pi}{R}$ となる．ここで，

$$\psi_{l\kappa}(r) = \psi_{l\kappa_0}^a(r) + \sum_n c_n \phi_{l\kappa_n}(r) \tag{3.68}$$

と展開できるとする．$\psi_{l\kappa_0}^a$ と $\phi_{l\kappa_n}$ は厳密には直交しないが，よく局在した関数 $\psi_{l\kappa_n}^a$ と自由電子的な $\phi_{l\kappa_n}$ との重なり積分は非常に小さいとみなし，$\langle \psi_{l\kappa_0}^a | \phi_{l\kappa_n} \rangle = 0$ とする．また，

$$\langle \phi_{\kappa_m} | \phi_{\kappa_n} \rangle = \delta_{mn}, \quad \langle \psi_{l\kappa_0}^a | \psi_{l\kappa_0}^a \rangle = 1 \tag{3.69}$$

$$\langle \psi_{l\kappa_0}^a | H | \psi_{l\kappa_0}^a \rangle = \varepsilon_l, \quad \langle \phi_{l\kappa_n} | H | \phi_{l\kappa_n} \rangle = \varepsilon_n \tag{3.70}$$

であるとする．よく局在した軌道と自由電子的な状態との混成は

$$\langle \phi_{l\kappa_n} | H | \psi_{l\kappa_0}^a \rangle^* = \langle \psi_{l\kappa_0}^a | H | \phi_{l\kappa_n} \rangle = v_{ln} \tag{3.71}$$

で表される．ε_l での伝導電子の状態密度を ρ，また，v_{ln} が ε_l 近傍で一定であるとし，それを v_l とすると，エネルギー幅は $\Delta_l = \pi(v_l)^2 \rho$ で与えられる[8]．

このような状態は散乱の観点から共鳴散乱に対応することを示すことができる[4, 8, 25]．共鳴散乱による位相シフトは

$$\delta_l = \frac{\pi}{2} + \tan^{-1} \frac{\varepsilon - \varepsilon_l}{\Delta_l} \tag{3.72}$$

または

$$\tan(\delta_l) = \frac{\Delta_l}{\varepsilon_l - \varepsilon} \tag{3.73}$$

で表すことができる．δ_l をエネルギー ε の関数としてプロットしてみると図 3.7(c) のようになる．ちょうど $\varepsilon = \varepsilon_l$ のときに $\pi/2$ となり，ε_l 近傍のエネルギーを持つ伝導電子は，(3.63) 式からわかるようにポテンシャルによって強い散乱を受ける．不純物を入れた時に起こる状態数の変化は位相シフトを用いて (3.64) 式で与えられた．virtual bound state による状態密度の変化は角運動量 l に対応する状態だとする．l の対称性を持った状態は，$D_l(\varepsilon) = dN_l(\varepsilon)/d\varepsilon$ で与えられるので，

$$\begin{aligned} D_l(\varepsilon) &= \frac{2}{\pi}(2l+1)\frac{d\delta_l(\varepsilon)}{d\varepsilon} \\ &= \frac{2(2l+1)}{\pi}\frac{\Delta_l}{(\varepsilon - \varepsilon_l)^2 + \Delta_l{}^2} \end{aligned} \tag{3.74}$$

となる. $D_l(\varepsilon)$ は図 3.7(b) に示した形になることがわかる. $\varepsilon = \varepsilon_l$ のときは, $D_l = 2(2l+1)/\pi\Delta_l$ であり, 混成が小さいときは鋭い状態密度となる.

3.2.1 項では原子の波動関数を基にして, バンド構造を導いた. 原子を散乱体と考え, 散乱体を規則正しく並べると, 同じようにバンド構造を導くことができる. 散乱の観点からのバンド構造の導出は章末の参考書[2~4,24]に述べられている. 弱い散乱はほとんど自由な電子のバンドを導き, 強い散乱は狭い幅のバンドを生じる. 遷移金属の d バンドのエネルギーは散乱の観点からみると, 共鳴散乱を起こすエネルギーに対応する.

f. 局在モーメントの発生

ほとんど自由な電子状態で表される金属中の原点に virtual bound state が形成されている場合を考える. ここでは取扱いの簡単のために軌道縮退を考えないで, $l = 0$ と置くことにする. これまで, 電子同士の相互作用はあらわには考えてこなかった. 結晶中を遍歴している電子は, お互いを避け合うことができ, 電子間の相互作用の効果は大きくないと考えられる. 一方, ほとんど局在している軌道に二つの電子が入ったときには無視できないクーロン相互作用 U が働く. それぞれの平均場を感じることとすると, 相互作用のエネルギーは $E_U = U\langle n_\uparrow\rangle\langle n_\downarrow\rangle$ で与えられる. virtual bound state では, アップスピンとダウンスピンの電子は等確率で存在するために, 局在モーメントは発生しない. 一方, 上記のような項が存在し, U が大きいと, 両方のスピンの電子が同時に存在するとエネルギーが高くなり, どちらかのスピンの電子だけが存在する方がエネルギー的に有利になる.

今, $\langle n_\uparrow\rangle = \langle n_\downarrow\rangle = n_0$ のときを E_{U_0} とする. $E_{U_0} = Un_0^2$ である. ここで, virtual bound state に収容されるアップスピンとダウンスピンの数が δn だけ, どちらかに偏ったとする.

$$\langle n_\uparrow\rangle = n_0 + \delta n$$
$$\langle n_\downarrow\rangle = n_0 - \delta n \qquad (3.75)$$

これによるクーロンエネルギーの変化は

$$\Delta E_U = E_U - E_{U_0} = -U(\delta n)^2 \qquad (3.76)$$

また, このために ε_F 近傍の電子を δn だけ移さなければならない. ここでは, $\rho(\varepsilon) = D(\varepsilon)/2$ を用いると, δn 移ることによって, フェルミエネルギーは $\delta n/\rho_l(\varepsilon_F)$ だけシフトするが, 移る δn の平均エネルギーは $\delta n/\rho_l(\varepsilon_F) \times (1/2)$ なので, 結局

$$\Delta E_B = \left(\frac{1}{2}\delta n/\rho_l(\varepsilon_{\rm F}) - \left(-\frac{1}{2}\delta n/\rho_l(\varepsilon_{\rm F})\right)\right) \times \delta n$$
$$= \delta n^2/\rho_l(\varepsilon_{\rm F}) \tag{3.77}$$

だけ，バンドエネルギーが変化する．したがって，全体の変化は

$$\Delta E = \Delta E_B + \Delta E_U$$
$$= \delta n^2 \left(\frac{1}{\rho_l(\varepsilon_{\rm F})} - U\right) \tag{3.78}$$

である．$1/\rho_l(\varepsilon_{\rm F}) - U < 0$ ならば，$\delta n \neq 0$ のほうがエネルギーが低くなる．この関係は 3.1.2 項 b で述べた強磁性の発生と状況が似ている．高い状態密度だけでは強磁性は発生しないが，電子 (スピン) 間の相互作用が働くことで，アップスピンとダウンスピンの数に偏りが生じる．この場合，局在軌道を持つ原子のところには偏ったスピンの数に比例した磁気モーメントが発生する．

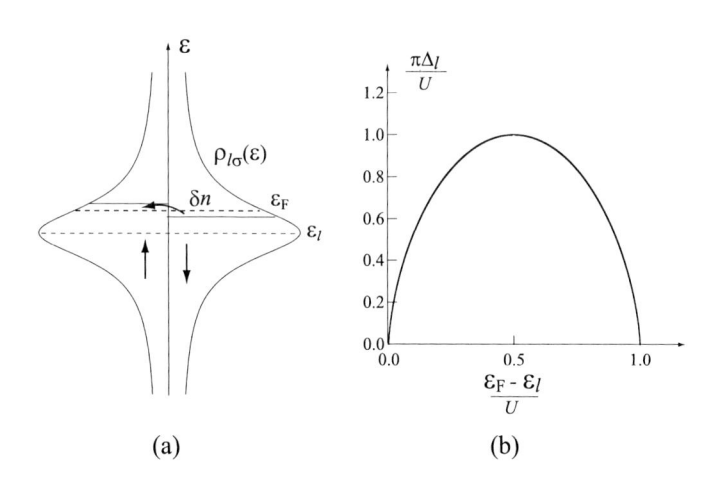

図 3.8 (a) 局在モーメントの発生機構の模式図．(b) 局在モーメントを発生する条件．

局在モーメントがどのようなパラメータの範囲で発生するかを見るために，$(1/\rho_l(\varepsilon_{\rm F})) - U = 0$ となる境界の形を求める．(3.74) 式から，virtual bound state の状態密度をそれぞれのスピンの方向に分けて書くと

$$\rho_l(\varepsilon) = \frac{1}{\pi}\frac{\Delta_l}{(\varepsilon - \varepsilon_l)^2 + \Delta_l{}^2} \tag{3.79}$$

となる．ε_l を $\varepsilon_l + n_0 U$，ε を $\varepsilon_{\rm F}$ に置き換え，$1/\rho_l(\varepsilon_{\rm F}) = U$ の条件を用いて書きなおすと

$$\frac{\pi\Delta_l}{U} = \frac{\left(\dfrac{\pi\Delta_l}{U}\right)^2}{\left(\pi\dfrac{\varepsilon_F - \varepsilon_l}{U} - \pi n_0\right)^2 + \left(\dfrac{\pi\Delta_l}{U}\right)^2} \quad (3.80)$$

また,位相シフトと占有数の関係は (3.64) 式で与えられ,位相シフトは (3.72) 式で与えられたので,これらの関係から,ε_l を $\varepsilon_l + n_0 U$,ε を ε_F に置き換えて

$$\pi n_0 = \tan^{-1}\frac{\Delta_l}{\varepsilon_l + n_0 U - \varepsilon_F} \quad (3.81)$$

が求まる.書きなおすと

$$\cot \pi n_0 = \frac{-\pi\dfrac{\varepsilon_F - \varepsilon_l}{U} + \pi n_0}{\dfrac{\pi\Delta_l}{U}} \quad (3.82)$$

ここで,$x = (\varepsilon_F - \varepsilon_l)/U$,$y = \pi\Delta_l/U$ とおき,(3.80) 式,(3.82) 式から n_0 を消去すると,

$$x = \frac{1}{\pi}\cot^{-1}\left(\left(\frac{1}{y} - 1\right)^{1/2}\right) - \frac{y}{\pi}\left(\frac{1}{y} - 1\right)^{1/2} \quad (3.83)$$

が求まる.横軸を $x = (\varepsilon_F - \varepsilon_l)/U$,縦軸を $y = \pi\Delta_l/U$ として,曲線をプロットしてみると図 3.8(b) が得られる.曲線で囲まれた領域が,$\langle n_\uparrow \rangle \neq \langle n_\downarrow \rangle$ の解を持つ領域となる.すなわち,ε_l はフェルミレベルの下にあり,$\varepsilon_l + U$ がフェルミレベルより上にある場合であり,また,混成が U に比べて小さいほうが解を持つ領域である.$(\varepsilon_F - \varepsilon_l) = U/2$ のときが Δ_l/U の広い範囲で解を持つことがわかる.以下では,この関係が成り立つ場合を対称の条件と呼ぶ.

3.3 希土類,アクチナイド元素の f 電子

本章ではこれまでほとんど自由な電子や局在性が強くない遷移金属の d 電子を念頭において,バンド構造や伝導電子状態について述べてきた.本章では,局在性の非常に強い f 電子が伝導電子との相互作用,あるいは混成を通じて,どのような物性や伝導電子状態をもたらすかを述べるのが目的である.後の節では f 電子と伝導電子の相互作用を取り入れた場合について述べるが,本節では f 電子を持つ希土類,アクチナイド元素の f 電子状態の特徴と局在 f 電子として振る舞う場合の物性の概要を述べる.局在 f 電子の磁性については,すでに 1,第 2 章で述べられているので,本節では後の章や節に必要な事項についてのみ述べるにとどめる.

3.3.1 希土類，アクチナイド元素の f 電子状態の特徴

表3.1に希土類元素の原子の電子配置[26,27]を示す．また，希土類元素は3価のイオンとなりやすく，3価のイオン状態での f 電子配置も示している．図3.9(a)に希土類原子の $6s$, $5d$, $5p$, $5s$, $4f$ 軌道について，電子密度分布 ($r^2\psi^2(r)$) が最大となる半径 $R_{\max}$ が示してある[26]．$4f$ 軌道の $R_{\max}$ は価電子の軌道 $6s$, $5d$ や内核電子の軌道 $5p$, $5s$ の $R_{\max}$ にくらべても，より核に近い内側に存在しており，$4f$ 電子は局在的な性格を持っていることがわかる．また，$4f$ 電子軌道も原子番号とともに縮んでおり，Yb の $4f$ 電子は Ce の $4f$ 電子に比べてより局在性が強いことを示唆している．ここでは示さないがアクチナイド原子の $5f$ 軌道の $R_{\max}$ は $4f$ 軌道 $R_{\max}$ にくらべて，より外側にあり，より遍歴的な性格を持つ．一般的に，内核にすでに同じ対称性の軌道があると，外殻の電子軌道の波動関数はないときよりも広がったものとなる．この関係は $3d$ 遷移金属の $3d$ 電子と $4d$ 遷移金属の $4d$ 電子の関係と同じである[24]．ここでは示されていないが，f 電子の分布は内側に主要な密度を持っているが，同時に外側に向かって長い裾を持っている．すなわち，ほとんど局在状態とみなすことができる一方で，周辺の原子の波動関数との混成が無視できず，後の章で示す f 電子に由来する興味深い物性の原因となっている．

表 3.1 希土類元素の原子 (Ln) および 3 価のイオンの (Ln^{3+}) の電子配置[26,27]．閉核の Xe の電子配置を省略してある．

元素	La	Ce	Pr	Nd	Pm	Sm	Eu	Gd
Ln	$5d6s^2$	$4f5d6s^2$	$4f^36s^2$	$4f^46s^2$	$4f^56s^2$	$4f^66s^2$	$4f^76s^2$	$4f^75d6s^2$
Ln^{3+}	$4f^0$	$4f^1$	$4f^2$	$4f^3$	$4f^4$	$4f^5$	$4f^6$	$4f^7$
元素		Tb	Dy	Ho	Er	Tm	Yb	Lu
Ln		$4f^96s^2$	$4f^{10}6s^2$	$4f^{11}6s^2$	$4f^{12}6s^2$	$4f^{13}6s^2$	$4f^{14}6s^2$	$4f^{14}5d6s^2$
Ln^{3+}		$4f^8$	$4f^9$	$4f^{10}$	$4f^{11}$	$4f^{12}$	$4f^{13}$	$4f^{14}$

原子番号が大きい元素では，相対論効果も電子密度分布に影響を与えている．相対論的効果は原子核近傍に大きな状態密度を持つ s 電子で大きく，角運動量の大きい d, f 電子では比較的小さい．s 電子の軌道が縮むと，比較的外側にある電子状態密度の大きい f 電子が感じる原子核からのポテンシャルはより有効にスクリーンされる．そのため f 電子の軌道は，逆に外側に広がることになる．この効果は $4f$ 軌道よりも $5f$ 電子軌道でより大きく，相対論を考えないときよりも少し広がった軌道となる[26,27]．

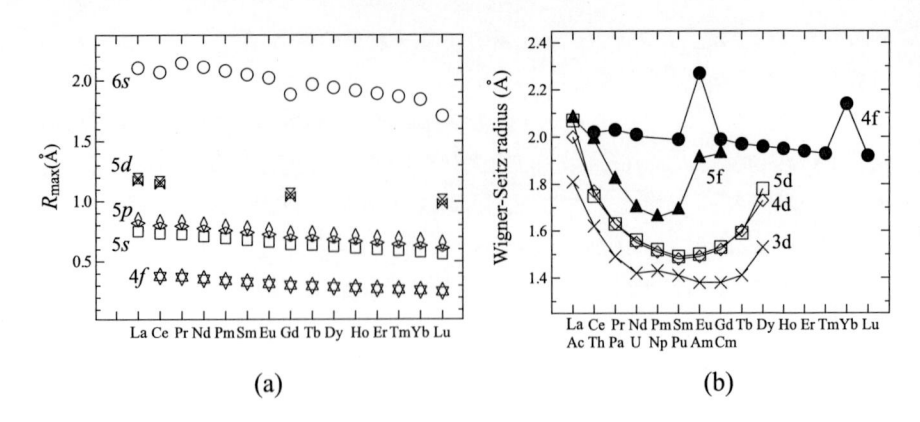

図 3.9 (a) 各軌道で電子密度が最大値をとる軌道半径 (相対論を取り入れた計算[26]). p, d, f 軌道については $l+(1/2)$ と $l-(1/2)$ 軌道が示してある. (b) 金属の密度 ρ から $(4/3)\pi(R_{\rm WS})^3 = (1/\rho)$ を用いて求めた Wigner–Seitz 半径 $R_{\rm WS}$. 密度は Hg[1] 以外は文献[28,29] の結晶構造, 格子定数から求めた. $3d$, $4d$, $5d$ 遷移金属については元素名は省略してあるが, 左端はそれぞれ Sc($3d$), Y($4d$), La($5d$), 右端は Zn($3d$), Cd($4d$), Hg($5d$) である.

図 3.9(b) に遷移金属元素, 希土類元素, アクチナイド元素が集まり金属結晶となったときのウィグナー–サイツ (Wigner–Seitz, WS) 半径を示す. すなわち, 原子一つが占める体積を球に置き換えたときの半径である. 遷移金属では d 電子の増加とともに, WS 半径は減少し, d 軌道が半分程度詰まったところから, 再び増加する. これは, d 電子が結合に寄与しており, ちょうど半分で結合軌道が埋まり, さらに増加させると反結合軌道が d 電子が埋め始めるためと考えられる. $4d$, $5d$ 遷移金属の結合に寄与する d 電子は $3d$ 遷移金属の d 電子に比べて, 広がっているため WS 半径も大きい. 一方, 希土類元素では, Eu と Yb を除いて, ほぼ単調に原子番号とともに減少する. この現象はランタノイド収縮として知られている. 希土類元素の $4f$ 電子の波動関数は広がっていず, 結合に寄与していないためである. 電子数の増加とともに, WS 半径は増加すると期待されるが, $4f$ 電子は角運動量が大きいために, 原子核近傍に大きな状態密度を持っていない. そのため, f 電子による原子核のポテンシャルのスクリーニングが不完全である. f 電子の数が増えると, 原子核の電荷が増加してもポテンシャルのスクリーニングがより不完全となっていくために, 他の電子軌道が収縮し, 全体としての収縮が起こると考えられている[26,27]. 先に述べた, 相対論効果による収縮も寄与し, その寄与は $6s$, $7s$ で 10% 程度であると見積もられている[26].

図 3.10 には, Ce^{3+}, Eu^{3+}, Gd^{3+}, Yb^{3+} における, フント則 (1.2.2 項 b 参

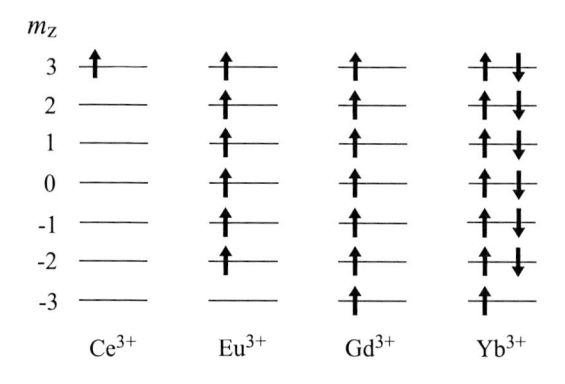

図 3.10 Ce^{3+}, Eu^{3+}, Gd^{3+}, Yb^{3+} の f 電子の配置.

照) に従った f 電子の配置を示している. Eu^{3+} では f 電子は 6 個であるが, f 電子がちょうど 7 個となる状態は安定な状態なので, 原子では $4f^7$ となる. また, 固体中でも $4f^7$ の+2 価の状態と $4f^6$ となる+3 価の状態のエネルギー差が小さいと考えられる. +2 価の状態はイオン半径が大きいので, Eu においては WS 半径が大きくなったと考えられる. また, f 軌道が全部埋まる $4f^{14}$ という配置も安定なので, Yb においても $4f^{14}$ となる+2 価の状態と $4f^{13}$ となる+3 価の状態のエネルギー差は小さく[27,30], この事情が結晶固体を形成したときも反映している. 一方, アクチナイド元素では, WS 半径は遷移金属元素と同様に原子番号の増加とともに急に減少し, Np から増大を始める. これらの変化は $5f$ 電子の波動関数はより広がっているため, 結晶中では d 電子と同様に結合に寄与するためである. Pu から Am へ向かっての変化は結合の観点からは理解できず, $5f$ 電子がより局在的になったと解釈される.

3.3.2 局在 f 電子による物性

ここでは本書で主に述べる Ce^{3+} を例にとって局在 f 電子としての物性を簡単に述べる. 局在 $4f$ 電子については, 1.5 節で述べた結晶場効果を考慮しなければならない. 図 3.11 に Ce^{+3} の $J = 5/2$ の状態が立方対称を持つ結晶場によって 2 重項 Γ_7 と 4 重項 Γ_8 に分裂する様子を示している. また, 図 3.11 の下図にはそれぞれの波動関数に対応する電荷分布が示してある. 図では, Γ_7 状態が基底状態になる場合が描いてある. 例として, NaCl 構造の化合物を考えると, Ce^{3+} に対して負イオンは $\langle 100 \rangle$ 方向に存在する. Γ_7 の電荷分布は負イオン原子のある方向を避けるようにして広がっているので, 通常は Γ_7 が基底状態になることが期

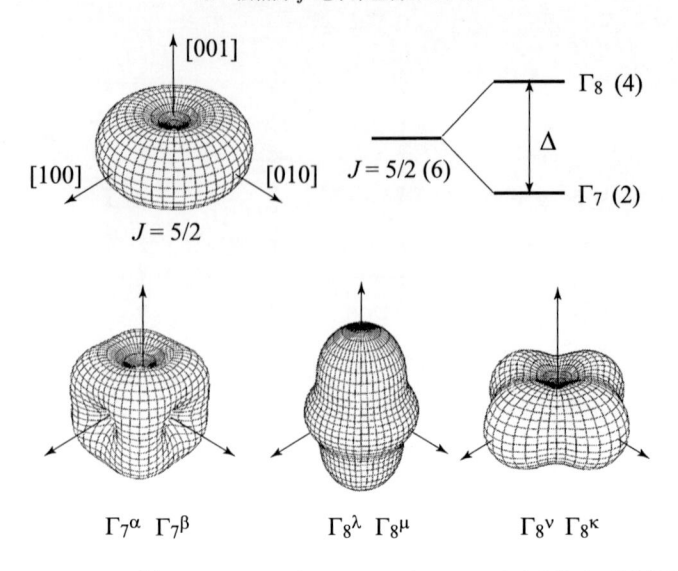

図 3.11 左上：Ce^{3+} の $J = 5/2$ 状態での電荷分布．下図：立方結晶系の結晶場中で分裂した Γ_7 と Γ_8 状態の電荷分布[31]．

待される．Ce^{3+} は奇数個の電子を持つクラマースイオン (1.5.2 項参照) であり，結晶場分裂をしても，常に磁気双極子の自由度を持っている．Γ_7 は磁気双極子の自由度のみであるが，Γ_8 は多極子の自由度も持っており，どちらが基底状態になるかで，異なる秩序状態，電子状態が出現する．Yb^{3+} もクラマースイオンであり，図 3.10 からわかるように，ちょうど Ce^{3+} の電子の代わりに f 電子のホールが磁性を担っているような見方ができる．したがって，Yb 化合物と Ce 化合物は電子とホールの対称性を議論するときに用いられることがある．しかし，上記のように，Yb の電子状態は，Ce と比較して，$4f$ 電子の局在性，相対論効果，2 価と 3 価のイオンのエネルギーの差などで異なっており，単純に電子とホールを置き換えた議論ができるわけではない．

結晶場の影響は，帯磁率，比熱，電気抵抗などの測定する物理量の温度変化の振る舞いに影響を与える．図 3.12(a) の点線と実線は，それぞれ結晶場を考慮しないとき，および結晶場によって Γ_7 と Γ_8 に分裂しているときの Ce^{3+} イオンの逆帯磁率の温度変化の計算結果を示している．ここで，T_Δ は結晶場の Γ_7 を基底状態としたときに，Γ_8 までの励起エネルギー Δ に相当する温度である．点線は 1.3.1 項 c で述べたキュリー–ワイス則に従う温度変化を示しており，その勾配からは有効磁子数が得られる．結晶場によって，分裂しているときは，十分低温で

は Γ_8 のレベルの寄与はほとんどなくなり，Γ_7 の寄与となる．逆帯磁率の振る舞いは，低温ではキュリー–ワイス則から外れるが，十分高温では両方のレベルが寄与し，逆帯磁率の勾配も結晶場のないときと大体等しくなる．

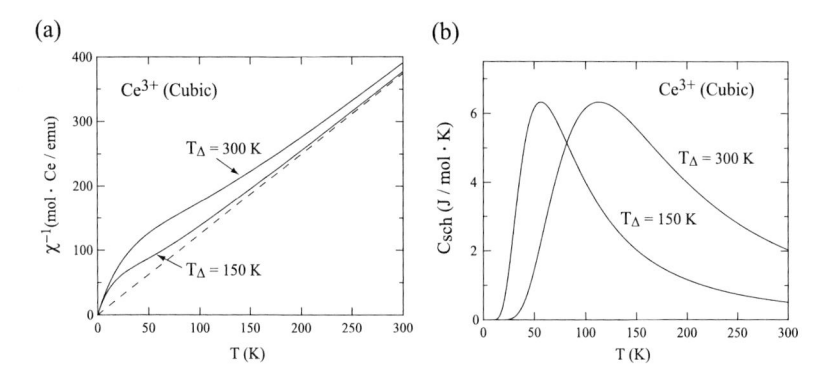

図 3.12　結晶場分裂のあるときの Ce^{3+} イオンの (a) 逆帯磁率，(b) 比熱の温度変化．$k_B T_\Delta$ は結晶場基底状態 Γ_7 と励起状態 Γ_8 間のエネルギー差を示す．

図 3.12(b) は結晶場分裂があるときの比熱 $C_{\rm sch}$ の温度変化を示している．異なるエネルギー ε_m を持つエネルギーレベルが複数あるときの温度 T における系のエネルギーは

$$\langle E_{\rm cf} \rangle = \frac{\sum_m \varepsilon_m \exp(-\varepsilon_m/k_B T)}{\sum_m \exp(-\varepsilon_m/k_B T)} \tag{3.84}$$

である．基底状態 Γ_7 の縮退度が 2，Δ だけ離れた Γ_8 の縮退度は 4 であることを考慮すると，

$$\langle E_{\rm cf} \rangle = \frac{2\Delta \exp(-\Delta/k_B T)}{1 + 2\exp(-\Delta/k_B T)}$$

$$C_{\rm sch} = \frac{\partial \langle E_{\rm cf} \rangle}{\partial T} = \frac{2\Delta^2}{k_B T^2} \frac{\exp(-\Delta/k_B T)}{(1 + 2\exp(-\Delta/k_B T))^2} \tag{3.85}$$

と計算できる．結晶場分裂などによる離散的な準位による比熱の振る舞いはショトキー (Schottky) 比熱と呼ばれている．図の場合では $\Delta = 2.65 k_B T$ となる温度でピークを持つ．比熱測定から，結晶場分裂の大きさを推定することができる．

十分低温では結晶場基底状態のみを考慮すればよいが，多くの場合縮退が残っている．残った自由度により，何らかの秩序状態が形成され，自由度を消失する．磁気双極子の自由度を持つ Γ_7 状態では磁気秩序が形成される．第 2 章で述べたように，多極子の自由度を持つ場合では多極子秩序も形成される．エントロピー

S と取りうる状態数 W の関係は $S = k_\mathrm{B} \log W$ で与えられる．1 モル当たりでは $S = R \log W$ となる．Γ_7 の場合は $W = 2$ であるが，結晶場分裂幅よりも十分高い温度では，f 電子は励起状態も取りうる．したがって，立方対称の結晶場中にある Ce^{3+} の場合では，Γ_8 状態と合わせて，$W = 6$ となる．比熱 C とエントロピーの関係は

$$S = \int_0^T \frac{C}{T} dT \qquad (3.86)$$

で与えられるので，比熱を測定することによって，温度とともに，あるいは相転移においてどのような自由度が失われたのかを推定することができる．

秩序状態からのマグノンなどの素励起があり，フォノンと同様に比熱に影響を与える．局在状態においても，伝導電子との相互作用はあり，これらの素励起は伝導電子の散乱を起こし，伝導の温度変化を与える．素励起による散乱の温度依存性は，磁性の場合では，強磁性，反強磁性などの磁性状態，また，励起のギャップの有無等に依存する．

この項では局在した f 電子について述べたが，本書が主に対象とするのは，局在性の強い f 電子と伝導電子との相互作用がもたらす種々の興味深い物性である．また，低温における低エネルギー現象を対象とするので，その場合には主に結晶場基底状態にある f 電子と伝導電子との相互作用を考えることになる．

3.4 フェルミ液体

これまで，電子同士の相互作用をあらわに考えないできた．相互作用が強い系，あるいは実際の物質で，電子同士の相互作用を取り入れて低エネルギー励起現象を具体的に表すのは，非常に困難である．ランダウ (Landau) は電子同士の相互作用が強い系においても準粒子という概念を用いて，相互作用のある系の低エネルギー励起を現象論的に記述した．今，相互作用のない系において，電子同士の相互作用をゆっくりと加えていくことによって，相互作用のある系に達することができるとする．そのとき，途中で相転移などの熱力学的な異常も起こらず，準位の交差も起こらず，相互作用のない系と相互作用のある系には 1 対 1 の対応が成り立つとする．相互作用のない系では電子の状態は $\mathbf{k}$ で指定された．基底状態はフェルミエネルギーまで電子が詰まっている状態である．フェルミエネルギーよりエネルギーの高い別な $\mathbf{k}'$ 状態に電子 1 個付け加えた励起状態を考える．相互作用のある系でも，状態は $\mathbf{k}$ で指定することができ，上記の励起状態に対応し

て，相互作用のある系でも $\mathbf{k}'$ に1個の粒子(準粒子)が付け加わった状態を考えることができる．この励起状態も相互作用のない系での励起状態と滑らかにつながっているとする．この励起状態の寿命を考える．

今，フェルミエネルギー ε_F よりも高いエネルギー状態 $\mathbf{k}_1$，$\varepsilon_{\mathbf{k}_1}$ にフェルミ粒子を付け加えたとする．絶対零度を考えると，ε_F 以下は粒子で占められた状態であり，以上は空いている状態である．$\mathbf{k}_1$ の粒子が $\mathbf{k}_2$ にある別な粒子と相互作用により，それぞれ，空いている $\mathbf{k}'_1$，$\mathbf{k}'_2$ に散乱されるためには $\varepsilon_{\mathbf{k}_2} < \varepsilon_F$，$\varepsilon_{\mathbf{k}'_1}$，$\varepsilon_{\mathbf{k}'_2} > \varepsilon_F$ でなければならない．一方，エネルギー保存則により，$\varepsilon_{\mathbf{k}_1} + \varepsilon_{\mathbf{k}_2} = \varepsilon_{\mathbf{k}'_1} + \varepsilon_{\mathbf{k}'_2}$．散乱の大きさは，相互作用による散乱確率と散乱されていく先の状態数に依存する．$\varepsilon_{\mathbf{k}_1} = \varepsilon_F$ であるとすると，$\varepsilon_{\mathbf{k}_2} = \varepsilon_F$ でなければならないので，エネルギー保存則を満たす空いた状態は存在しない．すなわち，寿命は無限大となる．図3.13 に示すように，$\varepsilon_{\mathbf{k}_1} > \varepsilon_F$ の場合は，上記の条件を満足する状態は存在し，その数は $(\varepsilon_{\mathbf{k}_1} - \varepsilon_F)^2$ に比例する．一方，有限温度の場合は，詰まった状態，空いた状態はフェルミ分布関数の性質により ε_F の上下 $k_B T$ の幅程度に存在する．したがって，散乱に寄与する状態数は $(k_B T)^2$ に比例する．すなわち，パウリの排他律により，励起されたフェルミ粒子の寿命 τ は，$1/\tau \propto (\varepsilon - \varepsilon_F)^2$ あるいは $1/\tau \propto T^2$ となることがわかる．したがって，準粒子の励起状態も熱揺らぎによって決まる寿命 $(\propto T^{-1})$ よりも十分長い寿命 T^{-2} を持っていると考えることができる．このような仮定が成り立つ系を相互作用のないフェルミ気体に対して，フェルミ液体と呼んでいる．

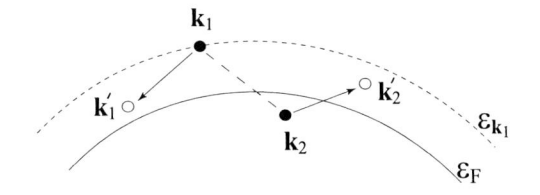

図 3.13 相互作用により準粒子の寿命が生じる概念図

系の対称性は等方的であるとすると，1対1の対応関係から基底状態におけるフェルミ波数は相互作用のある系でも変化しない．すなわち，フェルミ面で囲まれる体積は，相互作用の有無に関わらず一定である．この関係は，非等方的な場合にも成り立ち，ラッティンジャー(Luttinger)の定理と呼ばれている．自由電子の場合はフェルミ波数，あるいはフェルミ面の体積は単位体積当たりの伝導電

子数で決まっている. したがって, 相互作用があってもこの関係は変わらないので, フェルミ面の体積は原子あたり, あるいは基本単位格子あたり何個の伝導電子が出ているかで決まる.

相互作用のある系で, 基底状態から $\mathbf{k}$ の状態にあるスピン σ の準粒子の数を $\delta n_{\mathbf{k}\sigma}$ だけ分布を変えたとする. 系のエネルギー変化は

$$\delta E = \sum_{\mathbf{k}\sigma} \varepsilon_{\mathbf{k}\sigma} \delta n_{\mathbf{k}\sigma} + \frac{1}{2} \sum_{\mathbf{k}\mathbf{k}'} \sum_{\sigma\sigma'} f(\mathbf{k}\sigma, \mathbf{k}'\sigma') \delta n_{\mathbf{k}\sigma} \delta n_{\mathbf{k}'\sigma'} \quad (3.87)$$

で与えられるであろう. 相互作用のない系ではエネルギー変化は第1項だけで与えられるが, 相互作用のある系では, 分布が変化すると相互作用も変化するので高次の項が付け加わる. 3次以上の項は, 低エネルギー励起を扱う場合はより微小量として無視できる. $\mathbf{k}$ という状態に1個, 付け加える場合には準粒子のネルギーは $\varepsilon_{\mathbf{k}}$ であるが, 複数の準粒子が励起する場合にそれらの相互作用も含まれた形となり, $\tilde{\varepsilon}_{\mathbf{k}\sigma} = \delta E/\delta n_{\mathbf{k}\sigma} = \varepsilon_{\mathbf{k}\sigma} + \sum_{\mathbf{k}'} \sum_{\sigma\sigma'} f(\mathbf{k}\sigma, \mathbf{k}'\sigma') \delta n_{\mathbf{k}'\sigma'}$ が準粒子のエネルギーとして与えられる. 熱, 電場, 磁場などによる系の応答も, 第2項の相互作用の項に依存するようになる.

準粒子の状態は相互作用のない系と同じく $\mathbf{k}$ とその数 $n_{\mathbf{k}\sigma}$ で指定されるので, 系のエントロピーは相互作用のない系と同じ形,

$$S = -k_B \sum_{\mathbf{k}\sigma} [n_{\mathbf{k}\sigma} \log n_{\mathbf{k}\sigma} - (1-n_{\mathbf{k}\sigma}) \log(1-n_{\mathbf{k}\sigma})] \quad (3.88)$$

で与えられる. 相互作用のない系と同じく, 自由エネルギーを最小にする手続きで分布関数を求めることができて,

$$n_{\mathbf{k}\sigma} = [\exp((\varepsilon_{\mathbf{k}\sigma} - \mu)/k_B T) + 1]^{-1} \quad (3.89)$$

と表すことができる.

相互作用のない系と同様に基底状態からの有限温度での系のエネルギー変化を求めることによって, 系の比熱を求めることができる. 有限温度では相互作用のない系のように単純な形ではないが, 温度が十分低いときには, μ 近傍にするどい分布の変化があることは相互作用のないフェルミ粒子の場合と変わらない. これらのことを用いると, 相互作用のないときと同じ手続きで, 電子比熱係数 γ は絶対零度におけるフェルミ準位における状態密度を $D^*(\varepsilon_F)$ を用いて

$$\gamma = \frac{\pi^2}{3} k_B^2 D^*(\varepsilon_F) \quad (3.90)$$

と表すことができる. 等方的な系では状態密度は

$$D^*(\varepsilon_\mathrm{F}) = \frac{1}{\Omega}\sum_{\mathbf{k}\sigma}\delta(\mu-\varepsilon_{\mathbf{k}\sigma})\bigg|_{\mu=\varepsilon_\mathrm{F}}$$
$$= \frac{k_\mathrm{F}^2}{\pi^2}\left[\frac{\partial\varepsilon}{\partial k}\right]^{-1}_{k=k_\mathrm{F}} \tag{3.91}$$

と表すことができる．自由電子の場合の群速度 $\hbar k_\mathrm{F}/m$ と対応させて，準粒子の群速度を，

$$v_{k_\mathrm{F}} = \left|\frac{\partial\varepsilon}{\hbar\partial k}\right|_{k=k_\mathrm{F}} = \frac{\hbar k_\mathrm{F}}{m^*} \tag{3.92}$$

と表すことにより，準粒子の有効質量 m^* を定義する．状態密度は m^* を用いると $k_\mathrm{F} m^*/\pi^2\hbar^2$ と表される．

帯磁率も相互作用のない系と同じく，磁場を加えたときのスピンに依存する分布のずれを磁場の 1 次の項まで計算することによって，求めることができる．相互作用のある場合はゼーマン効果による各々の準粒子のエネルギーの変化ばかりでなく，他の準粒子の分布がずれることによる相互作用の変化も寄与する．今，系が等方的だとすると，相互作用 $f(\mathbf{k}\sigma, \mathbf{k}'\sigma')$ における $\mathbf{k}$, $\mathbf{k}'$ 依存性は両方のベクトルの相対的な角度 $\theta_{\mathbf{k}\mathbf{k}'}$ のみに依存する．フェルミ球上 ($|\mathbf{k}|=|\mathbf{k}'|=k_\mathrm{F}$) では，$f(\mathbf{k}\sigma, \mathbf{k}'\sigma') = f(\theta_{\mathbf{k}\mathbf{k}'}, \sigma\sigma')$ と表される．この場合では $f(\theta_{\mathbf{k}\mathbf{k}'}, \sigma\sigma')$ はルジャンドル関数 P_ℓ を用いて展開することができる．展開係数 (ランダウパラメータ) をスピンの交換について対称な項と反対称な項に分けると，

$$f(\theta_{\mathbf{k}\mathbf{k}'}, \sigma\sigma') = \sum_\ell (f_\ell + \sigma\sigma' z_\ell) P_\ell(\cos\theta_{\mathbf{k}\mathbf{k}'}) \tag{3.93}$$

となる．$F_\ell = D^*(\mu)f_\ell$，$Z_\ell = D^*(\mu)z_\ell$ という量を用いると，帯磁率は

$$\chi = \mu_B^2 \frac{D^*(\mu)}{1+Z_0} \tag{3.94}$$

で与えられる．状態密度に依存するとともに，反対称な相互作用の $\ell=0$ の項が寄与する．同様な計算をすることによって，電荷感受率 χ_c，有効質量 m^* もランダウパラメータを用いて表すことができる．

$$\chi_c = \frac{D^*(\mu)}{1+F_0} \tag{3.95}$$

$$m^* = \left(1+\frac{1}{3}F_1\right) \tag{3.96}$$

ランダウパラメータの具体的な値はわからないにしても，相互作用のある系について定性的に議論できる．$Z_0 \leq -1$ となる場合は帯磁率が発散または負となり，フェルミ液体状態は分極したほうが安定となり，強磁性状態に対して不安定とな

る.また,$F_0 \leq -1$ では圧縮率が発散または負となることを意味し,2相分離状態の形成に対して不安定となる.3.1.2項aで定義したウィルソン比も相互作用のある系では1からずれて,$R_W = 1/(1+Z_0)$ で与えられる.$R_W \gg 1$ の場合は強磁性的な揺らぎを示唆している.

フェルミ液体では,帯磁率および C/T が $T \to 0$ では一定値となる.電子比熱係数は比熱測定から C/T を $T \to 0$ として求められる.また,電気抵抗率は寿命の逆数に比例するので,その温度変化は

$$R(T) = R(0) + AT^2 \tag{3.97}$$

で与えられる.電子–電子相互作用による散乱はフェルミレベルでの状態密度の2乗に比例すると予測され,また,電子比熱係数は状態密度に比例する.したがって,係数 A と γ^2 は後の4.1.1項に示すように,よい対応関係がある.

金属固体は格子を組み,対称性は厳密には等方的ではないが,通常金属ではフェルミ液体の性質がよく成り立つことが知られている.本書で取り扱う強相関 f 電子系物質も常磁性状態の十分低温ではフェルミ液体で期待される振る舞いをする.これらのフェルミ液体から期待される性質が成り立たないときに非フェルミ液体と呼んでいる.磁気秩序状態は相互作用のない系との1対1対応は破れているので,上記で定義したフェルミ液体状態ではないが,温度によって決まる寿命よりも十分長い寿命を持つ励起(準粒子)は定義できる.しかし,寿命の温度変化は,たとえばマグノンなどの励起とそれらによる散乱により,T^{-2} とは異なる温度依存性となる.一方,十分長い寿命を持たない場合は準粒子そのものが定義できないので非フェルミ液体となる.また,励起そのものがフェルミ粒子として表されない場合も非フェルミ液体の例である.

3.5 不純物の電子状態と電子相関の効果

本節では不純物状態に電子相関の効果を取り入れた場合について,そのモデルと理論的な結果について述べる.本節では,いくつかの結果についてはその導出を簡単な計算で示すとともに,そのほかの主要な結果については,数値計算結果や実験結果を用いて物理的な内容を述べる.

3.5.1 アンダーソンモデルと近藤モデル

これまでの節では電子同士の相互作用は平均的な場として取り入れて考えてき

た．以下では相互作用をあらわに取り入れる．本書では強相関 f 電子系を対象とするために，以後，局在軌道として f 軌道を考える．3.2.2 項 e のように自由電子的な伝導電子中に局在的な電子を持つ不純物がある状況を表すモデルハミルトニアンがアンダーソン (Anderson) によって示された．原点に f 軌道がある場合，第 2 量子化の表示を用いると

$$H = \sum_{\mathbf{k}\sigma} \varepsilon_{\mathbf{k}} c^{\dagger}_{\mathbf{k}\sigma} c_{\mathbf{k}\sigma} + \varepsilon_f \sum_{\sigma} f^{\dagger}_{\sigma} f_{\sigma}$$
$$+ v \sum_{\mathbf{k}\sigma} (c^{\dagger}_{\mathbf{k}\sigma} f_{\sigma} + f^{\dagger}_{\sigma} c_{\mathbf{k}\sigma})$$
$$+ U f^{\dagger}_{\uparrow} f_{\uparrow} f^{\dagger}_{\downarrow} f_{\downarrow} \quad (3.98)$$

である．第 1 項は波数 $\mathbf{k}$，スピン σ，エネルギー $\varepsilon_{\mathbf{k}}$ を持つ伝導電子を表している．第 2 項は原子に局在したエネルギー ε_f の軌道に電子が存在する項を表す．ここでは，簡単のために軌道の縮退は考えず，スピンの縮退のみを考える．3.3.2 項で述べた結晶場基底状態が Γ_7 のように，クラマース 2 重項である場合には有効である．第 3 項は伝導電子と局在した状態との混成を表している．v は (3.71) 式に対応するもので伝導電子状態 $\mathbf{k}$ との混成を表している．厳密には $\mathbf{k}$ に依存するが，ここでは簡単のために定数としている．第 1，2，3 項は 3.2.2 項 e で述べた不純物原子の局在軌道が，伝導電子と混成している状態，あるいは仮束縛状態を表していることになる．第 4 項は局在軌道内でのクーロン相互作用を表している．3.2.2 項 f ではこの項を $U\langle f^{\dagger}_{\uparrow} f_{\uparrow}\rangle \langle f^{\dagger}_{\downarrow} f_{\downarrow}\rangle$ として扱い，局在モーメント (スピン) が形成される条件を求めた．このハミルトニアンは不純物アンダーソンモデルと呼ばれており，本書で取り扱う強相関 f 電子系物質の電子状態を取り扱う上では，本質的効果が取り入れられていると考えられている．これまで，伝導電子として自由電子を念頭に置いてきた．また，以下でも実際の計算では，伝導電子を自由電子として取り扱う．実際，3.2.1 項でのバンド計算からわかるように，Cu のような金属ではフェルミレベル近傍の伝導電子については，自由電子的な描像がよく成り立つ．本書で取り扱う実際の強相関 f 電子系物質においては，伝導電子は s 電子に加えて，p や d 電子から構成されており，必ずしも，自由電子近似が成り立つわけではない．しかし，そのような場合でも，以下で導かれる結果は定性的に変わらない．

この項では U が混成を表す項 v に比べて非常に大きい場合，$U \gg v$ の場合について考える．また，ε_f はフェルミエネルギー ε_F より下にあり，かつ $\varepsilon_f + U$ がフェルミエネルギーより上にあるとする．この条件は 3.2.2 項 f で示したように

局在スピンが形成される条件を満足する．以下では

$$H_0 = \sum_{\mathbf{k}\sigma} \varepsilon_{\mathbf{k}} c_{\mathbf{k}\sigma}^\dagger c_{\mathbf{k}\sigma} + \varepsilon_f \sum_\sigma f_\sigma^\dagger f_\sigma + U f_\uparrow^\dagger f_\uparrow f_\downarrow^\dagger f_\downarrow \tag{3.99}$$

とし，

$$H' = v \sum_{\mathbf{k}\sigma} (c_{\mathbf{k}\sigma}^\dagger f_\sigma + f_\sigma^\dagger c_{\mathbf{k}\sigma}) \tag{3.100}$$

の項を摂動として扱い，(3.98) 式から，低エネルギー現象を記述する有効ハミルトニアンが局在スピンと伝導電子のスピンとの相互作用の形で表されることを導出する．

H_0 に対応する基底状態は ε_F まで伝導電子が詰まっており，エネルギー ε_f の局在電子の軌道にアップかダウンスピンのどちらかの電子が存在する状況であり，これを $|G\alpha\rangle$ または $|G\beta\rangle$ とする．摂動の各項をみると，$\mathbf{k}\sigma$ にある伝導電子を局在軌道に加える，もしくは，局在軌道にある電子を空いているフェルミエネルギーより高い $\mathbf{k}\sigma$ の状態に移す操作となり，高い励起エネルギーが必要である．いま，低エネルギー励起の現象を対象とする場合だけを想定して，局在軌道を空にしたり，局在軌道に二つの電子が存在する状況を許さない条件で，摂動項の影響を見てみる．すなわち，局在軌道の電子数は 1 であり，この条件は局在電子の電荷の揺らぎがない状態である．

上記の条件では，もっとも低い摂動は 2 次摂動となり，中間状態を経て，もとのエネルギーに近い状態に戻ることが可能である．基底状態のエネルギーを E_G とすると，2 次摂動は

$$H' \frac{1}{E_G - H_0} H' \tag{3.101}$$

で与えられる．伝導電子系のエネルギーを E_c とすると $E_G = E_c + \varepsilon_f$ である．2 次摂動項を基底状態に作用させたときに，どのようになるかを調べ，低エネルギー励起に関する有効ハミルトニアンを導く．

(a) まず，(3.100) 式の最初の項 $\sum_\sigma c_{\mathbf{k}\sigma}^\dagger f_\sigma$ を $|G\alpha\rangle$ に作用させる．$\sum_\sigma c_{\mathbf{k}\sigma}^\dagger f_\sigma$ を作用させた中間状態を考える．エネルギー ε_f の局在軌道の ↑ 状態から $\varepsilon_{\mathbf{k}}$ に移すので，中間状態のエネルギー E_m は $E_c + \varepsilon_{\mathbf{k}}$ であり，$E_G - E_m = \varepsilon_f - \varepsilon_{\mathbf{k}}$ となる．すなわち，$\sum_\sigma c_{\mathbf{k}\sigma}^\dagger f_\sigma$ を作用させると，

$$\frac{v}{\varepsilon_f - \varepsilon_{\mathbf{k}}} c_{\mathbf{k}\uparrow}^\dagger |G\rangle \tag{3.102}$$

が得られる．さらに $H' = v \sum_{\mathbf{k}'\sigma} (c_{\mathbf{k}'\sigma}^\dagger f_\sigma + f_\sigma^\dagger c_{\mathbf{k}'\sigma})$ を作用させると

3.5 不純物の電子状態と電子相関の効果

$$H' \frac{1}{\varepsilon_f - \varepsilon_{\mathbf{k}}} v c^\dagger_{\mathbf{k}\sigma} |G\rangle$$
$$= \sum_{\mathbf{k}'} \frac{v^2}{\varepsilon_f - \varepsilon_{\mathbf{k}}} (\delta_{\mathbf{k}\mathbf{k}'} f^\dagger_\uparrow - c^\dagger_{\mathbf{k}\uparrow} c_{\mathbf{k}'\uparrow} f^\dagger_\uparrow - c^\dagger_{\mathbf{k}\uparrow} c_{\mathbf{k}'\downarrow} f^\dagger_\downarrow) |G\rangle$$
$$= \sum_{\mathbf{k}'} \frac{v^2}{\varepsilon_f - \varepsilon_{\mathbf{k}}} (\delta_{\mathbf{k}\mathbf{k}'} f^\dagger_\uparrow f_\uparrow - c^\dagger_{\mathbf{k}\uparrow} c_{\mathbf{k}'\uparrow} f^\dagger_\uparrow f_\uparrow - c^\dagger_{\mathbf{k}\uparrow} c_{\mathbf{k}'\downarrow} f^\dagger_\downarrow f_\uparrow) |G\alpha\rangle \tag{3.103}$$

となる.ここで $\delta_{\mathbf{k}\mathbf{k}'} f^\dagger_\uparrow f_\uparrow$ の項は単にエネルギーをシフトさせるだけの項なので,以下省略する.

(b) 今度は $|G\alpha\rangle$ に (3.100) 式の 2 番目の項 $\sum_\sigma f^\dagger_\sigma c_{\mathbf{k}\sigma}$ を作用させると,中間状態のエネルギーは $E_m = E_c + \varepsilon_f - \varepsilon_{\mathbf{k}} + \varepsilon_f + U$ だから,$E_G - E_m = \varepsilon_{\mathbf{k}} - \varepsilon_f - U$ である.さらに,$H' = v \sum_{\mathbf{k}'\sigma} (c^\dagger_{\mathbf{k}'\sigma} f_\sigma + f^\dagger_\sigma c_{\mathbf{k}'\sigma})$ を作用させると

$$\sum_{\mathbf{k}'} \frac{v^2}{\varepsilon_{\mathbf{k}} - \varepsilon_f - U} (-c^\dagger_{\mathbf{k}'\uparrow} c_{\mathbf{k}\uparrow} f^\dagger_\uparrow f_\uparrow + c^\dagger_{\mathbf{k}'\downarrow} c_{\mathbf{k}\uparrow} f^\dagger_\uparrow f_\downarrow) |G\alpha\rangle \tag{3.104}$$

の項を得る.また,$f^\dagger_\uparrow f_\uparrow + f^\dagger_\downarrow f_\downarrow = 1$ の制限のもとで,スピン 1/2 の演算子 S を用いると $f^\dagger_\uparrow f_\downarrow = S_+$, $f^\dagger_\downarrow f_\uparrow = S_-$ と表すことができる.(a) と (b) の項を合わせ $\mathbf{k}$ についての和をとると

$$\sum_{\mathbf{k}\mathbf{k}'} \left(\frac{v^2}{\varepsilon_f - \varepsilon_{\mathbf{k}}}\right) (-c^\dagger_{\mathbf{k}\uparrow} c_{\mathbf{k}'\uparrow} (f^\dagger_\uparrow f_\uparrow) - c^\dagger_{\mathbf{k}\uparrow} c_{\mathbf{k}'\downarrow} S_-)$$
$$+ \frac{v^2}{\varepsilon_{\mathbf{k}} - \varepsilon_f - U} (-c^\dagger_{\mathbf{k}'\uparrow} c_{\mathbf{k}\downarrow} S_- + c^\dagger_{\mathbf{k}'\downarrow} c_{\mathbf{k}\downarrow} (f^\dagger_\uparrow f_\uparrow)) \tag{3.105}$$

同様にして $|G\beta\rangle$ に対して同じ操作を行い両者を足し合わせ,$S_z = \frac{1}{2}(f^\dagger_\uparrow f_\uparrow - f^\dagger_\downarrow f_\downarrow)$ を用いると,

$$H_{eff} = \sum_{\mathbf{k}\mathbf{k}'} \left(\frac{v^2}{\varepsilon_{\mathbf{k}} - \varepsilon_f} + \frac{v^2}{\varepsilon_{\mathbf{k}} - \varepsilon_f - U}\right) \left(\frac{1}{2}(c^\dagger_{\mathbf{k}\uparrow} c_{\mathbf{k}'\uparrow} + c^\dagger_{\mathbf{k}\downarrow} c_{\mathbf{k}'\downarrow})\right)$$
$$- \sum_{\mathbf{k}\mathbf{k}'} \left(-\frac{v^2}{\varepsilon_{\mathbf{k}} - \varepsilon_f} + \frac{v^2}{\varepsilon_{\mathbf{k}} - \varepsilon_f - U}\right) ((c^\dagger_{\mathbf{k}\uparrow} c_{\mathbf{k}'\uparrow} - c^\dagger_{\mathbf{k}\downarrow} c_{\mathbf{k}'\downarrow}) S_z + c^\dagger_{\mathbf{k}\uparrow} c_{\mathbf{k}'\downarrow} S_-$$
$$+ c^\dagger_{\mathbf{k}\downarrow} c_{\mathbf{k}'\uparrow} S_+) \tag{3.106}$$

いま,考えているのが,フェルミレベル近傍の電子を中間状態に移し,再びフェルミエネルギー近傍に戻す,低エネルギー現象だから,$\varepsilon_{\mathbf{k}} = \varepsilon_F$ とおくと,

$$H_{eff} = V_{cf} \sum_{\mathbf{k}\mathbf{k}'} (c^\dagger_{\mathbf{k}\uparrow} c_{\mathbf{k}'\uparrow} + c^\dagger_{\mathbf{k}\downarrow} c_{\mathbf{k}'\downarrow})$$

$$-\frac{J_{cf}}{2}\sum_{\mathbf{k}\mathbf{k}'}((c^{\dagger}_{\mathbf{k}\uparrow}c_{\mathbf{k}'\uparrow}-c^{\dagger}_{\mathbf{k}\downarrow}c_{\mathbf{k}'\downarrow})S_z+c^{\dagger}_{\mathbf{k}\uparrow}c_{\mathbf{k}'\downarrow}S_-+c^{\dagger}_{\mathbf{k}\downarrow}c_{\mathbf{k}'\uparrow}S_+) \tag{3.107}$$

とまとめることができる. ここで

$$V_{cf}=\frac{v^2}{2}\left(\frac{1}{\varepsilon_{\mathrm{F}}-\varepsilon_f}+\frac{1}{\varepsilon_{\mathrm{F}}-\varepsilon_f-U}\right)$$

$$J_{cf}=2v^2\left(\frac{-1}{\varepsilon_{\mathrm{F}}-\varepsilon_f}+\frac{1}{\varepsilon_{\mathrm{F}}-\varepsilon_f-U}\right) \tag{3.108}$$

である.

第1項は伝導電子のスピンの向きを変えない散乱を表している. また, 3.2.2項fで述べた $\varepsilon_{\mathrm{F}}-\varepsilon_f=U/2$ となる対称の条件のときには $V_{cf}=0$ である. また, 伝導電子と f 電子の交換相互作用 J_{cf} は 3.2.2 項 f で述べた局在モーメントが生じる条件 $0<(\varepsilon_{\mathrm{F}}-\varepsilon_f)/U<1$ の場合は負である. V_{cf} の項を省略し, スピンマトリックス σ を用いて書きかえると

$$H_{eff}=-\frac{J_{cf}}{2}\sum_{\mathbf{k}\mathbf{k}'\sigma\sigma'}c^{\dagger}_{\mathbf{k}\sigma}\sigma_{\sigma\sigma'}c_{\mathbf{k}'\sigma'}\mathbf{S} \tag{3.109}$$

すなわち, $U\gg v$, あるいは局在電子の電荷の自由度がなく, スピンの自由度のみがある条件下で低エネルギー励起に関する有効ハミルトニアンを求めることができた. また, その形は局在スピンと伝導電子のスピンの相互作用の形で表された. 伝導電子の運動エネルギーの部分を付け加えると, 伝導電子系に局在スピンとの相互作用を取り込んだ近藤モデルとなる.

$$H_{\mathrm{K}}=H_c+H_{eff}$$

$$H_c=\sum_{\mathbf{k}\sigma}\varepsilon_{\mathbf{k}}c^{\dagger}_{\mathbf{k}\sigma}c_{\mathbf{k}\sigma} \tag{3.110}$$

3.5.2 近藤効果

a. 電気抵抗の温度変化

Cu などの通常金属に Fe などの磁性金属元素をわずかに固溶させると, 電気抵抗が低温で温度の降下とともに $-\log T$ に比例して上昇する現象がしばしば観測される (図 3.15, 3.17 参照). 近藤は H_{eff} に関する 1 次摂動項だけでなく, 2 次摂動項までの寄与を計算することによって, 電気抵抗の $-\log T$ を示す異常な振る舞いを説明することに成功した[8,32]. この解明は金属磁性の理解に新しい視点を与える端緒となったものであり, メカニズムや関連する現象を含めて近藤効果

3.5 不純物の電子状態と電子相関の効果

と呼ばれている.

H_{eff} による低エネルギー現象の一つである伝導電子の散乱を考える. (3.107) 式の第1項はスピンの方向を変えない散乱項のみからなっており，通常のポテンシャルによる散乱と同じであり，電気抵抗には異常な温度変化を与えない．第2項は伝導電子と局在のスピン方向に依存する散乱である．ここでは第2項による伝導電子の散乱，電気抵抗への寄与の計算について述べる．フェルミレベル以上の伝導電子の状態 $(\mathbf{k}\sigma)$ から $(\mathbf{k}'\sigma')$ への H_{eff} による遷移確率は T マトリックスを用いて

$$W(|\mathbf{k}\sigma\rangle \longrightarrow |\mathbf{k}'\sigma'\rangle) = \frac{2\pi}{\hbar}|\langle \mathbf{k}'\sigma'|T|\mathbf{k}\sigma\rangle|^2 \delta(\varepsilon_{\mathbf{k}} - \varepsilon_{\mathbf{k}'}) \quad (3.111)$$

と表される．3.2.2 項 b で述べた球対称のポテンシャルによる散乱の場合では，T マトリックスの計算結果は位相シフトを用いて表すことができた．H_{eff} による散乱の場合，T マトリックスを計算するのは困難なので，散乱を H_{eff} の摂動で求める．

1次の摂動の範囲では

$$W(|\mathbf{k}\sigma\rangle \longrightarrow |\mathbf{k}'\sigma'\rangle) = \frac{2\pi}{\hbar}|\langle \mathbf{k}'\sigma'|H_{eff}|\mathbf{k}\sigma\rangle|^2 \delta(\varepsilon_{\mathbf{k}} - \varepsilon_{\mathbf{k}'}) \quad (3.112)$$

である．S_z の固有値 M は $\pm(1/2)$ であるが，計算では便宜上 M として扱う．

まず，電子が $\mathbf{k}\uparrow$ の状態から $\mathbf{k}'\uparrow$ の状態へ散乱されることを考える．$\langle \mathbf{k}'\sigma'|H_{eff}|\mathbf{k}\sigma\rangle$ のマトリックス成分が残るのは，スピンの方向を変えない $(c_{\mathbf{k}'\uparrow}^\dagger c_{\mathbf{k}\uparrow} - c_{\mathbf{k}'\downarrow}^\dagger c_{\mathbf{k}\downarrow})S_z$ を含む項だけである．$\langle \mathbf{k}'\sigma'|H_{eff}|\mathbf{k}\sigma\rangle = -(J_{cf}/2)M$ が求まる．$\mathbf{k}\uparrow \longrightarrow \mathbf{k}'\downarrow$ の散乱については，伝導電子のスピンの方向を↑から↓に変える $c_{\mathbf{k}'\downarrow}^\dagger c_{\mathbf{k}\uparrow} S_+$ の項のマトリックス成分が残る．伝導電子のスピンの方向とともに局在モーメントも S_+ によって変化する．$S_\pm|S,M\rangle = \sqrt{(S \mp M)(S \pm M + 1)}|S, M+1\rangle$ の関係を利用すると $\langle \mathbf{k}'\sigma'|H_{eff}|\mathbf{k}\sigma\rangle = -(J_{cf}/2)\sqrt{(S-M)(S+M+1)}$ となる．

したがって，$|\mathbf{k}\uparrow\rangle$ の状態が散乱される確率は，二つの場合を合わせて，同じエネルギー状態にある $\mathbf{k}'$ について足し合わせると

$$W(\varepsilon_{\mathbf{k}}) = \frac{2\pi}{\hbar}\sum_{\mathbf{k}\mathbf{k}'}(|\langle \mathbf{k}'\uparrow|H_{eff}|\mathbf{k}\uparrow\rangle|^2 + |\langle \mathbf{k}'\downarrow|H_{eff}|\mathbf{k}\uparrow\rangle|^2)\delta(\varepsilon_{\mathbf{k}} - \varepsilon_{\mathbf{k}'})$$

$$= \frac{2\pi}{\hbar}\left(-\frac{J_{cf}}{2}\right)^2 (S(S+1) - M)\rho(\varepsilon_{\mathbf{k}}) \quad (3.113)$$

M について平均すると，平均値はゼロだから，結局

$$W(\varepsilon_{\mathbf{k}}) = \frac{2\pi}{\hbar}\left(-\frac{J_{cf}}{2}\right)^2 S(S+1)\rho(\varepsilon_{\mathbf{k}}) \quad (3.114)$$

が散乱される確率であり，異常な温度変化を示す結果は出てこない．$|{\bf k}\downarrow\rangle$ の状態が散乱される確率も同じ値である．

T マトリックスの 2 次摂動項は

$$\sum_m \frac{\langle {\bf k}'\sigma'|H_{eff}|m\rangle\langle m|H_{eff}|{\bf k}\sigma\rangle}{(E_i - E_m)} \tag{3.115}$$

である．ここで，$|m\rangle$ は中間状態である．また，E_i は始状態 $|i\rangle$ のエネルギーである．最初に，中間状態で伝導電子のスピンが変わらない散乱を考える．${\bf k}\uparrow$ から ${\bf k}'\uparrow$ への散乱の場合では，初期状態 $|{\bf k}\uparrow\rangle$ は，${\bf k}\uparrow$ が占められており，${\bf k}'\uparrow$ が空いている状態である．終状態 $|{\bf k}'\uparrow\rangle$ は，${\bf k}\uparrow$ が空いており，${\bf k}'\uparrow$ が占められている状態である．中間状態 $|m\rangle$ の取り方は二つある．一つは，(a) まず，${\bf k}\uparrow$ が空いている ${\bf k}''\uparrow$ に散乱され，その後 ${\bf k}''\uparrow$ が ${\bf k}'\uparrow$ に散乱される．もう一つは，(b) まず，${\bf k}''\uparrow$ が空いている ${\bf k}'\uparrow$ に散乱され，その後，${\bf k}\uparrow$ が空いた ${\bf k}''\uparrow$ へ散乱される．

最初に，前者の (a) 過程について考える．また，(3.115) 式でマトリックス成分が残るのは，中間状態に移る $c^\dagger_{{\bf k}''\uparrow}c_{{\bf k}\uparrow}S_z$ と中間状態から終状態へ移る $c^\dagger_{{\bf k}'\uparrow}c_{{\bf k}''\uparrow}S_z$ の組み合わせである．$E_i - E_m = \varepsilon_{\bf k} - \varepsilon_{{\bf k}''}$，$\varepsilon_{\bf k} = \varepsilon_{{\bf k}'}$ である．また，${\bf k}''\uparrow$ が空いていないといけないので，その確率 $1 - f(\varepsilon_{{\bf k}''} - \mu)$ を乗じる必要がある．2 次摂動項は

$$\left(-\frac{J_{cf}}{2}\right)^2 M^2 \sum_{{\bf k}''} \frac{(1 - f(\varepsilon_{{\bf k}''} - \mu))}{(\varepsilon_{\bf k} - \varepsilon_{{\bf k}''})} \tag{3.116}$$

次に後者の過程 (b) では中間状態に移る $c^\dagger_{{\bf k}'\uparrow}c_{{\bf k}''\uparrow}S_z$ と中間状態から終状態へ移る $c^\dagger_{{\bf k}''\uparrow}c_{{\bf k}\uparrow}S_z$ の組み合わせである．$E_i - E_m = (\varepsilon_{\bf k} + \varepsilon_{{\bf k}''}) - (\varepsilon_{\bf k} + \varepsilon_{{\bf k}'}) = \varepsilon_{{\bf k}''} - \varepsilon_{{\bf k}'}$ であり，中間状態 ${\bf k}''\uparrow$ が占有されている必要があるので，その確率を乗じると

$$(-1)\left(-\frac{J_{cf}}{2}\right)^2 M^2 \sum_{{\bf k}''} \frac{f(\varepsilon_{{\bf k}''} - \mu)}{(\varepsilon_{{\bf k}''} - \varepsilon_{\bf k})} \tag{3.117}$$

である．(a) と (b) を合わせると，

$$\left(-\frac{J_{cf}}{2}\right)^2 M^2 \sum_{{\bf k}''} \frac{1}{(\varepsilon_{\bf k} - \varepsilon_{{\bf k}''})} \tag{3.118}$$

次に中間状態で伝導電子のスピンの方向が変わる場合を考える．${\bf k}\uparrow$ から ${\bf k}'\uparrow$ への散乱では，中間状態 $|m\rangle$ の取り方は二つある．一つは，(c) まず，${\bf k}\uparrow$ が空いている ${\bf k}''\downarrow$ に散乱され，その後 ${\bf k}''\downarrow$ が ${\bf k}'\uparrow$ に散乱される．もう一つは，(d) まず，${\bf k}''\downarrow$ が空いている ${\bf k}'\uparrow$ に散乱され，その後，${\bf k}\uparrow$ が空いた ${\bf k}''\downarrow$ へ散乱さ

れる．

　まず，前者の過程について考える．また，(3.115) 式でマトリックス成分が残るのは，中間状態に移る $c^{\dagger}_{\mathbf{k}''\downarrow}c_{\mathbf{k}\uparrow}S_+$ と中間状態から終状態へ移る $c^{\dagger}_{\mathbf{k}'\uparrow}c_{\mathbf{k}''\downarrow}S_-$ の組み合わせである．$E_i - E_m = \varepsilon_{\mathbf{k}} - \varepsilon_{\mathbf{k}''}$ であり，また，$\mathbf{k}''\downarrow$ が空いていないといけないので，その確率 $1 - f(\varepsilon_{\mathbf{k}''} - \mu)$ を乗じる必要がある．マトリックス成分は

$$\left(-\frac{J_{cf}}{2}\right)^2 [S(S+1) - M(M+1)] \sum_{\mathbf{k}''} \frac{(1 - f(\varepsilon_{\mathbf{k}''} - \mu))}{(\varepsilon_{\mathbf{k}} - \varepsilon_{\mathbf{k}''})} \quad (3.119)$$

(d) の過程についても，同様にして，

$$(-1)\left(-\frac{J_{cf}}{2}\right)^2 [S(S+1) - M(M+1)] \sum_{\mathbf{k}''} \frac{f(\varepsilon_{\mathbf{k}''} - \mu)}{(\varepsilon_{\mathbf{k}} - \varepsilon_{\mathbf{k}''})} \quad (3.120)$$

が求まる．(c) と (d) の過程を合わせると

$$\left(-\frac{J_{cf}}{2}\right)^2 \left[\sum_{\mathbf{k}''} \frac{-M(1 - 2f(\varepsilon_{\mathbf{k}''} - \mu))}{(\varepsilon_{\mathbf{k}} - \varepsilon_{\mathbf{k}''})} + \sum_{\mathbf{k}''} \frac{S(S+1)}{(\varepsilon_{\mathbf{k}} - \varepsilon_{\mathbf{k}''})} - \sum_{\mathbf{k}''} \frac{M^2}{(\varepsilon_{\mathbf{k}} - \varepsilon_{\mathbf{k}''})}\right] \quad (3.121)$$

中間状態でスピンが反転するプロセスでは，中間状態が占める確率が寄与する

$$\sum_{\mathbf{k}''} \frac{-M(1 - 2f(\varepsilon_{\mathbf{k}''} - \mu))}{(\varepsilon_{\mathbf{k}} - \varepsilon_{\mathbf{k}''})}$$

の積分が残っていることに注意する．計算の過程からわかるように，中間状態の形成には，S_+，S_- がついた項が寄与する．分布関数が乗じられた項が消えないのは S_-S_+ と S_+S_- の非可換性，すなわち $S_-S_+ - S_+S_- \neq 0$ から生じている．また，金属の特徴であるフェルミ分布関数があらわに残るということに反映されている．

　$\mathbf{k}\uparrow$ から $\mathbf{k}'\uparrow$ への散乱について，1 次摂動および 2 次摂動の (a), (b), (c), (d) のマトリクックス成分の寄与をすべて合わせる．また，同様にして，$\mathbf{k}\uparrow$ から $\mathbf{k}'\downarrow$ への散乱についてもマトリックス成分を 2 次摂動の範囲で計算し，足し合わせる．また，M についての平均を取り，J_{cf} の 3 次までの項を取ると，散乱確率は

$$\begin{aligned}
W(\varepsilon_{\mathbf{k}}) &= W(|\mathbf{k}\uparrow\rangle \longrightarrow |\mathbf{k}'\uparrow\rangle) + W(|\mathbf{k}\uparrow\rangle \longrightarrow |\mathbf{k}'\downarrow\rangle) \\
&= \frac{2\pi}{\hbar} \sum_{\mathbf{k}'} \left(\frac{J_{cf}}{2}\right)^2 S(S+1) \left[1 + J_{cf}\left(\sum_{\mathbf{k}''} \frac{1 - 2f(\varepsilon_{\mathbf{k}''} - \mu)}{\varepsilon_{\mathbf{k}} - \varepsilon_{\mathbf{k}''}}\right)\right] \delta(\varepsilon_{\mathbf{k}} - \varepsilon_{\mathbf{k}'}) \\
&= \frac{2\pi}{\hbar} \left(\frac{J_{cf}}{2}\right)^2 S(S+1) \left[1 + J_{cf}\left(\sum_{\mathbf{k}''} \frac{1 - 2f(\varepsilon_{\mathbf{k}''} - \mu)}{\varepsilon_{\mathbf{k}} - \varepsilon_{\mathbf{k}''}}\right)\right] \rho(\varepsilon_{\mathbf{k}})
\end{aligned}$$

ここで,

$$g(\varepsilon_{\mathbf{k}}) = \sum_{\mathbf{k}''} \frac{f(\varepsilon_{\mathbf{k}''} - \mu) - (1/2)}{\varepsilon_{\mathbf{k}''} - \varepsilon_{\mathbf{k}}} \tag{3.122}$$

とおくと,

$$W(\varepsilon_{\mathbf{k}}) = \frac{2\pi}{\hbar} \left(\frac{J_{cf}}{2}\right)^2 S(S+1)[1 + 2J_{cf} g(\varepsilon_{\mathbf{k}})] \rho(\varepsilon_{\mathbf{k}}) \tag{3.123}$$

と表される.

$g(\varepsilon_{\mathbf{k}})$ の $\varepsilon_{\mathbf{k}''}$ についての計算を行う. 以後, 簡単にするために $\varepsilon_{\mathbf{k}}$ を単に $\mathbf{k}$ に依存しない ε とする. また, 状態密度 $\rho(\varepsilon_{\mathbf{k}}) = \rho(\varepsilon)$ を

$$\rho(\varepsilon) = \rho_0 \quad (-W \leq (\varepsilon - \varepsilon_{\mathrm{F}}) \leq W)$$
$$\rho(\varepsilon) = 0 \quad (|\varepsilon - \varepsilon_{\mathrm{F}}| \geq W|) \tag{3.124}$$

とする. さらに, 十分低温での低エネルギー現象であるので, $\mu = \varepsilon_{\mathrm{F}}$, $f(W) \approx 0$, $f(-W) \approx 1$, $k_{\mathrm{B}} T \gg |\varepsilon - \varepsilon_{\mathrm{F}}|$ とすると, 計算の詳細は省くが,

$$g(\varepsilon) = \rho_0 \log\left(\frac{\pi k_{\mathrm{B}} T}{2 e^{\gamma} W}\right) \tag{3.125}$$

となる. ここで γ はオイラー定数であり, $\gamma = 0.577$ である.

(3.123) 式へ代入すると, 散乱確率, すなわち電気抵抗は局在スピンの大きさに比例し, 温度に依存しない項と $\log T$ に比例する項からなることがわかる. また, J_{cf} が負のときには, 温度の減少とともに増加することがわかる. これまで, 温度依存しない項もしくはスピンに依存しない項については省略してきたが, これらを加え, 格子振動による温度変化 BT^5 の項を加えると, 電気抵抗率の温度変化は, 磁性不純物の濃度を c とし, 濃度が十分小さいときには

$$R(T) = c(R_0 - A \log T) + BT^5 \tag{3.126}$$

と表される. この式からわかるように, 電気抵抗はある温度で最小値を取った後, 温度の降下とともに $-\log T$ に比例して増大する. この振る舞いは, 実験的に観測された温度変化の結果をよく説明する. しかし, 実際には図 3.15, 3.17 に示すように低温では抵抗値が一定となる. さらに, 摂動の高次までとっても,

$$k_{\mathrm{B}} T_{\mathrm{K}} = W \exp\left(-\frac{1}{|J_{cf}|\rho_0}\right) \tag{3.127}$$

で与えられる温度 T_{K} (近藤温度) よりも低温で発散する振る舞いは変わらない. また, 最強発散項を集めると, T_{K} で発散することが示されている[33]. このことはどんなに J_{cf} を小さくしても, 摂動計算が破たんしていることを示している.

b. 近藤モデルの基底状態

摂動計算では抵抗の $-\log T$ 依存性の説明には成功したが，より低温での振る舞いを導き出すことができなかった．近藤モデルにおいて，温度を低下させていくとどのような状態に変化していくかについて，繰り込みという考え方による説明を簡単に述べる．より，詳細，厳密な説明については本書のシリーズの教科書[6]等を参照してほしい．

低エネルギー現象に考慮しなければならない伝導電子のバンド幅を W とする．このバンド幅をわずかに縮めていったときに，近藤モデルによって記述される低エネルギー現象が不変に保たれるように $J_{cf}(<0)$ の値を変化させるとする．そのような操作を行うと $J_{cf}(<0)$ の値は $|J_{cf}|$ が大きい状態 (強結合状態) へと連続的につながっていく．バンド幅を，考慮しなければならないエネルギー領域と考えると，バンド幅を縮める操作は温度を下げることと対応すると考える．したがって，温度を下げることは $|J_{cf}|$ が大きい方向，すなわち結合が強い方向に変化することに対応する．

$|J_{cf}|$ が大きいところにスケールされていくことは，近藤モデルの基底状態では局在スピンと伝導電子のスピンが反強磁性的に結合した状態が実現していることが予測される．芳田らによって伝導電子と局在スピンが結びついた一重項状態がもっともエネルギーの低い状態であることが示されている[9,34,35]．上向きまたは下向きの局在スピンの状態をそれぞれ α, β で表し，また，フェルミエネルギーまで伝導電子が詰まった状態に局在スピンが付け加わった状態を $|G\alpha\rangle$, $|G\beta\rangle$ で表す．一重項状態 (1.4.1 項参照) を形成するために，この状態にフェルミレベルより高いエネルギー状態の $\mathbf{k}$ に局在スピンと反対向きのスピンを持つ電子を付け加えた状態 $c_{\mathbf{k}\downarrow}^{\dagger}|G\alpha\rangle$, $c_{\mathbf{k}\uparrow}^{\dagger}|G\beta\rangle$ を考える．これらから，作った状態

$$|\Psi_s\rangle = \sum_{\varepsilon_{\mathbf{k}}>\varepsilon_F} \Gamma_{\mathbf{k}} c_{\mathbf{k}\downarrow}^{\dagger}|G\alpha\rangle - \Gamma_{\mathbf{k}} c_{\mathbf{k}\uparrow}^{\dagger}|G\beta\rangle \tag{3.128}$$

は (3.107)，(3.109) 式において，作用をフェルミレベル以上の $\mathbf{k}$ に限定すると，固有状態になる．しかし，近藤モデルの固有状態にはならず，H_{eff} を作用させると，無数の電子・正孔対が生成される．芳田らは次のような無限個の電子とホールが励起されている状態 $|\Psi_\alpha\rangle$, $|\Psi_\beta\rangle$ を考えた．

$$|\Psi_\alpha\rangle = \Bigg[\sum_{1} \Gamma_1^{\alpha} c_{1\downarrow}^{\dagger} + \sum_{123}(\Gamma_{12,3}^{\alpha\downarrow} c_{1\downarrow}^{\dagger} c_{2\downarrow}^{\dagger} c_{3\downarrow} + \Gamma_{12,3}^{\alpha\uparrow} c_{1\downarrow}^{\dagger} c_{2\uparrow}^{\dagger} c_{3\uparrow})$$
$$+ \sum_{12345}(\Gamma_{123,45}^{\alpha\downarrow\downarrow} c_{1\downarrow}^{\dagger} c_{2\downarrow}^{\dagger} c_{3\downarrow}^{\dagger} c_{4\downarrow} c_{5\downarrow} + \Gamma_{123,45}^{\alpha\downarrow\uparrow} c_{1\downarrow}^{\dagger} c_{2\downarrow}^{\dagger} c_{3\uparrow}^{\dagger} c_{4\downarrow} c_{5\uparrow}$$

$$+ \Gamma^{\alpha\uparrow\uparrow}_{123,45} c^{\dagger}_{1\downarrow} c^{\dagger}_{2\uparrow} c^{\dagger}_{3\uparrow} c_{4\uparrow} c_{5\uparrow}) + \cdots \Big] |G\alpha\rangle \quad (3.129)$$

$|\Psi_\beta\rangle$ は電子の消滅,生成演算子のスピンの向きを逆転させたものである.これらの状態から一重項状態の波動関数 $|\Psi_s\rangle$ を作り,近藤モデルの基底状態のエネルギー固有値を求めた.エネルギーは2重項状態よりも kT_K だけ低いことを示した.すなわち,発散の目安となる近藤温度は,一重項状態を形成する束縛エネルギーにも対応している.基底状態の波動関数の構成からわかるように $|\Psi_s\rangle$ は多体電子状態である.その状態を図で概念的に表すと,図 3.14 のようになる[9,35,36].局在スピンの周りには局在スピンと反対向きのスピンを持った伝導電子との結合

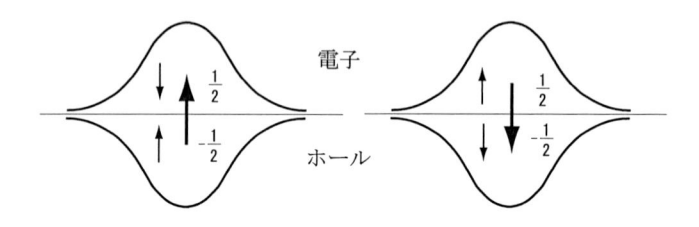

図 3.14 一重項基底状態の概念図

状態ができている.電子だけでは局所的に電気的な中性が保たれないが,局在スピンと同じ向きのスピンを持ったホールとの結合状態も形成されており,それぞれの状態は電子 1/2 個分あり,電気的な中性を保つとともに,全体として局在スピンを打ち消す働きをしている.

c. 電子状態の温度変化

基底状態からの低エネルギー現象を扱うために,ランダウのフェルミ流体論にならってノジエール (Noziéres)[37] は現象論的な理論を展開した.これにより近藤モデルの基底状態が局所フェルミ液体として理解できることを示した.磁性不純物による電子比熱係数の変化を $\Delta\gamma$,常磁性帯磁率の変化を $\Delta\chi_0$ とすると,ウィルソン比

$$\frac{\Delta\chi_0}{\chi_0} \bigg/ \frac{\Delta\gamma}{\gamma} \quad (3.130)$$

が強結合極限では2となること,また電気抵抗の低温での温度変化が

$$R(T) = R(0)(1 + AT^2) \quad (A < 0) \quad (3.131)$$

で与えられることを示した.現在では,近藤モデル,また,不純物アンダーソンモデルが示す比熱,帯磁率などの熱力学的な物理量およびその温度変化について

種々の手法を用いて計算が行われている．具体的な計算手法については巻末の文献を参照してもらうことにして，本書では数値計算結果が示す物理的な内容について述べる．

図 3.15 に，ウィルソン (Wilson) の数値繰り込み群[18,38,39)] を用いて計算した，電気抵抗率，$\langle S_z^2 \rangle$，エントロピー，比熱の温度変化を示す．横軸は近藤温度でスケールした温度の対数表示である．電気抵抗率は $-\log T$ の温度依存性を示した後，T_K より十分低温では一定値に落ち着く．その大きさは，状態密度などの母金属の電子状態に依存する．近藤モデルでは軌道縮退を考えないので，s 波のみの位相シフトだけを考えるとすると，基底状態において 1/2 個の伝導電子およびホールが局在スピンの周りに存在することは，それぞれフェルミレベルで $\pi/2$ の位相シフトを受けることに対応する．(3.63) 式からわかるように位相シフト $\pi/2$ は伝導電子の散乱の最大値を与える条件 (ユニタリティー極限) である．局在スピンとの相互作用の情報は伝導電子系の T マトリックスに含まれ，伝導電子の散乱は T マトリックスの虚部で与えられる．虚部はフェルミレベル近傍で鋭いピークを持つ．このような状態は近藤共鳴あるいはアブリコソフ–シュール (Abrikosov–Shul) 共鳴と呼ばれている．高温では，局在スピンは自由なスピンとして振るまい，帯磁率は $S = 1/2$ の局在スピンが示すキュリー–ワイス則に従う．温度の低下とともに，近藤効果により一重項の形成がはじまり $\langle S_z^2 \rangle$ は減少し，最低温では消失する．それとともに，高温での局在スピンの持っていたエントロピー $S = k_B \log 2$ も温度の低下とともに減少する．3.3.2 項で述べた磁気秩序の形成によって局在スピンのエントロピーがなくなる場合とは，メカニズムおよび基底状態はまったく異なったものである．比熱 C は

$$C = T\left(\frac{\partial S}{\partial T}\right) \tag{3.132}$$

で与えられるので，図 3.15(b) で示したようになり，$T_K/3$ 近傍にピークを持つ．図のように不純物近藤効果では温度を T_K でスケールすることによって，物理量の温度変化の様子は同じとなる．磁場による変化も 3.5.2 項 d で述べるように，T_K によってよくスケールされる．

近藤モデルとアンダーソンモデルの関係については 3.5.1 項で述べたが，アンダーソンモデルでは電子状態がどのように理解されるかを，数値計算結果を用いて述べる．ここでは対称条件，すなわち $\varepsilon_F - \varepsilon_f = U/2$ の場合を示す．図 3.16(a) には近藤温度よりも十分低温での一つのスピン当たりの f 電子状態密度 $\rho_f(\varepsilon)$ をエネルギー ε の関数として，異なる U について示している．フェルミエネルギーは

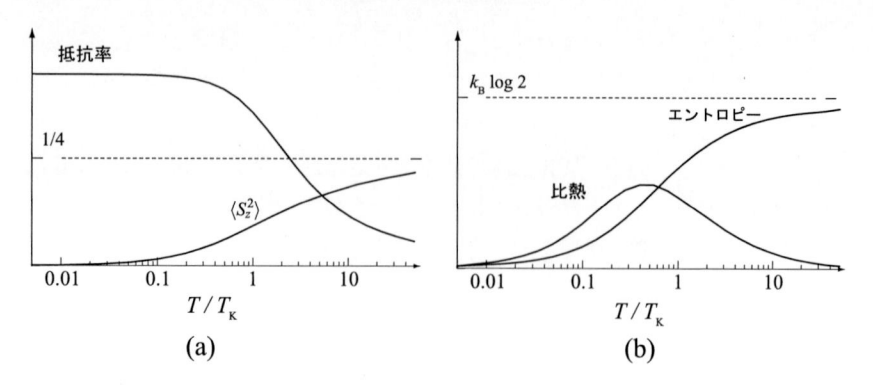

図 3.15 (a) 抵抗率, $\langle S_z^2 \rangle$, (b) エントロピー, 比熱の温度変化. 横軸は近藤温度で規格化した温度 (楠瀬博明氏による Wilson の数値繰り込み群の方法を用いた計算結果).

$\varepsilon = 0$ のところに取ってある. $U = 0$ のときは, 3.2.2 項 e で示した virtual bound state の状態密度に他ならない. 縦軸は $\pi\Delta$ を乗じた値が示してある. ピークの値は U の大きさにかかわらず 1 の値をとる, すなわち $\rho_f(0)$ 値が $1/(\pi\Delta)$ であることを示している. $U = 0$ の場合は (3.73), (3.74) 式から $\rho(\varepsilon_F) = (1/\pi\Delta)\sin^2\delta_f$ の関係が導かれるので, $\rho_f(0) = 1/(\pi\Delta)$ は位相シフト $\pi/2$ と対応する. フリーデルの和則からフェルミレベル以下には, 一つのスピン当たり 1/2 個の局在 f 電子が存在することと対応する. フリーデルの和則はアンダーソンモデルでは有限の U のときも成り立ち, また, 上記の位相シフトと f 電子状態密度の関係がなりたつ. 対称の条件では, U の値によらず, 局在電子数は常に 1/2 なので, $\rho_f(0)$ は一定であり, また位相シフトは $\pi/2$ である.

フェルミレベル近傍のピーク幅は U の増大とともに, 狭くなっていることがわかる. $U = 0$ のときからの連続的変化を考えると, 混成による f 電子の遍歴性を表していると考えることができる. しかし, その混成の幅は多体効果 U の増大とともに, より小さく繰り込まれている.

低温で形成された局所フェルミ液体状態ではフェルミ液体 (3.4 節参照) と同様に, 低温での低エネルギー励起は準粒子を用いて記述できる. 準粒子はフェルミエネルギー近傍で Δ の代わりに, 繰り込まれた混成に対応して, 繰り込まれた分散 $\tilde{\Delta} = z\Delta$ の状態密度

$$\tilde{\rho}_f(\varepsilon) = \frac{1}{\pi}\frac{\tilde{\Delta}}{(\varepsilon - \tilde{\varepsilon}_f)^2 + \tilde{\Delta}^2} \qquad (3.133)$$

を持っている. ここで, $\tilde{\varepsilon}_f$ は繰り込まれた f レベルであり, 対称の条件では $\tilde{\varepsilon}_f = 0$

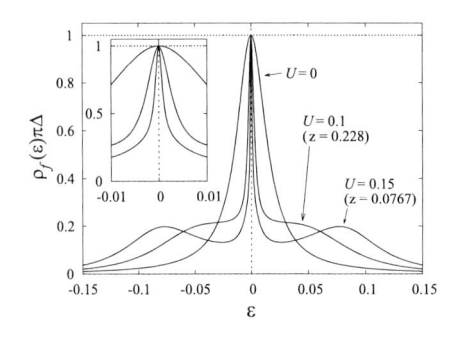

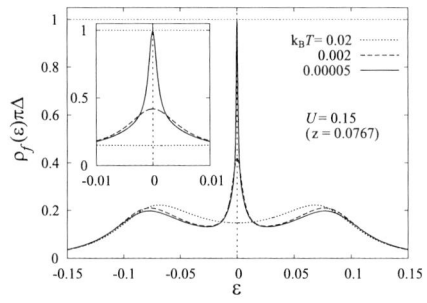

図 3.16 不純物アンダーソンモデルの f 電子状態密度の (a) U の大きさによる変化. (b) 温度による変化 (大槻純也氏による連続時間量子モンテカルロ法[40]) による計算結果). 挿入図はそれぞれフェルミエネルギー近傍におけるスペクトルの拡大図. エネルギーの単位としてバンドのカットオフエネルギーを $W = 1.0$ とし, $Nv^2 = 0.01$ としてある. ここで, N は格子点の数である. (3.98) 式には N はあらわに含まれていないが, 混成項の大きさの定義の仕方による (3.6.2 の (3.156) 式参照).

である. また, z は準粒子の重みと呼ばれるもので, 励起における準粒子として記述できる割合に対応する. それぞれの U に対応する z の値が図中に示されている. U が大きいほど z は小さい. 不純物原子 1 個当たりの比熱あるいは電子比熱係数への寄与は多体効果により $1/z$ だけ, 増大することになる. 近藤モデルでは T_K 程度の温度範囲で局在スピンのエントロピーが大部分失われた. 低温では $C/T \sim \Delta S/\Delta T$ が成り立つとして, $\Delta T \sim T_K$ とすると, T_K が低いほど, 比熱あるいは電子比熱係数への寄与が大きい. (3.108), (3.127) 式より, 低い T_K は小さな混成 v, または大きな U に相当するので, 近藤モデルの結果とも対応する.

一方, v がゼロの場合は $\pm U/2$ のところ, すなわち ε_f および $\varepsilon_f + U$ のところに局在状態が形成される. 図に示すように v が有限の場合には, $\pm U/2$ 近傍になだらかな山が現れる. この山は f 電子の局在性に由来し, 混成による局在スピンの揺らぎを表していると考えることができる.

図 3.16(b) は U を同じにして温度変化させた場合の f 電子状態密度を示している. 温度の高いときには $\pm U/2$ 近傍のところにピークが存在する. これは近藤モデルにおいて f 電子が高温で局在スピンの振る舞いをすることに対応する. また, 温度の低下とともに, フェルミレベルのところにピークが発達していく様子がわかる. 近藤モデルでは f 電子の電荷の自由度は消されているので, f 電子の状態密度は求めることができない. フェルミレベルのところの f 電子状態密度は伝導電子の散乱と関係づけることができるので, 近藤モデルにおける近藤共鳴ピーク

と対応する.

近藤モデルおよびアンダーソンモデルにおいて,上記の数値計算の結果は,低温における低エネルギー現象は多体効果によってフェルミレベル近傍に形成される状態によって支配されることを示している.対称の条件でない場合や $S=1/2$ でない場合については,巻末の文献[18]を参照してほしい.

d. 近藤効果の磁場効果

近藤効果による特徴的な抵抗の温度変化は局在スピンの自由度による散乱によって起こっている.したがって,強い磁場を加えスピンの向きを固定してしまうと,特徴的な温度変化は失われてしまうはずである.図 3.17(a) は $LaAl_2$ の La を 0.63% Ce に置き換えた場合の磁場中での電気抵抗の温度変化を示している[41].無磁場では典型的な不純物近藤効果の振る舞いを示すが,加えた磁場の増加とともに,低温での増大が抑えられていく様子を示している.それとともに,5〜10 kOe (0.5〜1T) では緩やかな山が形成され,山のピークの位置は次第に高温側に移っていくとともに,その山の高さも減少し,目立たなくなる.無磁場での抵抗の温度変化を図 3.15 の計算結果と対応させると,T_K は 0.5 K 程度の大きさであると推定される.

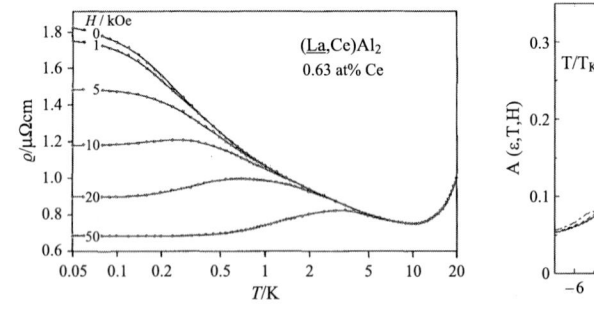

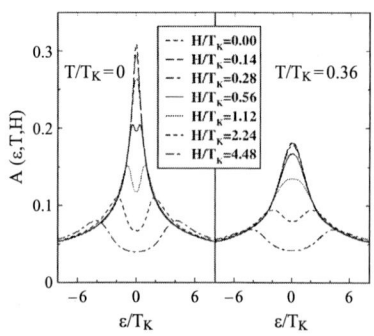

図 3.17 (a) $LaAl_2$ の La を Ce に置換した合金での磁場下での抵抗率の温度依存性[41].磁気抵抗の寄与は補正されている.(b) 近藤モデルを用いた磁場中での T マトリックスの虚部のエネルギー依存性[42].左図は $T=0$,右図は有限温度の場合を示す.

図 3.17(b) は,局在スピンの大きさを $S=1/2$ とし,磁場の影響を局在スピンだけに限定し,数値繰り込み群[18,38,39]の方法によって計算した結果である[42].縦軸の A は T マトリックスの虚数部分に比例する量で,先に述べたように電子の散乱強度,すなわち電気抵抗の大きさに対応する.横軸は近藤温度でスケールしたエ

ネルギーであり，$\varepsilon = 0$ がフェルミエネルギーに対応する．図3.17(b) の左図は絶対零度，右図は有限温度における磁場変化を示している．無磁場ではフェルミレベルを中心として鋭いピークを形成している．このピークは先に述べた近藤共鳴ピークである．図では $k_B = g = \mu_B = 1$ とした単位での計算結果が描いてあり，図中の H/T_K は近藤温度に対応するエネルギー $k_B T_K$ と磁場によるエネルギーシフトの大きさ $g\mu_B H$ の相対値を示したものである．$S = 1/2$ に対しては，1T の磁場はゼーマン効果により約 0.7 K のオーダーのエネルギーシフトを与える．磁場の増加とともに $\varepsilon = 0$ でのピークは減衰するとともに，$H/T_K = 0.5$ 近傍から，ピークが二つに分かれはじめ，磁場の増加とともに分裂は顕著となる．これは，無磁場ではアップスピンとダウンスピンの状態が縮退していたが，ゼーマン効果により分裂し，磁場中では局在スピンの方向によって，散乱のエネルギー依存性が異なるためである．この計算では図3.17(a) 示した磁場変化の様子をよく再現していることが示されている[42]．このように不純物状態の近藤効果は $\mu_B H = k_B T_K$ 程度の磁場によって大きな影響を受ける．磁性金属が結晶格子を組んだ強相関 f 電子系物質においては近藤効果は主要な相互作用である．第4章では近藤効果と磁場との競合によって生じる現象についても述べる．

e. 結晶場の効果

上記では，不純物の局在電子の数 $n_f = 1$ として，$n_f = 0, 2$ への励起を摂動で取り入れ，低エネルギー励起に関する有効ハミルトニアン H_K を導いた．U が大きい場合には，局在電子の $n_f = 2$ 以上の占有状態は，$n_f = 0, 1$ の場合に比べて，エネルギーが高い．$n_f = 1$ から $n_f = 0$ のみの遷移を考えると，軌道縮退を取り入れた Coqblin–Schrieffer モデル[43]と呼ばれる下記の有効ハミルトニアン[44,45]を導くことができる．

$$H_{cs} = \sum_m \varepsilon_{fm} f_m^\dagger f_m + \sum_{\mathbf{k}m} \varepsilon_{\mathbf{k}m} c_{\mathbf{k}m}^\dagger c_{\mathbf{k}m}$$
$$- J_{cs} \sum_{\mathbf{k},\mathbf{k}'} \sum_{m,m'} f_{m'}^\dagger f_m c_{\mathbf{k}m}^\dagger c_{\mathbf{k}'m'} \quad (3.134)$$

ここで，ε_m は m という状態にいる局在電子のエネルギーであり，$f_m^\dagger$, f_m はその状態の生成，消滅演算子である．$\mathbf{k}, m$ は波数 $\mathbf{k}$ を持ち，不純物の周りで状態 m と同じ状態を持っている伝導電子の状態である．m がスピン σ に対応するときには $f_\uparrow^\dagger f_\uparrow + f_\downarrow^\dagger f_\downarrow = 1$ の条件を課すと，(3.109) 式の近藤モデル H_K と

$$H_{cs} = \sum_\sigma \varepsilon_f f_\sigma^\dagger f_\sigma - \frac{1}{2} J_{cs} \sum_{\mathbf{k}\mathbf{k}'\sigma} c_{\mathbf{k}\sigma}^\dagger c_{\mathbf{k}'\sigma} + H_K \quad (3.135)$$

の関係があることがわかる.この場合では $J_{cs} = (1/2)J_{cf}$ である.このモデルを用いて,縮退がある一般の J に対する比熱,帯磁率等の計算がなされている[46].

全角運動量を J とし,縮退度が $2J+1$ で与えられるとすると,このモデルでは近藤温度は

$$k_B T_K^{(2J+1)} = W \exp\left(-\frac{1}{(2J+1)|J_{cs}|\rho_0}\right) \tag{3.136}$$

で与えられる.すなわち,縮退度が高いと,それぞれの状態が近藤効果に寄与し,近藤温度が高くなる.

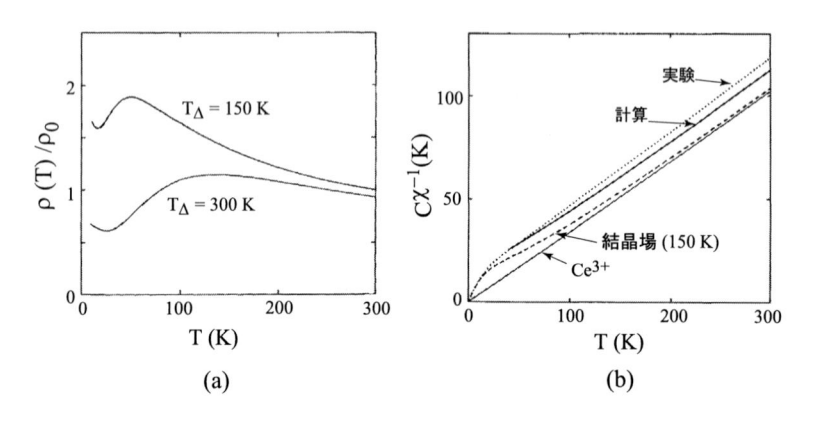

図 3.18 (a) 結晶場分裂が T_Δ =150 K, 300 K であるときの電気抵抗の温度変化.抵抗率は T_Δ =150 K のときの 300 K における抵抗率の値 ρ_0 で規格化してある.(b) 結晶場分裂が T_Δ =150 K であるときの逆帯磁率の温度変化の計算結果 (実線) および $Ce_xLa_{1-x}Al_2$ の実験結果 (点線)[49].この物質では Ce あたりの帯磁率は,Ce 濃度にほとんど依存しない.$C = (\text{mol/cm}^3)((g_J\mu_B)^2/k_B)$ を乗じて温度の単位で示してある.

結晶場によってさらに準位は分裂し,縮退度は変化する.今,Ce^{3+} の準位 $(2J+1=6)$ が Γ_7 (縮退度 2) と Γ_8 (縮退度 4) に分裂し,Γ_7 が基底状態であり,励起エネルギーが Δ で与えられるとする.分裂幅より十分低温では近藤温度は

$$k_B T_K^{(2)} = W \left(\frac{W}{k_B T_K^{(2)} + \Delta}\right)^2 \exp\left(-\frac{1}{2|J_{cs}|\rho_0}\right)$$

$$\approx W \left(\frac{W}{\Delta}\right)^2 \exp\left(-\frac{1}{2|J_{cs}|\rho_0}\right) \quad (k_B T_K^{(2)} \ll \Delta) \tag{3.137}$$

で与えられる[45,47].(3.136) 式の exp の中の $2J+1$ は Γ_7 の縮退度 2 に置き換えられている.近藤効果による物性の温度依存性は,$k_B T \gg \Delta$ の温度領域から

$k_{\rm B}T \ll \Delta$ の温度領域に移るときに，クロスオーバー的な温度変化が現れることを示している．図 3.18(a) には電気抵抗の温度変化の計算結果を $T_\Delta = 150$ K，300 K の場合に対して示している[48]．パラメータの値として，$J_{cs}\rho_0 = 0.0315$ および $W/k_{\rm B} = 10^4$ K を用いており，これらは $T_{\rm K}^{(6)}$，$T_{\rm K}^{(2)}$ に対して 50.4 K，5.4 K の値を与える．電気抵抗は温度降下とともに上昇し，緩やかな山を持った後，再び上昇する．ピークの現れる温度は結晶場分裂幅に対応する温度よりもだいぶん低い温度となっている．Ce が格子を組んだ場合では，第 4 章で述べるようにコヒーレンスにより，抵抗が低温で下がるので，しばしば磁気散乱による抵抗に二つの山が観測されることがある．

図 3.18(b) は逆帯磁率の温度変化を示している[44]．実線が $T_\Delta = 150$ K の場合の計算値であり，その他のパラメータは図 3.18(a) と同じである．細い実線および破線はそれぞれ図 3.12 にも示した局在 f 電子による Ce^{3+} および結晶場効果を考慮したときの逆帯磁率である．点線は $Ce_x La_{1-x} Al_2$ の実験[49]から求められた温度変化である．高い近藤温度の影響により，高温から近藤効果の影響が，逆帯磁率の振る舞いに影響を与えることを示している．

3.6　強相関 f 電子系の格子

前節では磁性不純物元素が通常金属中に一つ，あるいはそれらがわずかに固溶しており，磁性原子同士の相互作用が無視できる場合について述べた．この節では，磁性金属原子が伝導電子を介して相互作用する RKKY 相互作用 (1.4.6 項参照) と呼ばれる機構，および磁性金属元素が格子を組み，化合物結晶となった場合の電子状態についてのモデル，およびそれらを用いた理論的計算結果についての概略を述べる．

3.6.1　近藤モデルと RKKY 相互作用

前節では局在スピンは伝導電子との相互作用により，低温では一重項を形成し，その局在モーメントは消失していることが示された．ここでは，近藤モデルを用いて，どのようにスピン分極を生じ，局在スピンが二つ以上ある場合にそれらの間にどのような相互作用を生じるかを摂動計算で示す．RKKY 相互作用は最初核スピン同士の相互作用を議論するときに導出された[50,51]．まず，磁気相互作用から出発して，近藤モデルと同じ形のハミルトニアンを導く．また，局在スピンが二つあるときの相互作用の形を具体的に導く．なお，RKKY 相互作用による磁

気秩序については 1.4.6 項で述べられている.

$\mathbf{R}_n$ の位置にある局在したスピン $\mathbf{S}_n$ と伝導電子が相互作用している. 相互作用は伝導電子のスピンを $\mathbf{s}$ として,

$$H' = I(\mathbf{r} - \mathbf{R}_n)\mathbf{s} \cdot \mathbf{S}_n \tag{3.138}$$

で表されるとする. ここで $\mathbf{r}$ は電子の位置座標である. Bloch 関数を $\psi_{\mathbf{k}\sigma}$ とすると, 第 2 量子化の表示では

$$\begin{aligned}H' &= \sum_{\mathbf{k},\mathbf{k}',\sigma,\sigma'} \left[\int d\mathbf{r} \psi^*_{\mathbf{k}\sigma}(\mathbf{r}) I(\mathbf{r}-\mathbf{R}_n)\mathbf{s}\cdot\mathbf{S_n} \psi_{\mathbf{k}'\sigma'}(\mathbf{r}) \right] c^\dagger_{\mathbf{k}\sigma} c_{\mathbf{k}'\sigma'} \\ &= \frac{1}{2}\sum_{\mathbf{k},\mathbf{k}'} e^{i(\mathbf{k}'-\mathbf{k})\mathbf{R}_n} \mathcal{J}_{sf}(\mathbf{k},\mathbf{k}')((c^\dagger_{\mathbf{k}\uparrow}c_{\mathbf{k}'\uparrow} - c^\dagger_{\mathbf{k}\downarrow}c_{\mathbf{k}'\downarrow})S_z + c^\dagger_{\mathbf{k}\uparrow}c_{\mathbf{k}'\downarrow}S_- \\ &\quad + c^\dagger_{\mathbf{k}\downarrow}c_{\mathbf{k}'\uparrow}S_+) \end{aligned} \tag{3.139}$$

と表される. ここで,

$$\mathcal{J}_{sf}(\mathbf{k},\mathbf{k}') = \int d\mathbf{r} \psi^*_{\mathbf{k}}(\mathbf{r}) I(\mathbf{r}) \psi_{\mathbf{k}'}(\mathbf{r}) \tag{3.140}$$

$\mathbf{R}_n$ を原点に取り, また, $I(\mathbf{r}) = 2\mathcal{J}_{sf}\Omega\delta(\mathbf{r})$ とすると, $\mathcal{J}_{sf}(\mathbf{k},\mathbf{k}') = 2\mathcal{J}_{sf}$ であるので,

$$H' = \mathcal{J}_{sf}\sum_{\mathbf{k}\mathbf{k}'}((c^\dagger_{\mathbf{k}\uparrow}c_{\mathbf{k}'\uparrow} - c^\dagger_{\mathbf{k}\downarrow}c_{\mathbf{k}'\downarrow})S_z + c^\dagger_{\mathbf{k}\uparrow}c_{\mathbf{k}'\downarrow}S_- + c^\dagger_{\mathbf{k}\downarrow}c_{\mathbf{k}'\uparrow}S_+) \tag{3.141}$$

が求まる. この式は $\mathcal{J}_{sf}$ を $-J_{cf}/2$ と置き換えると, (3.107) 式の近藤モデルと同じ形となる. 以下の議論は $\mathcal{J}_{sf}$ が生じる機構によらず, ハミルトニアンが (3.141) 式の形をしていれば成り立つ.

ここでは, この局在スピンの影響によって, 周りの伝導電子の分布がどのように変化するかを調べてみる. $\mathcal{J}_{sf}$ の 1 次までの摂動を取ると, 摂動を受けた波動関数 $|\mathbf{k}\uparrow\rangle_p$ は元の波動関数を $|\mathbf{k}\uparrow\rangle$ とすると,

$$|\mathbf{k}\uparrow\rangle_p = |\mathbf{k}\uparrow\rangle + \sum_{\mathbf{k}'\sigma'} \frac{\langle \mathbf{k}'\sigma' | H' | \mathbf{k}\uparrow\rangle}{\varepsilon_\mathbf{k} - \varepsilon_{\mathbf{k}'}} |\mathbf{k}'\sigma'\rangle \tag{3.142}$$

である. H' の中で, 消えないで残る項は $c^\dagger_{\mathbf{k}'\uparrow}c_{\mathbf{k}\uparrow}S_z$ と $c^\dagger_{\mathbf{k}'\downarrow}c_{\mathbf{k}\uparrow}S_+$ である. ここで, 自由電子の波動関数を考え,

$$\langle \mathbf{r}|\mathbf{k}\rangle = \frac{1}{\sqrt{\Omega}}e^{i\mathbf{k}\mathbf{r}}, \quad \varepsilon_\mathbf{k} = \frac{\hbar^2}{2m}k^2 \tag{3.143}$$

とする. 摂動を受けた後の波動関数は

である.また,

$$|\mathbf{k}\uparrow\rangle_p = |\mathbf{k}\uparrow\rangle + \mathcal{J}_{sf}\frac{2m}{\hbar^2\Omega}\sum_{\mathbf{k}'}\frac{1}{\mathbf{k}^2-\mathbf{k}'^2}(S_z|\mathbf{k}'\uparrow\rangle + S_+|\mathbf{k}'\downarrow\rangle) \tag{3.144}$$

である.また,

$$\frac{1}{\Omega}\sum_{\mathbf{k}'}\frac{e^{i\mathbf{k}'\mathbf{r}}}{\mathbf{k}^2-\mathbf{k}'^2} = \frac{1}{(2\pi)^3}\mathcal{P}\int d\mathbf{k}'\frac{e^{i\mathbf{k}'\mathbf{r}}}{\mathbf{k}^2-\mathbf{k}'^2} = -\frac{1}{4\pi r}\cos(kr) \tag{3.145}$$

である.ここで,$\mathcal{P}$ は主値を表す.したがって,摂動を受けた波動関数は

$$|\mathbf{k}\uparrow\rangle_p = |\mathbf{k}\uparrow\rangle - \frac{\mathcal{J}_{sf}m}{2\pi r\hbar^2\sqrt{\Omega}}\cos kr(S_z|\uparrow\rangle + S_+|\downarrow\rangle) \tag{3.146}$$

で表される.ここで,$|\uparrow\rangle$ は波動関数のスピン部分を表している.↑電子の空間的な存在確率 $\rho(\mathbf{k}\uparrow)$ を $\mathcal{J}_{sf}$ の 1 次の項までで求めると,

$$\rho(\mathbf{k}\uparrow) = \frac{1}{\Omega}\left(1 - \frac{\mathcal{J}_{sf}mS}{\pi r\hbar^2}\cos kr\right) \tag{3.147}$$

S は局在スピンの z 成分の大きさである.k_F まで足し合わせると

$$\begin{aligned}\rho(\uparrow) &= \frac{\Omega}{(2\pi)^3}\int_0^{k_\mathrm{F}} d\mathbf{k}\rho(\mathbf{k}\uparrow) \\ &= \frac{1}{2}\frac{N_e}{\Omega} - \frac{\mathcal{J}_{sf}mS(8k_\mathrm{F}^4)}{\hbar^2(2\pi)^3}\frac{\sin(2k_\mathrm{F}r) - 2k_\mathrm{F}r\cos(2k_\mathrm{F}r)}{(2k_\mathrm{F}r)^4}\end{aligned} \tag{3.148}$$

$\rho(\downarrow)$ も同様に計算できる.

$$G(x) = \frac{x\cos(x) - \sin(x)}{(x)^4} \tag{3.149}$$

とおくと

$$\begin{aligned}\rho(\uparrow) - \rho(\downarrow) &= \frac{2\mathcal{J}_{sf}mS(8k_\mathrm{F}^4)}{\hbar^2(2\pi)^3}G(2k_\mathrm{F}r) \\ &= \frac{9\pi\mathcal{J}_{sf}S}{\varepsilon_\mathrm{F}}\left(\frac{N_e}{\Omega}\right)^2 G(2k_\mathrm{F}r)\end{aligned} \tag{3.150}$$

最後の行は,(3.11) 式,(3.12) 式の関係を使用して,N_e および ε_F に書き換えてある.$k_\mathrm{F}r \gg 1$ のときには

$$G(2k_\mathrm{F}r) = \frac{\cos 2k_\mathrm{F}r}{(2k_\mathrm{F}r)^3} \tag{3.151}$$

すなわち,局在スピンとの相互作用により,電子が局在スピンを感じて,アップ

スピンとダウンスピンの電子の密度が場所によって異なること，その密度が π/k_F 程度の周期で振動することを示している．また，計算の過程でわかるように，振動の起源は 3.2.1 項 d で述べたフリーデル振動と同じであり，電子の分布が k_F 以上でゼロ，すなわち，フェルミ面の存在によっている．$r \to 0$ のとき，発散的になるのは，デルタ関数を用いたためである．いま，もし，別な場所に局在スピンが存在するとし，その場所でのアップスピンとダウンスピンの密度が異なると，局在スピンの向きは，相互作用により，どちらかの向きがエネルギー的に有利となる．どちらが，有利かは，$\mathcal{J}_{sf}$ の符号，k_F (フェルミ面)，および場所 (距離) に依存することになる．すなわち，局在スピン間に伝導電子を媒介として相互作用が生じることとなる．

局在スピンが $\mathbf{R}_m$ と $\mathbf{R}_n$ にあるときに，両者の相互作用を摂動計算により求めてみる．摂動項として (3.139) 式において n を m に置き換えたものが加わる．また，一つの局在スピンのときと同じく $\mathcal{J}_{sf}(\mathbf{k}', \mathbf{k}) = 2\mathcal{J}_{sf}\Omega\delta(\mathbf{r})$ とする．1 次摂動では，$\langle \mathbf{k}\sigma | H_2 | \mathbf{k}\sigma \rangle = \pm 2\mathcal{J}_{sf}(S_m + S_n)$ となる．アップとダウンの両方の伝導電子を考えると，エネルギーの利得はない．2 次摂動までの変化は

$$\Delta E = \sum_{\mathbf{k},\mathbf{k}',\sigma,\sigma'} \frac{\langle \mathbf{k}\sigma | H_2 | \mathbf{k}'\sigma' \rangle \langle \mathbf{k}'\sigma' | H_2 | \mathbf{k}\sigma \rangle}{\varepsilon_{\mathbf{k}} - \varepsilon_{\mathbf{k}'}} \tag{3.152}$$

このうち，二つの局在スピンの相互作用に関わる部分は

$$\sum_{\mathbf{k},\mathbf{k}',\sigma,\sigma'} e^{-i(\mathbf{k}-\mathbf{k}')\mathbf{R}_m} e^{i(\mathbf{k}-\mathbf{k}')\mathbf{R}_n} \frac{(\mathcal{J}_{sf})^2}{\varepsilon_{\mathbf{k}} - \varepsilon_{\mathbf{k}'}}$$
$$\times \quad (S_{mz}(\delta_{\sigma\uparrow}\delta_{\sigma'\uparrow} - \delta_{\sigma\downarrow}\delta_{\sigma'\downarrow}) + S_{m-}\delta_{\sigma\downarrow}\delta_{\sigma'\uparrow} + S_{m+}\delta_{\sigma\uparrow}\delta_{\sigma'\downarrow})$$
$$\times \quad (S_{nz}(\delta_{\sigma\uparrow}\delta_{\sigma'\uparrow} - \delta_{\sigma\downarrow}\delta_{\sigma'\downarrow}) + S_{n-}\delta_{\sigma\uparrow}\delta_{\sigma'\downarrow} + S_{n+}\delta_{\sigma'\uparrow}\delta_{\sigma\downarrow})$$
$$= \sum_{\mathbf{k},\mathbf{k}',\sigma,\sigma'} \left(e^{i(\mathbf{k}-\mathbf{k}')(\mathbf{R}_n - \mathbf{R}_m)} \right) \frac{(\mathcal{J}_{sf})^2}{\varepsilon_{\mathbf{k}} - \varepsilon_{\mathbf{k}'}} [2S_{mz}S_{nz} + S_{m+}S_{n-} + S_{m-}S_{n+}]$$
$$= 2 \sum_{|\mathbf{k}|<k_F} e^{i\mathbf{k}\mathbf{R}} \sum_{\mathbf{k}'} e^{-i\mathbf{k}'\mathbf{R}} \frac{(\mathcal{J}_{sf})^2}{\varepsilon_{\mathbf{k}} - \varepsilon_{\mathbf{k}'}} \mathbf{S}_m \mathbf{S}_n \tag{3.153}$$

および上式で m と n を入れ替えた項である．ここで，$\mathbf{R}_n - \mathbf{R}_m = \mathbf{R}$ としてある．二つの項をあわせると

$$\Delta E = 9\pi \frac{\mathcal{J}_{sf}^2}{\varepsilon_F} \left(\frac{N_e}{\Omega} \right) G(2k_F R) \mathbf{S}_m \mathbf{S}_n$$
$$= 6\pi D(\varepsilon_F)(\mathcal{J}_{sf}^2) G(2k_F R) \mathbf{S}_m \mathbf{S}_n \tag{3.154}$$

すなわち，k_F の大きさ，および局在スピン間の距離によって，同じ向きか反対向きかのどちらかに二つの局在スピンの向きがそろうことがエネルギー的に得となることを示している．

3.6.2 強相関 f 電子系格子の電子状態の概要

これまで述べてきた不純物に関する近藤モデルあるいはアンダーソンモデルを磁性原子が格子を組んだ場合に拡張したモデルが，強相関 f 電子系物質の電子状態をよく表していると考えられている．近藤格子モデルは

$$H_{\rm KL} = \sum_{\bf k \sigma} \varepsilon_{\bf k} c^\dagger_{\bf k\sigma} c_{\bf k\sigma} - \frac{NJ_{cf}}{2} \sum_i \sigma_i {\bf S}_i \qquad (3.155)$$

である．ここで，i は希土類金属元素などの磁性原子が占める格子位置を表し，N はその数である．また，σ_i は $c_{i\sigma} = (1/\sqrt{N})\sum_{\bf k} c_{\bf k\sigma} e^{i{\bf kR}_i}$ を用いると，$\sigma_i = c^\dagger_{i\sigma'}\sigma_{\sigma'\sigma} c_{i\sigma}$ で定義される．(3.110) 式は原点のみに不純物原子を一つ置いた場合となる．

また，格子を組んだ場合のアンダーソンモデル (周期的アンダーソンモデル) は

$$\begin{aligned}
H_{\rm PA} &= \sum_{\bf k\sigma} \varepsilon_{\bf k} c^\dagger_{\bf k\sigma} c_{\bf k\sigma} + \varepsilon_f \sum_{i,\sigma} f^\dagger_{i\sigma} f_{i\sigma} + U \sum_i n_{fi\uparrow} n_{fi\downarrow} \\
&\quad + \sum_{i{\bf k}\sigma}(v_{\bf k} e^{i{\bf kR}_i} f^\dagger_{i\sigma} c_{\bf k\sigma} + v^*_{\bf k} e^{-i{\bf kR}_i} c^\dagger_{\bf k\sigma} f_{i\sigma}) \\
&= \sum_{\bf k\sigma} \varepsilon_{\bf k} c^\dagger_{\bf k\sigma} c_{\bf k\sigma} + \varepsilon_f \sum_{i,\sigma} f^\dagger_{i\sigma} f_{i\sigma} + U \sum_i n_{fi\uparrow} n_{fi\downarrow} \\
&\quad + \sqrt{N} \sum_{\bf k\sigma}(v_{\bf k} f^\dagger_{\bf k\sigma} c_{\bf k\sigma} + v^*_{\bf k} c^\dagger_{\bf k\sigma} f_{\bf k\sigma}) \qquad (3.156)
\end{aligned}$$

である．ここで，$v_{\bf k}$ を ${\bf k}$ に依存しない v とおき，原点のみに f 電子が存在すると，(3.98) 式になる．不純物近藤モデル，不純物アンダーソンモデルの表す電子状態については，これまでの研究でよく理解されるようになっている．上記の格子モデルについて，どのような電子状態を表しているか，厳密に解けるわけではない．ここでは，基底状態で磁気秩序を起こしていない場合の数値計算結果を用いて，定性的にどのような電子状態が実現していると考えられているかを述べる．

図 3.19(a) は対称の条件が成り立つ場合について，不純物アンダーソンモデルと周期的アンダーソンモデルによる f 電子状態密度をエネルギーに対してプロットしたものである[52]．不純物状態では図 3.16 で見たように，$\pm U/2$ 近傍にピークが形成されるとともに，フェルミエネルギーを中心としてピークが形成される．この状態が格子を組んだ場合には，フェルミエネルギー近傍のピークは割れて，

左上の挿入図に示すように，フェルミエネルギー近傍の状態密度はゼロとなっている．U の弱い極限を考えると，この関係は 3.2.2 項 e で述べた，virtual bound state と 3.2.1 項で述べた混成バンドの関係となる．すなわち，局在的な軌道と伝導電子が混成して virtual bound state が形成された．局在的な軌道を持つ状態が格子を組んだ場合には伝導電子と混成により，混成バンドが形成された．図は局在的な f 電子と伝導電子の混成は格子を組んだ場合も不純物状態のときと同様に，多体効果によって小さく繰り込まれていることを示している．格子を形成した場合において，フェルミ液体を形成しているならば，低温での低エネルギー励起は準粒子を用いて表される．実際に第 4 章で示すように，非磁性状態では強相関 f 電子系の低温での基底状態からの低エネルギー励起現象は非常に大きな有効質量を持った準粒子で記述できる．図 3.19(b) に図 (a) に対応した準粒子バンドを模式的に示す．混成が小さく繰り込まれているため，準粒子バンドのフェルミレベル近傍の分散は小さく，フェルミレベル近傍では高い準粒子状態密度が形成される．小さいバンド分散，高い準粒子状態密度は重い準粒子に対応する．電子の静止質量 (m_0) の数十倍以上の有効質量を持つ物質を本書では重い電子系物質と呼ぶ．

伝導電子および f 電子の基本単位格子当たりの個数が $n_c + n_f = 2$ のような場

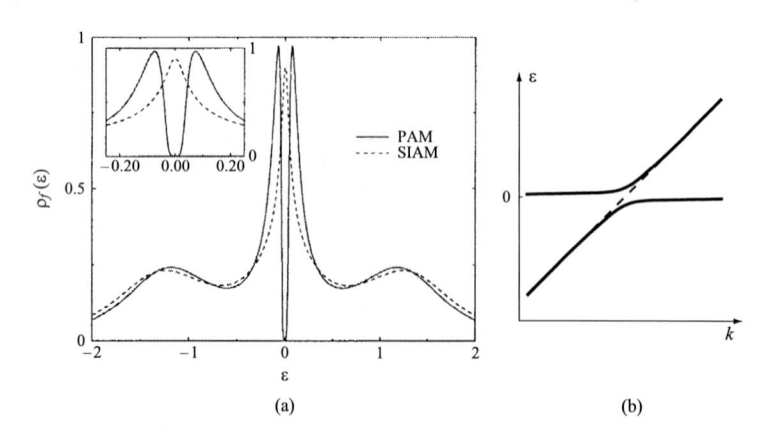

図 3.19 (a) 不純物アンダーソンモデル (点線) と周期的アンダーソンモデル (実線) における f 電子状態密度 ρ_f をエネルギー ε に対してプロットしたもの [52]．挿入図はフェルミレベル近傍の拡大図．動的平均場理論[6, 14, 53] による計算．無限次元の立方格子の相互作用のないときの伝導電子密度 $D(\varepsilon) = (1/W)\sqrt{1/\pi} \exp(-\varepsilon^2/W^2)$ において $W=1$ とおいてある．また，$\varepsilon_f = -U/2$ の対称模型で，$U = 2$, $Nv^2 = 0.2$ としてある．(b) フェルミレベル近傍での準粒子バンドの模式図．

合には下のバンドは埋まってしまい，混成ギャップの中にフェルミレベルが来て絶縁体となってしまう．フェルミレベル近傍の f 電子状態密度の鋭い状態密度は図 3.16 で見たように，温度の低下とともに発達する．高温での幅の広い状態密度からは混成ギャップは形成されないと考えることができる．したがって，高温ではフェルミレベルに状態密度を持つ金属であり，電気抵抗は温度の低下とともに混成ギャップの発達により増大し，半導体的な振る舞いを示す可能性がある．このような振る舞いを示す物質は近藤半導体と呼ばれている．混成の波数依存性，対称モデルは一般的には成り立たないこと，伝導電子のバンドは複雑であることなどを考慮すると実際にはフェルミレベルにギャップを持つ場合は稀である．

　周期的アンダーソンモデルの場合では，$U=0$ で v が有限ならば，f 電子は混成バンドを形成し，f 電子は結晶中を遍歴している描像となる．慣例として，f 電子が伝導電子として，フェルミ面の形成に寄与する場合を"大きなフェルミ面"と呼び，f 電子が局在電子としてフェルミ面の形成に加わらない場合を"小さなフェルミ面"と呼んでいる．周期的アンダーソンモデルでは，$U=0$ の状態から徐々に U の大きさを増していっても，フェルミ液体である限り，また，相転移が起こらなければ，3.4 節で述べたラッティンジャーの定理により，フェルミ面は大きいままである．すなわち，f 電子は伝導電子としてフェルミ面の形成に参加していると考えられる．一方，近藤モデルでは f 電子の電荷の自由度はなくなっており，局在スピンとして存在する．格子を組んだ場合に，局在スピンとしての f 電子が伝導電子としてフェルミ面の形成に寄与するかどうかについては，自明ではない．これまでのいくつかの理論的な解析では[54〜57]，フェルミ液体である限りにおいては，伝導電子と結合した局在スピンは，フェルミ面の形成に寄与することが示されている．

　実際の物質においても，フェルミ液体である場合には f 電子がフェルミ面の形成に寄与しているか，どうかはフェルミ面の体積を測ってみればよいことになる．また，フェルミ面の体積によって，f 電子は遍歴であるか，局在であるかを定義できることになる．

3.7　強相関 f 電子系の秩序と転移

3.7.1　ドニアックの相図と磁気の量子臨界点

a.　ドニアックの相図

3.5.2 項および 3.6.1 項で示したように，近藤格子モデルは局在スピンに対して

二つの効果を含んでいる．一つは伝導電子による局在スピンのスクリーニングである．この効果が強いときには，基底状態は磁気秩序を持たない常磁性状態になると予想される．一方，任意の二つの局在モーメント間にはRKKY相互作用が働き，この効果は磁気秩序を形成する働きがある．この二つの効果は同じ伝導電子と局在磁気モーメントの交換相互作用 J_{cf} によって生じているので，競合することを意味している．それらの強さは (3.127) 式および (3.154) 式から，$W \sim 1/\rho_0$ とすると

$$k_B T_K \propto (1/\rho_0)\exp(-1/|J_{cf}|\rho_0)$$
$$k_B T_{RKKY} \propto \rho_0 J_{cf}^2 \qquad (3.157)$$

である．(3.157) 式の J_{cf} 依存性からわかるように，T_K のほうが T_{RKKY} より $|J_{cf}|$ の変化に対してより急激に変化する．したがって，どこかで二つの強さが一致すると，それよりも小さい $|J_{cf}|$ の値では磁気秩序が形成され，大きい $|J_{cf}|$ の値では近藤効果が優勢となり非磁性状態となることが予想される．ドニアック (Doniach) は 1 次元の近藤格子 (Kondo necklace) を考え，$|J_{cf}|\rho_0 \sim 1$ で反強磁性から常磁性への相転移が起こることを示した[58]．図 3.20(a) は二つの相互作用と転移温度を $|J_{cf}|\rho_0$ の関数として模式的に表したものである．横軸のパラメータ $|J_{cf}|$ の大きさは (3.108) 式に示されたように，混成の大きさ v や局在軌道のフェルミエネルギーに対する相対的エネルギーレベル $\varepsilon_F - \varepsilon_f$，$f$ 電子同士のクーロン相互作用の U から構成されている．圧力を印加するとこれらのパラメータの

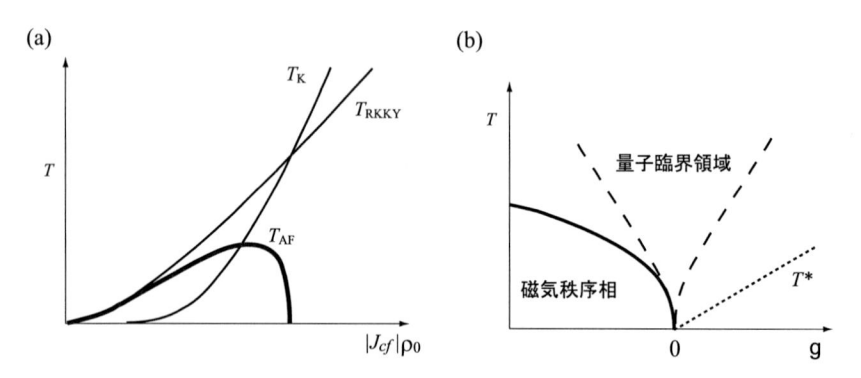

図 3.20 (a) ドニアックの相図．ドニアックの相図は無限次元の近藤格子模型を用いた動的平均場理論[6, 14, 53] による計算[59] でも再現されており，その結果を参考にして描いた模式図．T_{AF} は反強磁性転移温度．(b) 磁気の量子臨界点近傍の状態の模式図．横軸はパラメータ $J_{cf}\rho_0$ の量子臨界点 $(J_{cf}\rho_0)_c$ からの距離を表す．

うち，混成の大きさを増やすことが可能である．U は圧力依存性が小さいと推定される．また，4.3.1 項で示すように Ce 化合物では $\varepsilon_F - \varepsilon_f$ は圧力とともに小さくなると考えられている．3.1.1 項 b で示したように，状態密度は ρ_0 は自由電子モデルを考える限り増大する．すなわち，圧力を増加させると，図 3.20(a) において左から右へ移ることになる．実際，反強磁性秩序を示す Ce 化合物の多くでは，圧力を印加すると，定性的には磁気秩序温度は相図で示したような変化を示し，磁気秩序が消失することが示されている．絶対零度でパラメータを変化させることによって生じる相転移を量子相転移と呼んでいる．磁気秩序の 2 次相転移が絶対零度で消失する点は磁気の量子臨界点 (quantum critical point) と呼ばれている．ドニアックの相図は，近藤格子モデルによる磁気秩序–無秩序の転移に関する概念図であり，磁気秩序状態ではどのような磁気秩序が実現するか，あるいはどのような電子状態が実現しているかについては何も述べていない．

図 3.20(b) に磁気の量子臨界点が実現している場合に予想される状態の概略を示している．量子臨界領域は比熱や帯磁率の熱力学的な振る舞いや電気伝導などが量子臨界点によって顕著に影響を受ける領域である．量子臨界領域では，3.4 節で述べた典型的なフェルミ液体的な振る舞いは観測できない．T^* はフェルミ液体状態にクロスオーバーする目安の温度を示している．実験的には，第 4 章で述べるコヒーレンスが形成される温度，帯磁率の温度変化において帯磁率が極大を示す温度などが対応する．

b．臨界点と量子臨界点

それぞれの物質で実際にどのような相図が実現しているかどうかについては，第 4 章で述べる．その準備として，臨界現象について簡単にまとめる．図 3.21(b), (c) に強磁性，反強磁性の場合の温度–磁場相図を示している．参考のために，(a) にはよく知られた水の温度–圧力相図も示してある．水は液体–気体間の転移を起こす．蒸気圧曲線 (転移線) 上で水と気体の化学ポテンシャルは等しく，2 相が共存している．液体，気体のそれぞれの相を特徴づける秩序変数 (オーダーパラメータ) は密度であり，蒸気圧線を越えると密度 (またはモル体積) が水と気体で不連続に変化する．この転移は 1 次転移である．圧力，温度を増していくと，密度が連続的に変化する連続転移となる．連続転移に変化する点を臨界点と呼んでいる．臨界点を回りこむような経路をとると，密度を連続的に変化させ，水–気体の変化を連続的に行うことができる．水の場合，臨界点では $(\partial P/\partial V)_T = 0$, $(\partial^2 P/\partial V^2)_T = 0$ が成り立つ．これは熱力学的な安定条件 $((\partial^2 F/\partial V^2)_T = (-\partial P/\partial V)_T > 0)$ が成り立っていないことを示しており，臨界点は熱力学的な不安定点となっている．

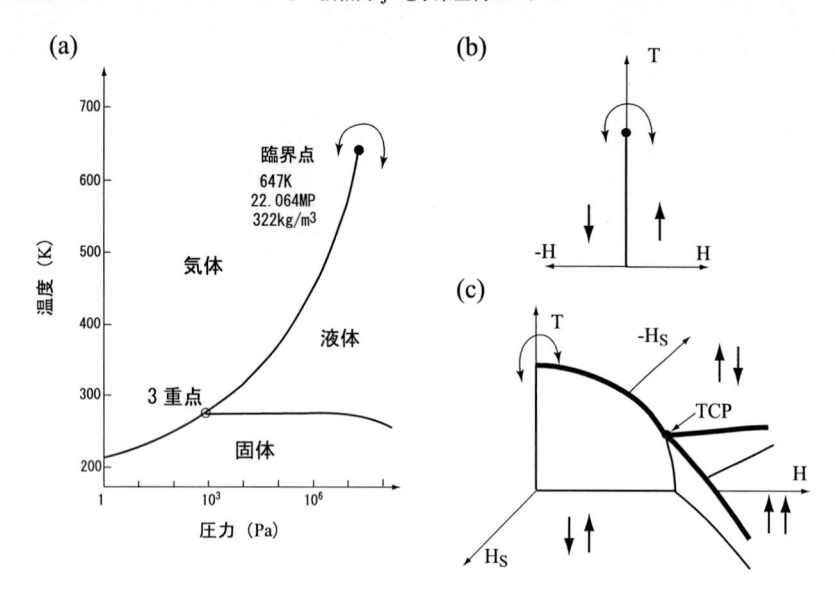

図 3.21 (a) 水の温度–圧力状態図，(b) 強磁性の温度–磁場状態図，(c) 反強磁性の温度–磁場状態図

この近傍では密度(オーダーパラメータ)の揺らぎが増大し，上式からもわかるように等温圧縮率は発散する．

強磁性の場合は密度に対応するものが磁化の大きさである．温度軸に加えて，磁化に共役な場(磁場)を加えた相図を作ると，磁場の反転に対して，$H=0$ の線は $\pm H$ の印加に対して，磁化の向きが反転し，磁化の大きさが不連続的に変化する1次転移を起こすところとなる．その線上では二つの向きの強磁性状態の共存領域となっており，その終点が臨界点となっている．臨界点を回る経路を取ると，液体–気体の場合の密度と同様に磁化を連続的に変化させることができる．水の場合と同様に，臨界点の周りでは磁化の揺らぎが大きくなり，また，圧縮率に対応する帯磁率，および比熱は発散する．磁化は無磁場で温度変化させると連続的に変化し，2次の相転移点となっている．

図 (c) には反強磁性の場合の一つの例[60]を示す．隣の格子点では，磁気モーメントの向きが反対となっている単純な反強磁性構造を考える．磁場を磁気モーメントと平行方向に加えていくと，どこかで磁化が急激に増大する現象(メタ磁性転移)が起こる．以後メタ磁性転移が起こる磁場を H_m で表す．反強磁性体の場合では，メタ磁性転移による磁気構造の変化の仕方は物質によって異なるが，ここでは，単純に磁場と反対向きの磁気モーメントが反転してメタ磁性転移が起こ

る場合を想定する．メタ磁性転移は低温では通常，磁化が不連続的に増える1次の転移となる．一方，無磁場で温度を下げていくと，通常2次の相転移が起こる．したがって，常磁性–反強磁性の転移はどこかで，2次から1次に変化する．その点は3重臨界点 (tricritical point) と呼ばれている．なぜ，3重臨界点と呼ばれるかは，温度，磁場軸に加えて，共役な交代磁場，すなわち，反強磁性の周期と同じように変化する磁場 H_s を軸に加えるとわかりやすい．T–H_s 面を考えると，強磁性における T–H の面と様子が似ていることがわかる．それぞれの格子点で H_s を反転させることを考えると $H=0$ の面は1次の転移を起こす面となる．図に太い実線で書いてあるのは連続転移を起こすところを連ねた線，臨界線である．3重臨界点は3つの臨界線が交わるところとなっている．一般に量子臨界点を実現するのは容易ではないが，後半および第4章で述べるように，強相関 f 電子系物質では圧力などのパラメータを制御することにより，比較的容易に量子臨界点を実現することが可能である．

有限温度における相転移または臨界現象に関しては，これまで多くの研究があり，その熱力学的な性質が調べられている[9,17,61]．磁気の相転移では，局所的な磁化またはスピン密度 $\mathbf{m}(\mathbf{r})$ の相関関数 $G(\mathbf{r}) = \langle (\mathbf{m}(\mathbf{r})-\langle\mathbf{m}\rangle)(\mathbf{m}(0)-\langle\mathbf{m}\rangle)\rangle$ の相関長 ξ も臨界点において発散する．臨界点の温度を T_c とし，$\epsilon = (T-T_c)$ とおく．T_c 近傍の発散の振る舞いは臨界指数，α, α', β, γ, γ', ν, ν' を用いて表すと，

$$\xi \propto \epsilon^{-\nu}, \quad \xi \propto -\epsilon^{-\nu'}$$
$$C(T) \propto \epsilon^{-\alpha}, \quad C(T) \propto -\epsilon^{-\alpha'}$$
$$\chi(T) \propto \epsilon^{-\gamma}, \quad \chi(T) \propto -\epsilon^{-\gamma'}$$
$$M \propto -\epsilon^{\beta} \tag{3.158}$$

と表される．ϵ, $-\epsilon$ はそれぞれ，T_c よりも高い温度，低い温度から近づくことを意味している．臨界指数はまったく独立ではなく，$\alpha'+2\beta+\gamma' \geq 2$ のような不等式で結ばれる関係が成り立つ．臨界指数の具体的な値は，それぞれの系，および理論的モデルや近似に依存する．たとえば平均場近似で求めると，$\beta = 1/2$ となるが，2次元イジング模型の厳密解は $\beta = 1/8$ を与え，また，強磁性体の Ni の測定値は $\beta = 0.42$ である．一方で，各系でそれぞれ異なるのではなく，一見，異なるように見える系でも，臨界指数，α, β, γ などが等しくなることがある．臨界現象はいくつかの等しい臨界指数の組み合わせを持つ組 (universality class) に分類されている．

臨界点近傍において，相関長 ξ が唯一の長さのスケールであり，その特異性が熱力学的関数の特異性の起源であると仮定すると，次のようなスケーリングの関係を導くことができる[9,17,61~64,66]．長さのスケールを b 倍したとする．この操作は考える系の単位ブロックをより大きな単位ブロックに置き換えて，取り扱うことに相当する．臨界点近傍の熱力学的振る舞いを表す自由エネルギー密度を $f_{cr}(\epsilon, H)$ で表すと，スケール変換した後の自由エネルギー密度との関係は

$$f_{cr}(\epsilon, H) = b^{-d} f_{cr}(\epsilon', H') \tag{3.159}$$

と表され，また，ϵ, H は同じ b を用いて $\epsilon' = b^x \epsilon$, $H' = b^y H$ と変換することができる．ここで x, y は系やモデルに依存する値である．今，b は任意の値で成り立つので，$b^x \epsilon = 1$ と選ぶと，$b = \epsilon^{-(1/x)}$ なので

$$\begin{aligned} f_{cr}(\epsilon, H) &= \epsilon^{\frac{d}{x}} f_{cr}(1, b^{-\frac{y}{x}} H) \\ &= \epsilon^{\frac{d}{x}} \phi(b^{-\frac{y}{x}} H) \end{aligned} \tag{3.160}$$

の関係を導くことができる．

$$\begin{aligned} C(T) &\propto \frac{\partial^2 f_{cr}(\epsilon, 0)}{\partial \epsilon^2} \propto \epsilon^{\frac{d}{x}-2} \\ \chi(T) &\propto \left.\frac{\partial^2 f_{cr}(\epsilon, H)}{\partial H^2}\right|_{H=0} \propto \epsilon^{\frac{d-2y}{x}} \\ M &\propto \left.\frac{\partial f_{cr}(\epsilon, H)}{\partial H}\right|_{H=0} \propto \epsilon^{\frac{d-y}{x}} \end{aligned} \tag{3.161}$$

であるので，(3.158) 式と比べることによって，

$$\alpha = 2 - \frac{d}{x}, \quad \beta = \frac{d-y}{x}, \quad \gamma = -\frac{d-2y}{x} \tag{3.162}$$

の関係を得る．また，この関係から $\alpha + 2\beta + \gamma = 2$ の等式を導くことができる．一方，相関長はスケーリングによって ξ/b になるので，

$$\xi = b\xi(\epsilon', H') = \epsilon^{-\frac{1}{x}} \xi(1, b^y H) \tag{3.163}$$

同じく，(3.158) 式と比べることによって，$\nu = (1/x)$ が求まる．(3.162) 式から系の次元 d と臨界指数 ν, α の間には

$$2 - \alpha = \nu d \tag{3.164}$$

が成り立つことを示すことができる．

いま，ドニアックの相図のように磁気の量子臨界点が実現している，すなわち，2次の相転移温度が連続的にゼロになっているとする．この場合では，温度変化

でなく，絶対零度でパラメータ $|J_{cf}|\rho_0$ を圧力などにより変化させることによって臨界点をよぎることができる．臨界点での値を $(J_{cf}\rho_0)_c$ とし，臨界点からどれだけ離れているかをパラメータ $g = (J_{cf}\rho_0 - (J_{cf}\rho_0)_c)$ で表す．(3.158) 式と同様に臨界点近傍の振る舞いを

$$\xi \propto |g|^{-\nu}, \quad \chi \propto |g|^{-\gamma}, f \propto |g|^{2-\alpha}, \quad M \propto |g|^{\beta} \qquad (3.165)$$

のように表す．十分高い温度での臨界現象には，熱揺らぎにより量子力学的な効果はあらわに表れてこなかった．低温では，量子効果を取り入れた熱力学的な計算を行わなければならない[62~64,66]．

量子力学的な大分配関数は

$$Z_{\mathrm{G}} = \mathrm{Tr}\exp(-(H-\mu N)/k_{\mathrm{B}}T) \qquad (3.166)$$

である．ハミルトニアンを構成するオペレータは一般的には非可換である．したがって，たとえば，ハミルトニアンが $H = H_0 + H'$ のように表されるとすると，Z_{G} は通常 H_0，H' のそれぞれに対応する分配関数の積の形で表すことができない．そのため，量子揺らぎの効果が表れてくる．量子統計力学では虚時間の概念を導入して，分配関数・熱力学的な量を計算する．たとえば，$\bar{H}_0 = H_0 - \mu N$ とし，$\bar{H}_0 = \sum_{\mathbf{k}} \varepsilon'_{\mathbf{k}} c^{\dagger}_{\mathbf{k}} c_{\mathbf{k}}$ と表されるとする．ここで，$\varepsilon'_{\mathbf{k}} = \varepsilon_{\mathbf{k}} - \mu$ は化学ポテンシャルから測った自由電子のエネルギーである．

$$F(\beta) = \exp(-(H-\mu N)\beta), \quad \beta = 1/k_{\mathrm{B}}T \qquad (3.167)$$

とし，

$$F(\beta) = \exp(-\beta\bar{H}_0)U(\beta) \qquad (3.168)$$

と表すことができるとする．$U(\beta)$ を H' の摂動で求める場合を考える．

$$H'(\tau) = \exp(\tau\bar{H}_0)H'\exp(-\tau\bar{H}_0) \qquad (3.169)$$

とすると，

$$U(\beta) = 1 - \int_0^{\beta} H'(\tau)U(\tau)d\tau \qquad (3.170)$$

で与えられることを示すことができる[65]．(3.170) 式の右辺の $U(\tau)$ に

$$U(\tau) = 1 - \int_0^{\tau} H'(\tau')U(\tau')d\tau' \qquad (3.171)$$

の関係を次々代入していくと，H' の摂動展開の式が求まる．(3.169) 式の $\exp(\tau\bar{H}_0)$ において $\tau = i\hbar t$ と置き換えると，$\exp(\tau\bar{H}_0)$ は時間発展演算子となるので，τ は

虚時間と呼ばれている．

虚時間軸での量子揺らぎが，温度揺らぎによる時間 $1/k_B T$ に比べて十分ゆるやかなときには，量子力学的効果は現れない．一方，十分低温では $1/k_B T$ が大きくなるので，実空間での揺らぎに加えて，虚時間での揺らぎの効果が効いてくる．虚時間での揺らぎの相関長を ξ_τ とし，その発散の振る舞いが $\xi_\tau \propto \xi^z$ のような関係にあるとする．臨界現象が ξ, ξ_τ によって支配されているとすると，次のようなスケーリングの式が成り立つ．

$$f_{cr}(|g|, H, T) = b^{-(d+z)} f_{cr}(|g|b^x, Hb^y, Tb^z), \quad x = \frac{1}{\nu} \quad (3.172)$$

この式を用いると (3.164) 式のかわりに

$$2 - \alpha = \nu(d+z) \quad (3.173)$$

を導くことができる．ここで，z は動的臨界指数と呼ばれており，系の次元が量子力学的には実質的に $d_{eff} = d + z$ となっていることを示している．温度の上昇とともに虚時間での揺らぎは効いてこなくなるので，古典的な次元 d にクロスオーバーする．遍歴磁性の場合は強磁性では $z = 3$，反強磁性では $z = 2$ であることが示されている[62~64,69,70]．

ランダウは臨界点近傍の自由エネルギーをオーダーパラメータで展開して，臨界点近傍での熱力学的な振る舞いを調べた．さらにオーダーパラメータの揺らぎ，および揺らぎの間の相互作用を取り入れたモデルは Landau–Ginzburg–Willson (LGW) モデルと呼ばれている[61,62]．Hertz[67] と Mills[68] は，Landau–Ginzburg–Willson の考え方に基づいて，遍歴磁性の量子臨界点近傍でのモデルをたてて，繰り込み群を用いて，熱力学的な振る舞いを導出した．守谷等は同様な考え方にたって，自己無撞着なスピン揺らぎ (self–consistent renormalization:SCR) の理論により，実験と比較できる量子臨界点近傍での多くの物理量の温度変化を導き

表 3.2 SCR 理論による遍歴磁性の量子臨界領域での温度変化[17,70]．χ_Q^{-1} の欄の CW は高温ではキュリー–ワイスの振る舞いに移ることを示している．不純物などの系の乱れが電気抵抗の温度変化に与える影響については参考文献に述べられている[64,71]．最後の行は無秩序相から量子臨界点に近づいた場合の C/T の絶対零度での量子臨界点からの距離 g 依存性[64] を示す．

系の次元	強磁性		反強磁性	
	3	2	3	2
χ_Q^{-1}	$T^{4/3} \to$ CW	$-T \log T \to$ CW	$T^{3/2} \to$ CW	$-T \log|\log T|/\log T \to CW$
C/T	$-\log T$	$T^{-1/3}$	Const. $-bT^{1/2}$	$-\log T$
$\Delta \rho$	$T^{5/3}$	$T^{4/3}$	$T^{3/2}$	T
C/T	$-\log g$	$g^{-1/2}$	Const. $-g^{1/2}$	$-\log g$

出した[17,69,70]．表 3.2[17,70] に守谷等の SCR 理論による量子臨界点での帯磁率の逆数，C/T，電気抵抗率の温度変化の計算結果を示す．最後の行は，数値繰り込み群の計算による，量子臨界点に無秩序相から近づいた場合の C/T の g に対する変化を示す[64]．

c. 磁気の量子臨界点近傍の振る舞い

磁気の量子臨界点が形成されていると考えられる場合でも，その近傍での物性の振る舞いは上記の Herz, Mills のモデル，あるいは SCR 理論で，うまく説明できている場合ばかりではない．

$CeCu_6$ は C/T が低温では緩やかに変化し，最低温では約 1800 mJ/mol·K^2 の値を持つ重い電子系物質である．Cu を Au に置換していくと，反強磁性秩序が形成される．$CeCu_{5.9}Au_{0.1}$ はちょうど磁性が出現する近傍，すなわち磁気の量子臨界点近傍の状態にあると考えられる．C/T は温度の降下とともに $-\log T$ に比例して発散的に増大し，抵抗率は T に比例して増大する[72,73]．これらは表 3.2 と比べると，2 次元反強磁性体の量子臨界点での振る舞いに似ている．3 次元物質にもかかわらず，実質的に反強磁性の揺らぎが 2 次元であるとすると説明できることを示唆している．また，中性子散乱で求めた動的帯磁率は ω/T の形でスケールされることが示された[74,75]．このようなスケール則は (3.172) 式の仮定から導かれるが，LGW の考えを発展させたこれまでの理論では，d_{eff} が 4 より小さい場合に成り立つことが期待されている[62~64]．すなわち，3 次元反強磁性体では期待されない結果である．さらに詳しい中性子散乱および磁気測定から，スケール関数の具体的な形が求められ，局在磁性モデルでよく説明されることが報告された[76]．すなわち，$CeCu_{6-x}Au_x$ の量子臨界点では遍歴磁性によるモデルでは理解が難しく，また，量子臨界点を超えると f 電子は局在している可能性を示唆している．

これらの観測結果を説明するためにいくつかの理論的な提案がなされている．そのうちの local quantum critical (LQC) シナリオと呼ばれる理論[77~79]では，(3.109) 式の近藤モデルに加えて，局在スピン間の相互作用 $\sum_{ij} I_{ij} \mathbf{S}_i \mathbf{S}_j$ をあらわに取り入れたモデル (Kondo–Heisenberg モデル) を用いる．そのモデルに基づき，2 次元の磁気揺らぎの場合では，上記で述べた中性子実験で求められた特徴が説明できることを示した．また，量子臨界点では磁気的な揺らぎにより，近藤一重項状態が壊れ (Kondo breakdown)，フェルミ面が局在スピン (または f 電子) を伝導電子としてを含んだ大きなフェルミ面から，磁気秩序状態では含まない小さなフェルミ面になることを示した．このような理論は遍歴磁性を基にし，オー

ダーパラメータが特定の波数ベクトル **Q** に対応する理論的な枠組みとは異なる考え方である. LQC シナリオは $CeCu_{6-x}Au_x$ の観測結果のいくつかをうまく説明したが, 観測された $CeCu_{6-x}Au_x$ に関する振る舞いを統一的に説明できているわけではない[64,75,80]. また, 磁気の量子臨界点で大きなフェルミ面から小さなフェルミ面に変化しているという直接的な実験的証明もなされていない.

量子相転移での電子状態の変化については, 多くの理論的な提案がなされており[80～92], その結果は, モデル, 計算手法, また, パラメータの値等々によって異なる. どのようなモデルが妥当か, 大きなフェルミ面から小さなフェルミ面への変化がどのような条件で起こるか, あるいは, さらに, その変化が量子臨界点と直接関係しているか否かも検討されている問題である. 第 4 章では $CeCu_{6-x}Au_x$ 以外の物質についても, 量子相転移近傍での電子状態の変化について述べる.

実際の物質においては図 3.20 で示したような相図が実現する場合ばかりではない. また, LGW の考えを発展させてきたこれまでの理論では, 電子系の量子相転移についてうまく取り込まれていない効果があることが指摘されている[66,93]. 第 4 章で示すように, 量子相転移が 1 次転移になっている場合がしばしばみられる. また, 低い T_c を持つ 3 次元遍歴強磁性体 UGe_2 の場合では, 図 3.22 に示すように, 圧力の印加とともに 3 重臨界点を形成し, 高圧側では 1 次転移に変化することが, 実験的[94], 理論的[66,93]に示されている. そこより高い圧力領域では, 磁場中で 1 次のメタ磁性転移を起こす. 図中の太い実線は 2 次の相転移線を表し, ある圧力と磁場で絶対零度で消失する, すなわち量子臨界点となると考えられている. 図 3.20 の量子臨界点とは異なり, 絶対零度でパラメータを変化させこの点を横切っても, 対称性は変化しない. このような場合は, 量子臨界終点 (quantum

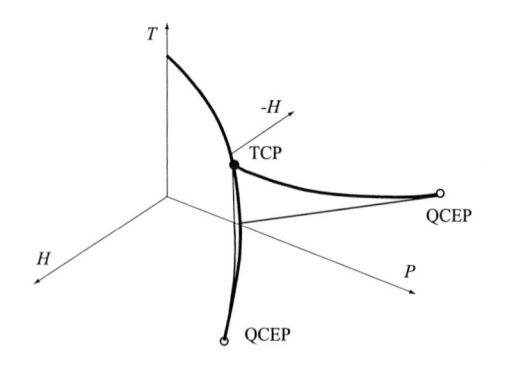

図 **3.22** 弱い遍歴強磁性体で観測される圧力–温度–磁場相図の模式図. 太い実線は 2 次転移線を示し, その下の面では 1 次転移となる.

critical end point) と呼ばれている.

　磁気の量子臨界点近傍では，非フェルミ液体挙動とともに，さらに低温でしばしば超伝導が生じることがある．非フェルミ液体状態は超伝導の出現と関係があり，非フェルミ液体で蓄積されたエントロピーが超伝導になることによって，処理されるというふうに考えられるかもしれない．強相関 f 電子系物質の超伝導の発現機構は通常の超伝導とは異なり，主として磁気揺らぎを媒介としたものであると考えられている．また，これまで強相関 f 電子系物質で観測された超伝導は，その物質がドニアックの相図の観点から量子臨界点近傍にある物質であることと密接に関係があると考えられている．磁気揺らぎによるものでない可能性を含めて，超伝導のいくつかの例については第 4 章で述べる.

3.7.2　価数揺動と価数転移，メタ磁性転移

　希土類化合物の中には，その物性が希土類元素の価数を単純に整数としては説明できない物質がある．これらの化合物は，価数揺動 (valence fluctuation) 物質と呼ばれている．あるいは中間価数 (intermediate valence) 物質，混合原子価 (mixed valence) 物質という言葉も用いられている．結晶中の希土類元素が位置に依存して異なった価数を持ち，結晶全体の平均として，整数でない価数を持つことがある．この場合は混合原子価物質と呼ぶことが多いようである．また，中間価数と価数揺動を区別して用いる場合もある[95]．本書では区別しないで価数揺動という言葉を用いる．これらの価数揺動の振る舞いは，実験的には，化合物の磁気的性質が，二つの価数状態の中間の磁気モーメントを持っているような振る舞いとして観測される．また，光電子分光 (photoelectron spectroscopy, PES)，X 線吸収スペクトル (X–ray absorption spectroscopy, XAS) などのような基底状態からエネルギー励起をする手段で観測すると，スペクトルは二つの価数を持つ状態を重ね合わせた形となる．また，時間分解能が高い測定法で観測すると状態を分離して，もしくは揺らぎを観測できる．また，しばしば，価数が温度，圧力などにより不連続な変化を起こすことがある．これらの価数揺動や価数転移の現象は Ce や 2 価と 3 価のエネルギーが近い Eu, Yb, および周期律でそれらの隣に位置する Sm, Tm の化合物で主に観測されている.

　常磁性の重い電子系物質は広い意味では，価数揺動物質の 1 種である．結晶全体にわたってコヒーレントな状態が形成されている場合では，価数揺動物質は重い電子系物質と比べて，f 電子レベルがフェルミレベルのより近傍にあって，また，相関 U がより小さく，混成 v がより大きい物質とみることができる．価数揺

動物質では f 電子に対する局在的描像は良くなくなる. すなわち, $n_f = 1$ とした近藤モデルは, よいモデルではないことになるが, 上記の条件は不純物モデルの近藤温度の表式 (3.108, 3.127) からはより高い近藤温度を持っている状態に対応する.

古くから知られている価数転移の例として Ce の γ–α 転移がある. 図 3.23(a) に Ce の温度–圧力相図を示す[96]. 温度の降下とともに, γ 相から α 相に転移するのに伴って結晶構造は変化しないまま, 体積が常圧では約 17% 収縮する[96]. 同時に磁気的性質も局在的な f 電子を持つ Ce^{+3} の振る舞いからパウリ常磁性の振る舞いに変化する. 共鳴非弾性 X 線散乱という手法を用いた測定[97]によれば, γ 相 (0.15 GPa) では局在 f 電子数 n_f は 0.97 でほぼ 1 に近く, すなわち, ほぼ+3 価である. 一方, α 相 (2 GPa) では n_f は 0.81 であり, 3 価に 4 価が混じったような状態となっている. 固体状態間の温度–圧力変化による相転移は通常対称性の変化などを起こすので, 水の液体–気体転移のように連続的に二つの相の間を変化させることができない場合がほとんどである. Ce の固体の価数転移では, 結晶構造が同じであり, 対称性が変化しない. 連続的な変化が可能であり, 1 次転移の価数転移が連続転移に変化する臨界点 (約 600 K, 2 GPa) が存在する. 臨界点が絶対零度で生じる場合は, 価数転移の量子臨界終点となる. 磁気的な転移に加えて, 価数転移とその量子臨界終点, 価数揺らぎを取り入れた理論の構築も進め

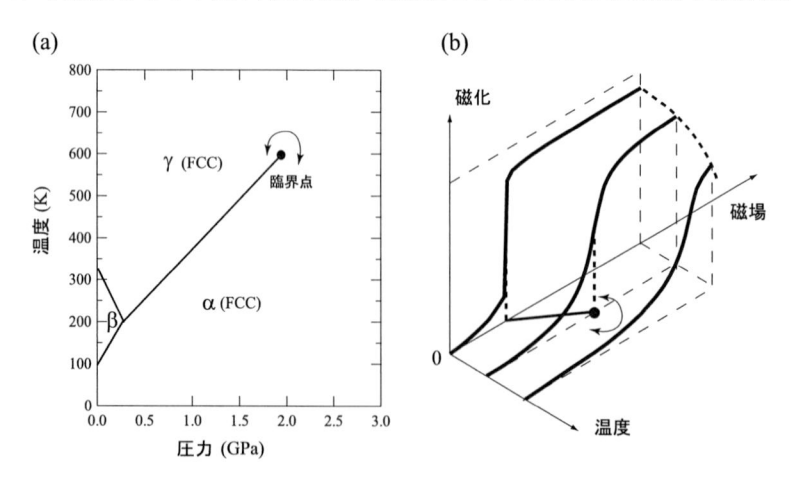

図 3.23 (a) Ce の温度–圧力相図の概略図[96]. β 相の結晶構造は α, γ 相とは異なる dhcp 構造である. (b) 常磁性状態からのメタ磁性転移の模式図. 低温では 1 次転移であるが, 温度の上昇とともに連続転移となる. 1 次転移の磁場対するヒステリシスは示していない.

られている[98].

一方,常磁性状態に磁場を加えると,メタ磁性転移,すなわちある磁場で磁化が急激に増大する現象が生じることがある.また,第4章で述べるように,メタ磁性転移が価数転移を伴うときがある.図3.23(b)には常磁性状態からのメタ磁性転移についての模式図を示している.常磁性状態からのメタ磁性転移は3.7.1項bで述べた反強磁性状態からのメタ磁性転移と異なり,対称性が変化しない.磁化が不連続に増加する1次転移から連続転移に変化する場合には,臨界点が生じることが可能である.絶対零度で起こる場合はメタ磁性転移の量子臨界終点となる.

第4章では強相関 f 電子系物質における価数転移,メタ磁性転移の例について述べる.

文　　献

1) C. Kittel, "*Introduction to Solid State Physics*", John Wiley & Sons (1996).
2) N. W, Aschcroft and N. D. Mermin, "*Solid State Physics*", Harcourt College Publishers(1976).
3) J. M. Ziman, "*Principles of the Theory of Solids*", Cambridge University Press (1972).
4) W. Harrison, "*Solid State Theory*", McGraw-Hill (1970).
5) 斉藤理一郎, "基礎固体物性", 朝倉書店 (2009).
6) 倉本義夫, "量子多体物理学", 朝倉書店 (2010).
7) 金森順次郎, "磁性", 培風館 (1969).
8) 近藤淳, "金属電子論", 裳華房 (1983).
9) 芳田奎, "磁性", 岩波書店 (1991).
10) 安達健五, "化合物磁性", 裳華房 (1996).
11) 山田耕作, "電子相関", 岩波書店 (1993).
12) 斯波弘行, "固体の電子論", 丸善 (1996).
13) 上田和夫, 大貫惇睦, "重い電子系の物理", 裳華房 (1998).
14) 斯波弘行, "電子相関の物理", 岩波書店 (2001).
15) 守谷亨, "磁性物理学", 朝倉書店 (2006).
16) 佐宗哲郎, "強相関電子系の物理", 日本評論社 (2009).
17) 上田和夫, "磁性入門", 裳華房 (2011).
18) A. C. Hewson, "*The Kondo Problem to Heavy Fermions*", Cambridge University Press (1993).
19) Y. Kuramoto and Y. Kitaoka, "*Dynamics of Heavy Electrons*", Oxford Science Publications (2000).
20) 豊田直樹, 谷垣勝己, "分子性ナノ構造物理学", 朝倉書店 (2010).
21) W. M. Lomer, Proc. Phys. Soc. **80** (1962) 489.
22) M. Tinkham, "*Introduction to Superconductivity*", Dover Publications (1996).

23) L. F. Mattheiss, Phys. Rev. **134A** (1964) 970.
24) V. Heine, "*Solid State Physics*", eds. H. Ehrenreich, E. Seitz, and D. Turnbull, vol.24, p.1, Academic Press (1970).
25) L. S. Rodberg and R. M. Thaler, "*Introduction to the Quantum Theory of Scattering*", Academic Press (1967).
26) J. P. Desclaux, "*Relativisic Dirac-Fock expectation values for atoms with $z=1$ to $z=120$*", Atomic Data and Nuclear Data tables **12** (1973) 311.
27) S. Cotton, "*Lantanide and Actinide Chemistry*", John Wiley & Sons (2006).
28) Ralph W. G. Wyckoff, "*Crystal Structures*", Robert E. Krieger Publishing (1982).
29) "*Peason's Handbook of Crystallographic Data for Intermetallic Phase*", ASM International (1991).
30) W. Ms. Temmerman et al., "*Handbook on the Physics and Chemistry of Rare Earths*", eds. K. A. Gschneider Jr., J. - C. G. Bunzli, and V. K. Pecharsky, Vol.39, Chap.241, Elsevier Science (2009).
31) U. Walter, Z. Phys. B - Condensed Matter **62** (1986) 299.
32) J. Kondo, Prog. Theor. Phys. **32** (1964) 37.
33) A. A. Abrikosov, Physics **2** (1965) 5.
34) K. Yoshida, Phys. Rev. **147** (1966) 223.
35) K. Yoshida and A. Yoshimori, Prog. Theor. Phys. **42** (1969) 753.
36) H. Kontani and K. Yamada, J. Phys. Soc. Jpn. **74** (2005) 155.
37) P. Noziéres, J. Low Temp. Phys. **17** (1974) 31.
38) K. G. Wilson, Rev. Mod. Phys. **47** (1975) 773.
39) R. Bulla, T. A. Costi, and T. Pruschke, Rev. Mod. Phys. **80** (2008) 395.
40) 楠瀬博明，大槻純也，物性研究 **94** (2010) 404.
41) W. Felsch and K. Winzer, Solid State Communi. **13** (1973) 569.
42) T. A. Costi, Phys. Rev. Lett. **85** (2000) 1504.
43) B. Coqblin and J. R. Schrieffer, Phys. Rev. **185** (1969) 847.
44) S. Maekawa et al., J. Phys. Soc. Jpn. **54** (1985) 1955.
45) 前川禎通，固体物理 **21** (1986) 1.
46) V. T. Rajan, Phys. Rev. Lett. **51** (1983) 308.
47) K. Yamada, K. Yoshida, and K. Hanzawa, Prog. Theor. Phys. **71** (1984) 450.
48) S-I. Kashiba et al., J. Phys. Soc. Jpn. **55** (1986) 1341.
49) Y. Onuki, Y. Furukawa, and T. Komatsubara, J. Phys. Soc. Jpn. **53** (1984) 2734.
50) M. R. Ruderman and C. Kittel, Phys. Rev. **96** (1954) 99.
51) C. Kittel, "*Quantum Theory of Solids*", John Wiley & Sons, Inc. (1963) および 2nd revised edition (1987).
52) Th. Pruschke, R. Bulla, and M. Jarrell, Phys. Rev. B **61** (2000) 12799.
53) G. Kotliar et al., Rev. Mod. Phys. **78** (2006) 865.
54) H. Shiba and P. Fazekas, Prog. Theor. Phys. Suppl. **101** (1990) 403.
55) N. Shibata and K. Ueda, J. Phys.: Condens. Matter **11** (1999) R1.
56) M. Oshikawa, Phys. Rev. Lett. **84** (2000) 3370.
57) J. Otsuki, H. Kusunose, and Y. Kuramoto, Phys. Rev. Lett. **102** (2009) 017202.
58) S. Doniach, Physica **91B** (1977) 231.
59) J. Otsuki, H. Kusunose, and Y. Kuramoto, J. Phys. Soc. Jpn. **78** (2009) 034719.
60) E. Stryjewski and N. Giordano, Adv. Phys. **26** (1977) 487.

61) H. E. Stanley, "相転移と臨界現象". 東京図書 (1974).
62) Mucio A. Continentino, "*Quantum Scaling*", World Scientific (2001).
63) M. Vojta, Rep. Prog. Phys. **66** (2003) 2069.
64) H. v. Löhneysen et al., Rev. Mod. Phys. **79** (2007) 1015.
65) 阿部龍造, "統計力学", 東京大学出版会 (1970).
66) D. Belitz, T. R. Kirkpatrick, and T. Vojta, Rev. Mod. Phys. **77** (2005) 579.
67) J. A. Hertz, Phys. Rev. B **14** (1976) 1165.
68) A. J. Mills, Phys. Rev. B **48** (1993) 7183.
69) T. Moriya and T. Takimoto, J. Phys. Soc. Jpn. **64** (1995) 960.
70) T. Moriya and K. Ueda, Rep. Prog. Phys. **66** (2003) 1299.
71) A. Rosch, Phys. Rev. Lett. **82** (1999) 4280.
72) H. v. Löhneysen, J. Phys.: Condens. Matter **8** (1996) 9689.
73) H. v. Löhneysen et al., J. Magn. Magn. Mater. **177-181** (1998) 12.
74) A. Schröder et al., Phys. Rev. Lett. **80** (1998) 5623.
75) O. Stockert et al., J. Low Temp. Phys. **161** (2010) 55.
76) A. Schröder et al., Nature **407** (2000) 351.
77) Q. Si et al., Nature **413** (2001) 804.
78) P. Gegenwart, Q. Si, and F. Steglich, Nature Phys. **4** (2008) 186.
79) Q. Si, Phys. Status Solidi B **247** (2010) 476.
80) M. Vojta, J. Low Temp. Phys. **161** (2010) 203.
81) T. Senthil, S. Sachdev, and M. Vojta, Phys. Rev. Lett. **90** (2003) 216403.
82) T. Senthil, M. Vojta, and S. Sachdev, Phys. Rev. B **69** (2004) 03511.
83) T. Senthil, S. Sachdev, and M. Vojta, Physica B **359-361** (2005) 9.
84) M. Vojta, Phys. Rev. B **78** (2008) 125109.
85) H. Watanabe and M. Ogata, Phys. Rev. Lett. **99** (2007) 136401.
86) H. Watanabe and M. Ogata, J. Phys. Soc. Jpn. **78** (2009) 024715.
87) N. Lanatà, P. Barone, and M. Fabrizio, Phys. Rev. B **78** (2008) 155127.
88) L. C. Martin and F. F. Assaad, Phys. Rev. Lett. **101** (2008) 066404.
89) L. C. Martin, M. Berex, and F. F. Assaad, Phys. Rev. B **82** (2010) 245105.
90) L. De Leo, M. Civelli, and G. Kotliar, Phys. Rev. Lett. **101** (2008) 256404.
91) L. De Leo, M. Civelli, and G. Kotliar, Phys. Rev. B. **77** (2008) 075107.
92) S. Hoshino, J. Otsuki, and Y. Kuramoto, Phys. Rev. B **81** (2010) 113108.
93) D. Belitz, T. R. Kirkpatrick, and Jörg Rollbühler, Phys. Rev. Lett. **94** (2005) 247205.
94) H. Kotegawa et al., J. Phys. Soc. Jpn. **80** (2011) 083703.
95) E. R. Ylvisaker et al., Phys. Rev. Lett. **102** (2009) 246401.
96) D. C. Koskemaki and K. A. Gschneidner Jr., "*Handbook on the Physics and Chemistry of Rare Earths*", eds. K. A. Gschneidner, Jr. and L. Eyring, Vol.1 Chap. 4, North-Holland Publishng Company (1978).
97) J. -P. Rueff et al., Phys. Rev. Lett. **96** (2006) 237403.
98) S. Watanabe and K. Miyake, J. Phys. : Condens. Matter **24** (2012) 294208.

4 強相関 f 電子系物質の電子状態

第3章では理論的なモデルによる強相関 f 電子系物質の物性や電子状態について述べた．第4章では実際の物質で，それらがどのように観測されるかを述べる．4.1節，4.2節は Ce 化合物，4.3節は Yb 化合物に関するものである．ほとんどがクラマース2重項が基底状態となっており，第3章で述べた理論との対応をさせることができる．4.4節では基底状態が Γ_8 であり，磁気双極子に加えて多極子の自由度を持つ CeB_6 について述べる．

4.1 CeT_2X_2 化合物の物性と電子状態

本節では，$ThCr_2Si_2$ 構造 (図 4.1(a) 参照) を持つ CeT_2Si_2 化合物 (T は遷移金属元素) の物性の概要について述べる．$ThCr_2Si_2$ 構造を持つ物質は多数あり，これまで数多くの化合物が研究されてきている．もっとも多くの研究がなされてきており，物性，電子状態についても比較的よくわかっている $CeRu_2Si_2$ を代表例として，前章までに述べてきたこととも対応をつけながら，重い電子系物質全般の物性，電子状態についても述べる．4.1.1 項では重い電子系物質の物性と電子状態の概要について述べる．4.1.2 項では $CeRu_2Si_2$ とその合金においてドニアックの相図の考え方，および Hertz, Mills のモデル，あるいは SCR 理論がどの程度成り立っているかについて述べる．4.1.3 項は重い電子系物質で観測されるメタ磁性転移の特徴についての解説である．4.1.4 項ではドニアックの相図を基にして，CeT_2Si_2 化合物の物性を概観する．

4.1.1 $CeRu_2Si_2$ と重い電子系物質の物性と電子状態

この項では，$CeRu_2Si_2$ の測定結果を主な例として，重い電子系物質の a. 比熱の温度変化とその由来，b. 電気伝導とコヒーレンスの形成，c. 電子比熱係数と A 係数の関係 (門脇–Wood の関係)，d. フェルミ面と f 電子状態，e. 磁性の特徴と

メタ磁性，f. 物性の間で成り立つスケーリングについて述べる．

a. $CeRu_2Si_2$ の比熱

図 4.1(a) に $CeRu_2Si_2$ の結晶構造[1]を示している．基本単位格子当たり $CeRu_2Si_2$ が一つ含まれている．図 4.1(b) に $CeRu_2Si_2$ の比熱から $LaRu_2Si_2$ の比熱を差し引いた磁気比熱 C_m の温度依存性を示す．二つのピークが観測される．80 K 近傍に存在するピークは 3.3.2 項で述べた結晶場準位間の励起によるものである．Ce^{3+} の $J=5/2$ の6重に縮退したレベルは結晶場により3つの2重項 (Γ_6 と二つの Γ_7) に分裂し，最低準位は Γ_7 のクラマース2重項である．このピークの解析から基底準位から次の準位までのエネルギーギャップは 220 K と求められている[2]．一方，中性子の非弾性散乱からは 383 K と求められている[3]．比熱の温度変化を $S=1/2$ の不純物近藤モデルの理論[4]に従って解析すると，1点鎖線のような比熱が得られる．このとき，極大値となる温度 T_{max} は 11 K であり，この理論計算に従うと $T_{max}=0.45T_K$ であるので，近藤温度は 24 K であるとしている．このように実験的に求められた化合物の近藤温度は，化合物に対して具体的な理論的計算があり，それと対応をつけて求めたものではない．図 4.1(b) の挿入図は C_m/T とエントロピー S を $R\log 2$ で割った値の温度変化を示している．前者は低温ではほぼ一定であり，$T\to 0$ とすると電子比熱係数 γ が求めら

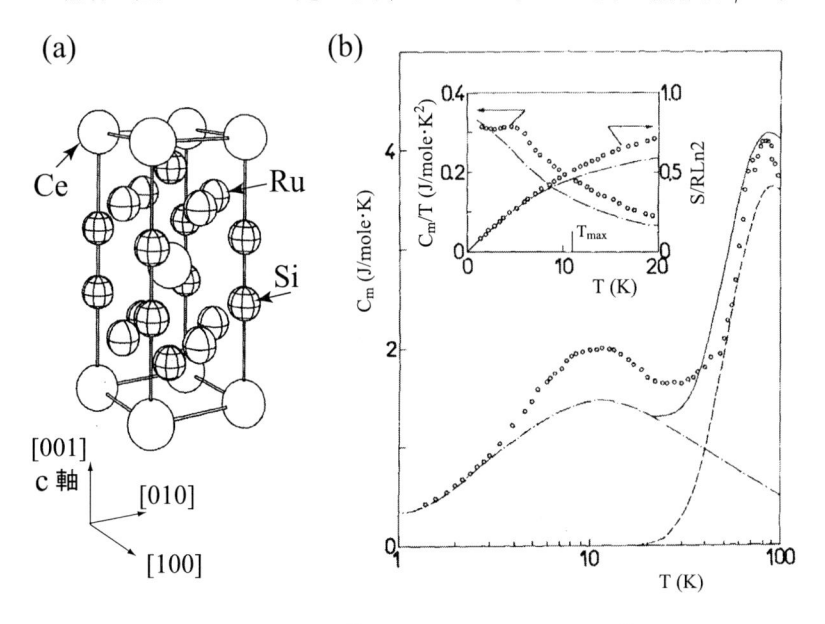

図 4.1 (a) $CeRu_2Si_2$ の結晶構造[1]．(b) 磁気比熱 C_m の温度変化[2]．試料は多結晶．

れる．$LaRu_2Si_2$ の電子比熱係数 6.5 mJ/mol·K^2 を加えると 320 mJ/mol·K^2 である．他の測定では 360 mJ/mol·$K^{2 5)}$ が求められている．また，図中の 1 点鎖線は $S=1/2$ の不純物近藤モデルによる C_m/T および $S/R\log 2$ の理論的な温度変化を表している．観測された振る舞いは不純物近藤モデルの予測と定性的に似ていることを示している．

b. 電気伝導の温度変化とコヒーレンス

図 4.2(a) には $CeRu_2Si_2$ および同じ結晶構造を持つ $LaRu_2Si_2$ の電気抵抗率の温度変化を示す．$LaRu_2Si_2$ は常磁性の通常金属であり，電気抵抗は温度とともに単調に減少する．温度変化は格子振動によるものである．$CeRu_2Si_2$ は 3.5.2 項 e で述べたように磁気的な散乱の効果も加わり，上に凸上の変化をしている．さらに，20 K 以下でより急な減少が観測される．この減少は，高温では各 Ce による散乱が各位置で独立して起こるが，低温では結晶格子を組んでいるためにコヒーレンスが形成されるためである．この温度を本書ではコヒーレンス温度 T_{coh} と表す．このコヒーレンスの効果はホール効果にはより顕著に現れる．図 4.2(b) はホール係数の温度変化を示している．ホール係数は高温から増大し，ちょうど電気抵抗が急な減少を示し始める近傍で，極大値を取った後，減少し，最低温では一定値となる．Ce 原子による伝導電子の散乱では，スピン–軌道相互作用のために $\mathbf{k}$ から $\mathbf{k}'$ への散乱確率が $\mathbf{k}'$ から $\mathbf{k}$ とは異なる．このような散乱をスキュー (skew) 散乱と呼んでいる．Ce 原子に入射した電子の散乱は，磁場中では右向きと左向きに散乱される確率が異なり，ホール効果に影響を与える．温度が高い領域でのホール効果の振る舞いは，スキュー散乱の影響が大きく，ホール係数のピー

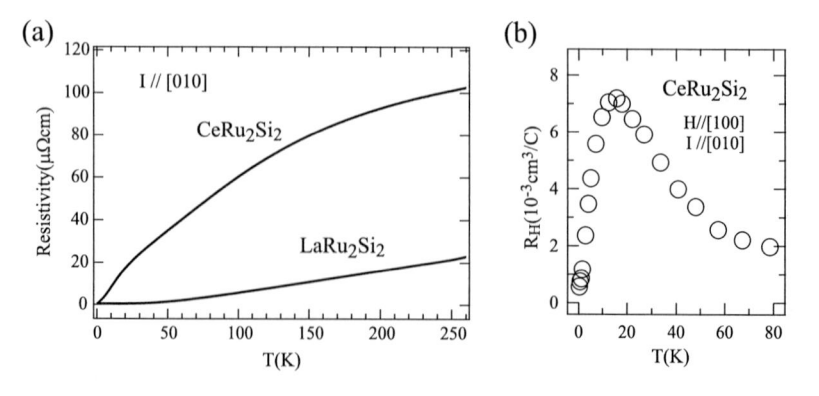

図 4.2 (a) $CeRu_2Si_2$ と $LaRu_2Si_2$ の電気抵抗率の温度変化．(b) $CeRu_2Si_2$ のホール係数 R_H の温度変化．

クは散乱がコヒーレントでない領域からコヒーレントに移り変わる目安を与えるとされている.このような形のホール係数の温度変化は多くの Ce や U の重い電子系物質でも観測されている[6~9].

c. 重い電子系物質の門脇–ウッドの関係

CeRu$_2$Si$_2$ および重い電子系物質の電気抵抗は最低温では T^2 に比例して,フェルミ液体で期待される振る舞いをする.3.4 節で述べたように,係数 A の値と γ^2 の値の間によい比例関係があることが示されている[10~12].この関係は門脇–ウッド (Wood)[10] の関係と呼ばれている.すべての物質で両者を単一の比例係数で表すことはできないが,f 電子状態の縮退度 N を考慮した次の関係を用いると,多くの物質で比例関係が成り立つことが示されている[13,14].

$$\frac{A}{\gamma^2} = \frac{1}{\frac{1}{2}N(N-1)} 1.0 \times 10^{-5} \ \mu\Omega\text{cm} \, (\text{K} \cdot \text{mol/mJ})^2 \qquad (4.1)$$

縮退度 N はたとえば,Γ_7 が基底状態で,かつ,$T_K \ll \Delta$ の場合は $N=2$ となる.また,$N=2$ が最初に提案された門脇–ウッドの関係式[10] に対応する.図 4.3 は

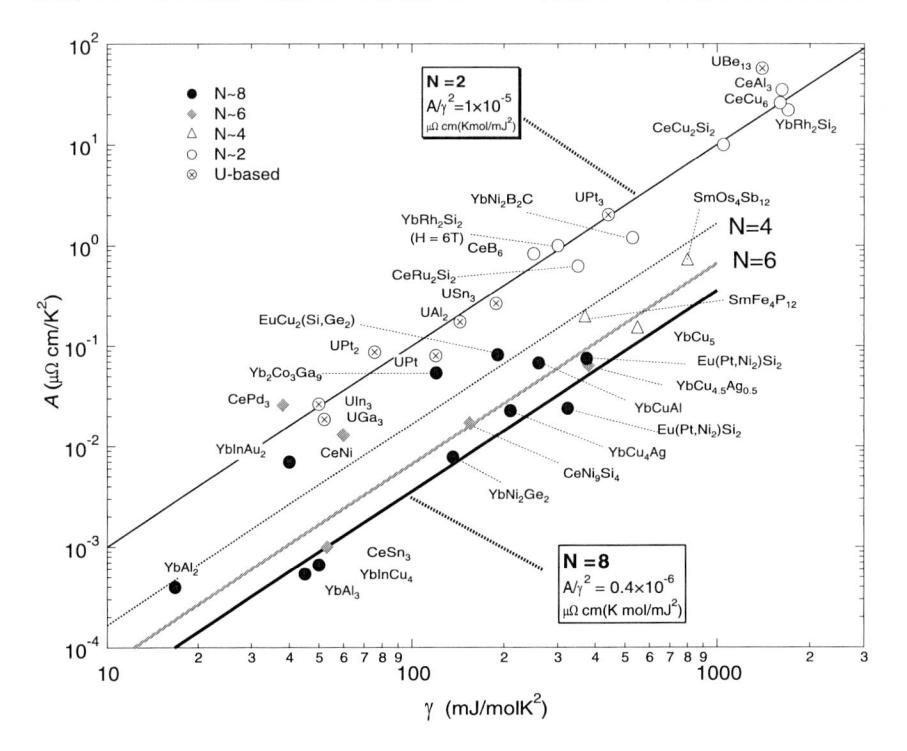

図 4.3 縮退度を考慮して改良した門脇–Wood のプロット (辻井直人氏提供).

縮退度を考慮し，種々の物質に対して係数 A の値を電子比熱係数 γ の値に対してプロットしたものである．縮退度によって異なる直線に載っていることがわかる．Ce 系の化合物は多くが $N=2$ の直線に乗っている．U の f 電子状態は未解明な点が多く，U 化合物の縮退度はどのように考えるべきか明確でないが，同じく多くが $N=2$ の直線上に乗っている．Yb の化合物の場合は多くが $N=8$ の直線上に乗っている．門脇–ウッドの関係は，たとえば電子比熱係数の測定が容易でない場合には，係数 A の値から電子比熱係数の値を推定できるので有用である．

d. $CeRu_2Si_2$ のフェルミ面と f 電子状態

図 4.4 には $ThCr_2Si_2$ 構造のブリルアンゾーン，およびバンド計算によって求められた (a) $CeRu_2Si_2$[15] および (b) $LaRu_2Si_2$[1] のフェルミ面を示している．$CeRu_2Si_2$ では f 電子を遍歴電子として計算が行われている．両者とも一番上と真中のフェルミ面はホール面であり，Z 点を中心として描かれている．下のフェルミ面は Γ 点を中心として描かれた電子面を示している．また，磁場を c 軸 ([001]) 方向に加えた場合のド・ハース–ファン・アルフェン (dHvA) 振動[16]を生じる極値断面積を与える軌道も示してある．dHvA 振動の周波数の大きさは，磁場を加えた方向に対して垂直なフェルミ面の断面積のうちの極値断面積の大きさに比例する．周波数の測定によってフェルミ面の大きさを推定でき，また，加える磁場の方位を変えることで，3 次元的な形を推定できる．ギリシャ文字は軌道から生じる dHvA 効果信号の名前である．dHvA 効果の測定[17~22]や光電子分光の測定など[23~25]により，フェルミ面はほぼこのような形と大きさを持っていることが示されている．$CeRu_2Si_2$ のフェルミ面を $LaRu_2Si_2$ のフェルミ面と比較すると，ホール面は小さくなり，電子面は大きくなっていることがわかる．これは $LaRu_2Si_2$ にくらべて，$CeRu_2Si_2$ では伝導電子が基本単位格子当たり遍歴した f 電子 1 個分が増えたことによる．すなわち，遍歴 f 電子の描像がよく成り立っていることを示している．

a で述べた大きな電子比熱係数に対応して，大きなホール面から生じる ψ 振動の有効質量は $100m_0$ (m_0 は電子の静止質量) 以上である．また，電子面から生じる，κ 振動の有効質量は $10m_0$ 程度である．一方，小さな楕円体状のホール面から生じる β, γ 振動の有効質量は $2\sim3m_0$ である．$CeRu_2Si_2$ では有効質量は異方的であるのが特徴である[17~22]．バンド計算は有効質量の大きさは再現できないが，有効質量の大きさとバンド計算で求められたフェルミレベル近傍での f 電子成分の大きさはほぼ対応する．強相関 f 電子系物質における dHvA 効果の結果の解釈は注意を要する場合がある．通常金属では，スピンの縮退は磁場によるゼー

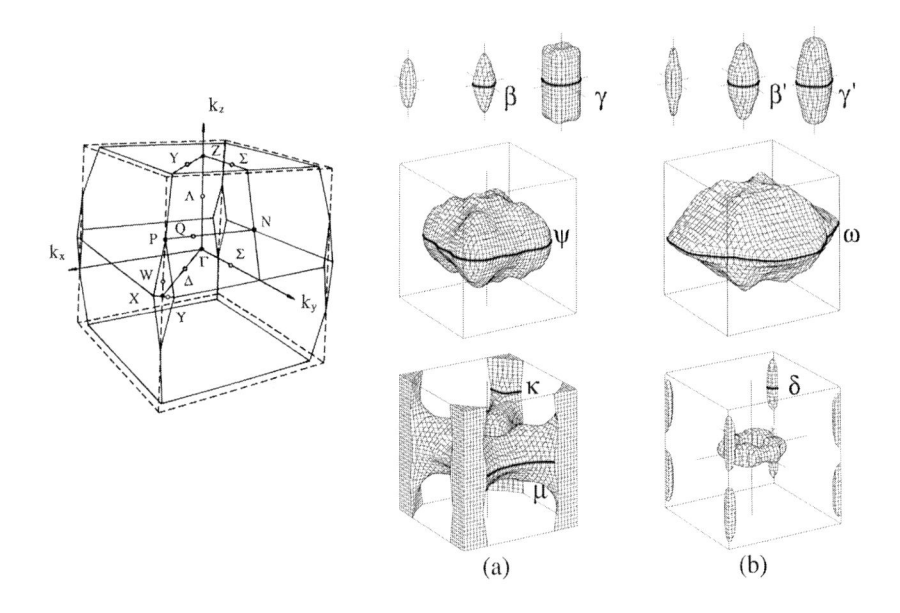

図 4.4 左図：$ThCr_2Si_2$ 構造のブリルアンゾーン．バンド計算による (a) $CeRu_2Si_2$[15] および (b) $LaRu_2Si_2$[1] のフェルミ面．dHvA 効果，光電子分光の測定[24, 25] や最近のバンド計算[26, 27] では，上段の小さなホール面のうち左端のホール面は存在しないことが示されている．また，電子面の形は計算によって少しずつ異なる．$CeRu_2Si_2$ は電子数とホール数が等しい補償された金属．

マン分裂により解かれる．通常金属の dHvA 効果では両方のスピンのフェルミ面は同じ周波数として観測され，また，有効質量はスピンの方向に依存しない[16]．結晶構造が反転対称性を有する場合では，スピン–軌道相互作用があっても縮退が残り，スピンと同じ性質を持つ擬スピンを定義できる[28]．強相関 f 電子系物質でも強磁性状態以外では，dHvA 効果の測定においてフェルミ面の擬スピンによる分裂は観測されないが，擬スピンの方向によって有効質量が異なると解釈される現象がしばしば観測される[18, 19, 21, 29~33]．反転対称性がない場合には，縮退が解けるために，似通った周波数を持ちながら，有効質量がかなり異なる振動が観測される[34]．強相関 f 電子系物質で dHvA 効果によって観測される有効質量は，二つの擬スピン状態の有効質量の平均値を観測していると解釈され，測定によって求められる有効質量は軽い有効質量のほうに近いことが多い．また，3.5.2 項 d で述べたように，近藤温度が低い場合には dHvA 効果によって観測される電子状態は磁場によって影響を受けており，基底状態とは異なる可能性がある．

e. $CeRu_2Si_2$ の磁性とメタ磁性転移

$CeRu_2Si_2$ は磁気秩序を示さないが,強い磁気異方性がある.図 4.5(a)[35]には帯磁率の温度変化を示している.磁場を c 軸方向に加えた場合では,温度の低下とともに増大し,緩やかな極大値を持った後,低温でも大きな値を示す.極大値となる温度を以後 T_m で表す.一方,磁場を c 軸に垂直に加えた場合では,温度変化は小さい.図 4.5(b) は $CeRu_2Si_2$ のメタ磁性転移の様子を示す[35].磁場を磁化容易軸の c 軸方向と垂直に加えた場合では,磁化は緩やかにしか増大しないが,磁場を c 軸方向に加えた場合では,磁化は大きな勾配を持って上昇し,$\mu_0 H_m = 7.7$ T で急激な増大をした後,また,さらに増大を続ける.さらに高磁場では増加の割合は減少するが,20 T でも飽和はしない.温度の上昇とともに,メタ磁性転移の幅はブロードになり,近藤温度程度以上の高い温度では明確なメタ磁性転移は観測されない.温度を下げると,転移はするどくなるが,絶対零度でも転移は有限の幅を持っている[36].また,ヒステリシスは観測されておらず,この転移はクロスオーバーであると考えられている.常磁性状態からのメタ磁性転移はパイライト化合物 $Co(Si_{1-x}Se_x)_2$ やラーベス相化合物 $Y(Co_{1-x}Al_x)_2$,$Lu(Co_{1-x}Al_x)_2$ でも観測されている.ただし,これらは 1 次のメタ磁性転移である.これらの物質は強磁性発現の近傍にあり,また,メタ磁性転移はフェルミレベル近傍の擬ギャップ的な特異な電子状態密度によって生じるとされている[37,38].$CeRu_2Si_2$ の H_m 以下の磁場での振る舞いは,大きな常磁性帯磁率,すなわちフェルミレベルに高い状態密度を持つ準粒子バンドのゼーマン分裂で理解可能である.H_m におけるメタ磁性転移についての現状での理解については,さらに 4.1.3 項で述べる.

近藤効果に対応する波数に依存しない局所的な磁気揺らぎとともに,非整合の波数ベクトル $\mathbf{k}_1 = [0.31, 0, 0]$,$\mathbf{k}_2 = [0.31, 0.31, 0]$,$\mathbf{k}_3 = [0, 0, 0.35]$ を持つ磁気揺らぎが観測されている[39,40].このうち,$\mathbf{k}_1$ は後に述べる $Ce_xLa_{1-x}Ru_2Si_2$ や $CeRu_2(Si_{1-x}Ge_x)_2$ で現れる反強磁性秩序に対応する主要な波数ベクトルであり,反強磁性の揺らぎが残っていることを示している.また,低温で $10^{-3}\mu_B$ 程度の非常に小さな磁気モーメントを持つ,静的な磁気秩序の存在がミューオン測定により報告されている[41].このような非常に小さな磁気モーメントを持つ磁気秩序の存在は,他の重い電子系物質 $CeCu_6$[42,43],UPt_3[44] などでも報告されている.一方,$CeRu_2Si_2$ では,測定に非常に低磁場 (0.02 mT) を用いると,帯磁率の温度変化は,低温に向かって増大し,少なくとも 170 μK まで磁気秩序の兆候を示さないことが報告されている[45].磁場を増加すると 1 mT 以下の低磁場ではピークを持つが,さらに磁場を増加するとピークは抑制され,100 mK 以下での

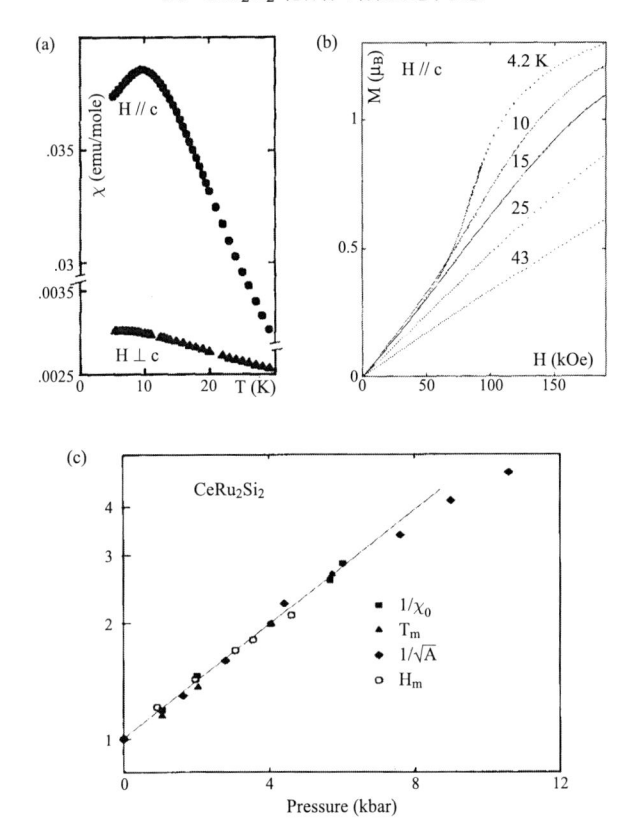

図 4.5 (a) $CeRu_2Si_2$ の帯磁率の温度変化[35]. (b) 異なる温度での磁化の磁場変化[35]. (c) 常圧のときの値でスケールしたパウリ帯磁率の逆数 $1/\chi_0$, 帯磁率の温度変化が極大値を取る温度 T_m, $1/\sqrt{A}$, メタ磁性転移磁場 H_m の圧力依存性[46] (1 kbar = 0.1 GPa である).

温度依存性はなくなる.以下ではこの低磁場での磁性や小さな磁気モーメントの及ぼす影響を考えないで,実験結果について述べる.

f. $CeRu_2Si_2$ と重い電子系物質のスケール

圧力を加えると,電気抵抗率が T^2 の温度依存性を示す温度範囲が広がる[46]. 図 3.21 のドニアックの相図に対応させると,圧力とともに T^* が大きくなることに対応する.それとともに,T^2 の係数 A の値,パウリ常磁性帯磁率 χ_0 の値は減少する.すなわち,フェルミレベルでの状態密度が減少していることを示している.また,T_m の値,および H_m の値は増大する.図 4.5(c)[46] には常圧の値で規格化した,$1/\chi_0$, T_m, $1/\sqrt{A}$, H_m を圧力の関数として示している.これらの値が,一つの直線によくのることがわかる.すなわち,これらの物理量は一つのパ

ラメータでスケールされることを示している．このような関係がよく成り立つことが他の重い電子系物質 UPt_3, $CeAl_3$ でも示されている[47]．不純物近藤効果においては，3.5.2 項 d で示したように種々の物理量が近藤温度 T_K を用いてよくスケールされるが，格子を組んだ場合に，このようによくスケールできるかは自明ではない[47]．

4.1.2　ドニアックの相図と $CeRu_2Si_2$

この項では，まず，a. $CeRu_2(Si_{1-x}Ge_x)_2$，および b. $Ce_xLa_{1-x}Ru_2Si_2$ について，濃度，温度による磁性状態および近藤温度の変化を述べる．c. では量子臨界点近傍での振る舞いがどのように観測され，理解されているかを述べる．d. では量子臨界点近傍と反強磁性状態の電子状態について述べる．

a.　$CeRu_2(Si_{1-x}Ge_x)_2$ の磁気相図

図 4.6(a) は $CeRu_2(Si_{1-x}Ge_x)_2$ の温度–濃度相図を示している[48]．この系は濃度によらず同じ $ThCr_2Si_2$ 構造を持っている．上の横軸は単位格子の体積を表している．Si を Ge に置換することによって，格子体積を増大させる．ここでは通常の圧力印加のときと同じように格子体積が減る方向を右側に取ってある．

$CeRu_2Ge_2$ は 8.5 K で反強磁性状態に転移した後，7.5 K で強磁性状態となる．強磁性状態の f 電子については局在描像がよく成り立つ．約 1.9 μ_B の自発磁気モーメント[49]を持ち，この値は $J=5/2, J_z=\pm 5/2$ 状態の 2.1 μ_B に近い．dHvA 効果の測定によれば，フェルミ面は図 4.4 で示した $LaRu_2Si_2$ のフェルミ面をスピン分裂させたフェルミ面でよく説明できる[50,51]．しかし，「局在」状態の f 電子と伝導電子は完全に切り離されているわけではない．$LaRu_2Ge_2$ の La を Ce で置き換えた $Ce_xLa_{1-x}Ru_2Ge_2$ の希薄合金では電気抵抗に 3.5 節で示した不純物近藤効果の振る舞いが観測される．Ce 濃度を増加させても，次の b. で示す $Ce_xLa_{1-x}Ru_2Si_2$ と同様に近藤効果の振る舞いは残り，$CeRu_2Ge_2$ においても電気抵抗は反強磁性転移を起こす前に低温で $-\log T$ に比例し，わずかに増大する．容易軸 (c 軸) への磁場の印加とともに磁化は増加し，20 T では 2 μ_B に達する[49]．「局在」f 電子の変化に対応して，dHvA 効果によって観測される伝導電子の有効質量は 16 T では 10 T に比べて 15〜20% 減少する[52,53]．

Ge 濃度 $x_a = 0.58$ で基底状態は強磁性から反強磁性状態に変化する．この転移は 1 次転移の可能性が高いが，証明はされていない．反強磁性転移は $x_c = 0.065$ で消失する．図 4.6(b) は代表的な濃度での温度–磁場相図[48]を示している．反強磁性状態は相図の特徴から，主に二つに分けることができる．$x = 0.4$ では最

低温で一つの相しか観測されないが，$x = 0.15$ では低温相がより複雑となる．
$x_b = 0.29$ 近傍が二つの反強磁性相の境である．また，x_c 近傍の $x = 0.08$ では相の数が減少するか，もしくは相境界が不明瞭になる．図 4.6(a) には帯磁率–温度曲線において極大値を持つ温度 T_m も示している．Ge 濃度の増大とともに，T_m は $CeRu_2Si_2$ から減少するが，x_c においても有限の値を持っている．反強磁性状態の主な波数ベクトルは $\mathbf{k}_1 = [0.31, 0, 0]$ であるが，各相での具体的な磁気構造は部分的にしかわかっていない．反強磁性相で低温側に現れる相への T_L での転移は，比熱，電気抵抗測定などでは検出できるが，磁気測定では検出できない．高次の成分が強くなっており，SDW の変調構造がより矩形的になっていると推定されている[54]．常磁性状態と同様に強い磁気異方性を持ち，各相での磁気モーメントは c 軸方向を向いている．また，反強磁性状態で磁場を c 軸方向に加えた場合では 1 次のメタ磁性転移を起こすが，c 面内に磁場を加えた場合では，実験室規模の磁場ではメタ磁性転移は観測されない．

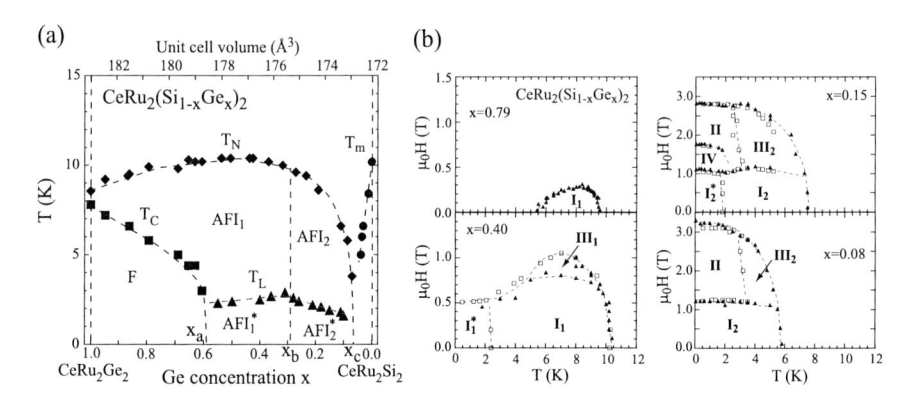

図 4.6 $CeRu_2(Si_{1-x}Ge_x)_2$ の (a) 温度–濃度相図，(b) 代表的な濃度での温度–磁場相図[48]．

図 4.6(a) の磁気相図は $CeRu_2Ge_2$ において圧力を印加し，輸送現象を測定した結果から得られた相図とほぼ対応している．$CeRu_2Ge_2$ は圧力下では 7.8 GPa[55]–8.7 GPa[56] で磁気秩序状態から常磁性へと転移すると推定されている．c/a の大きさは $CeRu_2Ge_2$ の 2.353 から $CeRu_2Si_2$ の 2.335 に Si 濃度にほぼ比例して変化する．格子体積変化にくらべてその変化は小さく，Si 濃度とともにほぼ等方的に縮小している．したがって，$CeRu_2(Si_{1-x}Ge_x)_2$ の電子状態は $CeRu_2Ge_2$ に静水圧を加えたときの電子状態を観測していると仮定することができる．$CeRu_2Si_2$

に圧力印加をした測定を加えると，10 GPa 以上の圧力範囲にわたって物性が詳細に調べられている数少ない例の一つである．磁気秩序状態での相図は 3.7.1 項での概念的あるいは理論的な相図と比べて複雑である．この合金の磁気相図の振る舞いが特別に複雑であるというわけではない．圧力印加の場合と異なり，合金では常圧で種々の測定が容易であり，より詳細に調べられているためである．上記のような相図から $CeRu_2Si_2$ は反強磁性の量子相転移点の近くにあることがわかる．この合金で量子臨界点が形成されているかどうかは，下記に述べる．

b. $Ce_xLa_{1-x}Ru_2Si_2$ の磁気相図

図 4.6 と同様な相図は $LaRu_2Si_2$ の La を Ce で置き換えていくことによっても生じる．図 4.7(a) に $Ce_xLa_{1-x}Ru_2Si_2$ の温度–Ce 濃度相図[57]を示す．ここで x_c は 0.91 である．La を Ce に置換していくことは，Ce 原子同士の相互作用が増加する効果とともに，Ce のイオン半径が La よりも小さいので，化学的な圧力を加える効果も与える．$LaRu_2Si_2$ および $CeRu_2Si_2$ の単位格子の体積はそれぞれ 176.4Å^3 [58] および 171.7Å^3 [59] である．Ce 濃度が十分高くなった領域では，Ce 間の相互作用の効果は Ce 濃度とともにあまり変化せず，圧力効果が主に効いていると考えられる．図 4.7(b) には各濃度での電気抵抗率の温度変化を示している．La を Ce に少し置き換えた場合 ($x = 0.02$ 試料) では，抵抗は温度とともに $-\log T$ に比例して上昇し，不純物近藤効果の振る舞いを示す．さらに，Ce 濃度を増やしていくと，電気抵抗がいったん低温に向かって上昇した後，ピークを持ち減少する．これは，Ce 同士の磁気的な相互作用により，反強磁性秩序が発達してきたためである．さらに，濃度を増していくと二つのピークが現れるようになる．この二つの転移に対応する温度を高いほうから T_N, T_L で表す．この転移は $CeRu_2(Si_{1-x}Ge_x)_2$ の相図でもみられた二つの反強磁性転移に対応するものである．さらに濃度を増やしていくと，低温へ向かっての抵抗の上昇はほとんど見られなくなり，また，反強磁性転移の近傍では，ピークを示すのではなく，へこみを持つ構造となる．$x = 0.85$ 近傍を境にして転移における電気抵抗の振る舞いが異なるのは，転移温度における電子状態が異なっていることを示唆している．また，3.1.2 項 b で述べたように，x_c 近傍では転移に伴いフェルミ面の影響を受ける部分がより大きくなっていることを示しており，転移が SDW 的になっている可能性を示唆している．さらに，$x = 0.92$ 以上の濃度では抵抗は単調な減少を示し，磁気転移が消失したことを示している．

なお，La の常磁性化合物の La を Ce に置き換えていくときに観測される振る舞いは，合金系によってかなり異なる．たとえば，$Ce_xLa_{1-x}Cu_6$[60] では，磁気

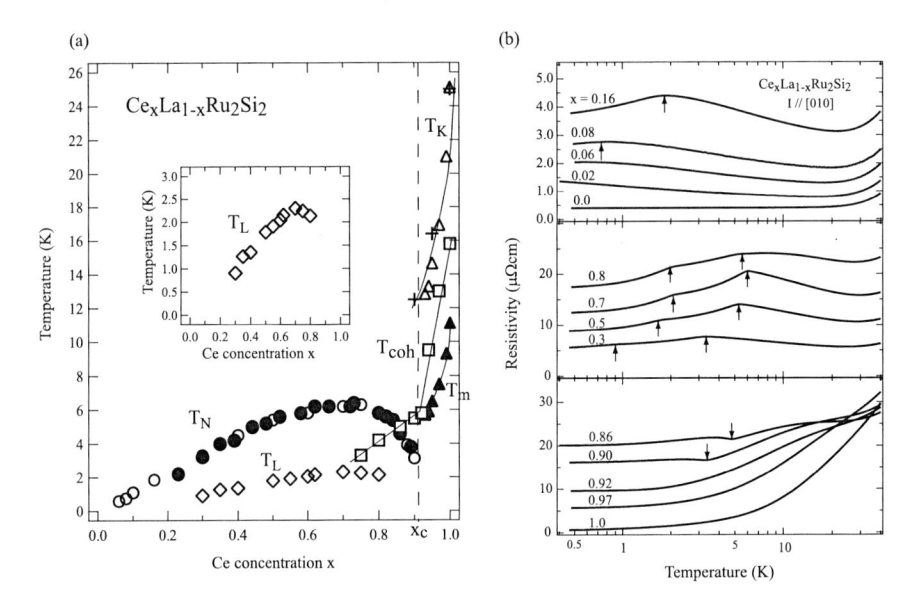

図 4.7 (a) $Ce_xLa_{1-x}Ru_2Si_2$ の温度–濃度相図. T_N, T_L は二つの反強磁性転移温度. 塗りつぶした記号, 白抜きの記号はそれぞれ磁気測定, 抵抗測定から求めた転移温度. 挿入図は T_L の拡大図. T_K, T_{coh}, T_m はそれぞれ, 近藤温度, コヒーレンス温度, 帯磁率が極大値となる温度を表す. (b) 電気抵抗率の 50 K 以下の温度変化[57].

秩序が形成されることなく, 重い電子系物質 $CeCu_6$ となる. $CeCu_6$ は斜方晶構造である. $LaCu_6$ は単斜晶構造であるが[61], 斜方晶からのずれは非常にわずかであり, また, $CeCu_6$ との単位格子の体積の違いは 0.1% 以下であるために磁気秩序が形成されなかったと考えられる.

$Ce_xLa_{1-x}Ru_2Si_2$ 合金では近藤温度 T_K (図 4.7(a) の+印) が比熱測定[5]により, 求められている. また, 帯磁率の温度変化から求めた T_m と T_K は Ce 濃度によらずいつも比例関係にあるとして, $CeRu_2Si_2$ での T_K/T_m の係数を T_m に乗じて T_K としたものをプロットしてある (図 4.7(a) の白抜き三角). 比熱測定から求めた T_K と同じ変化を示し, T_K と T_m にはよい比例関係があることを示している. このように求めた T_K または T_m は $CeRu_2(Si_{1-x}Ge_x)_2$ と同様に x_c においても有限である. 磁場を磁化困難軸方向 (c 面内) に加えてホール効果を測定すると, 常磁性状態ばかりでなく, 反強磁性秩序を起こす領域でも, ホール係数の温度変化に極大値が生じる[57]. この温度を T_{coh} として相図に示してある. $x = 0.85$ より Ce 濃度の高い領域では, T_{coh} が反強磁性転移温度 T_N よりも高いことがわ

かる.その領域は反強磁性の転移において,抵抗率の変化の振る舞いがへこみを持つ構造に変化した領域とも対応する.

c. 量子臨界点近傍の振る舞い

反強磁性が消失する x_c 近傍での比熱測定が $Ce_xLa_{1-x}Ru_2Si_2$ の x_c を挟んで測定されている.図4.8は $Ce_xLa_{1-x}Ru_2Si_2$ の C_m/T の温度変化を示す.臨界濃度近傍でも C_m/T は低温で発散せず,低温でほぼ一定値となっている.実線はSCR理論によるフィッティングであり,温度の上昇とともに,表3.2で示された Const.$-T^{1/2}$ の温度依存性,さらに高温での $-\log T$ 的な温度変化にクロスオーバーしていく振る舞いが見られる[62].また,さらに低いCe濃度では,電子比熱係数は減少し,電子比熱係数は x_c 近傍に緩やかな極大値を持っている.また,dHvA効果測定では図4.4(a)の小さいホール面で有効質量が求められており,x_c 近傍で緩やかな極大を持つ[63,64].これらは,表3.2に示した,3次元反強磁性体で期待される振る舞いと矛盾がない.また,非弾性中性子散乱の実験から,反強磁性の秩序ベクトル $\mathbf{k}_1 = [0.31, 0, 0]$ に対応する磁気揺らぎの強度が,x_c で最大値をとることが示されている[65].また,電気抵抗,熱膨張,NMRのスピン–格子緩和,非弾性中性子散乱の測定結果をSCR理論によって解析すると,よい一致が得られることが示されている[40,62].これらの実験結果は $Ce_xLa_{1-x}Ru_2Si_2$ の x_c 近傍の振る舞いはSCR理論,もしくはHertz, Millsのモデルと矛盾がないことを示している.ただし,x_c において非弾性中性子散乱の実験では揺らぎが発散するのではなく,最大値であるので,x_c における転移が2次ではなく弱い1次

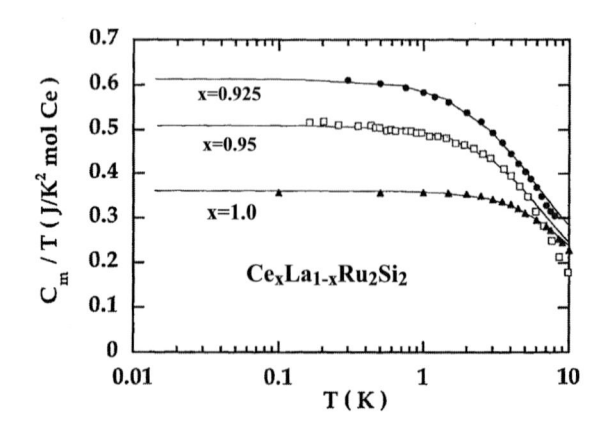

図4.8 $Ce_xLa_{1-x}Ru_2Si_2$ の常磁性から臨界濃度までの C_m/T の温度変化.実線はSCR理論によるフィッティング[62].この実験では $x_c \sim 0.92$.

転移である可能性が示唆されている[65]．また，非弾性中性子散乱の実験で求めた近藤効果に対応する局所的な磁気揺らぎは $CeRu_2Si_2$ から単調に減少し，反強磁性状態でも大きく残っていることが示されている[65]．この結果は前述の比熱，帯磁率の測定で求めた近藤温度の振る舞いとも一致する．

d. 量子臨界点近傍および反強磁性状態における f 電子状態

反強磁性状態ではフェルミ面は十分解明されていず，どのような電子状態が実現しているかは，実験的には確立していない[48,63]．$Ce_{0.84}La_{0.16}Ru_2Si_2$ および $CeRu_2(Si_{0.82}Ge_{0.18})_2$ の反強磁性転移温度より少し高い温度では角度分解光電子分光によりフェルミ面の測定が行われており，f 電子は遍歴していることが示されている[25,66]．また，この結果は x_c 近傍の反強磁性状態では磁気転移の振る舞いがSDW的な振る舞いを示すこととも矛盾がない．したがって，少なくとも x_c 近傍においては f 電子については遍歴描像が成り立つ可能性が高い．この点からもこれらの系ではSCR理論，あるいはHertz, Millsのモデルと矛盾がない．また，$Ce_xLa_{1-x}Ru_2Si_2$ のCe低濃度領域ではdHvA効果の測定が行われており，低濃度領域では f 電子は遍歴描像がよく成り立つことが示されている[67]．基底状態では f 電子は低濃度から遍歴性を維持したまま，$CeRu_2Si_2$ の f 電子の遍歴状態につながっている可能性が高い．また，$CeRu_2(Si_{1-x}Ge_x)_2$ では，基底状態が強磁性から反強磁性に変化する点 x_a，または反強磁性相内の x_b で，f 電子は局在状態から遍歴状態に変化している可能性が高い．

いずれのCe濃度でも，十分高温では f 電子については局在描像がよく成り立つと考えられている．したがって，基底状態で遍歴状態であるとすると，ある温度で局在状態から遍歴状態へのクロスオーバーが起こると推定される．$Ce_xLa_{1-x}Ru_2Si_2$ の $x = 0.02$ の合金では，近藤温度は1.3 K程度と求められている[67]．反強磁性状態においては，近藤温度は求められていないが，常磁性状態の近藤温度から希薄合金の近藤温度に連続的に変化しているとすると，局在状態から遍歴状態のクロスオーバー温度もCe濃度とともに増大すると期待される．したがって，反強磁性転移を起こす温度での f 電子の遍歴性は濃度によって異なり，$x = 0.85$ 近傍を境にして反強磁性転移における電気抵抗の振る舞いに違いが生じたと思われる．x_c 近傍では転移温度ですでに f 電子が十分遍歴的だとすると，磁気秩序の形成はSDW描像で理解されるかもしれない．一方，局在状態では磁気秩序の形成はRKKY相互作用による描像で理解されるが，温度の低下とともに遍歴磁性に変化していることを示唆している．反強磁性状態における磁気転移と秩序状態の詳細，f 電子の遍歴性，およびそれらの相互の関係はまだ十分調べられていない．

4.1.3 メタ磁性転移

重い電子系物質では，しばしば 3.7.2 項で述べたメタ磁性転移が観測される．$CeRu_2Si_2$ はもっとも顕著なメタ磁性転移を示す物質であり，また，そのメタ磁性転移については種々の手段を用いて調べられている．ここでは，$CeRu_2Si_2$ を中心として重い電子系物質のメタ磁性転移の特徴を述べる．a. では $Ce_xLa_{1-x}Ru_2Si_2$ と $CeRu_2(Si_{1-x}Ge_x)_2$ における 1 次とクロスオーバーメタ磁性転移の濃度変化について述べる．b. では 1 次とクロスオーバーのメタ磁性転移の相互の関係，およびそれらと近藤温度などの系の特性エネルギーとの関係について述べる．c. ではメタ磁性転移に伴って起こる電子状態の変化とその理解について述べる．

a. $Ce_xLa_{1-x}Ru_2Si_2$ と $CeRu_2(Si_{1-x}Ge_x)_2$ のメタ磁性転移

図 4.9(a) は $Ce_xLa_{1-x}Ru_2Si_2$ のメタ磁性転移磁場の濃度依存性を示している．磁気秩序状態が形成されると 2 段のメタ磁性転移が生じる．このメタ磁性転移は 1 次のメタ磁性転移であり，転移磁場は Ce 濃度とともに増加する．高磁場側のメタ磁性転移は x_c を境にして，常磁性領域のクロスオーバーのメタ磁性転移に連続的につながる．図 4.9(a) に示すように，x_c 近傍で反強磁性転移温度が減少するにもかかわらずメタ磁性転移磁場が増加する．その原因は図 4.9(b) の $CeRu_2(Si_{1-x}Ge_x)_2$ でのメタ磁性転移磁場の Ge 濃度依存性から推定できる．図 4.6(a) に示すように，x_a 以上の Ge 濃度では強磁性である．x_a 以下の反強磁性状態では，図 4.6(b) の相図から低温で磁場により強磁性状態が誘起されることでメタ磁性転移が生じていることがわかる．したがって，図 4.9(b) の点線で示したように，メタ磁性転移磁場は x_a で強磁性秩序が消失する点からほぼ直線的に増加している．

遍歴電子系のメタ磁性転移は強磁性と関連していることが知られている．$CeRu_2Ge_2$ は 4.1.2 項 a で述べた意味で f 電子は局在しているので遍歴電子系ではないが，$CeRu_2(Si_{1-x}Ge_x)_2$ のメタ磁性転移磁場について，強磁性相と低温での 1 次のメタ磁性転移だけに着目して，転移磁場の濃度 (圧力)，温度，磁場相図を描くと，3.7.1 項で述べた弱い遍歴強磁性体の圧力-温度-磁場相図と似ていることがわかる．しかし，1 次のメタ磁性転移の終点が量子臨界終点になっているか，あるいは 3 重臨界点が Ce 濃度とともにどのように変化しているかは実験的にははっきりしていない．$Ce_xLa_{1-x}Ru_2Si_2$ では，強磁性相は表れない．$LaRu_2Si_2$ の格子体積は 176.4Å^3 であり，図 4.6(a)，または図 4.9(b) の $CeRu_2(Si_{1-x}Ge_x)_2$ の相図と対応させると，その格子体積は反強磁性に秩序する領域であることがわかる．したがって，そこでのメタ磁性転移は $CeRu_2(Si_{1-x}Ge_x)_2$ と同様に強磁性

の影響を受けており，$Ce_xLa_{1-x}Ru_2Si_2$ では隠れていた強磁性相関の影響が磁場中では表れている可能性がある．また，$CeRu_2Si_2$ ではメタ磁性転移後に反強磁性相関が消えて，強磁性相関が表れることが中性子散乱の実験から指摘されている[68,69]．この観測については，4.1.1 項で述べたメタ磁性転移を起こす遷移金属化合物と同様に，メタ磁性転移は特異な電子状態に起因し，メタ磁性転移に伴う変化によるものであるとの指摘がなされている[70]．反強磁性相でのメタ磁性転移と同様に強磁性の影響を受けている可能性もある．

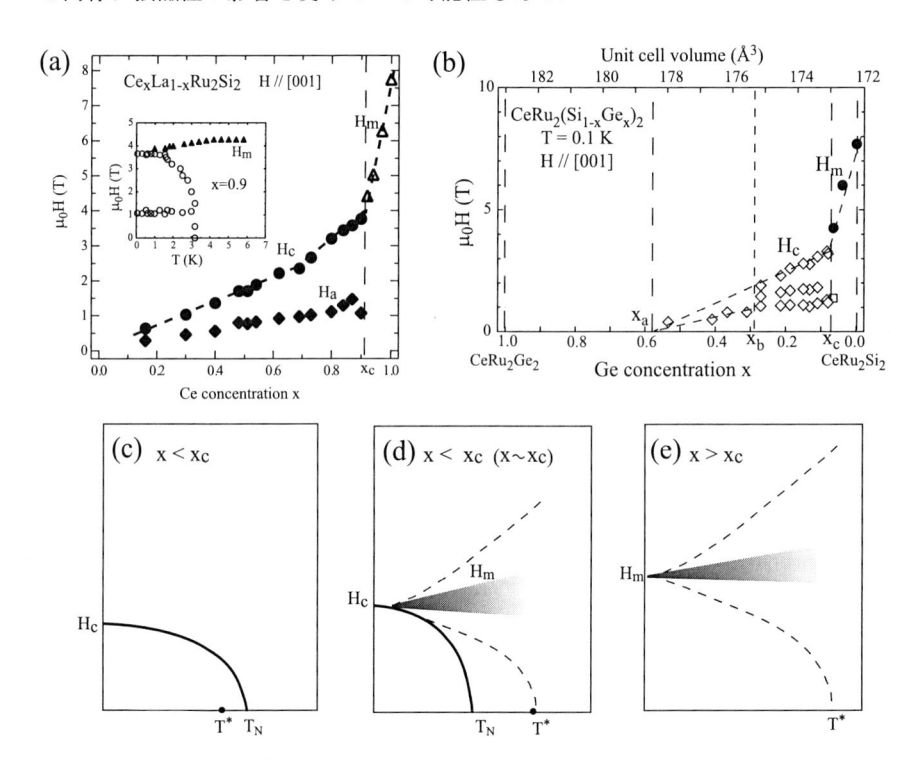

図 4.9 (a), (b) $Ce_xLa_{1-x}Ru_2Si_2$ および $CeRu_2(Si_{1-x}Ge_x)_2$ のメタ磁性転移磁場の濃度依存性．測定温度は 0.05 K．(a) の挿入図は $x = 0.9$ での温度–磁場相図[64]．(c), (d), (e) x_c 近傍での温度磁場相図の模式図．実線：反強磁性転移温度–磁場曲線，破線：クロスオーバー曲線，帯：クロスオーバーメタ磁性転移磁場の温度依存性．

b. 1 次のメタ磁性転移とクロスオーバーメタ磁性転移

反強磁性領域でもクロスオーバー的なメタ磁性が観測される．図 4.9(a) の挿入図には x_c 近傍で反強磁性側にある $x = 0.9$ における温度–磁場相図[64]を示す．反

強磁性秩序に対応するメタ磁性とともに，高温側では緩やかな変化を起こすクロスオーバー的メタ磁性転移が観測される[5,64,71,72]．図 4.9 には，(c) $x < x_c$ で x_c よりもかなり濃度が小さいとき，(d) $x < x_c$ で x_c に濃度が近いとき，(e) $x > x_c$ のときの温度–磁場相図を模式的に示している．

(c) では H_m に対応するような磁化の変化は観測されない．(d) は (a) の挿入図に対応するものであり，灰色の帯はクロスオーバーのメタ磁性転移の磁場と幅を模式的に表している．メタ磁性転移磁場は温度には大きく依存しないが，転移幅は増大する．(d), (e) の破線は $CeRu_2Si_2$ において熱膨張係数が極値を取る点，または C/T が極大値を取る点をつなげたもの[73]を参考にして描いた模式図である．$CeRu_2Si_2$ の T^* は約 9 K である．この値は図 4.7(a) に示した T_m あるいは T_{coh} と同程度の値である．破線で囲まれたメタ磁性転移磁場よりも下の状態は，最低温度では上の状態と連続的につながっているとされている[73~75]．また，$CeRu_2Si_2$ の電気抵抗率が T^2 に比例する低温領域へクロスオーバーする温度も似たような振る舞いをする．その場合 T^* は約 0.5 K 程度である[74]．メタ磁性転移磁場近傍では，非常に低温まで非フェルミ液体的な温度依存性を示す．(d) の T^* は約 4.5 K[72]であり，図 4.7(a) の反強磁性転移を起こす領域での T_{coh} とほぼ同じ温度である．最低温ではクロスオーバー的なメタ磁性は生じないで，反強磁性秩序に対応する 1 次のメタ磁性転移が生じる．磁気秩序に対応するメタ磁性転移とクロスオーバー的なメタ磁性転移は直接には結びつかない．両者の分離は $Ce(Ru_{0.92}Rh_{0.08})_2Si_2$ ではより明快に示されている[72]．x_c では最低温での H_m と H_c がちょうど一致すると考えられる．一方，(c) のように $T^* < T_N$ の場合ではクロスオーバー的なメタ磁性は観測できなくなる．すなわち，クロスオーバー的なメタ磁性転移は温度の低下に伴って形成される状態と密接に関係し，その状態が磁場との競合により高磁場の状態に移るときに生じていることを示している．T_m はその状態が低温で形成される温度の目安であると考えられ，図 4.7(a) で示したように実験的に求められた近藤温度ともよく対応する．

H_m と T_m の関係をいろいろな物質で調べた結果を図 4.10 に示す．両者の間にはよい相関があることがわかる．4.1.1 項で述べた 1 次のメタ磁性転移を起こす遷移金属化合物についても，帯磁率の温度変化には極大値が観測され，観測される温度 T_m とメタ磁性転移磁場にはよい比例関係があると報告されている．ただし，その比例係数 $\mu_0 H_m/T_m$ は $CeRu_2Si_2$ に比べて 1/2 から 1/3 程度である[92]．

c. メタ磁性転移と電子状態の変化

$CeRu_2Si_2$ のメタ磁性はクロスオーバーにもかかわらず，大きな電子状態の変

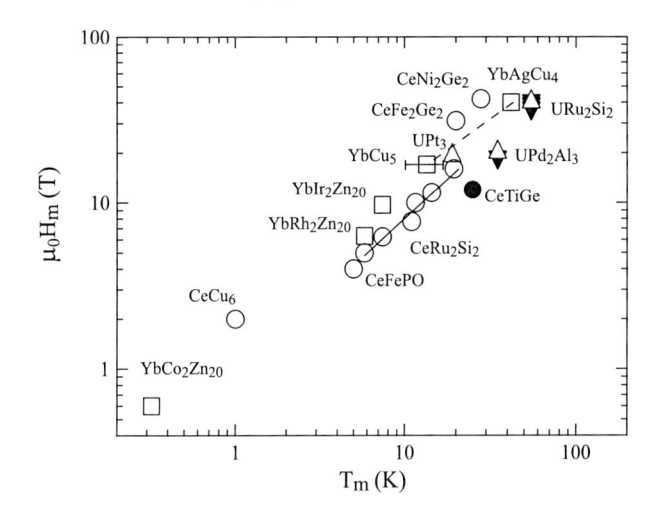

4.1 CeT$_2$X$_2$ 化合物の物性と電子状態　199

図 4.10　帯磁率の温度変化が極大値をとる温度 $T_{\rm m}$ とメタ磁性転移磁場 $H_{\rm m}$ の関係. 丸, 四角, 三角はそれぞれ Ce, Yb, U 化合物を表す. (CeCu$_6$[76], CeNi$_2$Ge$_2$[77], CeFe$_2$Ge$_2$[78], CeRu$_2$Si$_2$ および Ce$_x$La$_{1-x}$Ru$_2$Si$_2$[22, 46, 79], CeFePO[80], CeTiGe[81], YbAgCu$_4$, YbCu$_5$ および YbAg$_x$Cu$_{5-x}$[82~84], YbT$_2$Zn$_{20}$ (T=Co,Rh,Ir)[85~88], UPt$_3$[89], URu$_2$Si$_2$[90], UPd$_2$Al$_3$[91]). CeCu$_6$, CeFe$_2$Ge$_2$ については帯磁率が低温で一定になり始める温度を $T_{\rm m}$ としてある. URu$_2$Si$_2$, UPd$_2$Al$_3$ については, それぞれ隠れた秩序相, 反強磁性相からの転移磁場を塗りつぶした記号で表してある. これらの化合物では秩序温度よりも高い温度では, 図 4.9(d) で示したようなクロスオーバーのメタ磁性転移が観測される. その転移磁場の最大値を白抜きの記号で表してある. CeTiGe は磁気秩序を示さないが, 1 次転移のメタ磁性転移を示す. CeRu$_2$Si$_2$ の実線は圧力下および Ce$_x$La$_{1-x}$Ru$_2$Si$_2$ のデータを結ぶガイドラインである. 破線は YbAgCu$_4$ から YbCu$_5$ までの YbAg$_x$Cu$_{5-x}$ のメタ磁性転移磁場が大体この破線上にあることを示す.

化を伴う. 図 4.11(a) は dHvA 振動の周波数の磁場依存性を示す. 図の記号は図 4.4 に示したフェルミ面の極値から生じる振動を表している. ψ 振動はおそらく有効質量が大きすぎるせいでこの磁場方向では観測できていないが, バンド計算が正しいとすると点線のような値となる. $H_{\rm m}$ をはさんで 0.1~0.2 T 以下のきわめて小さい磁場範囲で大きな周波数変化が起こる. $H_{\rm m}$ より高い磁場では ω 振動が観測される. c 軸の周りの周波数の大きさと角度依存性は, 図 4.4(b) の LaRu$_2$Si$_2$ の大きなホール面から生じる振動のそれらとよく似ている. また, δ も c 軸方向に平行な筒状のフェルミ面から生じていることと矛盾がない. したがって, フェルミ面は図 4.4(b) のようになると解釈された[18, 19, 21, 22]. 図 4.11(b) は有効質量の磁場依存性を示している. 有効質量は $H_{\rm m}$ 以下ではほぼ一定であるが, $H_{\rm m}$ 近

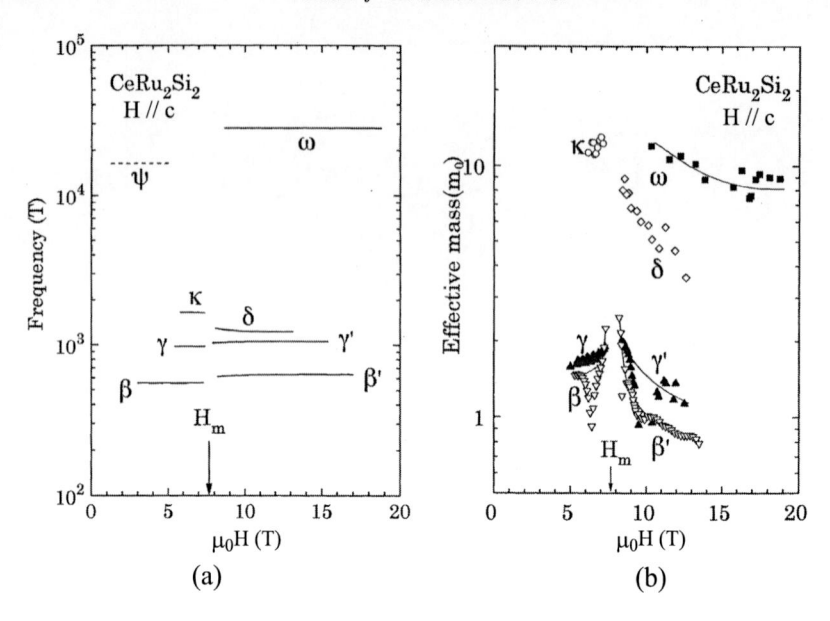

図 4.11 CeRu$_2$Si$_2$ の (a) dHvA 振動周波数および (b) 有効質量の磁場依存性[21]. β, β', γ' 振動などで,有効質量が磁場とともに単調に変化していないのは,有効質量の擬スピン依存性から生じる解析上の見かけの効果である.

傍でフェルミ面によらず同じ程度増大し,さらに高磁場では磁場とともに減少する.この振る舞いは,電子比熱係数の磁場依存性とも定性的に対応する[93,94].また,比熱測定の結果は,フェルミレベル近傍に存在する高い状態密度が磁場によりゼーマン分裂し,磁場とともにフェルミレベルから上下に離れていくと解釈できると報告されている[95].

メタ磁性転移およびその前後で大きな格子の膨張が起こる[96].また,無磁場での価数は 3.053 (n_f は 0.947) であり,磁場とともに価数は減少し,特にメタ磁性転移磁場および近傍の磁場 (8〜18 T) での減少はより大きく,約 0.005 の価数の減少が起こる[97].すなわちメタ磁性転移とともにより局在的な状態になったことを示している.格子膨張もこの価数の変化と密接に関連していると考えられる.この価数変化は 3.7.2 項で述べた Ce の価数転移に伴う変化に比べて小さく,メタ磁性転移よりも高い磁場でも f 電子については遍歴性を維持していることを示している[97,98].最低温 (約 10 mK) で測定された磁気抵抗は H_m で小さなステップ状の増大を示す.ただし,クロスオーバーなので不連続な飛びではないとみられる.H_m より高い磁場では磁気抵抗の増加は非常に緩やかになる.また,Hall 抵抗は H_m 近傍で緩やかな増大を示したあと,磁場に対する勾配が変化する[74].こ

れらの二つの観測は電子状態は H_m では不連続には変化しないが，H_m より高い磁場と低い磁場では電子状態が異なっていることを示唆している．

メタ磁性転移より高い磁場でどのような電子状態が実現しているかについては，まだ，共通的な理解が得られていない．主な原因はメタ磁性転移より高い磁場範囲ではフェルミ面が完全には解明されていないためである．特に，これまでメタ磁性転移よりも高い磁場領域で観測された dHvA 振動の有効質量は電子比熱係数の測定から期待されるよりも小さく，まだ，観測されていないフェルミ面が存在する可能性を示唆している．電子状態に関する二つの相異なる考え方を単純化して，模式的に図 4.12 に示す．

(a) の実線は $CeRu_2Si_2$ においてもっとも重い電子が観測されるホール面 (図 4.4(a) の中央) を形成するバンドを模式的に表したものである．このバンドは f 電子の $J = 5/2, J_z = \pm 5/2$ が主成分のバンドである[27]．以下ではこの状態を簡単のためにアップ，ダウンスピンと表記する．$CeRu_2Si_2$ においては，このホール面が f 電子の振る舞いを代表していると考えることができる．そのほかの f 電子成分はより高いエネルギーのところにある．それらのバンドを直線に灰色の幅

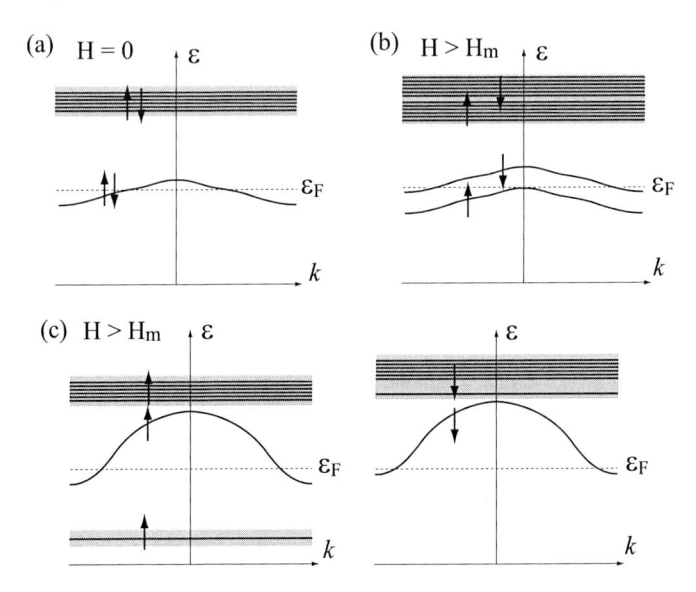

図 4.12 (a) $CeRu_2Si_2$ の無磁場でのバンド構造の模式図．(b) と (c) メタ磁性転移後の電子状態に関する二つの見方．(b) ではちょうどメタ磁性転移が起こるときの状態を示している．さらに高い磁場では片方のスピンのバンドはフェルミレベル以下に沈む．

をつけて模式的に表している．磁場を加えると，ゼーマン効果によりバンドは分裂する．

(b) で示した考え方は，磁場によりバンド構造には大きな変化がなく，図に示すようにバンドがシフトして片方のスピンバンドが消えるときにメタ磁性転移が起こるときと考える[74]．もう片方のスピンバンドのフェルミ面，および他のフェルミ面はメタ磁性転移磁場より高い磁場中でも存在しており，形もほとんど変化しない．磁化の変化は主としてアップとダウンスピンバンドの電子数の差から生じる．この考え方では，ω振動は図4.4(a) の μ 軌道から生じているとしている．ただし，バンド計算から予測される μ 軌道から生じる振動の周波数の角度依存性は観測された ω 振動の周波数の角度依存性とは定性的に反対である．

(c) の考え方[27,79]では，単純なバンドのゼーマン分裂では説明ができず，電子相関の効果がメタ磁性転移にも重要であるとしている．無磁場ではアップスピンとダウンスピンの状態は同数であったが，ゼーマン分裂により片方のスピンの状態数が増える．相関効果 U のために，どちらかのスピンの f 電子のみがバンドを占めたほうがエネルギーを下げることができる．この効果は U が大きい，または T_K が小さいほど大きい．磁場中で図 (c) の状態のエネルギーが (a) のバンドをゼーマン分裂させた状態のエネルギーに等しくなる近傍で転移が始まる．また，それは格子の膨張とも協力的に起こるために，急激に起こる．このため，メタ磁性転移よりも高い磁場範囲ではフェルミレベル近傍にあった $J=5/2, J_z=\pm 5/2$ の f 電子状態は大きくスプリットし，ほぼ1個分の f 電子がフェルミレベルの下に沈む．f 電子を主体としたバンドが f 電子1個分下に沈むために，ホール面は大きくなり，また，有効質量は軽くなる．フェルミレベルより下に沈んだ状態は磁場とともに局在性が増すが，完全に局在しているわけではなく，伝導電子との混成を維持し，バンドを形成している．また，伝導電子状態にも f 電子との混成あるいは近藤効果の影響が残っている．この考え方では，磁化は主に下に沈み，より局在的になった f 電子から生じている．フェルミ面は非常に狭い磁場範囲で，バンドがスプリットした状態から図4.12(c) の状態に変化し，図4.4(a) のフェルミ面から図4.4(b) に似たフェルミ面へと変化する．観測された有効質量と電子比熱係数の違いは 4.1.1 項で述べた擬スピンに依存した有効質量を考慮すれば，説明可能であると考える[21,22,79,99]．すなわち，dHvA 効果で測定された有効質量はほぼ軽いほうの有効質量の値に対応する．

不純物の近藤1重項状態では，f 電子は磁場により連続的に局在的な状態に変化していくと考えられる．格子を形成した状態では，強磁場極限まで相転移なし

に連続的につながるかは明らかでない．強磁場極限では f 電子は局在している とすると，(b) のモデルではさらに高磁場で何らかの変化が起こる可能性があるが，(c) のモデルでは連続的に局在状態につながる．また，$CeRu_2(Si_{1-x}Ge_x)_2$，$Ce_xLa_{1-x}Ru_2Si_2$ ではメタ磁性転移磁場より高い磁場領域で dHvA 効果，輸送現象の測定が行われており，電子状態は $CeRu_2Si_2$ のメタ磁性転移磁場よりも高い磁場領域から，それぞれ，$CeRu_2Ge_2$[99] および $LaRu_2Si_2$[57,79] の高磁場領域に連続的につながっている可能性が高い．また，通常金属では不純物濃度が 1% 以下でも信号強度が観測できないほど減衰するが，あらゆる濃度で dHvA 効果信号が観測できるということは，伝導電子から見た Ce 原子と La 原子の電子状態はメタ磁性転移磁場よりも高磁場中では大きな差がないことを示している．

$CeRu_2Si_2$ のメタ磁性転移の機構に関しては，上記の考え方を含めて，いろいろな考え方[70,94,100~108] が提案されている．クロスオーバーにもかかわらず，なぜ，急激で，有効質量の増大などドラスティックな変化が起こるのか，何らかの量子臨界現象と関係があるのかなどを含めて，メカニズムについては共通の理解に到達していない．

4.1.4　CeT_2Si_2 化合物の物性の概要

本項では CeT_2Si_2 (T = 遷移金属) 化合物についての物性をドニアックの相図と比較しながら，簡単にまとめる．図 4.13(a) は CeT_2Si_2 化合物について，単位格子の体積および c/a 比を示したものである．$3d$ 遷移金属化合物では $4d$, $5d$ 遷移金属化合物に比べて全般的に格子体積は小さい．同じ族に属する $4d$, $5d$ 遷移金属化合物では貴金属を除いて大体似た単位格子体積と c/a 比を持つ．塗りつぶした記号は磁気秩序する化合物を示している．格子体積と磁気秩序の関係は定性的にドニアックの相図の考え方でよく理解できる．

T=Pd では約 2.5 GPa の圧力を加えると磁気秩序がなくなり，その圧力近傍では超伝導が発現する[127]．T=Rh では磁気転移温度が高いにもかかわらず，Pd より低い約 1 GPa[128] で磁気秩序がなくなり超伝導が生じる．T=Au では，圧力による反強磁性転移温度の減少は非常にゆっくりであるが，18 GPa 近傍で消失している可能性がある[129]．$CeCu_2Si_2$ は重い電子系物質で初めて超伝導が観測された化合物であり，電子比熱係数の値が約 1 J/mol·K^2 である．試料の作り方のわずかな違いによって，弱い反強磁性が生じたり，超伝導と反強磁性が共存する[130,131]．また，圧力を加えることによって反強磁性を消失させることができる．この物質はちょうど磁気転移が消失する近傍の状態にあり，超伝導の出現も磁気の量子臨

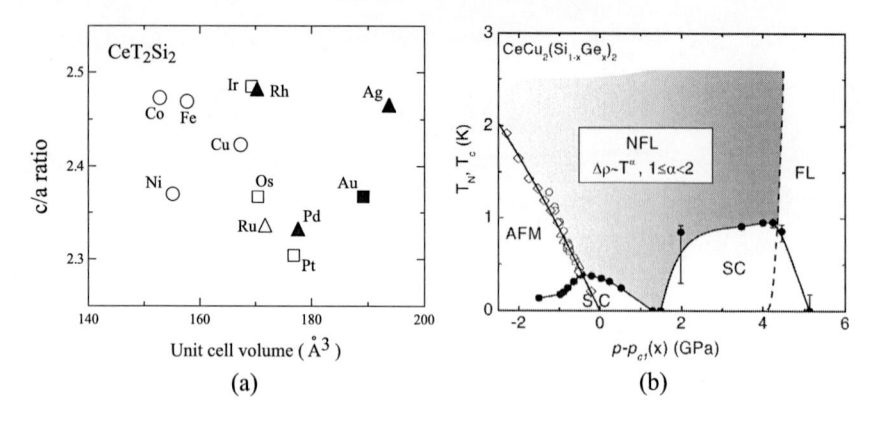

図 4.13 (a) CeT$_2$Si$_2$ 化合物の c/a 比, および単位格子体積. 丸, 三角, 四角の記号はそれぞれ T=3d, 4d, 5d 遷移金属元素を表している. 塗りつぶした記号は常圧では反強磁性秩序を示す物質である. それぞれの転移温度は以下のとおりである. Au：約 9～10 K[109～111], Ag：7.3 K[112], Pd：10 K[113], Rh：約 35 K および 24 K[113,114] の 2 段転移である. 格子定数についての文献は：T=Fe[115], Co[116], Ni[117], Cu[59], Ru[59], Rh[113], Pd[59], Ag[112], Os[118], Ir[119], Pt[120], Au[110]. 電子比熱係数 (単位：mJ/mol·K^2)：T=Fe：22 (A 係数からの推定)[115], Co：10[121], Ni：33[122], Ru：360[5], Rh：23[123], Pd：131[124], Ir：60[119], Pt：130[125], Au：11[111]～21[110]. (b) CeCu$_2$(Si$_{1-x}$Ge$_x$)$_2$ の圧力–温度相図[126]. 原点が CeCu$_2$Si$_2$.

界点と関係があると考えられている. T=Rh, Pd, Cu で生じる超伝導転移温度の最大値は 0.5 K またはそれ以下であり, 3 つの化合物で大きな差はなく, 4.2.1 項で示すような c/a との系統的な関係はないように見える. Ru は前述のように, (化学的) 負圧を加えると磁気秩序を起こす. しかし, CeRu$_2$Si$_2$ の合金系では x_c 近傍およびその他の濃度でも超伝導の発現は観測されていない. 多くの強相関 f 電子系物質においては, 超伝導の発現機構は磁性が密接に関連していると思われるが, どのような条件で超伝導が発現するか, あるいはしないかは, まだ, よくわからない問題である.

また, この近傍の格子体積を持つ化合物は T=Rh の場合を除いて全般的に電子比熱係数の値が大きい. それより体積の小さい 3d 遷移金属化合物および体積の大きい T=Au は, 電子比熱係数も 10～30 mJ/mol·K^2 の程度である. 重い電子状態は量子臨界点の近傍で形成されるが, 量子臨界点の近傍にあれば必ず重い電子が形成されるわけではなく, 強相関 f 電子系物質の磁性の特徴と関係していると考えられる[132].

CeRu$_2$Si$_2$ のときと同様に, Si を Ge に置き換えることによって化学的な負の圧

力を加えることができる．$CeCu_2Si_2$ では Ge 置換によって反強磁性秩序が生じる．図4.13(b) は物理的に圧力印加した場合を含めて作製された $CeCu_2(Si_{1-x}Ge_x)_2$ の温度–圧力相図である[126,133]．反強磁性転移が消失する近傍で超伝導が観測され，圧力を印加すると超伝導転移温度は減少し，ほとんどゼロになるが，さらに高圧を加えると再び超伝導が生じる．高圧側で観測される超伝導は，磁気転移が消失する近傍で生じる超伝導とは機構が異なっていると考えられる．価数転移の量子臨界終点とその近傍での価数揺らぎによる超伝導であるという機構が提案されている[134,135]．

図4.13(a) で示した化合物で Si を Ge で置き換えると T=Fe, Co, Ni を除いて常圧で磁気秩序状態となる[136]．$CeNi_2Ge_2$ は常圧で非フェルミ液体的挙動を示す[137]．また，$CeFe_2Ge_2$ は $210\ mJ/mol\cdot K^2$ を持つ重い電子系物質である．$CeNi_2Ge_2$ は 42 T でメタ磁性転移を起こし[77]，$CeFe_2Ge_2$ では 31 T でメタ磁性転移を起こすが，興味深いことに，メタ磁性転移を起こすときの磁化の値は $CeRu_2Si_2$ と同じである[138]．

4.2 $CeIn_3$ と $CeTIn_5$ (T=Co, Rh, Ir) の物性と電子状態

本節では，加圧により量子相転移近傍で超伝導が最初に発見された $CeIn_3$[127] と強相関 f 電子系物質の超伝導としては高い超伝導転移温度を持つ $CeTIn_5$ (T=Co, Rh, Ir) について，両者を磁性と電子状態の観点から比較する．また，これらの物質は圧力印加による物性と電子状態がもっともよく調べられている系の一つである．しかし，磁気秩序状態での電子状態はよく理解されているわけではない．特に f 電子の遍歴性に関するいろいろな見方を紹介する．

4.2.1 磁気相図と物性

図4.14 には (a) $CeIn_3$ の結晶構造と (b) $CeTIn_5$ (T=Co, Rh, Ir) の結晶構造を示している．表4.1 には $CeIn_3$ と $CeTIn_5$ の格子定数と主な物性がまとめてある．$CeIn_3$ は立方晶 Cu_3Au 構造を持っている．$CeIn_3$ の単位格子を上下に二つ連ね，真中の Ce と In からなる層を遷移金属 T の層に置き換えると図4.14(b) の $CeTIn_5$ の正方晶構造となることがわかる．ただし，表に示すように正方晶 c 軸の長さは a 軸の 2 倍の長さよりは短い．Ce 原子に着目すれば $CeTIn_5$ は $CeIn_3$ に比べてより 2 次元的な構造となっている．伝導度は a 軸方向に電流を流したほうが c 軸方向に流した場合より 2〜3 倍大きく，TIn 層の伝導度はより低いことを

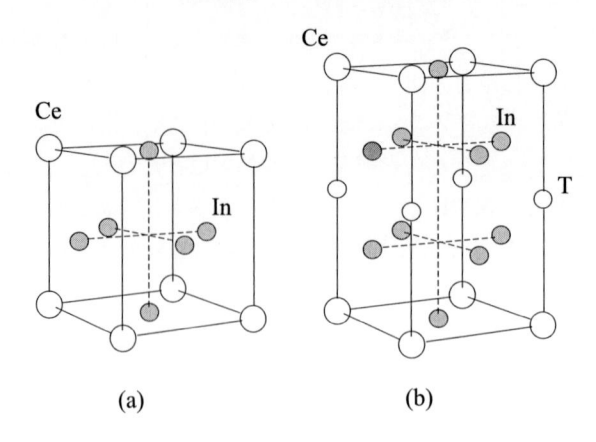

図 4.14 (a) CeIn$_3$ の結晶構造. (b) CeTIn$_5$ (T = Co, Rh, Ir) の結晶構造.

表 4.1 CeTIn$_5$ (T=Co, Rh, Ir) と CeIn$_3$ の格子定数 (a, c)[142], c/a 比, 単位格子体積 (V), 反強磁性転移温度 (T_N), 超伝導転移温度 (T_c), 電子比熱係数 (γ). 表内の注:*磁気モーメントの大きさは 0.6–0.75 μ_B/Ce であり, 伝播ベクトル $\mathbf{k}$ = [1/2, 1/2, 0.297] を持つヘリカル構造[143, 144]. **磁気モーメントの大きさは 0.5[140]–0.65 μ_B/Ce[145] であり, また, その方向は $\langle 111 \rangle$ 方向を向き[146], 伝播ベクトルは $\mathbf{k}$ = [1/2, 1/2, 1/2] である[140, 145].

化合物名	a(Å)	c(Å)	c/a	V(Å^3)	T_N(K)	T_c(K)	γ(mJ/mol·K^2)
CeCoIn$_5$	4.613	7.551	1.637	160.7	P	2.3[147]	300 (2.3 K)[147] 1000(0.1 K)[147]
CeRhIn$_5$	4.656	7.542	1.620	163.5	3.8*	2.2(2.4 GPa)[148, 149]	50[139]
CeIrIn$_5$	4.674	7.501	1.605	163.9	P	0.4(常圧)[150] 1.0(3 GPa)[151]	720[147]
CeIn$_3$	4.689	4.689	1	103.1	10**	0.2(2.55 GPa)[127, 152]	150[153]

示している[139]. CeIn$_3$ では結晶場基底状態は Γ_7 である. 励起状態の Γ_8 状態は約 150 K[140] 離れている. また, CeTIn$_5$ では結晶場により Γ_7, Γ_7, Γ_6 の 3 つの 2 重項に分裂する. いずれの化合物でも, 結晶場基底状態は Γ_7 であり, 励起状態の Γ_7 2 重項とは 100 K 程度離れている[141]. したがって, 低温での振る舞いはおもに Γ_7 2 重項によるものである.

CeIn$_3$ と CeRhIn$_5$ は, 常圧では反強磁性体であるが, 圧力を加えると磁気秩序が消失する近傍で超伝導が生じる. CeCoIn$_5$ と CeIrIn$_5$ は常圧で超伝導となる. このうち, CeIrIn$_5$ はさらに圧力を加えることによって, 超伝導転移温度が上昇する. この結果と電子比熱係数の大きさから, ドニアックの相図の観点では, CeRhIn$_5$ がもっとも量子相転移点から遠く, CeCoIn$_5$ はほぼ量子相転移点近傍にあることになる.

図 4.15[154, 155)] に CeIn$_3$ の温度-圧力相図を示す．(a) は電気抵抗の測定から求めた温度-圧力相図である．T_M は電気抵抗-温度曲線において極大となる温度であり，3.5.2 項 e で述べたように近藤効果と結晶場が関係すると思われる．T_M および T_N は 15 kbar (1.5 GPa) 程度から，その変化が急激となり，圧力による電子状態の変化の割合が大きくなっていることを示唆している．T_N-圧力曲線を外挿すると約 26 kbar (2.6 GPa) で T_N が零となる．圧力の値は報告によって少しずつ異なるので，以後，この圧力を P_C で示す．図の P_C よりも高圧側で FL (Fermi liquid) と記された領域では電気抵抗の温度変化 $R = R_0 + AT^2$ が $n = 2$ の形でよく表される．P_C 近傍では，$n < 2$ となってフェルミ液体的な挙動を示さないと報告されている．図 4.15(b) は In の核四重極共鳴 (NQR) 測定により求めた P_C 近傍の圧力での詳しい相図である[155)]．磁気転移は 2 次転移が低温まで続いているのではなく，1 次転移に変化する．また，超伝導相は 1 次転移線を境にして反強磁性と共存する相 (AFM+SC) と共存しない相 (SC) に分かれているとされている．この化合物では 3.7.1 項で述べたドニアックの相図に関する典型的な振る舞いが実現しているわけではない．

図 4.16(a) に種々の測定から求めた CeRhIn$_5$ の無磁場における相図の概略図を示す．圧力印加とともに反強磁性転移温度はいったん少し上昇した後減少する．

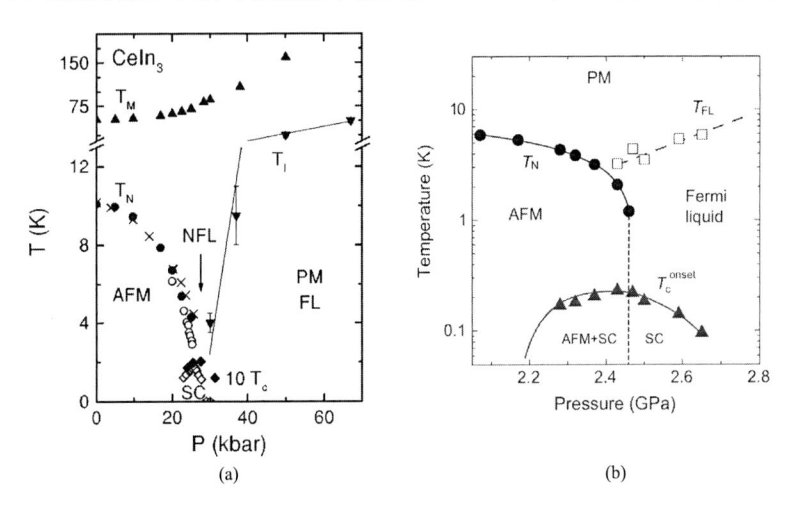

図 4.15 (a) 抵抗測定から求めた CeIn$_3$ の温度圧力相図．転移温度はいくつかの文献からの値 (黒丸[154)]，クロス[156)]，白抜きの丸および菱形[127)])．超伝導転移温度 (T_c) は 10 倍してプロットしてある．T_M は抵抗が極大値を取る温度．T_I はフェルミ液体 (FL) へクロスオーバーする温度 (1 kbar=0.1 GPa)．(b) 核四重極共鳴測定による相図[155)]．縦軸は対数表示である．

$P^* = 1.4$ GPa 近傍から超伝導が現れ，反強磁性秩序が消失する．超伝導転移温度はさらに高圧の $P_c = 2.5$ GPa 近傍で最大値 2.2 K となる．量子相転移点近傍で現れる超伝導は磁気揺らぎによるものであるとすると，磁性とのかかわりは重要である．CeRhIn$_5$ では，圧力下の磁気構造が精力的に調べられている[157~161]．特に，この系では CeIn$_3$ でも観測されている整合した磁気構造 $\mathbf{k} = [1/2, 1/2, 1/2]$ や非整合磁気構造と超伝導の共存について興味が持たれている．また，1.5 GPa の圧力下では $\mathbf{k} = [1/2, 1/2, 0.326]$ を持つ反強磁性が発達しているが，超伝導転移温度以下では $\mathbf{k} = [1/2, 1/2, 0.391]$ に変化し[161]，その変化が超伝導の発現とも密接に関連しているという報告もある[162]．同様に，CeRh$_{1-x}$Co$_x$In$_5$ 合金についても，合金濃度による磁気構造の変化と超伝導の発現の間には関係があると報告されている[159]．まだ，測定結果の詳細は相互に矛盾なく一致しているわけではなく，磁気構造と超伝導のかかわりの解明は不十分である．

また，CeIn$_3$ と CeTIn$_5$ (T=Co, Rh, Ir) 化合物では系の次元性 (c/a 比) と超伝導の関係が調べられている．表 4.1 には観測されるもっとも高い超伝導転移温度も同時に示してある．CeCoIn$_5$ の T_c と CeRhIn$_5$ の最高の T_c はほぼ同じであり，CeIrIn$_5$ の最高の T_c はこれらの半分ぐらいである．また，CeIn$_3$ の T_c はそれに比べてずっと低い．c/a 比に着目すると，これと最高の T_c は対応しているようにも見える．CeT$_x$T$'_{1-x}$In$_5$ 化合物 (T,T$'$ = Co, Rh, Ir)[163,164] およびアクチナイド化合物 PuCo$_x$Rh$_{1-x}$Ga$_5$[165]，一軸性の圧力印加[166] によっても T_c と

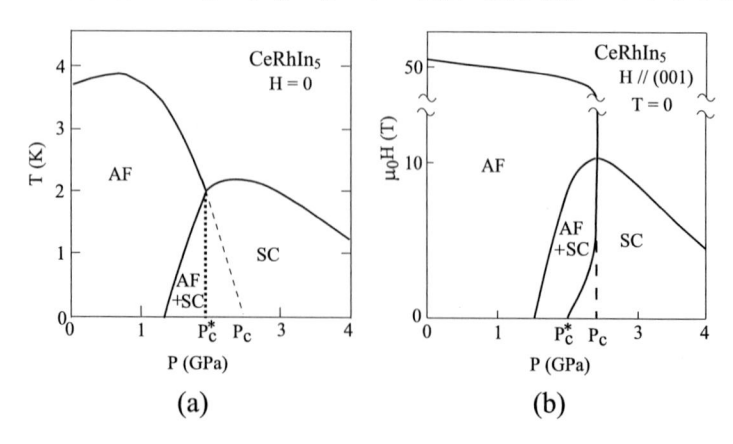

図 4.16 (a) CeRhIn$_5$ の温度–圧力相図の概略図．(b) 磁場を [001] 軸と垂直に加えた場合の絶対零度での磁場–圧力相図の概略図 (これらは文献[149] を参考にして描いた)．

c/a 比の関係が系統的に調べられており, よい対応関係があるとされている.

次の項で示す dHvA 効果の結果と対応させるために, 図 4.16(b) に CeRhIn$_5$ の低温 (基底状態) での磁場–圧力相図の概略図を示す[149, 168]. 無磁場では, 反強磁性相から超伝導相への転移は P_c^* で起こる. 高磁場では反強磁性相から常磁性相への転移はより高い圧力 P_c で起こり, 転移圧力は磁場とともにほとんど変化しない. 常圧で磁場を (001) 面内に加えた場合では 2 T 近傍で非整合相から整合相への転移が起こる[144]. また, 50 T 近傍で反強磁性から常磁性 (磁場誘起強磁性) 状態に移る[167]. [001] 方向に加えた場合では, 50 T 近傍まで連続的に磁化が変化し, そのような転移は起こらない[167].

4.2.2 CeIn$_3$, CeRhIn$_5$ の常圧, 圧力下の f 電子状態

どのような電子状態で超伝導が発現しているかは磁気構造とともに重要である. 強相関 f 電子系の常磁性状態での電子状態は比較的よく理解されるようになったが, 反強磁性状態の電子状態の理解は十分でない. CeIn$_3$, CeRhIn$_5$ について, 圧力印加によって起こる反強磁性から常磁性に至る電子状態の変化について述べる.

a. CeIn$_3$

最初に常圧での電子状態について述べる. 単純な結晶構造であるが, その電子状態については, 十分解明されていない. 図 4.17(a) に CeIn$_3$ の常圧における dHvA 振動周波数の方位依存性を示している[32]. かっこ内の数字は電子の静止質量 (m_0) を単位とした有効質量である. 反強磁性が壊れる磁場は約 60 T である[169]. dHvA 効果の測定は 20 T 以下で行われているので, 反強磁性状態での測定である. 2000 T 以上の周波数を持つ振動では, d ブランチがすべての方位で観測されている. すなわち, この振動は閉じたフェルミ面から生じていることを示している. そのほかにはいくつかの周波数が観測されるが, 限られた角度範囲でしか観測されない. これらは, 信号強度がそのほかの方位では観測できるほど強くないことを意味しており, 必ずしもそこで振動が存在しないことを示しているわけではない. m ブランチは CeIn$_3$ で観測されたもっとも重い有効質量 $53m_0$ を持っている. 2000 T 以下にも多くの周波数が観測される. それらの有効質量も低い周波数, すなわちフェルミ面が小さいにもかかわらず大きく, $10 \sim 30 m_0$ である. これらの有効質量の大きさは観測された比較的大きな電子比熱係数と矛盾がない.

3.1.1 項で CeRu$_2$Si$_2$ と LaRu$_2$Si$_2$ のフェルミ面を比較したように, f 電子の状態を推定するために f 電子のない LaIn$_3$ との比較を行う. 図 4.17(b) はバンド計

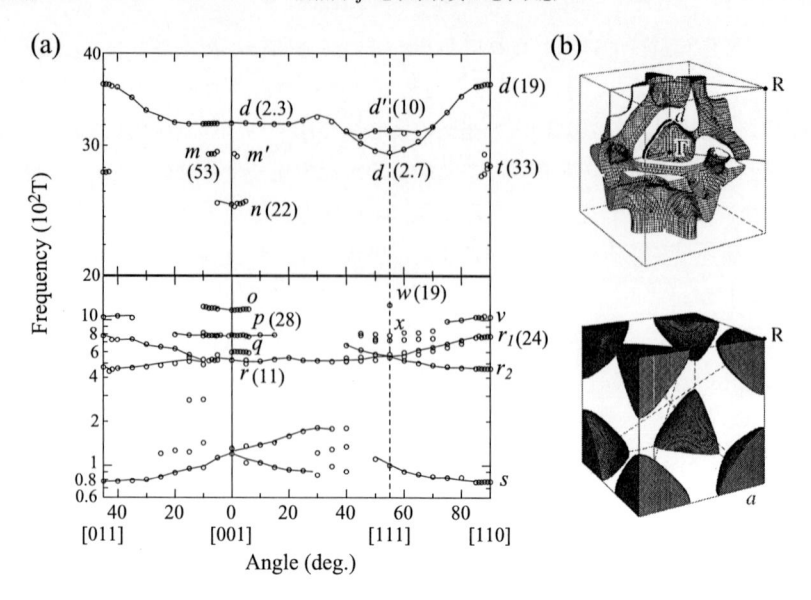

図 4.17 (a) CeIn$_3$ の常圧での dHvA 周波数の磁場を加えた方向に対する変化. かっこ内は m_0 を単位とした有効質量の値を示す. 上図は 2000 T 以上の周波数, 下図は 2000 T 以下の周波数の角度変化. (b) LaIn$_3$ のフェルミ面[170].

算による LaIn$_3$ のフェルミ面を示す[170]. LaIn$_3$ では Γ 点の周りの連結したフェルミ面および R 点まわりの球状のフェルミ面が存在する. 観測された d ブランチの周波数の大きさは Γ 点の周りの連結したフェルミ面の d と書かれた軌道を持つフェルミ面にほぼ等しい. しかし, LaIn$_3$ のフェルミ面では ⟨111⟩ 方向でアーム状のフェルミ面により連結しているために, 全方位では観測されないはずである. また, R 点のまわりのフェルミ面から観測されるはずの d 振動よりも高い周波数を持つ dHvA 振動は観測されていない. 一方, 常磁性状態 (60 K) で陽電子消滅によりフェルミ面の測定が行われており, f 電子を局在とした CeIn$_3$ のバンド計算とよく一致すると報告されている[171]. また, この報告によると, そのフェルミ面を反強磁性秩序による磁気ブリルアンゾーンで折りたたむと, Γ 点の周りに閉じたフェルミ面が生じる. そのフェルミ面は d ブランチの周波数の大きさと方位依存性を説明可能であるとしている. 反強磁性状態では, d 振動よりも高い振動の dHvA 周波数を生じるフェルミ面も折り畳みによりなくなり, 実験との矛盾はなくなると報告されている. Γ$_7$ で期待される値とほぼ同じ大きさの磁気モーメントを持つことから, f 電子について, 局在描像がよく成り立つように見える. また, NQR 測定では, 反強磁性の局在的な性格が, 磁気秩序が消失する近傍の

圧力まで続いているとされている[155].

一方,動的平均場理論 (DMFT) によるバンド計算[172]では,f 電子を遍歴とした場合でも,反強磁性状態で観測された特徴的な d ブランチの周波数と角度変化,また,より高い振動数を持つ周波数が観測されないことが再現されている.さらに,いくつかの低周波のブランチは説明できる可能性がある.また,光学伝導度の圧力依存性の測定[173] が行われており,そのスペクトル $\sigma(\omega)$ は,準粒子混成バンド (3.6.2 項参照) の結合状態から 反結合状態への遷移で説明ができるとしている.また,この結果はフェルミ面近傍に大きな f 電子状態密度があることを示しており,DMFT によるバンド計算[172] とも対応している.

また,フェルミ面の形状については,別の考えかた[174,175]も提案されている.r ブランチの形状とその有効質量の重さに着目し,それらが $(\pi/2a, \pi/2a, \pi/2a)$ に存在する扁平な楕円体状のフェルミ面から生じるとしている.また,そのフェルミ面は伝導電子から構成される d ブランチを生じるフェルミ面とは起源が異なるものであり,ほとんど局在した f 電子を起源とした重いホールであるとしている.また,高温超伝導体でのフェルミ面と対比させて,この重いフェルミ面の存在はほとんど局在した磁気秩序状態での超伝導の発現と関連していることを指摘している.

圧力を増すと混成は増大するので,f 電子の遍歴性は増大すると期待される.圧力下の dHvA 効果の実験では,1〜1.5 GPa 近傍から,周波数の圧力に対する変化率が増大し,有効質量の磁場依存性も大きくなる[31].この変化は電気抵抗で求めた T_M が 1.5 GPa 近傍から変化が大きくなること,光学伝導度における遷移に対応するピークがやはり 1.5 GPa 近傍から急激に大きくなる[173] こととも対応すると思われる.この圧力近傍で電子状態がより急激に変化していることを示唆している.また,P_C を境にして,フェルミ面の変化が起こる[31,170].格子定数の大きさを P_C 圧力以上の値に設定し,f 電子を遍歴としてバンド計算が行われている[172].実験で観測された a 振動と d 振動の周波数,有効質量[170] がよく再現されている.すなわち,P_C 以上の常磁性状態では f 電子は遍歴描像がよく成り立っていることを示している.反強磁性状態での電子状態をどのように理解し,また,圧力印加とともに遍歴性が変化して,どのように常磁性の遍歴状態に移行していくかはまだ十分解明されていない問題である.

b. CeRhIn$_5$

図 4.18 に LaRhIn$_5$ と CeCoIn$_5$ のバンド計算によるフェルミ面と磁場を [001] 方向に加えた場合の dHvA 振動を生じる極値軌道を示してある.ここでは,高い

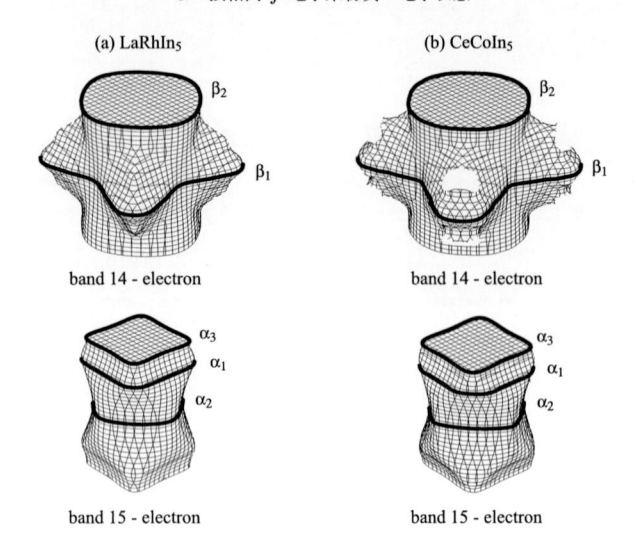

図 4.18 バンド計算による LaRhIn$_5$ と CeCoIn$_5$ のフェルミ面[176].

周波数を生じる主要なフェルミ面のみを示している[139]. CeTIn$_5$ の電子状態の 2 次元的な性格を反映して, LaRhIn$_5$ と CeCoIn$_5$ のフェルミ面は [001] 方向に伸びた筒状の形をしている. 両者の測定された周波数の角度依存性は 2 次元的なフェルミ面を反映した形となっており, 定性的にはよく似ている. しかし, LaRhIn$_5$ の場合は f 電子はフェルミ面に寄与しないが, CeCoIn$_5$ では f 電子が遍歴しているので, フェルミ面の大きさ, すなわち観測される周波数が異なっている. CeRhIn$_5$ の測定結果を LaRhIn$_5$ および CeCoIn$_5$ の測定結果と比べると, 周波数の大きさが LaRhIn$_5$ に似ており, CeRhIn$_5$ の f 電子は局在しているとしている[139].

電子状態の圧力変化が圧力下の dHvA 効果によって調べられている[176]. 図 4.19 は磁場を [001] 方向に加えたときの (a) dHvA 振動周波数および (b) 有効質量の圧力変化を示す. 周波数は P_c^* を越えてもほぼ一定であるが, P_c を境にして, 不連続的な変化が起こり, フェルミ面が大きく変化していることを示している. また, 有効質量も P_c に向かって発散的に増大している. 有効質量の P_c 近傍での増大は係数 A の P_c 近傍での増大によっても裏付けられている[149]. この変化は f 電子の局在から遍歴への変化によるものであると解釈されている[176]. dHvA 効果の測定は 10 T 以上の測定であるので, 無磁場における量子臨界点, あるいは超伝導を生じる状態でこのような電子状態の変化が起こっていることを示しているわけではない. 高磁場中で量子臨界点が形成されているとすると, 3.7.1 項 c で述べた量子臨界点における f 電子の局在から遍歴への変化の例となる. しかし,

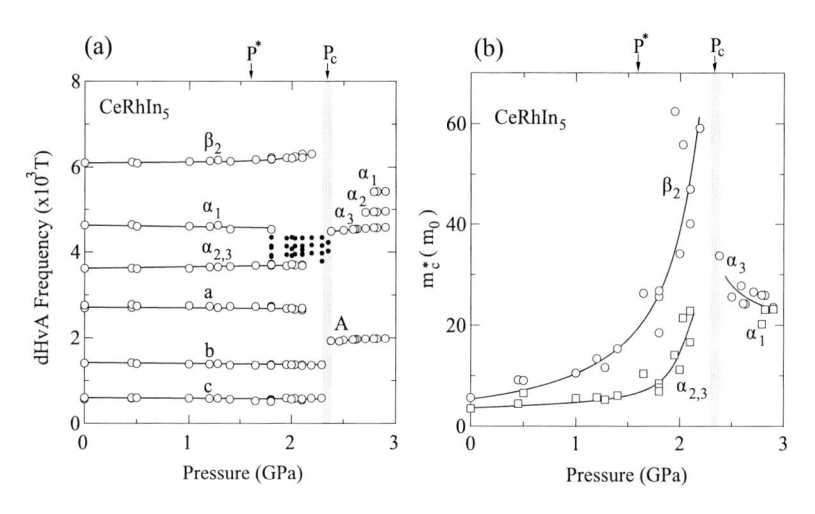

図 4.19 (a) $CeRhIn_5$ の dHvA 周波数の圧力依存性. (b) 有効質量の圧力依存性[176].

高磁場中での量子相転移については，1次か2次かを含めて，詳細は確定していない．また，観測されたフェルミ面の変化についても，価数転移の観点から別な解釈も提案されている[177].

4.3 Yb 化合物の重い電子と価数転移

Yb 化合物の物性の概要は，Ce 化合物の f 電子を f のホールに置き換えることによって理解される場合がある．しかし，3.3.1 項で述べたように，Ce と Yb では電子状態の特徴に違いがあり，その違いは化合物の物性，電子状態にも反映される．本節では，Ce 化合物と比較しながら，Yb 化合物の物性と電子状態，また，それらの圧力変化について述べる．

4.3.1 $YbXCu_4$ 化合物の価数転移とメタ磁性

この節では，多くの化合物が作製されている $YbXCu_4$ 化合物について，概要を述べる．結晶構造は図 4.20(a) に示すように $C15b(AuBe_5)$ 型構造を持っている．X の元素として，これまで Pd, Cu, Ag, Au, Zn, Cd, In, Mg, Tl などが作製されている．Yb は面心立方格子を構成しており，X 原子は Cu で囲まれた四面体の中心を占める．このうち，Au, Pd はそれぞれ 0.6 K で反強磁性秩序，0.8 K で強磁性秩序を起こす[178,179]が，他は常磁性である．X = Pd, In, Cu, Ag, Au では高温側での有効磁気モーメントの値が求められており，いずれも，Yb^{3+}

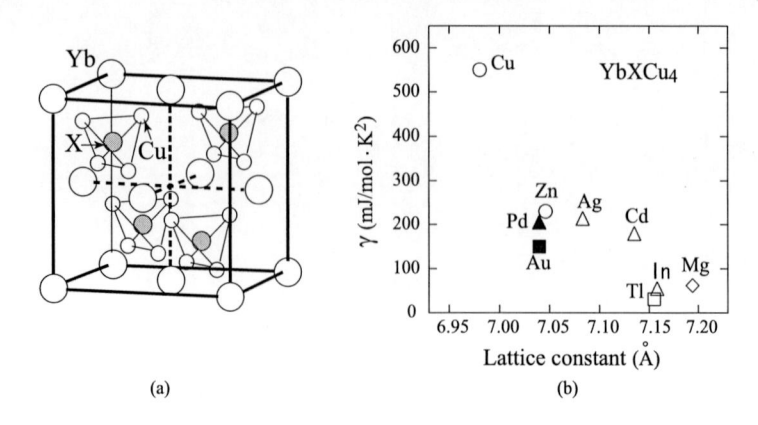

図 4.20 (a) YbXCu$_4$ の結晶構造. (b) YbXCu$_4$ 化合物の格子定数と電子比熱係数の関係. 白抜きの丸, 三角, 四角はそれぞれ第 4, 5, 6 系列の元素 X を持つ化合物を表す. 塗りつぶした記号は基底状態が磁気秩序を持つ化合物. 格子定数は室温での値[178, 180, 181]. YbInCu$_4$ については価数転移後の低温での値[182]. Au については電子比熱係数の見積もりが難しく, 非常に大きくなるという報告もあるが, ここでは文献[181] の値を採用した.

にほぼ対応する有効磁気モーメントの値を持っている. すなわち, Yb では電子の代わりに, 高温では磁気モーメントを持ったホールが局在している描像が成り立つ.

Ce 化合物の場合ではドニアックの相図が定性的な物性の変化を整理するために用いられた. それと比較するために, それぞれの化合物の格子定数に対して, 電子比熱係数をプロットすると, 図 4.20(b) のようになる. そのうち, X = Cu は特に大きな電子比熱係数, 550 mJ/mol·K^2[180] を持つ. 常磁性状態に着目すると, 大体の傾向として, 格子定数が小さいほど電子比熱係数が大きい. この傾向は Ce 化合物の場合と反対である. すなわち, 常磁性の Ce 化合物においては, 同じ結晶構造を持つ化合物を比較すると, 格子定数が小さいほうがより電子比熱係数が小さくなる. これらは, Yb 化合物でも, 圧力効果を Ce 化合物とは反対に考えると, ドニアックの相図の考え方で定性的に整理できることを示唆している. このように圧力効果が Ce と Yb 化合物で反対になる理由として, 以下のような考え方がある[183]. 交換相互作用 J_{cf} および近藤温度 T_K は 3.5.1～3.5.2 項で述べたように

$$J_{cf} \propto \frac{v^2}{\varepsilon_F - \varepsilon_f}$$
$$k_B T_K \propto (1/\rho_0) \exp(-1/|J_{cf}|\rho_0) \tag{4.2}$$

で与えられる．ここでは，簡単のために f 軌道の縮重度を考えず，$\varepsilon_\mathrm{F} - \varepsilon_f = U/2$ の対称の条件を考えている．圧力で価数 (f 軌道の占有数) が変化し，f 電子数が増えるほど，イオン半径が増大し，局所的なひずみエネルギーを増大すると考える．Ce の場合では磁性イオン状態 Ce^{3+} から f 電子の占有数を減らし非磁性状態 Ce^{4+} 方向に近づけると，このひずみエネルギーは減少する．一方，Yb では Yb^{3+} から f 電子のホール数を減らし非磁性の Yb^{2+} に近づけると，ひずみエネルギーは増大する．したがって，圧力による体積の減少によって，Ce では f 電子レベル ε_f は f 電子の占有数を減少させる方向，すなわち (4.2) 式の ε_f は ε_F に近づく方向に変化する．一方，Yb ではホールの占有数を増やす方向に動く．したがって，$\varepsilon_\mathrm{F} - \varepsilon_f$ は Ce では圧力とともに小さくなり，Yb では大きくなる．一方，圧力とともに混成は強まり，v は増大する．したがって，圧力印加の効果は，Ce では分母と分子の変化は相乗的に働き，交換相互作用 J_{cf} と T_K はともに圧力とともに増大する．一方，Yb では分母と分子の変化の相対的な大きさで増減が決まる．ε_f の圧力変化については別な説明も可能である．電子の場合は，圧力とともに周りの陰イオンが電子の裾に近づくために，エネルギー ε_f が高くなる．一方，ホールの場合では陰イオンが近づくことによって逆に下がる．どちらのメカニズムが支配的かは明らかでないが，以下にいくつか例を述べるように，Yb 化合物では Ce 化合物にくらべて圧力効果が小さく，また，多くの場合は反対方向に作用することが実験的に示されている．圧力効果は Ce 化合物に比べると単純ではなく，例えば，図 4.20(b) からすると，$\mathrm{YbCu_5}$ では圧力を加えていくと，もっとも磁気秩序状態が生じやすいと考えられるが，4 GPa 程度の範囲では磁気秩序状態は観測されていない[184]．また，圧力印加により，常磁性から磁気秩序状態に変化し，さらに圧力印加により，ふたたび常磁性状態となる例 ($\mathrm{Yb_2Pd_2Sn}$) も報告されている[185]．

$\mathrm{YbXCu_4}$ 化合物では，価数転移が顕著に観測されるものがある．いくつかの化合物について，価数転移に着目しながら，物性の圧力，磁場変化について述べる．$\mathrm{YbInCu_4}$ は顕著な価数転移を起こす Yb 化合物の例の一つである．図 4.21(a) に $\mathrm{YbInCu_4}$ の帯磁率 (M/H：左軸)，相対的長さの変化 (L/L_0：右軸) および比熱/温度 (C_p/T：挿入図) の温度変化を示している[186]．約 40 K で帯磁率が大きく減少するとともに，低温では温度変化がほとんどなくなる．高温での帯磁率から有効磁気モーメントは 4.54 μ_B と求められており，Yb^{3+} の有効磁気モーメントにほぼ等しい．転移に伴って，結晶構造は変化しないが，長さ，すなわち格子定数が 0.17 % (体積にして 0.5 %) 増加する．比熱のするどい変化とともに，この転

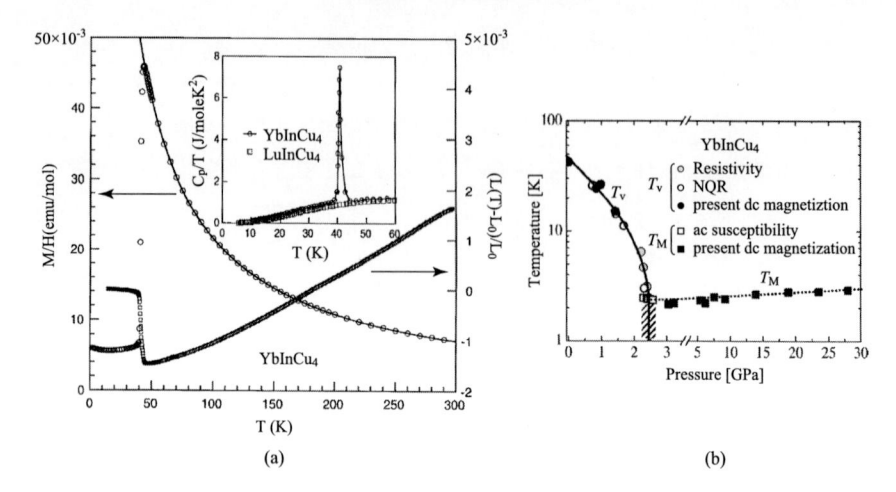

図 4.21 (a) YbInCu$_4$ の帯磁率 (M/H：左軸), 相対的長さの変化 $(L(T) - L_0)/L_0$: 右軸) の温度変化. 挿入図：比熱/温度 (C_p/T) の温度変化[186]. LuInCu$_4$ は非磁性の参照物質. (b) YbInCu$_4$ の価数転移温度および磁気転移温度の圧力変化[191].

移が 1 次転移であることを示している. 電子比熱係数は低温では 50 mJ/mol·K^2 であり, Ce 系の価数揺動物質 CeSn$_3$ の 53 mJ/mol·K^2 にほぼ等しい. PES や XAS の実験から価数が見積もられており, 転移温度 T_V よりも高い温度では価数は $2.95^{187)}$〜$2.98^{188)}$ とほとんど+3 価に近い. 一方, T_V 以下では, 価数は 0.1〜0.2 程度減少する[189]. 格子定数の変化は Yb の価数転移によるものである. 電気抵抗率は高温では 150 $\mu\Omega$cm 程度の値であり, 温度の低下とともにほぼ直線的に減少する. 転移後は抵抗の値は 1/10 以下となり, 低抵抗状態となる[190]. これらの変化は価数転移に伴い, 高温での局在磁気モーメントを持つ半金属的な状態から, 低温での局在磁気モーメントが消えた金属状態に変化していることを示している. 図 4.21(b) は YbInCu$_4$ の温度–圧力相図である. YbInCu$_4$ に圧力を加えると, T_V は減少する. 価数転移が $T = 0$ で消える前に, 2.4 GPa で転移温度が 2.4 K の磁気秩序状態が現れる. 磁気秩序は強磁性であり, また, 価数揺動状態と磁気秩序状態間の境界は 1 次転移であると報告されている[191].

YbInCu$_4$ に磁場を加えると, 1 次のメタ磁性転移を起こす[192,193]. 図 4.22(a) にメタ磁性転移磁場 (下図) およびその転移幅の温度変化を示す. 温度の増大とともに転移磁場が減少し, また, 転移幅は増大する. 1.5 K では約 33 T でメタ磁性転移を起こし, 約 3 μ_B の増加を示す. さらに磁化は増大し, 40 T で 3.5 μ_B を超え, 3 価で期待される 4μ_B に近づいていく振る舞いを示す. 電気抵抗率も 5 倍

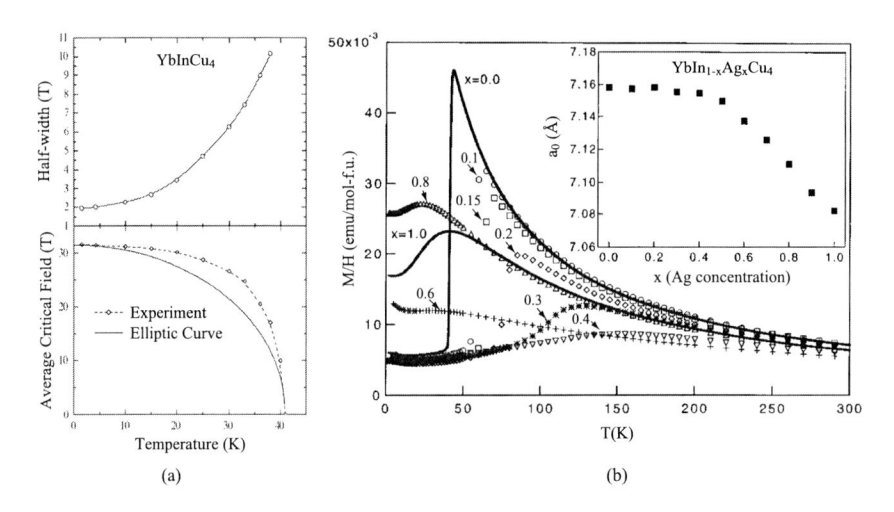

図 4.22 (a) 上図：メタ磁性転移磁場の転移幅，下図：転移磁場の温度依存性．実線は $(B_v(T)/B_v(0))^2 + (T/T_v)^2 = 1$ を満足する曲線であり，実験結果はこの曲線にはのらないことを示している[193]．(b) $YbIn_{1-x}Ag_xCu_4$ の帯磁率の磁場変化．挿入図：格子定数の Ag 濃度に対する変化[190]．

程度に増大し，半金属的となる[194]．磁場中の XAS 測定[195] により，5 K では低磁場領域の 2.84 価から高磁場 (41 T) での 2.96 価への転移が観測されている．すなわち，メタ磁性転移により，価数揺動状態から局在磁性の状態が回復したことを示している．

低温で重い電子状態が形成される $YbAgCu_4$, $YbCu_5$ およびそれらの合金 $YbAg_xCu_{1-x}Cu_4$ のメタ磁性転移について述べる．図 4.20(b) からわかるように，$YbAgCu_4$ の Ag を Cu に置換することは，圧力を加えることに相当する．帯磁率の温度変化の振る舞いは Ce 化合物の場合とよく似ており，メタ磁性転移を起こす Ce 化合物で観測されたように，いずれの濃度の試料でも帯磁率の温度変化に極大値が観測される．図 4.10 に示したように，そのほかの化合物と同じく，$YbAg_xCu_{1-x}Cu_4$ の極大値が観測される温度 T_m とメタ磁性転移磁場 H_m には比例関係がある．また，T_m と H_m は化学的な圧力印加によって減少する．この圧力に対する変化の方向は $CeRu_2Si_2$ およびその合金の場合と反対である．$YbAgCu_4$ では 4.8 K で 35 T までの XAS の測定が行われており，価数は 2.912 から 35 T で 2.935 に増大する．また，55 T までの磁化測定から，55 T での価数が推定されており 2.97 である[196]．この変化の大きさは $CeRu_2Si_2$ での価数の変化 0.005 に比べれば大きいが，価数転移を起こす $YbInCu_4$ に比べると小さい．

価数転移を起こす状態から重い電子系の状態へどのように移っていくかを見るために，YbIn$_{1-x}$Ag$_x$Cu$_4$ の物性が調べられている[190]．図 4.20(b) を見ると，In を Ag に置換することは化学的圧力を増大するように見える．図 4.22(b) に帯磁率の温度変化を示している．図 4.21(b) のように YbInCu$_4$ の価数転移では，圧力を印加すると転移温度は減少する．一方，Ag 濃度を増やしていくと，価数転移温度 T_V (帯磁率のするどい減少を示す温度) は高温側に移動していく．$x = 0.2$ を越えると転移ははっきりしなくなり，YbAgCu$_4$ の重い電子系の振る舞いに次第に変化していく．格子定数の変化をみると $x = 0.5$ 近傍までほとんど変化がなく，その後減少する．YbInCu$_4$ に高圧を加えた結果を合わせて考えると，格子定数を単純に減少させても，価数転移を示す状態から重い電子状態には移行しないことを示している．重い電子状態で生じるメタ磁性と価数転移を起こした状態でのメタ磁性はともに，メタ磁性転移に伴い価数が変化し，また，より局在的な状態に変化するが，両者の関係は単純ではない．

4.3.2 YbT$_2$Zn$_{20}$ 化合物の重い電子

YbT$_2$Zn$_{20}$ (T = Fe, Co, Ru, Rh, Os, Ir) 化合物は CeCr$_2$Al$_{20}$ 型構造を持っている．この結晶構造の特徴は Yb が最近接の 4 個の Zn 原子，12 個の次近接の Zn 原子に囲まれた構造 (Frank–Kasper polyhedron) を持っていることである．高温ではいずれも Yb^{3+} に近い約 $4.5\mu_B$ の有効磁気モーメントを持つ．Yb 位置は立方対称を有しているが，多くの近接原子のために，球対称に近くなり，結晶場分裂 (Γ_7 2 重項，Γ_6 2 重項，Γ_8 4 重項に分裂) 幅は小さくなる可能性がある．これらの物性 (帯磁率，比熱，抵抗) の振る舞いは Ce 化合物の重い電子系物質と似ており，いずれも 500 mJ/mol·K^2 以上の電子比熱係数を持っている．また，どれも磁気秩序をしない[197]．

とくに T = Co では，局在磁気モーメントの振る舞いが 2 K 近傍まで変化せず，また，0.2 K 以下になるまでフェルミ液体的挙動を示さない．電子比熱係数は 7.9 J/mol·K^2 と非常に大きな値を持っており，また，見積もられた近藤温度は 1.5 K である[197]．比熱測定から磁気エントロピーを求めると，小さな近藤温度，結晶場分裂を反映して，約 1 K で $R\ln 2$ を回復し，また，約 30 K で $J = 7/2$ で期待される $R\ln 8$ にほぼ等しくなる[198]．また，YbCo$_2$Zn$_{20}$ はこれらの化合物の中で格子定数がもっとも小さい．格子定数と電子比熱係数，近藤温度等の関係に明確な系統性はないが，ドニアックの相図の見方が成り立つとすると，もっとも量子臨界点に近い化合物となる．圧力を加えると，約 1 GPa で磁気秩序相に転移

するとされている[199]．また，Ce 化合物でもしばしば見られるように，転移圧力 P_C の近傍では伝導が非フェルミ液体的となり，また，P_C に向かって係数 A の値は発散的に増大する．

磁場依存性においても，Ce の重い電子系物質と似た振る舞いが観測される．図 4.10 に示したように，$YbCo_2Zn_{20}$ では，低い磁場でメタ磁性転移が観測され，また，転移磁場と帯磁率が極大値を持つ温度 T_m はよい対応関係がある．また，$\sqrt{A}$ はメタ磁性転移近傍でわずかに増大した後，磁場とともに急激に減少し，15 T 近傍では無磁場のときの 1/100 程度となる．また，高磁場領域では dHvA 効果も観測され，有効質量は $\sqrt{A}$ の磁場変化とよく対応する[88]．これらの磁場中での振る舞いは $CeRu_2Si_2$ や $CeCu_6$ で観測されたものと定性的によく似ているが，より磁場に敏感であり，近藤温度あるいはメタ磁性転移磁場の小ささを反映している．磁場を [111] 方向に加えると，メタ磁性転移磁場 0.6 T よりも高い磁場，6 T 近傍で，四極子秩序相の可能性のある磁場誘起相への転移が観測される[198, 200]．結晶場分裂が小さいことによる擬縮退または磁場中でのレベル交差 (第 2 章参照) のためと思われる．

4.3.3 $YbRh_2Si_2$ の量子臨界点

$YbRh_2Si_2$ は 4.1 節で述べた CeT_2Si_2 と同じ $ThCr_2Si_2$ 型の結晶構造を持つ物質である．0.07 K で反強磁性転移を起こし，秩序した磁気モーメントが $0.1\mu_B$ 以下と非常に小さいのが特徴である[201]．図 4.23(a) に磁気抵抗，Hall 効果などの測定から求めた相図[202] を示してある．T_K は近藤温度である．磁気異方性があり，磁場を加えると，磁場が c 軸 ([001] 方向) に平行な場合は $B_c = 0.66$ T，c 面内の場合は $B_c = 0.06$ T で反強磁性から常磁性に転移する[201, 203]．15 mK まで連続転移であることが確認されており，量子臨界点を形成しているとされている[204~206]．また，0.01 K まで超伝導は観測されていない[207]．磁場をさらに加えると磁化は増大し，10 T を超えると $1~\mu_B$/Yb で，ほぼ一定となる[202]．また，電子比熱係数，係数 A の値は 10 T 以上では急激に減少する[202]．

反強磁性状態で電気抵抗は T^2 に比例して減少し，係数 A は 22 $\mu\Omega cm/K^2$ の大きな値を取る．T^2 に比例する温度範囲は B_c に近づくと狭まって低温側に移り，それにつれて A 係数の値は増大する．図 4.23(b)[201] に係数 A の磁場変化を示している．挿入図に示すように，χ_0^2 および γ_0^2 の変化とよく対応する．ウィルソン比は 14 と大きな値となり，強磁性揺らぎの存在を示唆している (3.4 節参照)．係数 A は $1/(B - B_c)^{1/2}$ のように発散的に増大すると報告されている[201]．また，

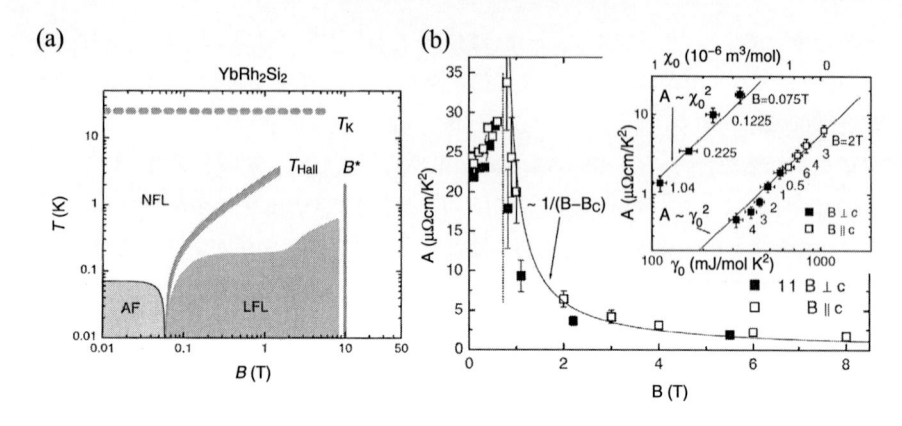

図 4.23 (a) YbRh$_2$Si$_2$ の温度–磁場相図[202]．LFL，NFL はそれぞれフェルミ液体，非フェルミ液体を表す．(b) 係数 A の磁場依存性[201]．白抜き，黒抜きの四角は磁場をそれぞれ c 軸に垂直，平行に加えたときの値．二つのデータを同じグラフに載せるために，c 軸に垂直のときは磁場の値を 11 倍にしてある．挿入図は各磁場での係数 A の値と電子比熱係数 γ_0 の 2 乗およびパウリ帯磁率 χ_0 の 2 乗との関係を示している．

量子臨界点では C/T は $-\log T$，抵抗は T^1，また，χ^{-1} は $T^{0.75}$ の温度依存性を示す[203,207,208]．これらの振る舞いは表 3.2 に示した SCR 理論による 3 次元反強磁性体の振る舞いとは異なるものである．

図 4.23(a) の $T_{\rm Hall}$ と書かれた幅を持った線はホール係数の振る舞いがクロスオーバー的に変化するところを表している．温度の低下とともにクロスオーバーの幅が減少し，ホール係数，および電気抵抗率，熱電能などが $T \to 0$ で Bc (c 軸，c 面とも) を境にして不連続的に変化すると報告されている[201,209~211]．この結果は電子状態が不連続的に変化していることを意味している．LQC シナリオ (3.7.1 項 c 参照) に基づいて，この変化は Kondo breakdown による f 電子の局在状態から遍歴状態への変化に対応するとされている．一方で，これらの量子臨界点近傍の振る舞いについては，別の解釈も提案されている[212~214]．

また，$B_{\rm c}$ でのフェルミ面の変化が，実際に f 電子の局在–遍歴の変化と対応しているかは，直接的な検証はできていない．光電子分光では，無磁場でしか測定できず，また，これまでの測定では 20 K[215,216] にとどまっている．近藤温度 25 K よりも低いとはいえ，反強磁性状態からかなり離れた温度範囲である．一方，dHvA 効果は温度は極低温まで観測できるが，強磁場を印加する必要があり，8 T 以下での観測はされていない．また，高磁場で観測された結果も f 電子を遍歴，あるいは局在とした場合のバンド計算の結果のどちらと一致するかは明確で

ない[217~219]。

図 4.24(a)[220] は Rh を Co または Ir に置き換えたとき，最低温での反強磁性が壊れるところを H_N，また，フェルミ面の変化が起こる磁場を H^* で表している[220]。Co と Ir は Rh と同じ族に属し，両者はそれぞれ化学的に圧力または負圧を加えていることに相当すると考えられる。物理的な圧力を加えても Co に置換した結果と同様な結果が得られる[221]。H^* と H_N は一般的には分離しているが，$YbRh_2Si_2$ ではたまたま一致していることを示している。また，圧力によって H_N および T_N は変化するが，H^* はほとんど変化しないことを示している。図 4.24(b) はドニアックの相図の考え方に加えて，揺らぎやフラストレーションなどの効果を取り入れた $YbRh_2Si_2$, $Yb(Rh_{1-y}Ir_y)_2Si_2$, $Yb(Rh_{1-x}Co_x)_2Si_2$ の結果の解釈である[222]。磁場を印加すると，合金濃度または圧力によって 3 つの異なる経路を通って，局在 f 電子の反強磁性状態から f 電子が遍歴する常磁性状態に変化することを示している。この図では圧力の印加によって，近藤効果のより小さい，または RKKY 相互作用がより強い状態，および揺らぎ/フラストレーションが小さい状態に移ることを示しており，実際にそのようなことが起こって

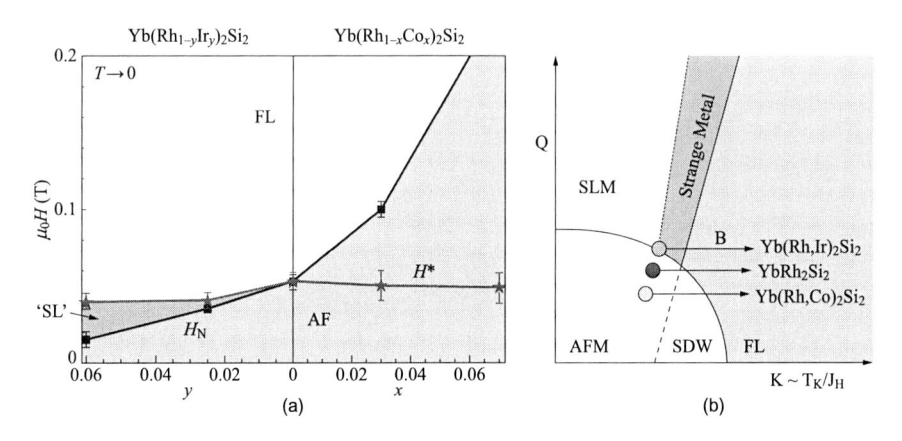

図 4.24 (a) $Yb(Rh_{1-y}Ir_y)_2Si_2$ および $Yb(Rh_{1-x}Co_x)_2Si_2$ における，磁気転移磁場 H_N および電子状態に変化が起こる磁場 H^* の濃度変化[220]。T_N も H_N と対応して，大きくなっている。FL はフェルミ液体を表す。SL の領域はスピン液体状態と似た状態が形成されているかもしれない領域。(b) 揺らぎやフラストレーション Q の効果を取り入れた相図[222]。横軸は近藤温度 T_K と RKKY 相互作用の強さ J_H の比を表す。AFM は局在 f 電子の反強磁性相。SDW は遍歴反強磁性相。相図上に $YbRh_2Si_2$, $Yb(Rh_{1-y}Ir_y)_2Si_2$, $Yb(Rh_{1-x}Co_x)_2Si_2$ が，それぞれ定性的にどのようなパラメータを持つか示されている。矢印は磁場を印加したときに，その方向に電子状態が変化することを示している。

いるか多面的な検証が待たれる．

4.3.4 β–YbAlB$_4$ の超伝導

β–YbAlB$_4$ は，Yb 系強相関 f 電子系物質では初めて超伝導が発見された物質である[223]．結晶構造は図 4.25 に示すように斜方晶 ThMoB$_4$ 型構造であり，B の 2 次元的な網目構造の間に Yb と Al からなる層が挟まる構造となっている．

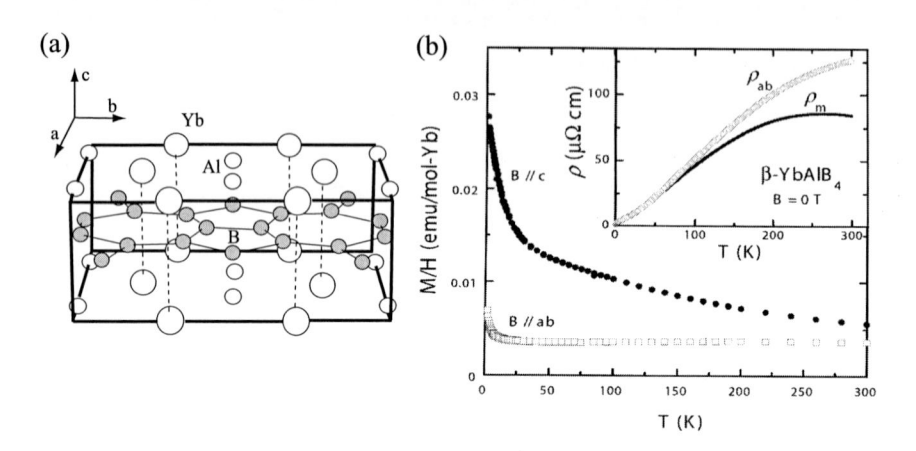

図 4.25 (a) β–YbAlB$_4$ の結晶構造．(b) 帯磁率の温度変化[224]．挿入図：ab 面内の抵抗の温度変化．

図 4.25(b) に帯磁率の温度変化を示している．異方性が強く c 軸方向が容易軸である．挿入図は ab 面内の抵抗の温度変化を表しており，ρ_m は非磁性の β–LuAlB$_4$ の電気抵抗を引いたもので，250 K 近傍にピークを持つ．20 K において硬 X 線を用いた光電子分光から Yb の価数が求められており，2.75 と報告されている[225]．この値は同じ手法を用いて得られた価数転移後の YbInCu$_4$ での値 2.74[189] とほぼ等しい．すなわち，この化合物は価数揺動物質と見ることができる．dHvA 効果と f ホールを遍歴としたバンド計算が行われており，両者は半定量的に一致する[226]．また，有効質量も磁場中での電子比熱係数と矛盾しない値が求められている．また，電子状態は 3 次元的である．一方で，これまでの典型的な価数揺動物質とは異なる振る舞いを示す．図 4.25(b) に示すように帯磁率は温度の降下とともに増大し，Ce 化合物や Yb 化合物の重い電子系物質，価数揺動物質で見られたなだらかな極大値や低温でのほぼ温度依存しない振る舞いは観測できない．また，150 K 近傍まで有効ボーア磁子 2.2 μ_B を持つキュリー–ワイス則に従う振

舞いを示す．ホール係数は 40 K 近傍にピークを持つ，すなわちコヒーレンスが形成されるのはかなり低温である．価数揺動物質にもかかわらず，近藤温度は低いようにも見える．

この物質の超伝導は非フェルミ液体状態で生じる．図 4.26(a) は低温領域での抵抗の温度変化を示す[224]．$T_0 = 4$ K 程度まで T に比例してほぼ直線的に減少したあと，温度依存性は変化し，(b) に示すように 0.8 K 以下では $T^{1.5}$ にしたがって変化するようになり，その後，80 mK で超伝導となる．(c) に示すように磁場を加えるとフェルミ液体的振る舞い，すなわち T^2 依存性が回復し，磁場が大きいほど，フェルミ液体的な領域も広がる．T^2 依存性の係数 A は磁場の低下とともに $B^{-1/2}$ のように低磁場に向かって発散的に増大する[223]．帯磁率も低温で一定値にならずに増大し，上記 T_0 に近い温度 3 K 近傍から 100 mK ぐらいまで $T^{-1/2}$ 依存性を示す．磁場を加えると低温で帯磁率も一定値を取るようになる[223]．

図 4.26(d) は磁気比熱を温度で割った C_M/T の温度依存性を示す．無磁場では温度の降下とともに増大し，$-\log T$ にしたがって増大する．磁場を加えると，低温領域ではフェルミ液体で期待されるように一定値となり，磁場を増大させると，一定となる温度領域は広がる．挿入図は係数 A の値に対して，低温での帯磁率

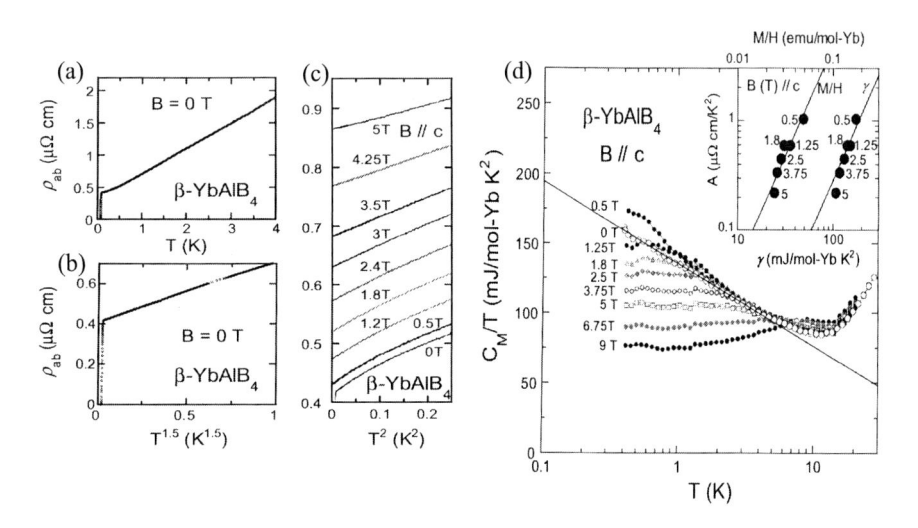

図 4.26 (a) 低温での抵抗の温度変化．(b) 0.8 K 以下での $T^{1.5}$ に対するプロット．(c) 各磁場での抵抗の T^2 に対するプロット．(d) 各磁場での磁気比熱/温度 (C_M/T) の温度依存性．直線は $(S^*/T^*)\ln(T^*/T)$ を示す．ここで，$T^* \simeq 200$ K，$S^* \simeq 4$J/mol·K[224]．挿入図は帯磁率 M/H と電子比熱係数 γ の値の係数 A の値に対するプロット．

(M/H：上軸)，および低温での C_M/T すなわち電子比熱係数 (γ：下軸) をプロットしたものである．両者ともよい直線関係にある．3.1.2 項 a で述べたウィルソン比を求めると 5〜6 程度と大きく，強磁性的な揺らぎを示唆している．3 K 以下から温度依存性は $T^* \simeq 200$ K, $S^* \simeq 4$ J/mol·K として，$(S^*/T^*)\ln(T^*/T)$ でよく表される．同様な関係は 3.7.1 項 c で述べた $CeCu_{6-x}Au_x$ および先に述べた $YbRh_2Si_2$ でも成り立つことが示されているが，これらの T^* はそれぞれ 6.2 K, 24 K と小さい[227]．また，抵抗，帯磁率，C/T の温度依存性は $B_c = 0$ とすると $YbRh_2Si_2$ と似ているが，一方でゼーベック係数の測定では，最低温での両者の振る舞いは定性的に異なることが報告されている[228]．相図上は $CeCu_{6-x}Au_x$, $YbRh_2Si_2$ は磁気の量子臨界点と関連しているように見えるが，β–$YbAlB_4$ は上記のように価数揺動物質であり，また，圧力を印加すると 2.5 GPa 以上で反強磁性状態になることが報告[229]されており，磁気の量子臨界点では理解は困難である．

$CeCu_{6-x}Au_x$, $YbRh_2Si_2$ の量子臨界点近傍での観測結果とともに，どのような機構でこのような振る舞いや超伝導が生じるかについては，いろいろな考え方が提案されており，量子相転移，量子臨界点の統一的理解に向かって研究が進展している．

4.4 多極子相互作用と近藤効果が共存する CeB_6

これまで，主に基底状態で磁気双極子のみの自由度を持つ系について，近藤モデルやドニアックの相図と比較しながらその電子状態を述べてきた．CeB_6 の f 電子の結晶場基底状態は Γ_8 となっており，2.4 節で述べたように，磁気双極子，電気四極子，磁気八極子の自由度を持っている．常磁性の通常金属 LaB_6 との合金 $Ce_xLa_{1-x}B_6$ では，基底状態が磁気双極子のみを持つ場合の合金とは物性や電子状態の変化に異なった特徴を見ることができる．本項では，2.4 節で多極子秩序の観点から述べた $Ce_xLa_{1-x}B_6$ について，電子状態の観点から述べる．

$Ce_xLa_{1-x}B_6$ の結晶構造は図 4.27(a) に示すように立方晶 CaB_6 型である．電子比熱係数の値は 250 mJ/mol·K^2 であり[230,231]，LaB_6 の電子比熱係数の値 2.6 mJ/mol·K^2 にくらべて，100 倍増強されている．f 電子は局在描像がよく成り立っていると考えられているが，CeB_6 には伝導電子との強い混成が存在していることを示している．図 4.27(b) は Ce 濃度–磁場相図の概略を示したものである．対応する Ce 濃度–温度相図は図 2.38 に示されている．実線は相境界を表してお

り,また,破線は想定される相境界を表している.一点鎖線は後に述べるフェルミ液体的伝導を示す領域と非フェルミ液体的伝導を示す領域の境界を示している.Ce 濃度の薄い領域は無秩序相の I 相 (P) である.低磁場領域では,さらに Ce 濃度を増やすと八極子秩序が実現しているとされる IV 相が生じる.また,$x = 0.75$ 近傍から,四極子相互作用の影響を受けた反強磁性相 III 相が生じる.磁場を加えると高磁場では反強四極子相の II 相が生じる.Ce 濃度が中間付近での相境界の詳細については,報告によって少し異なる[232].図 4.27(b) は後述する実験結果[33,233〜235]と対応させたものである.

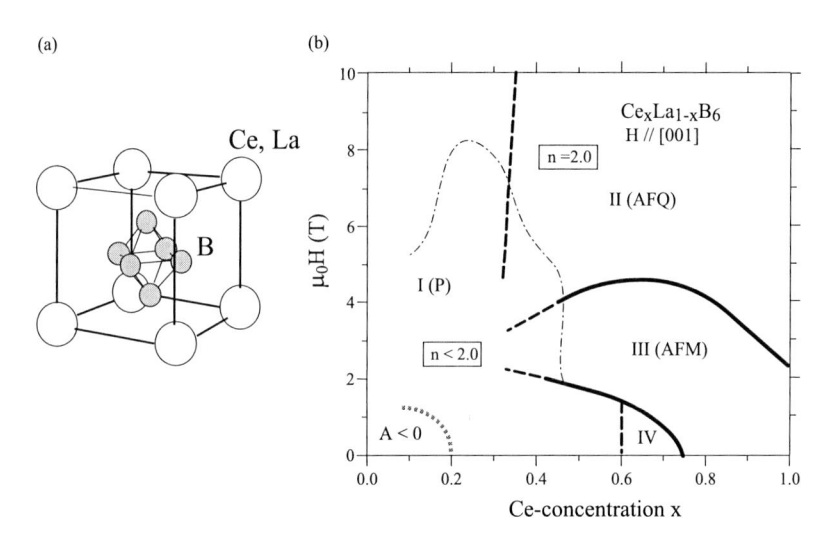

図 4.27 (a) $Ce_xLa_{1-x}B_6$ の結晶構造.(b) $Ce_xLa_{1-x}B_6$ の Ce 濃度–磁場相図の概略

以下では,相図に対応して,どのように電子状態が変化するか述べる.CeB_6 では LaB_6 に比べ,単位格子体積の減少は約 1% であり,置換による化学的圧力効果は $Ce_xLa_{1-x}Ru_2Si_2$ (4.1.2 項 b 参照) にくらべ小さい.低濃度,低磁場側では抵抗は希薄近藤合金の振る舞いを示し,希薄領域 ($x = 0.0061, 0.012$) の無磁場における抵抗率は,局所フェルミ液体の温度依存性:$R(T) = R_0 + AT^n$,$A < 0$,$n = 2$ でよく表される[236].図 4.28(a),(b) は各 Ce 濃度での抵抗の温度依存性を表したものである.(a) は秩序相,(b) は無秩序相 (I 相) の温度依存性を示している.(b) の横軸は n として図中の値を取ったときの T^n の値を示しており,各濃度で適切な値を取ると直線的な関係が得られる.$x = 0.10$ では,A は負であるが,

濃度の増加とともに，A は正となり，$x = 0.25$ では $A > 0$ で $n = 1$ の温度依存性を示す．濃度の増加，または，磁場の増加とともに n の値は増加し，図 4.27(b) の 1 点鎖線で示した近傍を境として，それより高磁場，あるいは高濃度領域ではフェルミ液体的伝導，すなわち $n = 2$ となる[235]．秩序状態ではいずれも $n = 2$ であり，図 4.28(a) に示すように，無磁場では濃度が薄いほど A の値は大きくなる．また，$n = 2$ が成り立つ範囲内では，同じ濃度では磁場の値が小さいほど A の値は大きくなる．

図 4.28(c) は係数 A の値の変化を磁場と Ce 濃度の関数として表したものである．$H = 0$ の面に着目すると A の値は濃度の減少とともに IV 相–I 相境界に向かって発散的に増加していることがわかる．次に，同じ濃度での磁場変化に着目する．白抜きの丸 ($x = 0, 0.65$ のデータ) は，無磁場での相が III 相または IV 相の秩序相である場合を示している．いずれも，低磁場に向かって増大するが，秩序相ではほぼ一定の値となる．これらからわかるように，IV 相では，非常に重い電子状態が形成されている可能性を示唆している．一方，黒丸は，無磁場での相が無秩序相の I 相である場合である．磁場の低下とともに増大し，III 相–I 相との相境界，あるいは図 4.27(b) の 1 点鎖線近傍に向かって増大する．

以下には，dHvA 効果では Ce 濃度の変化とともに，電子状態の変化がどのように見えるかについて述べる．なお，dHvA 効果の測定は数 T から 18 T 以下で行われており，$x > 0.3$ の範囲では，II 相における電子状態を観測していることにな

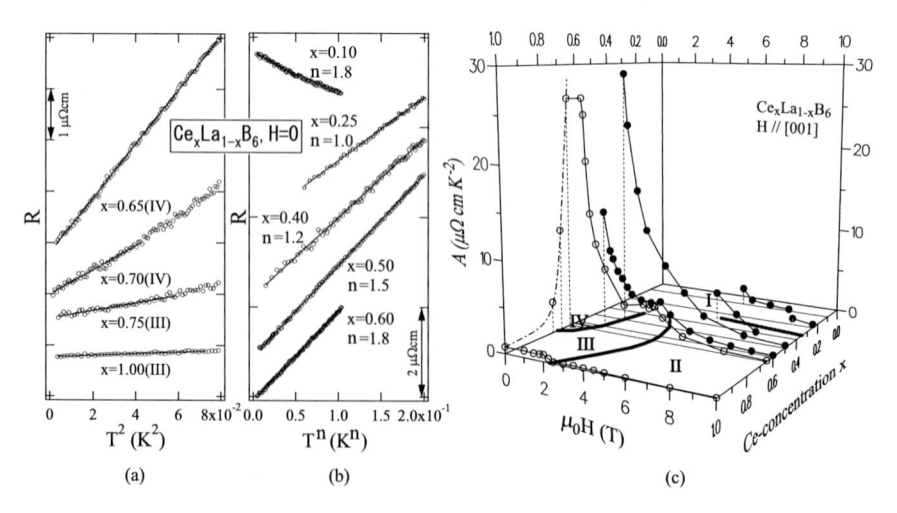

図 4.28 (a),(b) $Ce_xLa_{1-x}B_6$ の無磁場での電気抵抗率の温度依存性．(c) $Ce_xLa_{1-x}B_6$ の係数 A の値の磁場–Ce 濃度依存性．

る．図4.29(a)はバンド計算によって得られたLaB_6のフェルミ面を示す[33,237]．上図はX点を中心とした楕円体状のフェルミ面であり，LaB_6の主要フェルミ面となっている．楕円体状フェルミ面はお互いに接しており，ネックを形成している．下図はΣ軸上にある小さな電子面である．楕円体状のフェルミ面からα振動と呼ばれるdHvA振動が生じる．楕円体に囲まれたホール軌道からγとε振動が，小さな電子面から，ρ振動が生じる．CeB_6とLaB_6の間の濃度では，合金であるために散乱が増え，信号強度が弱くなり，α振動以外はほとんど観測ができなくなる．一方で，すべての濃度で大きいフェルミ面からの振動が観測できることは，4.1.3項で述べたようにCeのf電子は高磁場中ではよく局在していることを示している．

α振動について，4.1.1項で述べた擬スピン依存性を調べると[29]，LaB_6から$x=0.25$までは，それぞれのスピンからの信号が見えており，観測される周波数は図4.29(a)のLaB_6のフェルミ面でよく説明できる．一方，$x=0.5$では片方のスピンからの信号しか見えなくなる[33,238]．すなわち，もう片方のスピンから

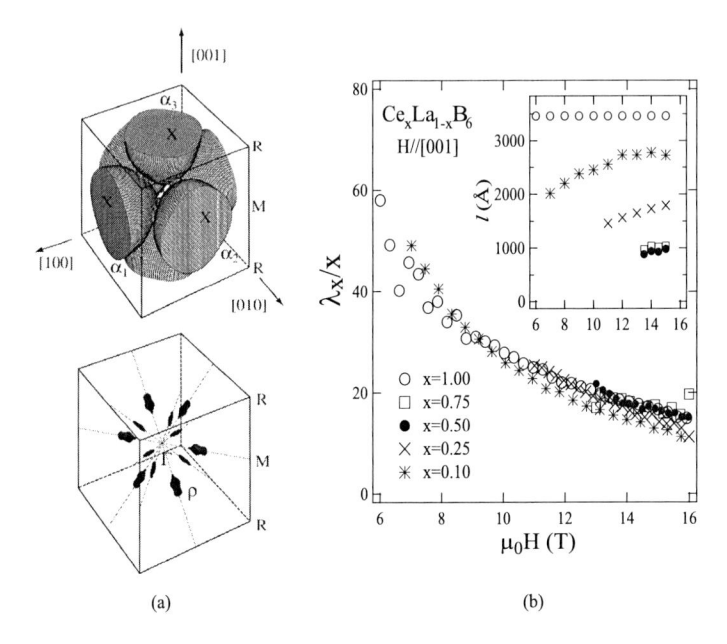

図 4.29 (a) LaB_6のバンド計算によるフェルミ面．上図：X点の周りの楕円体状フェルミ面．下図：Σ軸上の小さな電子面．(b) $Ce_xLa_{1-x}B_6$の各濃度でのCe当たりの増強因子λ_x/xの磁場依存性．挿入図：各濃度での平均自由行程の磁場依存性．

の信号は有効質量か,あるいは散乱がより大きいために観測できなくなることを示している. CeB_6 では再び散乱が減少するために,より多くの周波数が観測できるようになる. 図 4.29 の LaB_6 のフェルミ面で説明できる周波数とともに,説明できない周波数も観測される[33,238]. 高磁場では局在描像が成り立つとすると,反強四極子相の II 相では図 4.29(a) の LaB_6 のフェルミ面をスピン分裂したフェルミ面になっており,それぞれのスピンのフェルミ面からの信号が観測されていることを示唆している.

次に,係数 A に対応する有効質量の濃度,磁場変化について述べる. 図 4.29(b) は m_x^*, m_{La}^* をそれぞれ,濃度 x での有効質量および LaB_6 の有効質量として,$m_x^* = (1+\lambda_x) m_{La}^*$ から,各濃度 x での質量増強因子 λ_x の磁場依存性を求めたものである. ここでは,λ_x/x を求め,Ce あたりの増強因子を求めてある. 濃度によらず,有効質量または増強因子は低磁場に向かって増大し,また,ほぼ同じ曲線にのっていることがわかる. すなわち,強磁場中では Ce 間の相互作用は質量増強に効いておらず,近藤効果のような on-site の効果が効いていることを示している. また,その増大の様子は,$1/m^*$ を磁場に対してプロットしてみると,係数 A と同じように,ある磁場に向かって発散的に増大していることがわかる. 強磁場中において dHvA 効果で観測される有効質量の磁場依存性やスピン依存性の振る舞いについては,理論的な説明が提案されている[239,240].

挿入図は各濃度での平均自由行程を示している. 平均自由行程は Ce 濃度が 0.5 や 0.75 でもっとも小さい. 合金ではもっとも乱れが大きい中間濃度領域で散乱が大きくなると予想されることと矛盾はない. 一方,平均自由行程は CeB_6 を除いて,磁場の減少とともに減少する. この観測は低温においては,磁気抵抗が CeB_6 を除いて,負であるということにも対応する[241]. 通常のフェルミ液体であれば,平均自由行程は不純物間の平均距離で決まっており,一定である. 低磁場に向かっての平均自由行程が零に向かって減少していることは,何らかのランダムネスか揺らぎが増大することを示しており,低磁場,低濃度領域での非フェルミ液体的伝導と関連していると思われる.

dHvA 効果がいずれの濃度でも観測できること,有効質量が Ce 濃度に単純に比例することなどは,強磁場中では f 電子は局在描像でよく表されることと矛盾はない. 一方で,低磁場,Ce 低濃度領域では不純物近藤効果が顕著に観測できるので,$Ce_xLa_{1-x}Ru_2Si_2$[67] の場合のように,そこでは局在描像が成り立っていない可能性もある. また,高濃度領域においても,低磁場でどの程度の濃度まで局在描像が成り立っているか明らかでない.

結晶場基底状態が Γ_8 であるために，Γ_7 のときと，どのような違いが生じるかを比較するために，圧力がどのように相図や電子状態に影響を与えるかについて述べる．2.4.1 項で述べたように，常圧，無磁場では $T_Q = 3.2$ K で I 相から II 相に，$T_N = 2.2$ K で II 相から III 相に転移する．圧力を加えると，T_Q は無磁場では実験誤差以内で増加しないか，わずかに増加する．変化の割合は，磁場とともに増加する．0.1 T 以下の低磁場では，$\Delta T_Q(P)/T_Q(0) = 2\text{--}3 \times 10^{-2}$ K/GPa[242~244] である．一方，T_N は減少し，その減少の割合は $\Delta T_N(P)/T_N(0) = 1\sim 2 \times 10^{-1}$ K/GPa[242, 243, 245] である．T_N の変化割合は 4.1 節や 4.2 節で述べた Γ_7 を基底とする物質と同じ程度であるが，T_Q の変化の割合は 1 桁小さい．ドニアックの相図が定性的に成り立つ場合では，磁気秩序状態では圧力を印加すると混成が強まり，有効質量は増大すると期待されるが，有効質量は小さな圧力で 10% 程度減少した後，ほぼ一定となる[246]．一方，軸性圧力を [001] 方向に加えて，磁場を同じ方向に加えると，低い圧力で 15% ほど増加した後にほぼ一定となる[245]．また，T_Q の変化は非常にわずかで，0.3 GPa まで実験誤差範囲 (約 10 mK) で変化が認められないが，T_N は静水圧の場合とは反対に $4\sim 6 \times 10^{-1}$ K/GPa で増加する[245]．軸性圧力は圧力を加えた方向 ([001]) には結晶を縮めるが，その垂直方向の平面内では拡大する．圧縮と拡張は，その大きさが小さい範囲では，有効質量と T_N に対して反対方向の効果を与えると仮定し，静水圧と軸性圧力の効果を定性的に解析すると，[001] 方向に磁場を加えた状態での [001] 方向の圧縮は有効質量と T_N に対して増加させる効果を持ち，一方，面内方向の圧縮は減少させる効果を持つことがわかる．また，面内方向のほうが，数倍効果が大きい[245]．2.4.1 項で述べたように，磁場を [001] 方向に加えた II 相では O_{xy} 型の四極子秩序が形成されているので，このような異方的な効果が表れたと推定される．

文　　献

1) H. Yamagami and A. Hasegawa, J. Phys. Soc. Jpn. **61** (1992) 2388.
2) M. J. Besnus et al., Solid State Communi. **55** (1985) 779.
3) T. Willers et al., Phys. Rev. B **85** (2012) 035117.
4) A. M. Tsvelick and P. B. Wiegmann, Adv. Phys. **32** (1983) 453.
5) R. A. Fisher et al., J. Low Temp. Phys. **84** (1991) 49.
6) M. Hadzic-Leroux et al., Europhys. Lett. **1** (1986) 579.
7) A. Fert and P. M. Levy, Phys. Rev. B **36** (1987) 1907.
8) F. Lapierre et al., J. Magn. Magn. Mater. **63** & **64** (1987) 338.
9) Y. Onuki et al., J. Phys. Soc. Jpn., **58** (1989) 2126.

10) K. Kadowaki and S. B. Woods, Solid State Communi. **58** (1986) 507.
11) K. Yamada and K. Yoshida, Prog. Theo. Phys. **76** (1986) 621.
12) 山田耕作, "電子相関", 岩波書店 (1993).
13) H. Kontani, J. Phys. Soc. Jpn. **73** (2004) 515.
14) N. Tsujii, H. Kontani, and K. Yoshimura, Phys. Rev. Lett. **95** (2005) 057201.
15) H. Yamagami and A. Hasegawa, J. Phys. Soc. Jpn. **62** (1993) 592.
16) D. Shoenberg, "*Magnetic Oscillations in Metals*", Cambridge University Press (1984).
17) H. Aoki et al., J. Phys. Soc. Jpn. **61** (1992) 3457.
18) H. Aoki et al., Phys. Rev. Lett. **71** (1993) 2110.
19) H. Aoki et al., J. Phys. Soc. Jpn. **62** (1993) 3157.
20) F. S. Tautz, et al., Physica B **206** & **207** (1995) 29.
21) M. Takashita et al., J. Phys. Soc. Jpn. **65** (1996) 515.
22) H. Aoki et al., J. Phys. Soc. Jpn. **70** (2001) 774.
23) J. D. Denlinger et al., J. Electron Spectrosc. Relat. Phenom. **117-118** (2001) 347.
24) M. Yano et al., Phys. Rev. B **77** (2008) 035118.
25) T. Okane et al., Phys. Rev. Lett. **102** (2009) 216401.
26) E. K. R. Runge et al., Phys. Rev. B **51** (1995) 10375.
27) M. T. Suzuki and H. Harima, J. Phys. Soc. Jpn. **79** (2010) 024705.
28) 犬井鉄郎, 田辺行人, 小野寺嘉孝, "応用群論", 裳華房 (1976).
29) N. Harrison et al., Phys. Rev. Lett. **81** (1998) 870.
30) R. G. Goodrich et al., Phys. Rev. Lett. **82** (1999) 3669.
31) M. Endo et al., Phys. Rev. Lett. **93** (2004) 247003.
32) M. Endo, N. Kimura, and H. Aoki, J. Phys. Soc. Jpn. **74** (2005) 3295.
33) M. Endo et al., J. Phys. Soc. Jpn. **75** (2006) 114704.
34) H. Iida et al., J. Phys. Soc. Jpn. **80** (2011) 083701.
35) P. Haen et al., J. Low Temp. Phys. **67** (1987) 391.
36) T. Sakakibara et al., Phys. Rev. B **51** (1995) 12030(R).
37) 足立健五, "化合物磁性", 裳華房 (1996).
38) H. Yamada, Phys. Rev. B **47** (1993) 11211.
39) J. Rossat-Mignod et al., J. Magn. Magn. Mater. **76** & **77** (1988) 376.
40) H. Kadowaki et al., Phys. Rev. Lett. **92** (2004) 097204.
41) A. Amato et al, Phys. Rev. B **50** (1994) 619(R).
42) A. Amato et al., Physica B **186-188** (1993) 273.
43) H. Tsujii et al., Phys. Rev. Lett. **84** (2000) 5407.
44) G. Aeppli et al., Phys. Rev. Lett. **60** (1988) 615.
45) D. Takahashi et al., Phys. Rev. B **67** (2003) 180407(R).
46) J. -M. Mignot et al., J. Magn. Magn. Mater. **76** & **77** (1988) 97.
47) M. A. Continentino, Phys. Rev. B **47** (1993) 11587(R).
48) Y. Matsumoto et al., J. Phys. Soc. Jpn. **80** (2011) 074715.
49) M. J. Besnus et al., Physica B **171** (1991) 350.
50) C. A. King and G. G. Lonzarich, Physica B **171** (1991) 161.
51) H. Ikezawa et al., Physica B **237-238** (1997) 210.
52) 池沢晴久, 修士論文, 筑波大学 (1996).
53) 土居祐太朗, 修士論文, 東北大学 (2012).

54) J. -M. Mignot et al., Physica B **171** (1991) 357.
55) H. Wilhelm and D. Jacard, Phys. Rev. B **69** (2004) 214408.
56) H. Wilhelm et al., Phys. Rev. B **59** (1999) 3651.
57) Y. Shimizu et al., J. Phys. Soc. Jpn. **81** (2012) 044707.
58) "*Pearson's Handbook of Crystallogrphic Data for Intermetallic Phase*", ASM International (1991).
59) A. Severing, E. Holland-Moritz, and B. Frick, Phys. Rev. B **39** (1989) 4164.
60) A. Sumiyama et al., J. Phys. Soc. Jpn. **55** (1986) 1294.
61) H. Asano et al., J. Phys. Soc. Jpn. **54** (1985) 3358.
62) S. Kambe et al., J. Phys. Soc. Jpn. **65** (1996) 3294.
63) Y. Matsumoto et al., J. Phys. Soc. Jpn. **79** (2010) 083706.
64) 松本裕司, 修士論文, 東北大学 (2007).
65) W. Knafo et al., Nature Phys. **5** (2009) 753.
66) T. Okane et al., J. Phys. Soc. Jpn. **80** (2011) SA060.
67) Y. Matsumoto et al., J. Phys. Soc. Jpn. **81** (2012) 054703.
68) J. Flouquet et al., J. Magn. Magn. Mater. **272-276** (2004) 27.
69) M. Sato et al., J. Phys. Soc. Jpn. **73** (2004) 3418.
70) H. Satoh and F. J. Ohkawa, Phys. Rev. B **63** (2001) 184401.
71) P. Haen et al., Physica B **163** (1990) 519.
72) D. Aoki et al., J. Phys. Soc. Jpn. **81** (2012) 034711.
73) S. Holtmeier et al., Physica B **204** (1995) 250.
74) R. Daou et al., Phys. Rev. Lett. **96** (2006) 026401.
75) K. Ishida et al., Phys. Rev. B **57** (1998) 11054(R).
76) Y. Onuki and T. Komatsubara, J. Magn. Magn. Mater. **63** & **64** (1987) 281.
77) T. Fukuhara et al., J. Phys. Soc. Jpn. **65** (1996) 1559.
78) K. Sugawara et al., Physica B **281** & **282** (2000) 69.
79) Y. Matsumoto et al., J. Phys. Soc. Jpn. **77** (2008) 053703
80) S. Kitagawa et al., Phys. Rev. Lett. **107** (2011) 277002.
81) M. Deppe et al., Phys. Rev. B **85** (2012) 060401(R).
82) N. Tsujii et al., Phys. Rev. B **56** (1997) 8103.
83) N. Tsujii et al., Physica B **294 -295** (2001) 284.
84) T. Mito et al., J. Phys. Soc. Jpn. **81** (2012) 033706.
85) M. S. Torikachvili et al., Proc. Natl. Acad. Sci. U.S.A. **104** (2007) 9960.
86) T. Takeuchi et al., J. Phys. Soc. Jpn., **79** (2010) 064609.
87) Y. Onuki et al., J. Phys. Soc. Jpn. **80** (2011) SA003.
88) M. Ohya et al., J. Phys. Soc. Jpn. **79** (2010) 083601.
89) K. Sugiyama et al., Phys. Rev. B **60** (1999) 9248.
90) K. Sugiyama et al., J. Phys. Soc. Jpn. **68** (1999) 3394.
91) K. Sugiyama et al., Physica B **281** & **282** (2000) 244.
92) T. Sakakibara et al., J. Magn. Magn. Mater. **90** & **91** (1990) 131.
93) H. P. van der Meulen et al., Phys. Rev. B **44** (1991) 814.
94) D. Aoki et al., J. Phys. Soc. Jpn. **80** (2011) 053702.
95) Y. Aoki et al., J. Magn. Magn. Mater. **177-181** (1998) 271.
96) C. Paulsen et al., J. Low Temp. Phys. **81** (1990) 317.
97) Y. H. Matsuda et al., Phys. Rev. B **86** (2012) 041109(R).

98) T. Okane et al., Phys. Rev. B **86** (2012) 125138.
99) M. Sugi et al., Phys. Rev. Lett. **101** (2008) 056401.
100) F. Ohkawa, Prog. Theor. Phys. Suppl. **108** (1992) 209.
101) Y. Ono, J. Phys. Soc. Jpn. **67** (1998) 2197.
102) K. Ohara, K. Hanzawa, and K. Yoshida, J. Phys. Soc. Jpn. **68** (1999) 521.
103) S. Watanabe, J. Phys. Soc. Jpn. **69** (2000) 2947.
104) K. Miyake and H. Ikeda, J. Phys. Soc. Jpn. **75** (2006) 033704.
105) J. Bauer, Eur. Phys. J. B **68** (2009) 201.
106) K. Ohara and K. Hanzawa, **78** (2009) 044709.
107) F. Weickert et al., Phys. Rev. B **81** (2010) 134438.
108) M. Bercx and F. F. Assaad, Phys. Rev. B **86** (2012) 075108.
109) T. Fujiwara et al., Physica B **378-380** (2006) 812.
110) A. S. Sefa et al., J. Solid State Chem. **181** (2008) 282.
111) Y. Ota et al., J. Phys. Soc. Jpn. **78** (2009) 034714.
112) C. S. Garde and J Ray, J. Phys. : Condens. Matter **6** (1994) 8585.
113) B. H. Grier et al., Phys. Rev. B **29** (1984) 2664.
114) T. Graf et al., Phys. Rev. B **57** (1998) 7445.
115) M. Mihalik, M. Mihalik, and V. Sechovský, Physica B **359-361** (2005) 163.
116) T. T. M. Palstra et al., J. Magn. Magn. Mater. **54-57** (1986) 435.
117) M. Koterlyn et al., J. Alloys Compd. **442** (2007) 176.
118) K. Hiebl et al., Solid State Communi. **48** (1983) 211.
119) M. Mihalik, M. Diviš, and V. Sechovský, Physica B **404** (2009) 3191.
120) K. Hiebl and P. Rogl, J. Magn. Magn. Mater. **50** (1985) 39.
121) G. Nakamoto et al., J. Magn. Magn. Mater. **272-276** (2004) e75.
122) J. J. Lu et al., Solid State Communi. **135** (2005) 505.
123) S. Araki et al., Phys. Rev. B **64** (2001) 224417.
124) I. Sheikin et al., J. Phys.: Condens. Matter **14** (2002) L543.
125) C. Ayache et al., J. Magn. Magn. Mater. **63** & **64** (1987) 329.
126) H. Q. Yuan et al., Phys. Rev. Lett. **96** (2006) 047008.
127) N. D. Mathur et al., Nature **394** (1998) 39.
128) R. Movshovich et al., Phys. Rev. B **53** (1996) 8241.
129) M. Ohmura et al., J. Magn. Soc. Jpn. **338** (2009) 31.
130) F. Steglich et al., Z. Phys. B **103** (1997) 235.
131) F. Steglich et al., Physica B **378-380** (2006) 7.
132) S. M. Hayden et al., Phys. Rev. Lett. **84** (2000) 999.
133) H. Q. Yuan et al., Science **302** (2003) 2104.
134) Y. Onishi and K. Miyake, J. Phys. Soc. Jpn. **69** (2000) 3955.
135) S. Watanabe, M. Imada, and K. Miyake, J. Phys. Soc. Jpn. **75** (2006) 043710.
136) T. Endstra, G. J. Nieuwenhuys, and J. A. Mydosh, Phys. Rev.B **48** (1993) 9595.
137) P. Gegenwart et al., Phys. Rev. Lett. **82** (1999) 1293.
138) H. Sugawara et al., J. Phys. Soc. Jpn. **68** (1999) 1094.
139) H. Shishido et al., J. Phys. Soc. Jpn., **71** (2002) 162.
140) A. Benoit et al., Solid State Communi. **34** (1980) 293.
141) A. D. Christianson et al., Phys. Rev. B **70** (2004) 134505.
142) E. G. Moshopoulou et al., Appl. Phys. A **74** [suppl.] (2002) S895.

143) W. Bao et al., Phys. Rev. B **62** (2000) 14621(R). Ibid. **67** (2003) 099903(E).
144) S. Raymond et al., J. Phys.: Condens. Matter **19** (2007) 242204.
145) J. M. Lawrence and S. M. Shapiro, Phys. Rev. B **22** (1980) 4379.
146) Y. Kohori al., Physica B **281** & **282** (2002) 12.
147) C. Petrovic et al., J. Phys. : Condense. Matter **13** (2001) L337.
148) H. Hegger et al., Phys. Rev. Lett. **84** (2000) 4986.
149) G. Knebel et al., J. Phys. Soc. Jpn. **77** (2008) 114704.
150) C. Petrovic et al., Europhys. Lett. **53** (2001) 354.
151) T. Muramatsu et al., Physica C **388-389** (2003) 539.
152) F. M. Grosche et al., J. Phys. : Condens. Matter **13** (2001) 2845.
153) R. Settai, T. Takeuchi, and Y. Onuki, J. Phys. Soc. Jpn. **76** (2007) 051003.
154) G. Knebel et al., Phys. Rev. B **65** (2001) 024425.
155) S. Kawasaki et al., Phys. Rev. B **77** (2008) 064508.
156) J. Flouquet et al., J. Magn. Magn. Mater. **90** & **91** (1990) 377.
157) S. Majumdar et al., Phys. Rev. B **66** (2002) 212502.
158) A. Lobert et al., Phys. Rev. B **69** (2004) 024403.
159) S. Ohhira-Kawamura et al., Phys. Rev. B **76** (2007) 132507.
160) S. Raymond et al., Phys. Rev. B **77** (2008) 172502.
161) N. Aso et al., J. Phys. Soc. Jpn. **78** (2009) 073703.
162) T. Park et al., Phys. Rev. Lett. **108** (2012) 077003.
163) R. S. Kumar et al., Phys. Rev. B **70** (2004) 214256.
164) P. G. Paglisuo et al., Physica B **312-313** (2002) 129.
165) J. D. Thompson, J. L. Sarrao, and F. Wastin, Chi. J. Phys. (Taipei) **43** (2005) 499.
166) O. M. Dix et al., Phys. Rev. Lett. **102** (2009) 197001.
167) T. Takeuchi et al., J. Phys. Soc. Jpn. **70** (2001) 877.
168) T. Park et al., Nature Phys. **440** (2006) 65.
169) T. Ebihara et al., Phys. Rev. Lett. **93** (2004) 246401.
170) R. Settai et al., J. Phys. Soc. Jpn. **74** (2005) 3016.
171) M. Biasini, G. Ferro, and A. Czopnik, Phys. Rev. B **68** (2003) 094513.
172) O. Sakai and H. Harima, J. Phys. Soc. Jpn. **81** (2012) 024717.
173) T. Iizuka et al., J. Phys. Soc. Jpn. **81** (2012) 043703.
174) N. Harrison et al., Physica B **403** (2008) 977.
175) S. E. Sebastian et al., Natl. Acad. Sci. USA **106** (2009) 7741.
176) H. Shishido et al., J. Phys. Soc. Jpn. **74** (2005) 1103.
177) S. Watanabe and K. Miyake, J. Phys. Soc. Jpn. **79** (2010) 033707.
178) C. Rossel et al., Phys. Rev. B **35** (1987) 1914.
179) E. Bauer et al., Physica B **234-236** (1997) 676.
180) N. Tsujii et al., Phys. Rev. B **55** (1997) 1032.
181) J. L. Sarrao et al., Phys. Rev. B **59** (1999) 6855.
182) J. L. Sarrao et al., Phys. Rev. B **58** (1998) 409.
183) A. V. Goltsev and M. M. Abd-Elmeguld, J. Phys.: Condens. Matter **17** (2005) 5813.
184) T. Mito et al., Acta Phys. Polonica A **115** (2009) 47.
185) T. Muramatsu et al., Phys. Rev. B **83** (2011) 180404(R).

186) J. L. Sarrao, Physica B **259-261** (1999) 128.
187) H. Yamaoka et al., Phys. Rev. B **78** (2008) 045127.
188) S. Suga et al., J. Phys. Soc. Jpn. **78** (2009) 074707.
189) H. Sato et al., Phys. Rev. Lett. **93** (2004) 246404.
190) J. L. Sarrao et al., Phys. Rev. B **54** (1996) 12207.
191) T. Mito et al., Phys. Rev. B **75** (2007) 134401.
192) K. Yoshimura et al., Phys. Rev. Lett. **60** (1988) 851.
193) N. V. Mushnikov et al., Physica B **334** (2003) 54.
194) C. D. Immer et al., Phys. Rev. B **56** (1997) 71.
195) Y. H. Matsuda et al., J. Phys. Soc. Jpn. **76** (2007) 034702.
196) Y. H. Matsuda et al., J. Phys. Soc. Jpn. **81** (2012) 015002.
197) M. S. Torikachivill et al., Proc. Natl. Acad. Sci. U.S.A. **104** (2007) 9960.
198) T. Takeuchi et al., J. Phys. Soc. Jpn. **80** (2011) 114703.
199) Y. Saiga et al., J. Phys. Soc. Jpn. **77** (2008) 053710.
200) Y. Shimura et al., J. Phys. Soc. Jpn. **80** (2011) 073707.
201) P. Gegenwart et al., Phys. Rev. Lett. **89** (2002) 056402.
202) P. Gegenwart et al., New J. Phys. **8** (2006) 171.
203) O. Trovarelli et al., Phys. Rev. Lett. **85** (2000) 626.
204) R. Küchler, et al., J. Magn. Magn. Mater. **272-276** (2004) 229.
205) H. Pfau et al., Nature **484** (2012) 493.
206) Y. Tokiwa et al., Phys. Rev. Lett. **102** (2009) 066401.
207) J. Custers et al., Nature **424** (2003) 524.
208) P. Gegenwart et al., Acta. Phys. Pol. B **34** (2003) 323.
209) S. Paschen et al., Nature **432** (2004) 881.
210) S. Friedemann et al., Proc. Natl. Acad. Sci. USA **107** (2010) 14547.
211) S. Friedemann et al., J. Phys.: Condens. Matter **23** (2011) 094216.
212) T. Misawa et al., J. Phys. Soc. Jpn. **78** (2009) 084707.
213) S. Watanabe and K. Miyake, Phys. Rev. Lett. **105** (2010) 186403.
214) A. Hackl and M. Vojta, Phys. Rev. Lett. **106** (2011) 137002.
215) S. Danzenbächer et al., Phys. Rev. B **75** (2007) 045109.
216) D. V. Vyalikh et al., Phys. Rev. Lett. **100** (2008) 056402.
217) G. Knebel et al., J. Phys. Soc. Jpn. **75** (2006) 114709.
218) P. M. C. Rourke et al., Phys. Rev. Lett. **101** (2008) 237205.
219) A. B. Sutton et al., Phys. Status Solidi B **247** (2010) 549.
220) S. Friedemann et al., Nature Phys. **5** (2009) 465.
221) Y. Tokiwa et al., J. Phys. Soc. Jpn. **78** (2009) 123708.
222) P. Coleman and A. H. Nevidomskyy, J. Low Temp. Phys. **161** (2010) 182.
223) S. Nakatsuji et al., Nature Phys. **4** (2008) 603.
224) S. Nakatsuji et al., Phys. Status Solidi B **247** (2010) 247.
225) M. Okawa et al., Phys. Rev. Lett. **104** (2010) 247201.
226) E. C. T. O'Farrell et al., Phys. Rev. Lett. **102** (2009) 216402.
227) Y. Matsumoto et al., Science **331** (2011) 316.
228) Y. Machida et al., Phys. Rev. Lett. **109** (2012) 156405.
229) 中辻知, 固体物理 **47** (2012) 13.
230) T. Furuno et al., J. Phys. Soc. Jpn. **54** (1985) 1899.

231) C. D. Bredl, J. Magn. Magn. Mat. **63** & **64** (1987) 355.
232) S. Kobayashi et al., J. Phys. Soc. Jpn. **69** (2000) 926.
233) S. Nakamura et al., J. Phys. Soc. Jpn. **71** Suppl. (2002) 112.
234) M. Akatsu et al., Phys. Rev. Lett. **93** (2004) 156409.
235) S. Nakamura et al., Phys. Rev. Lett. **97** (2006) 237204.
236) K. Winzer, Solid State Communi. **16** (1975) 521.
237) Y. Onuki et al., J. Phys. Soc. Jpn. **58** (1989) 3698.
238) T. Isshiki et al., Physica B **378-380** (2006) 604.
239) A. Wasserman et al., J. Phys.: Condens. Matter **1** (1989) 2669.
240) J. Otsuki et al., J. Magn. Magn. Mat. **310** (2007) 425.
241) 山本悠史, 修士論文, 東北大学 (2004).
242) N. B. Brandt et al., Solid State Communi. **56** (1985) 937.
243) Y. Uwatoko et al., Physica B **281** & **282** (2000) 555.
244) T. C. Kobayashi et al., Physica B **281** & **282** (2000) 553.
245) T. Yamamizu et al., Phys. Rev. B **69** (2004) 014423.
246) C. J. Hawarth et al., J. Magn. Magn. Mat. **171-181** (1998) 369.

実験結果を表すのに良く用いられる単位について

　CGS–Gauss 単位系では磁場の H の単位は Oe (エルステッド) で，磁束密度 B の単位は G (ガウス) である．しかし，しばしば磁束密度は MKSA 単位系の T (テスラ) を用いて表される．1 T = 10000 G の関係があり，通常使用する磁場の大きさは Oe や G を用いると桁が大きくなりすぎるためである．MKSA 単位系では厳密には $\mu_0 H$(T) と表されるべきであるが，しばしば H(T) と表すことがある．

　磁気モーメントの単位は emu = (erg·cm^3)$^{1/2}$ = erg·G^{-1} である．また，μ_B (1.2.1 項 a 参照) を単位としてその大きさを表すことが多い．磁化 M は単位体積当たりの磁気モーメントであり，単位は G = (emu/cm^3) = (erg/cm^3)$^{1/2}$ である．帯磁率は emu/cc, emu/g, emu/mol などを用いる．強相関 f 電子系物質では，希土類などの磁性元素による寄与が圧倒的に大きいので，しばしば，磁性元素名をつけて，emu/mol Ce のように表す．

　圧力については kbar (キロバール) と GPa (ギガパスカル) の両方が用いられている．両者の関係は 10 kbar = 1 GP であり，1 気圧は 1013 mbar である．

　熱測定では MKSA 単位系の J (ジュール) を用いることが多い．比熱は mJ/mol·K，電子比熱係数は mJ/mol·K^2 の単位で表される．

　電気抵抗率は $\mu\Omega$ cm で表される場合がほとんどである．

あとがき

　本書が対象とする分野はここ 20 年で膨大な研究がなされ，多くの点で進展があった．著者の力不足とページ数の制限から，それらのほんの一部とかなり偏った観点からの紹介しかできなかった．

　第 1 章では局在電子系の磁性として希土類化合物のみを念頭に置いて解説している．しかし，第 2 章でいくつか紹介しているように，近年 $5f$ 電子系であるアクチナイド化合物が強相関電子物理学の対象として強い関心が持たれている．$4f$ 電子と比べれば $5f$ 電子は局在性が弱いことを考慮しなくてはならない．また，強いスピン–スピン相互作用と軌道–軌道相互作用を仮定してスピン–軌道相互作用が働く電子系を考えているが，原子番号の大きいアクチナイドでは個々の軌道にある電子の軌道角運動量と (l_i) とスピン角運動量 (s_i) が合成されて $j_i = l_i + s_i$ となって i の異なる j_i 同士が結合する j–j 結合が生じている可能性もある．本書ではそうしたことまで触れることができなかった．

　第 3 章と第 4 章においては，とくに，Pr 化合物や U 化合物などの f 電子を複数含む系とその物理については取り上げることができなかった．Pr などの f 電子を偶数個持つ元素の化合物では基底状態がクラマース縮退を持っていない場合がある．そのような場合の f 電子と伝導電子との相互作用についてはまだ未解明の部分が多い．たとえば，多極子秩序については局在 f 電子の立場から第 2 章で述べられているが，多極子秩序に果たす伝導電子の役割，あるいは四極子近藤効果など多極子による伝導電子状態への影響はたいへん興味ある問題である．また，U 化合物の物性，特に強磁性と超伝導の共存・競合，量子相転移に関する研究については最近急速に進展している．一方で，U 化合物の f 電子状態，特に f 電子の遍歴と局在の問題についてはいまだに良く理解されていないが，重要な問題である．

　本書が対象とする分野についての最近のトピックスが固体物理特集号 (47 巻, 11 号 (2012)) として出版されている．また，そこにはこれまで出版された関連する解説，レビューなどの文献が網羅されているので，本書が触れなかった部分，

あるいは参考文献にない部分についてはそちらを参考にしてほしい．また，紙媒体で出版はされていないが，関連する分野でのプロジェクト研究の夏，あるいは秋の学校のテキストとして，若手の研究者による専門分野のレビューがインターネット上で取得できる．参照文献にはあげていないが，特に楠瀬博明氏，大槻純也氏，水戸毅氏，宍戸寛明氏のレビューは参考にさせていただいた．

記 号 表

慣用に従って，異なる用語に対して同じ記号を用いている場合がある．

A	抵抗率の温度変化における T^2 の係数 A	m^*	有効質量
C	キュリー–ワイス定数	m_0	自由電子の静止質量
C_m または C_M	磁気比熱	μ_B	ボーア磁子
		$\mu_{\rm eff}$	常磁性モーメント
$C_{\rm sch}$	ショットキー比熱	n	単位体積当たりの電子数 (電子密度)，あるいは原子当たり，基本単位格子当たりの電子数
$\chi(\mathbf{q})$	波数 $\mathbf{q}$ に依存する帯磁率		
χ_0	パウリ常磁性帯磁率	N_e	電子数
χ_c	電荷感受率	$N(\varepsilon)$	状態数
$\chi_\perp$	垂直帯磁率	Ω	実空間の体積
$\chi_\parallel$	平行帯磁率	N_0	結晶中の格子点の数
$D(\varepsilon)$	両方のスピンの電子の寄与を含めた状態密度	$\Psi_{\mathbf{k}}$	ブロッホ関数
		Q	伝播ベクトル
$D_l(\varepsilon)$	l の対称性を持つ virtual bound state の状態密度	R_W	ウィグナー–サイツ半径
		$\rho(\varepsilon)$	スピンに依存した状態密度
$\Delta_l(\varepsilon)$	virtual bound state の幅	$\rho_f(\varepsilon)$	f 電子のスピンに依存した状態密度
Δ	結晶場励起エネルギー	σ	散乱断面積，あるいはスピンの方向，スピンマトリックスを表すときも用いる．
δ_l	位相シフト		
ε_F	フェルミエネルギー		
$\varepsilon(\mathbf{k}), \varepsilon_{\mathbf{k}}$	波数 $\mathbf{k}$ を持つ電子のエネルギー	T^*	フェルミ液体状態にクロスオーバーする温度
$\varepsilon_f, \varepsilon_l$	局在軌道のエネルギー		
$f(\varepsilon-\mu)$	フェルミ–ディラック分布関数，その他，f の記号は波動関数，ランダウパラメータ，自由エネルギーなどにも用いてある．	T_C	キュリー温度 (強磁性転移温度)
		T_Δ	結晶場励起エネルギーに相当する温度
		$T_{\rm coh}$	コヒーレンス温度
		T_K	近藤温度
$\mathbf{G}$	逆格子ベクトル	T_m	帯磁率の温度変化が極大値となる温度
g	g 因子，またはパラメータ空間での量子臨界点からの距離にも同じ記号を用いる．	T_N	ネール温度 (反強磁性転移温度)
		T_Q	四極子転移温度
		$T_{\rm RKKY}$	RKKY 相互作用の強さに相当する温度
g_J	g ランデ因子	τ	虚時間
γ	電子比熱係数	U	局在軌道内のクーロン相互作用
$H_{\rm cri}$	臨界磁場	v	混成の強さ
H_m	メタ磁性磁場	ε_F	フェルミエネルギー
θ_p	常磁性キュリー温度	ξ	相関長
J_{cf}	伝導電子と f 電子の交換相互作用	z	準粒子の重み，または動的臨界指数の記号としても使用する．
k_F	フェルミ波数		
κ	圧縮率，または $\kappa = (2m\varepsilon/\hbar^2)^{1/2}$ として用いる場合もある．		

索 引

欧 文

AFQ 秩序　57

CeAg　66
CeB$_6$　52, 57
CeCu$_{6-x}$Au$_x$　175, 176
CeMg　87
CeZn　87
Ce$_{0.7}$La$_{0.3}$B$_6$　93
Ce$_3$Pd$_{20}$Ge$_6$　67
Coqblin–Schrieffer モデル　159

dHvA 効果, dHvA 振動　186, 199, 209, 211, 219, 220, 226
DyAg　87
DyAs　90
DyB$_6$　68
DyCu　87
DyP　90
DyPd$_3$S$_4$　77
DySb　90

f 電子状態
　CeIn$_3$　209
　CeRhIn$_5$　211
　CeRu$_2$Ge$_2$　190
　CeRu$_2$Si$_2$　186, 199
　Ce$_x$La$_{1-x}$Ru$_2$Si$_2$　195
　CeRu$_2$(Si$_{1-x}$Ge$_x$)$_2$　195
　Ce$_x$La$_{1-x}$B$_6$　226
　YbXCu$_4$　213
　YbRh$_2$Si$_2$　220
　β–YbAlB$_4$　222
　アクチナイド元素　135
　希土類　135
f 電子の局在状態から遍歴状態

への変化　220

g 因子　2, 173

Hertz と Mills のモデル　174, 194
HoAs　90
HoP　90
HoSb　90

J 多重項　6
j–j 結合　7

Kondo breakdown　175, 220

LGW (Landau–Ginzburg–Willson) モデル　174
LQC (local quantum critical) シナリオ　175, 220
L–S 結合　3

μSR　71, 93

NpO$_2$　95

PrB$_6$　89
PrCu$_2$　66
PrFe$_4$P$_{12}$　74
PrOs$_4$Sb$_{12}$　91
PrPb$_3$　72
PrPtBi　66

RKKY 相互作用　19, 112, 161, 195

SCR (self-consistent renormalization) 理論　194

s–d 相互作用　19
SDW (spin density wave)　191, 192, 195
SDW (Cr の)　119
s–f 相互作用　19
SmRu$_4$P$_{12}$　96

TbB$_2$C$_2$　99
TbIn$_3$　90
TmAg$_2$　69
TmAu$_2$　69
TmCd　66
TmGa$_3$　72
TmZn　66

UCu$_2$Sn　71
UPd$_3$　72

virtual bound state　130, 132, 156

X 線回折　68
XY 模型　30

YbSb　72
YbT$_2$Zn$_{20}$　218

ア 行

圧縮率　116, 170
アブリコソフ–シュール共鳴　155
アロットプロット　39
移行積分　17
イジング模型　30
位相シフト　126–128, 131, 134, 156
一重項状態　153, 154, 175, 202

異方性エネルギー 25, 27
異方的交換相互作用 18

ヴァン・ブレック磁気転移 30, 32
ヴァン・ブレック常磁性 10
ヴァン・ブレック反強磁性転移 70
ウィグナー–サイツ半径 136
ウィルソン比 115, 144, 154, 219, 224

エネルギー幅 131

大きなフェルミ面 167, 176
重い電子系物質 175, 177, 182, 185

カ 行

核磁気共鳴 64
価数転移 177
　Ce 178
　$YbXCu_4$ 215
価数揺らぎ 178
価数揺動 177, 216, 222
門脇–ウッドの関係 185

擬スピン 62
寄生強磁性 19
擬双極子相互作用 19
軌道角運動量 2
　——の消失 26
軌道–軌道相互作用 3
軌道秩序 50
軌道反強磁性 62
希土類パラジウムブロンズ 77
逆格子ベクトル 33, 111
逆帯磁率 38
キュリー温度 38, 39
キュリー常磁性 10
キュリー定数 11
キュリーの法則 11
キュリー–ワイス定数 38, 39
キュリー–ワイスの法則 38
強結合状態 153
強四極子秩序 50, 56, 66
強磁性 38

強磁性結合 16
強磁性構造 35
強相関 f 電子系物質 109, 113, 145, 177
共鳴 X 線散乱 61, 84
共鳴散乱 131
協力的ヤーン–テラー効果 50, 55
局在軌道のエネルギー 145
局在モーメント 132, 148
局所フェルミ液体 154, 225
虚時間 173
擬四重項 80

クラマース 2 重項 25, 145, 183
クラマースイオン 25, 138
クラマースの定理 25, 27
クーロン相互作用 (局在軌道内での) 132, 145

傾角構造 78, 83
係数 A 144, 185, 189, 219, 226
結晶場 21, 137, 138, 183, 206, 218, 224
結晶場ハミルトニアン 22, 55
結晶場パラメータ 22
結晶場励起エネルギー 138

交換積分 15
交換相互作用 14
交換相互作用 (伝導電子と f 電子の) 148, 214
交換誘起ヴァン・ブレック強磁性体 32
交換誘起ヴァン・ブレック反強磁性体 32
格子整合構造 49
格子整合相 89
格子の軟化 60
格子非整合 120, 188, 208
格子非整合構造 49
格子非整合相 89
コヒーレンス温度 184, 193
混合原子価 177
混成 (virtual bound state) 131

混成 (バンド) 125
混成 (不純物アンダーソンモデル) 145
近藤 1 重項状態 175
近藤温度 154, 214
　化合物 183, 190, 193, 195, 218, 219
　縮退がある場合 160
　不純物 152, 214
近藤共鳴 155
近藤共鳴ピーク 157, 159
近藤効果 148
近藤効果 (磁場の効果) 158
近藤格子モデル 165
近藤半導体 167
近藤モデル (不純物の) 148, 183

サ 行

サイコロイダル構造 48
サイコロイダルヘリックス構造 48
最大エネルギー積 21
$3Q$ 構造 64
3 重臨界点 171, 176
散乱断面積 128
残留磁化 21

磁気異方性 21, 25
磁気形状因子 94
磁気構造 32
磁気双極子 138, 224
磁気双極子モーメント 50
磁気相互作用 14
磁気相図
　$CeCu_2(Si_{1-x}Ge_x)_2$ 204
　$CeIn_3$ 207
　$CeRhIn_5$ 208
　$CeRu_2(Si_{1-x}Ge_x)_2$ 191
　$Ce_xLa_{1-x}Ru_2Si_2$ 192
　$Ce_xLa_{1-x}Cu_6$ 192
　$YbInCu_4$ 216
　$YbRh_2Si_2$ 220, 221
磁気弾性相互作用係数 55
磁気弾性相互作用ハミルトニアン 55
磁気八極子 61, 224

索　引

磁気八極子モーメント　50
磁気比熱　183, 194, 223
磁気モーメント　1, 2
四極子　219, 225
四極子感受率　56
四極子相互作用　54
四極子相互作用係数　55
四極子相互作用ハミルトニアン　55
四極子転移温度　58
磁場誘起反強四極子相　92
弱強磁性　19
ジャロシンスキー–守谷相互作用　19
周期的アンダーソンモデル　165
充填スクッテルダイト　74
準粒子　140, 156
　——の重み　157
常磁性　8
常磁性キュリー温度　38, 41
常磁性帯磁率　38
常磁性飽和　11
常磁性モーメント　11
状態数　112, 128
状態密度　131
　——(f 電子)　155
　——(virtual bound state)　133
　——(準粒子)　142
　——(スピンに依存した)　112
　——(両方スピンの電子の寄与を含む)　112
ショトキー比熱　139

垂直帯磁率　44
数値繰り込み群　155, 158
スキュー散乱　184
スケール (重い電子系物質)　189
スケール (不純物の近藤温度による)　155
スティーブンス因子　22
スティーブンスの等価演算子　52
スピン演算子　15
スピン角運動量　2

スピン–軌道相互作用　2, 184, 187
スピン–スピン相互作用　3
スピンフリップ転移　47
スピンフロップ転移　46

全角運動量　3
全散乱断面積　128
全四極子ハミルトニアン　56
全スピン角運動量　5

相関長　171
相対論効果　135, 136

タ　行

対称 RKKY 模型　62
対称の条件　134, 148, 156
帯磁率　8, 117
帯磁率が極大値となる温度　188, 191, 192, 198, 217
多極子モーメント　51, 53
弾性定数　60, 67

小さな磁気モーメントの秩序　188
小さなフェルミ面　167, 176
秩序変数　39, 169
中間価数　177
中性子回折　59
超交換相互作用　17
長周期磁気構造　47
超伝導
　CeT_2Si_2　203
　$CeIn_3$　206
　$CeTIn_5$　206
　β–$YbAlB_4$　222
　価数揺らぎによる　205
　次元性 (c/a 比)　208
　電子–格子相互作用　120
超微細磁場　64
直接交換相互作用　16

低スピン状態　21
電荷感受率　115, 143
電気四極子　224
電気四極子モーメント　50, 52
電気抵抗率　144

電子比熱係数　115, 142, 144, 157, 183, 185, 186, 206, 214, 218, 220, 224
電子密度　114
電子面　113, 186
テンソル演算子　52
伝播ベクトル　33

等価演算子　22
ドゥ・ジェンス因子　28, 39
ドゥ・ジェンス則　28, 39
動的平均場理論　166, 168
動的有効媒質理論　62
動的臨界指数　174
ドニアックの相図　167, 190, 203, 206, 207, 214
飛び移り積分　17

ナ　行

内部磁場　64

二重交換相互作用　18

ネスティング　118
ネール温度　38, 42

ハ　行

ハイゼンベルグ模型　30, 36
ハイゼンベルグ理論　16
パウリ常磁性　12
パウリ常磁性帯磁率　13, 115, 117, 189, 220
パウリの排他律　3
波数に依存する帯磁率　117
波数ベクトル　110
八極子秩序　51, 92
反強四極子秩序　51, 56, 72
反強磁性　42
反強磁性結合　16
反強磁性構造　35
反磁性　8
反磁性構造　35
反転対称　123, 187
バンド計算
　$CeRu_2Si_2$　186
　$CeIn_3$　210

CeCoIn$_5$　212
YbRhIn$_5$　220
β-YbAlB$_4$　222
LaB$_6$　227
バンド構造
　遷移金属　125
　強く束縛された電子の近似　121
　ほとんど自由な電子　112
バンド質量　114

非クラマース二重項　31
歪み　155
非フェルミ液体　144, 177, 198, 205, 207, 223, 225

フェルミ液体　141, 167
フェルミ液体状態にクロスオーバーする温度　169
フェルミエネルギー　111
フェルミ波数　112
フェルミ分布関数　12
フェルミ面　112
　自由電子　112
　CeRu$_2$Si$_2$　186
　LaRu$_2$Si$_2$　186
　LaRhIn$_5$　211
　CeCoIn$_5$　211
　LaB$_6$　227
プライスのハミルトニアン　26
ブラベー格子　32
フリーデル振動　112, 129, 164
フリーデルの和則　128, 156
ブリルアン関数　11, 37
ブリルアンゾーン　111
ブリルアンゾーン（磁気秩序による）　118
ブロッホ関数　111, 121
ブロッホの定理　111, 121
プロパーヘリックス構造　48
分子場近似　36
分子場係数　39

フント則　4, 136

平均場（分子場）近似　36, 116
平均場理論　62
平行帯磁率　44
ヘリカル構造　35, 47
ヘルムホルツの自由エネルギー　8
遍歴強磁性　116

ボーア磁子　2
飽和磁化　39
補償されていない金属　113
補償されている金属　113
ほとんど自由な電子　111
ボルツマン分布　11
ホール面　113, 186

マ 行

ミュオンスピン回転　93
ミュオンスピン緩和　71

メスバウアー分光　68
メタ磁性転移　47, 170, 179
　Ce$_x$La$_{1-x}$Ru$_2$Si$_2$　196
　Ce(Ru$_{0.92}$Rh$_{0.08}$)$_2$Si$_2$　198
　CeRu$_2$Si$_2$　188, 198
　CeRu$_2$(Si$_{1-x}$Ge$_x$)$_2$　196
　YbAg$_x$Cu$_{1-x}$Cu$_4$　216
　YbCo$_2$Zn$_{20}$　219
　YbInCu$_4$　216
　パイライト化合物　188
　ラーベス相化合物　188
　1次転移とクロスオーバー移の関係　197
　H_m と T_m の関係　198
メタ磁性転移磁場　170

モット転移　114
モーメント変調構造　48

ヤ 行

有効磁子数　11
有効質量　114, 143, 186, 212
　──の磁場依存性　200, 228
有効ハミルトニアン　26
ユニタリティー極限　155

ラ 行

らせん構造　35
ラッセル–ソーンダース結合　3
ラッティンジャーの定理　141, 167
ラットリング運動　68
ラーモア反磁性　9
ランダウの量子化　13
ランダウパラメータ　143
ランダウ反磁性　13
ランタノイド収縮　20, 136
ランデ因子　6

量子相転移　169, 176
量子臨界終点　176
　UGe$_2$　176
　価数転移　178
　メタ磁性転移　179
量子臨界点　169, 171
　CeCu$_{6-x}$Au$_x$　175
　Ce$_x$La$_{1-x}$Ru$_2$Si$_2$　194
　CeT$_2$Si$_2$　204
　CeT$_2$Ge$_2$　204
　β-YbAlB$_4$　223
　YbRh$_2$Si$_2$　219
量子臨界点からの距離　173
臨界指数　171
臨界磁場　46
臨界点　169

ワ 行

ワイスの分子場近似　36

著者略歴

青木晴善（あおき はるよし）
1948年　静岡県に生まれる
1972年　東京大学教養学部基礎科学科卒業
東北大学名誉教授
理学博士

小野寺秀也（おのでら ひでや）
1946年　宮城県に生まれる
1970年　東北大学大学院工学研究科博士課程修了
前東北大学大学院理学研究科教授
理学博士

現代物理学［展開シリーズ］4

強相関電子物理学

定価はカバーに表示

2013年10月10日　初版第1刷

著　者	青　木　晴　善	
	小 野 寺 秀 也	
発行者	朝　倉　邦　造	
発行所	株式会社 朝倉書店	

東京都新宿区新小川町6-29
郵便番号　162-8707
電　話　03(3260)0141
ＦＡＸ　03(3260)0180
http://www.asakura.co.jp

〈検印省略〉

© 2013 〈無断複写・転載を禁ず〉

中央印刷・渡辺製本

ISBN 978-4-254-13784-2　C 3342　　Printed in Japan

JCOPY　＜(社)出版者著作権管理機構　委託出版物＞

本書の無断複写は著作権法上での例外を除き禁じられています．複写される場合は，そのつど事前に，(社)出版者著作権管理機構（電話 03-3513-6969，FAX 03-3513-6979，e-mail: info@jcopy.or.jp）の許諾を得てください．

倉本義夫・江澤潤一　[編集]

現代物理学[基礎シリーズ]

1	量子力学	倉本義夫・江澤潤一	本体 3400 円
2	解析力学と相対論	二間瀬敏史・綿村　哲	本体 2900 円
3	電磁気学	須藤彰三・中村　哲	本体 3400 円
4	統計物理学	川勝年洋	本体 2900 円
5	量子場の理論 　素粒子物理から凝縮系物理まで	江澤潤一	本体 3300 円
6	基礎固体物性	齋藤理一郎	本体 3000 円
7	量子多体物理学	倉本義夫	本体 3200 円
8	原子核物理学	滝川　昇	本体 3800 円
9	素粒子物理学	日笠健一	
10	宇宙物理学	二間瀬敏史	

現代物理学[展開シリーズ]

1	ニュートリノ物理学	井上邦雄	
2	ハイパー核と中性子過剰核	小林俊雄・田村裕和	
3	光電子固体物性	髙橋　隆	本体 2800 円
4	強相関電子物理学	青木晴善・小野寺秀也	
5	半導体量子構造の物理	平山祥郎・山口浩司　佐々木　智	
6	分子性ナノ構造物理学	豊田直樹・谷垣勝己	本体 3400 円
7	超高速分光と光誘起相転移	岩井伸一郎	
8	生物物理学	大木和夫・宮田英威	本体 3900 円

上記価格（税別）は 2013 年 9 月現在